高等教育安全科学与工程类系列教材

矿山安全工程系列教材

矿井通风学

主　编　王文才

参　编　刘树新　漆旺生　杨　夺　刘业娇

机械工业出版社

本书共10章，主要内容包括：矿井空气、矿井空气流动的基本理论、矿井通风阻力、矿井通风动力、矿井通风网络中风量的自然分配、矿井风量按需调节、矿井通风系统、掘进通风、矿井通风设计以及矿井空气调节。

本书注重理论与实际的结合，每章配有大量例题、习题，习题类型丰富，有概念解释题、判断题、单项选择题、问答题和计算题。为方便读者学习和使用，本书附录中还提供了例题和设计计算所必需的数据与图表等。

本书内容包含了煤矿和非煤矿井的通风理论与技术，并力求突出矿井通风学课程的科学性、系统性、新颖性和实用性，内容丰富，知识层次合理，既有利于学生的学习，又有利于教师教学，也有利于工程技术人员的使用。

本书主要作为高等院校安全工程、采矿工程、消防工程等专业的本科教材，也可供从事矿业工程的科研、设计及工程技术人员学习参考。

图书在版编目(CIP)数据

矿井通风学/王文才主编. —北京：机械工业出版社，2014.10（2025.8重印）
高等教育安全科学与工程类系列教材
ISBN 978-7-111-48220-8

Ⅰ.①矿… Ⅱ.①王… Ⅲ.①矿山通风-高等学校-教材
Ⅳ.①TD72

中国版本图书馆CIP数据核字(2014)第233211号

机械工业出版社（北京市百万庄大街22号 邮政编码100037）
策划编辑：冷 彬 责任编辑：冷 彬 孙 阳 冯 铁
版式设计：赵颖喆 责任校对：佟瑞鑫
封面设计：张 静 责任印制：单爱军
中煤（北京）印务有限公司印刷
2025年8月第1版第5次印刷
184mm×260mm · 20.25印张 · 488千字
标准书号：ISBN 978-7-111-48220-8
定价：55.00元

电话服务 网络服务
客服电话：010-88361066 机 工 官 网：www.cmpbook.com
010-88379833 机 工 官 博：weibo.com/cmp1952
010-68326294 金 书 网：www.golden-book.com
 机工教育服务网：www.cmpedu.com

安全科学与工程类专业教材编审委员会

序

“安全工程”本科专业是在1958年建立的“工业安全技术”“工业卫生技术”和1983年建立的“矿山通风与安全”本科专业基础上发展起来的。1984年，国家教委将“安全工程”专业作为试办专业列入普通高等学校本科专业目录之中。1998年7月6日，教育部发文颁布《普通高等学校本科专业目录》，“安全工程”本科专业（代号：081002）属于工学门类的“环境与安全类”（代号：0810）学科下的两个专业之一㊀。据“高等学校安全工程专业教学指导委员会”1997年的调查结果显示，自1958~1996年年底，全国各高校累计培养安全工程专业本科生8130人。近年，安全工程本科专业得到快速发展，到2005年年底，在教育部备案的设有安全工程本科专业的高校已达75所，2005年全国安全工程专业本科招生人数近3900名㊁。

按照《普通高等学校本科专业目录》(1998)的要求，原来已设有与“安全工程专业”相近但专业名称有所差异的高校，现也大都更名为“安全工程”专业。专业名称统一后的“安全工程”专业，专业覆盖面大大拓宽㊀。同时，随着经济社会发展对安全工程专业人才要求的更新，安全工程专业的内涵也发生了很大变化，相应的专业培养目标、培养要求、主干学科、主要课程、主要实践性教学环节等都有了不同程度的变化，学生毕业后的执业身份是注册安全工程师。但是，安全工程专业的教材建设与专业的发展出现不适应的新情况，无法满足和适应高等教育培养人才的需要。为此，组织编写、出版一套新的安全工程专业系列教材已成为众多院校的翘首之盼。

机械工业出版社是有着悠久历史的国家级优秀出版社，在高等学校安全工程学科教学指导委员会的指导和支持下，根据当前安全工程专业教育的发展现状，本着“大安全”的教育思想，进行了大量的调查研究工作，聘请了安全科学与工程领域一批学术造诣深、实践经验丰富的教授、专家，组织成立了教材编审委员会(以下简称编审委)，决定组织编写“高等教育安全工程系列‘十一五’教材”㊂。并先后于2004年8月(衡阳)、2005年8月(葫芦岛)、2005年12月(北京)、2006年4月(福州)组织召开了一系列安全工程专业本科教材建设研讨会，就安全工程专业本科教育的课程体系、课程教学内容、教材建设等问题反复进行了研讨，在总结以往教学改革、教材编写经验的基础上，以推动安全工程专业教学改革和教材建设为宗旨，进行顶层设计，制定总体规划、出版进度和编写原则，计划分期分批出版30余门课程的教材，以尽快满足全国众多院校的教学需要，以后再根据专业方向的需要逐步增补。

㊀ 按《普通高等学校本科专业目录》（2012版），“安全工程”本科专业（专业代码：082901）属于工学学科的“安全科学与工程类”（专业代码：0829）下的专业。

㊁ 这是安全工程本科专业发展过程中的一个历史数据，没有变更为当前数据是考虑到该专业每年的全国招生数量是变数，读者欲加了解，可在具有权威性的相关官方网站查得。

㊂ 自2012年10月，更名为“高等教育安全科学与工程类系列教材”。

由安全学原理、安全系统工程、安全人机工程学、安全管理学等课程构成的学科基础平台课程，已被安全科学与工程领域学者认可并达成共识。本套系列教材编写、出版的基本思路是，在学科基础平台上，构建支撑安全工程专业的工程学原理与由关键性的主体技术组成的专业技术平台课程体系，编写、出版系列教材来支撑这个体系。

本套系列教材体系设计的原则是，重基本理论，重学科发展，理论联系实际，结合学生现状，体现人才培养要求。为保证教材的编写质量，本着“主编负责，主审把关”的原则，编审委组织专家分别对各门课程教材的编写大纲进行认真仔细的评审。教材初稿完成后又组织同行专家对书稿进行研讨，编者数易其稿，经反复推敲定稿后才最终进入出版流程。

作为一套全新的安全工程专业系列教材，其“新”主要体现在以下几点：

体系新。本套系列教材从“大安全”的专业要求出发，从整体上考虑，构建支撑安全工程学科专业技术平台的课程体系和各门课程的内容安排，按照教学改革方向要求的学时，统一协调与整合，形成一个完整的、各门课程之间有机联系的系列教材体系。

内容新。本套系列教材的突出特点是内容体系上的创新。它既注重知识的系统性、完整性，又特别注意各门学科基础平台课之间的关联，更注意后续的各门专业技术课与先修的学科基础平台课的衔接，充分考虑了安全工程学科知识体系的连贯性和各门课程教材间知识点的衔接、交叉和融合问题，努力消除相互关联课程中内容重复的现象，突出安全工程学科的工程学原理与关键性的主体技术，有利于学生的知识和技能的发展，有利于教学改革。

知识新。本套系列教材的主编大多由长期从事安全工程专业本科教学的教授担任，他们一直处于教学和科研的第一线，学术造诣深厚，教学经验丰富。在编写教材时，他们十分重视理论联系实际，注重引入新理论、新知识、新技术、新方法、新材料、新装备、新法规等理论研究、工程技术实践成果和各校教学改革的阶段性成果，充实与更新了知识点，增加了部分学科前沿方面的内容，充分体现了教材的先进性和前瞻性，以适应时代对安全工程高级专业技术人才的培育要求。本套教材中凡涉及安全生产的法律法规、技术标准、行业规范，全部采用最新颁布的版本。

安全是人类最重要和最基本的需求，是人民生命与健康的基本保障。一切生活、生产活动都源于生命的存在。如果人们失去了生命，一切都无从谈起。全世界平均每天发生约68.5万起事故，造成约2200人死亡的事实，使我们确认，安全不是别的什么，安全就是生命。安全生产是社会文明和进步的重要标志，是经济社会发展的综合反映，是落实以人为本的科学发展观的重要实践，是构建和谐社会的有力保障，是全面建设小康社会、统筹经济社会全面发展的重要内容，是实施可持续发展战略的组成部分，是各级政府履行市场监管和社会管理职能的基本任务，是企业生存、发展的基本要求。国内外实践证明，安全生产具有全局性、社会性、长期性、复杂性、科学性和规律性的特点，随着社会的不断进步，工业化进程的加快，安全生产工作的内涵发生了重大变化，它突破了时间和空间的限制，存在于人们日常生活和生产活动的全过程中，成为一个复杂多变的社会问题在安全领域的集中反映。安全问题不仅对生命个体非常重要，而且对社会稳定和经济发展产生重要影响。党的十六届五中全会提出“安全发展”的重要战略理念。安全发展是科学发展观理论体系的重要组成部分，安全发展与构建和谐社会有着密切的内在联系，以人为本，首先就是要以人的生命为本。"安全·生命·稳定·发展"是一个良性循环。安全科技工作者在促进、保证这一良性循环中起着重要作用。安全科技人才匮乏是我国安全生产形势严峻的重要原因之一。加快培养安全科技人才也是解开安全难题的钥匙之一。

高等院校安全工程专业是培养现代安全科学技术人才的基地。我深信，本套系列教材的出版，将对我国安全工程本科教育的发展和高级安全工程专业人才的培养起到十分积极的推进作用，同时，也为安全生产领域众多实际工作者提高专业理论水平提供了学习资料。当然，由于这是第一套基于专业技术平台课程体系的教材，尽管我们的编审者、出版者夙兴夜寐，尽心竭力，但由于安全学科具有在理论上的综合性与应用上的广泛性相交叉的特性，开办安全工程专业的高等院校所依托的行业类型又涉及军工、航空、化工、石油、矿业、土木、交通、能源、环境、经济等诸多领域，安全科学与工程的应用也涉及人类生产、生活和生存的各个方面，因此，本套系列教材依然会存在这样和那样的缺点、不足，难免挂一漏万，诚恳地希望得到有关专家、学者的关心与支持，希望选用本套系列教材的广大师生在使用过程中给我们多提意见和建议。谨祝本系列教材在编者、出版者、授课教师和学生的共同努力下，通过教学实践，获得进一步的完善和提高。

"嘤其鸣矣，求其友声"，高等院校安全工程专业正面临着前所未有的发展机遇，在此我们祝愿各个高校的安全工程专业越办越好，办出特色，为我国安全生产战线输送更多的优秀人才。让我们共同努力，为我国安全工程教育事业的发展做出贡献。

中国科学技术协会书记处书记㊀
中国职业安全健康协会副理事长
中国灾害防御协会副会长
亚洲安全工程学会主席
高等学校安全工程学科教学指导委员会副主任
安全科学与工程类专业教材编审委员会主任
北京理工大学教授、博士生导师

冯长根

2006 年 5 月

㊀ 现任中国科学技术协会副主席。

前　言

矿井的基建或生产都离不开矿井通风。矿井通风就是依靠机械或自然风压将定量的新鲜空气沿着既定的通风路线连续不断地输送到井下，其作用是：满足回采工作面、掘进工作面、机电硐室、炸药库以及其他用风地点的需要；稀释并排出有毒、有害气体和粉尘等，以保证矿工的安全与健康；调节矿内小气候，以创造良好的工作环境并提高劳动生产率。

煤矿和非煤矿井通风系统的区别在于：一是非煤矿井的通风系统大部分是按垂直方向分阶段通风，而煤矿井一般是按采区通风；二是标志性有害气体有所不同，其主要影响矿井的需风量。但就通风原理和技术而言，两者是相同的。为此，本书在按照煤矿井通风课程要求编写的基础上，特别设置了“7.3 阶段通风网络布局及采场通风（非煤矿井）”和“7.4 采区通风（煤矿井）”两节，以分别讲解非煤矿井的分阶段通风和煤矿井的采区通风；在采煤（矿）工作面和掘进工作面风量计算中，其计算依据包含了煤矿和非煤矿井影响风量的所有因素，以满足煤矿和非煤矿井的风量计算要求。这样一来，本书内容对于煤矿和非煤矿井都是适用的。

本书适用于安全工程、采矿工程、消防工程等本科专业的教学。建议授课学时为48学时，课程结束后安排16~24学时独立的矿井通风与矿井空气检测实验课和2~3周的矿井通风课程设计，以切实掌握本课程的专业实践知识。本课程的先修课程有“流体力学”和“地下采矿学”等。

本书共10章，分别为矿井空气、矿井空气流动的基本理论、矿井通风阻力、矿井通风动力、矿井通风网络中风量的自然分配、矿井风量按需调节、矿井通风系统、掘进通风、矿井通风设计以及矿井空气调节。为方便读者学习和使用，书中公式符号每章自成一个体系，即公式中的每一个符号在同一章中其物理意义和单位量纲是不变的。

本书由内蒙古科技大学王文才教授担任主编。具体的编写分工为：第4~6章由王文才编写；第1章和第7章由内蒙古科技大学的刘树新编写；第8章和第9章由华北科技学院的漆旺生编写，其中8.5.2节、8.5.3节、9.5节和9.7节内容由内蒙古科技大学王文才编写；第2章和第3章由内蒙古科技大学的杨夺编写；第10章由内蒙古科技大学的刘业娇编写。本书的编写框架和目录拟定、编写体例设计以及全书内容统稿由王文才完成。

本书是由安全工程专业教材编审委员会组织编写的，在本书的编写过程中，编审委员会积极组织专家对本书的编写大纲和书稿进行数次审纲和审稿工作，在此，对编审委和有关专家的工作表示诚挚的谢意。

在本书编写过程中参考了许多同行的教材、专著和论文，在此表示衷心的感谢。

由于编写时间比较仓促以及编者的水平所限，缺点和错误在所难免，敬请大家批评指正。

编 者

目　录

第 1 章

第1章 矿井空气

矿井生产过程中，必须持续不断地将地面新鲜空气输送到井下各个作业地点，一是供给人员呼吸之用，二是稀释和排除井下各种有害气体和矿尘，三是创造一个良好的矿井气候条件，以确保井下作业人员的身体健康、劳动安全和高效作业。

1.1 矿井空气成分

1.1.1 地面空气及其进入井下后的变化

地面空气又称为大气，是由多种气体组成的混合气体。大气中除了水蒸气的比例随地区和季节变化较大以外，其余化学组成成分相对稳定，尽管随时间、地点和海拔高度有所变化，但变化不大。一般将不含水蒸气的空气称为干空气，它的组成成分和体积分数分别为氧气20.96%、氮气79%和二氧化碳0.04%。地面空气从井筒进入井下就成了矿井空气。由于受井下各种自然因素和生产因素的影响，与地面空气相比，矿井空气将发生一系列变化。其变化主要有：

1. *混入了有害气体和矿尘*

具体为：

1）煤层、岩层中涌出的有害气体，如甲烷（CH_4）、二氧化碳（CO_2）、硫化氢（H_2S）等。

2）井下物质氧化、燃烧、爆炸等产生的有害气体，如二氧化碳（CO_2）、一氧化碳（CO）、二氧化硫（SO_2）等。

3）爆破产生的炮烟及各作业工序产生的微细矿尘。

4）井下人员呼吸以及燃油设备产生的废气等。

2. *氧气浓度降低*

主要原因是：

1）有害气体的大量涌出会冲淡氧气的浓度。

2）井下物质氧化、人员呼吸等消耗氧气。

3）井下火灾、爆炸等灾害会消耗大量氧气。

3. *矿井空气的温度、湿度等状态参数发生了变化*

由于井巷围岩的散热与氧化、井下人员和机电设备的散热以及水分蒸发等原因，会使得井下空气温度升高、湿度增大，空气的其他状态参数也会发生相应的变化。

地面空气进入矿井以后发生了一系列的变化，习惯上将流动在矿井井巷及井下工作地点的空气称为矿井空气。相对于地面空气，在成分和性质上变化不大的矿井空气称为新鲜空气，简称新风，如进风井巷中的空气。把流经采掘工作面及硐室等工作地点或受到井下矿尘和有害气体污染的、在成分和性质上变化较大的矿井空气称为污浊空气，简称污风或乏风，如回风井巷中的空气。通常以用风地点为界，将用风地点以前的风流称为新鲜空气，或进风流；将用风地点以后的风流称为污浊空气，或回风流。

1.1.2 矿井空气的主要成分及其基本性质

尽管矿井中的空气成分有了一定的变化，但主要成分仍同地面一样，由氧气、氮气、二氧化碳和其他微量气体组成。

1. 氧气（O_2）

氧气是一种无色、无味、无臭的气体，对空气的相对密度为1.105（标准状态下空气的密度为1.293kg/m^3）。氧气是很活跃的化学元素，易使多种元素氧化，能助燃。

氧气是维持人体正常生理机能所不可缺少的气体。人类之所以能够在地球上生存，是因为人体不断汲取食物和吸入氧气，通过氧化作用，进行细胞的新陈代谢作用而维持的。人体维持正常生命过程所需的氧气量，取决于人的体质、精神状态和劳动强度等。一般情况下，人在休息时的需氧量为0.2～0.4L/min，在工作时为1～3L/min。

空气中的氧气浓度直接影响着人体健康和生命安全。表1-1所示为人体缺氧症状与空气中氧气浓度的关系。当氧气浓度降低时，人体就会产生不良反应，严重者会因缺氧窒息甚至死亡。

表1-1 人体缺氧症状与空气中氧气浓度的关系

氧气浓度（体积分数，%）	人体主要症状
17	静止状态无影响，工作时会感到喘息、呼吸困难和强烈心跳
15	呼吸及心跳急促，无力进行劳动
10～12	失去知觉，昏迷，有生命危险
6～9	短时间内失去知觉，呼吸停止，可能导致死亡

矿井中由于有害气体的涌出、物质氧化、人员呼吸等消耗氧气，会导致井下空气中氧气浓度降低。在通风不良或停风的巷道，氧气的浓度可能降低到5%以下，贸然进入会导致窒息死亡，我国煤矿每年都发生多起因缺氧造成的窒息死亡事故。另外，对于井下瓦斯积聚区域或采空区，不可盲目送入空气；否则，会使之达到瓦斯爆炸的条件或引发煤炭自燃。

2. 氮气（N_2）

氮气是一种无色、无味、无毒的气体，对空气的相对密度为0.97，微溶于水，不助燃；化学性质稳定，一般不与其他物质发生反应，在矿井生产中常被当做惰性气体用来灭火或惰化采空区。正常情况下，空气中的氮气对人体无害，但是在井下有限的空间里，当空气中氮气浓度过高时，将相对降低氧气浓度而使人缺氧窒息。由于氮气无毒，实际生产中可以通过检测氧气的浓度来预防氮气的危害。

导致矿井空气中氮气浓度增大的原因主要有：①从煤层或围岩中涌出氮气。许多低瓦斯矿井的煤岩层气体中，氮气往往占有较大的比例。②在矿井防灭火中人为注入氮气，惰化采空区时注入的氮气泄漏。③铵类炸药爆破以及含氮有机物的腐烂等产生一定量的氮气。

3. 二氧化碳（CO_2）

二氧化碳是无色、略带酸臭味的气体，对空气的相对密度为1.52，是一种较重的气体，略有毒性，很难与空气均匀混合，不助燃，易溶于水。

新鲜空气中含有的微量二氧化碳对人是无害的。但二氧化碳对人体的呼吸有刺激作用，所以在为中毒或窒息的人员输氧时，常常要在氧气中加入体积分数为5%的二氧化碳，以促使患者加强呼吸。当空气中的二氧化碳浓度过高时，将使空气中的氧气含量相对降低，轻则使人呼吸加快，呼吸量增加，严重时也能造成人员中毒或窒息。表1-2所示为空气中二氧化碳浓度对人体的影响。

表1-2 空气中二氧化碳浓度对人体的影响

二氧化碳浓度（体积分数,%）	人体主要症状
1	呼吸加深，急促
3	呼吸急促，心跳加快，头痛，很快疲劳
5	呼吸困难，头痛，恶心，耳鸣
10	头痛，头昏，呼吸困难，昏迷
10～20	呼吸停顿，失去知觉，时间稍长会死亡
20～25	短时间中毒死亡

二氧化碳比空气重，常常积聚在煤矿井下的巷道底板、水仓、溜煤眼、下山尽头、盲巷、采空区及通风不良处。矿井中二氧化碳的主要来源有：煤和有机物的氧化；人员呼吸；井下爆破；井下火灾；瓦斯、煤尘爆炸等。有时也能从煤岩中大量涌出，甚至与煤或岩石一起突然喷出，给安全生产造成重大影响。

1.1.3 矿井空气中的有害成分及其基本性质

1. 一氧化碳（CO）

一氧化碳是无色、无味、无臭的气体，对空气的相对密度为0.97，能与空气均匀混合，微溶于水，能燃烧，当体积分数达到13%～75%时遇火源有爆炸性。

CO可令人体中毒，中毒的时间和产生的症状因CO的浓度不同而不同（见表1-3），这是因为人体血液中的血红蛋白专门在肺部吸收空气中的氧气以维持人体的需要，而血红蛋白与CO的亲和力超过它与氧的亲和力的250～300倍，血红蛋白与CO亲和就形成CO血红素，妨碍人体内的供氧能力，使人体各部分组织和细胞产生缺氧现象，引起一系列血液中毒现象，严重时造成窒息死亡。

表1-3 一氧化碳中毒程度与其浓度的关系

一氧化碳浓度（体积分数,%）	主 要 症 状
0.016	数小时后有头痛、心跳、耳鸣等轻微中毒症状
0.048	1h可引起轻微中毒症状
0.128	0.5～1h引起意识迟钝、丧失行动能力等严重中毒症状
0.40	短时间失去知觉、抽搐、假死，30min内即可死亡

一氧化碳中毒的一个显著特征是中毒者黏膜和皮肤呈樱桃红色，两颊有红色斑点。井下发生瓦斯、煤尘爆炸后的空气中，一氧化碳的浓度可以达到1% ~3%（体积分数）。

矿井中一氧化碳的主要来源有煤炭的氧化和自燃、爆破作业、矿井火灾、瓦斯及煤尘爆炸以及井下燃油设备废气等。据统计，在煤矿发生的瓦斯爆炸、煤尘爆炸及火灾事故中，70% ~75%的死亡人员都是因一氧化碳中毒所致。

2. 甲烷（CH_4）

甲烷又称沼气，它是没有颜色、没有气味的气体，比空气轻，对空气的相对密度为0.55，扩散性较空气高1.6倍，极难溶于水。甲烷对人基本无毒，但浓度过高时，会使空气中氧含量明显降低，使人窒息。甲烷的化学性质不活泼，通常情况下不与其他物质发生反应，但当其在空气中达到一定浓度（体积分数为5% ~16%）并遇到高温（650 ~750℃）时能引起爆炸。

在煤矿生产中，通常把以甲烷为主的这些有毒有害气体总称为瓦斯。

甲烷主要由煤层中涌出，是煤层的伴生气体，是对煤矿安全危害最为严重的有害气体。

3. 二氧化氮（NO_2）

炸药爆破时会产生一系列氮氧化物（NO_x）。NO_x中的NO极不稳定，与空气中的氧结合生成NO_2。NO_2主要来源于矿井炸药爆破和柴油机工作时的废气。

二氧化氮是一种红褐色气体，有强烈的刺激性气味，对空气的相对密度为1.59，易溶于水。

二氧化氮是井下毒性最强的有害气体。它遇水后生成硝酸，对眼睛、呼吸道黏膜和肺部组织有强烈的刺激及腐蚀作用，严重时可引起肺水肿。

二氧化氮的中毒有潜伏期，容易被人忽视，二氧化氮的中毒程度与其浓度的关系见表1-4。中毒初期仅是眼睛和喉咙有轻微的刺激症状，常不被注意，有的在严重中毒时尚无明显感觉，还可坚持工作，但经过6h甚至更长时间后才出现中毒征兆。主要特征是手指尖及皮肤出现黄色斑点，头发发黄，吐黄色痰液，发生肺水肿，引起呕吐甚至死亡。

表1-4 二氧化氮的中毒程度与其浓度的关系

二氧化氮浓度（体积分数，%）	主要症状
0.004	2 ~4h内不致显著中毒，6h后出现中毒症状，咳嗽
0.006	短时间内喉咙感到刺激、咳嗽，胸痛
0.01	强烈刺激呼吸器官，严重咳嗽，呕吐、腹泻，神经麻木
0.025	短时间即可致死

4. 二氧化硫（SO_2）

二氧化硫是无色、有强烈硫黄气味及酸味的气体，当空气中二氧化硫浓度达到0.0005%（体积分数）时即可嗅到刺激气味。它易溶于水，对空气的相对密度为2.32，是井下有害气体中密度最大的，常常积聚在井下巷道的底部。

二氧化硫有剧毒，其中毒程度与其浓度关系见表1-5。空气中的二氧化硫遇水后生成硫酸，对眼睛有刺激作用，矿工们将其称之为“瞎眼气体”。此外，也能对呼吸道的黏膜产生强烈的刺激作用，引起喉炎和肺水肿。

表1-5 二氧化硫的中毒程度与其浓度的关系

二氧化硫浓度（体积分数,%）	主要症状
0.0005	嗅到刺激性气味
0.002	头痛、眼睛红肿、流泪、喉痛
0.05	引起急性支气管炎和肺水肿，短时间内有生命危险

矿井中的二氧化硫主要来源于含硫矿物的氧化与燃烧、在含硫矿物中爆破以及从含硫煤体中涌出。

5. 硫化氢（H_2S）

硫化氢是无色、微甜、略带臭鸡蛋味的气体，对空气的相对密度为1.19，易溶于水，当浓度达4.3%～46%（体积分数）时具有爆炸性。

硫化氢有剧毒，其中毒程度与其浓度的关系见表1-6。它不但能使人体血液缺氧中毒，同时对眼睛及呼吸道的黏膜具有强烈的刺激作用，能引起鼻炎、气管炎和肺水肿。当空气中浓度达到0.0001%（体积分数）时可嗅到臭味，但当浓度较高时（体积分数为0.05%～0.01%），因嗅觉神经中毒麻痹，臭味“减弱”或“消失”，反而嗅不到。

表1-6 硫化氢的中毒程度与浓度的关系

硫化氢浓度（体积分数,%）	主要症状
0.0001	有强烈臭鸡蛋味
0.01	流唾液和清鼻涕、瞳孔放大、呼吸困难
0.05	0.5～1h严重中毒，失去知觉、抽搐、瞳孔变大，甚至死亡
0.1	短时间内死亡

矿井中硫化氢的主要来源有：坑木等有机物腐烂；含硫矿物的水化；从老空区和旧巷积水中放出；有些矿区的煤、岩层中也有硫化氢涌出。

6. 氨气（NH_3）

氨气是一种无色、有浓烈臭味的气体，对空气的相对密度为0.6，易溶于水。当空气中的氨气浓度达到30%（体积分数）时遇火有爆炸性。

氨气有剧毒。它对皮肤和呼吸道黏膜有刺激作用，可引起喉头水肿，严重时会使人失去知觉，以致死亡。

氨气的主要来源是铵类炸药爆破、有机物腐烂、含氨的凝胶材料释放等。

7. 氢气（H_2）

氢气是无色、无味、无毒的气体，对空气的相对密度为0.07，难溶于水，是井下最轻的有害气体。空气中氢气浓度达到4%～74%（体积分数）时具有爆炸危险。

井下氢气的主要来源是蓄电池充电，有的中等变质的煤层中也有氢气涌出。此外，矿井发生火灾和爆炸事故时也会产生氢气。

8. 氡气

氡气是一种无色、无味的气体，对空气的相对密度为7.7，是自然界唯一的天然放射性气体，半衰期为3.8天，能溶于水和有机溶剂，在油脂中的溶解度是水中的125倍。氡是惰性气体，一般不参与化学反应。

氡及其子体（氡在衰变过程中所产生的中间产物）是放射性元素，在蜕变过程中会产生一定量的α、β、γ射线，对人体有辐射危害。井下天然放射性元素对人体的危害，主要是氡及其子体衰变时所产生的α射线。吸入这些含氡空气，氡及其子体易沉积在呼吸道上，对呼吸道及肺组织造成辐射危害。

矿井空气中氡气的主要来源是井巷围岩（特别是含铀矿物岩层）及由地下水析出。

9. *矿尘*

在采掘生产过程中所产生的煤（或矿）和岩石的细微颗粒，统称为矿尘。矿尘特别是呼吸性粉尘能引起矿工尘肺病，煤尘能引起爆炸。

1.1.4 矿井空气主要成分及有害成分的安全标准

1. *矿井空气主要成分安全标准*

矿井空气的主要成分中，由于氧气和二氧化碳对人员身体健康和安全生产影响很大，所以《煤矿安全规程》（以下简称《规程》）对其浓度标准作了明确规定。主要如下：

采掘工作面的进风流中，氧气浓度不得低于20%（体积分数）；按井下同时工作的最多人数计算，每人每分钟供给风量不得少于$4m^3$。

在采掘工作面的进风流中，二氧化碳浓度不得超过0.5%（体积分数）；采区回风巷、采掘工作面回风巷风流中二氧化碳浓度不得超过1.5%（体积分数），矿井总回风巷或一翼回风巷中二氧化碳浓度不得超过0.75%（体积分数）。

2. *矿井空气中有害气体安全标准*

为了防止矿井空气中有害气体对人体和安全生产造成危害，《规程》中对其安全浓度（允许浓度）标准作了明确规定，见表1-7。

表1-7 矿井空气中有害气体最高允许浓度

有害气体名称	符号	最高允许浓度（体积分数,%）
甲烷	CH_4	采掘工作面的进风流中为0.5 采区回风巷、采掘工作面回风巷风流中为1.0 矿井总回风巷或一翼回风巷中为0.75
一氧化碳	CO	0.0024
氧化氮（换算成二氧化氮）	NO_2	0.00025
二氧化硫	SO_2	0.0005
硫化氢	H_2S	0.00066
氨	NH_3	0.004
氢气	H_2	0.5

3. *矿井空气中矿尘安全标准*

《规程》对作业场所空气中粉尘（总粉尘、呼吸性粉尘）浓度的规定见表1-8。

4. *矿井空气中氡的安全标准*

GB 18871—2002《电离辐射防护与辐射源安全基本标准》规定，工作场所中氡持续照射情况下活度浓度的限值为$500Bq/m^3$（Bq——贝可勒尔，简称贝可，是放射性活度的国际计量单价，1Bq等于每秒发生一次衰变）。

表 1-8 作业场所空气中粉尘浓度标准

粉尘中游离 SiO_2（质量分数,%）	最高允许浓度/（mg/m^3）	
	总粉尘	呼吸性粉尘
<10	10	3.5
10 ~ <50	2	1
50 ~ <80	2	0.5
≥80	2	0.3

1.2 矿井空气状态及其物理性质

1.2.1 矿井空气状态参数及基本定律

1. *矿井空气状态参数*

干空气是指完全不含有水蒸气的空气，是由氧、氮、二氧化碳、氩、氖和其他微量气体所组成的混合气体，其组成成分比较稳定。地面和井下空气是由干空气和水蒸气组成的混合气体，亦称为湿空气。湿空气中含有水蒸气，其水蒸气含量的变化会引起湿空气物理性质和状态的变化。

干空气的状态参数有温度、压力和密度，三者遵循理想气体状态方程；而湿空气中的水蒸气含量可由空气的湿度来表征。水蒸气的状态参数也是温度、压力和密度，三者也遵循理想气体状态方程。所以，矿井空气的基本状态参数是温度、压力和湿度。

2. *矿井空气基本定律*

（1）气体状态方程

对于质量为 m 的理想气体，由气体状态方程可得

$$pV = \frac{m}{M_0}R_0T \tag{1-1}$$

式中 p——气体的压力（Pa）；

V——气体的体积（m^3）；

R_0——摩尔气体常数［J/(mol·K)］，$R_0 = 8.314$J/(mol·K)；

T——气体的热力学温度（K）；

m——气体的质量（kg）；

M_0——气体的摩尔质量（kg/mol）。

令 $R = R_0/M_0$，由式（1-1）得

$$\rho = \frac{m}{V} = \frac{p}{RT} \tag{1-2}$$

式中 ρ——气体的密度（kg/m^3）；

R——质量气体常数［J/(kg·K)］。

（2）道尔顿分压定律

在任何容器内的气体混合物中，如果各组分之间不发生化学反应，则每一种气体都均匀

地分布在整个容器内，它所产生的压强和它单独占有整个容器时所产生的压强相同，即理想气体混合物的总压力（即通常用气压计测出的该气体混合物的绝对静压）为各组元气体分压力之和。

由道尔顿分压定律可以推知，气体混合物的总质量为各组元气体质量之和，但各组元气体的温度都和气体混合物的温度相等。

1.2.2 空气的温度及其测定

温度是空气分子平均运动动能大小的宏观量度。温度的数值标尺称为温标，常用的温标是热力学温标（又称绝对温标）、摄氏温标和华氏温标。为了区别湿球温度，将湿空气的温度称为干球温度。摄氏温度与热力学温度和华氏温度之间的关系分别为

$$T = t + 273.15 \tag{1-3}$$

$$t = \frac{5(t' - 32)}{9} \tag{1-4}$$

式中 t——气体的摄氏温度（℃）；

t'——气体的华氏温度（℉）。

水银温度计是常用的温度测量仪器，它测定的是摄氏温度值。

1.2.3 空气的湿度及其测定

空气的湿度是指空气中所含的水蒸气量或潮湿的程度，有绝对湿度、相对湿度和含湿量三种表示方法。

1. 绝对湿度

单位体积的空气中所含水蒸气的质量，称为空气的绝对湿度。其单位与密度单位相同，其值等于水蒸气在其分压力与温度下的密度。即

$$\rho_a = \frac{m_a}{V} \times 100\% \tag{1-5}$$

式中 ρ_a——空气的绝对湿度（kg/m^3）；

m_a——水蒸气的质量（kg）。

在一定的温度和压力下，单位体积或单位质量的空气所能容纳的水蒸气量是有极限的，超过这一极限值，多余的水蒸气就会被凝结出来。这种含有极限值水蒸气的湿空气称为饱和空气，其含有的水蒸气量称为饱和空气的饱和绝对湿度，用ρ_s表示；此时的水蒸气分压力称为饱和水蒸气分压，用p_s表示。

温度越高，ρ_s就越大。在一定的温度和压力下，ρ_s是确定值，可通过查附表 3-1 得出。

2. 相对湿度

湿空气的绝对湿度与同温度下饱和空气的饱和绝对湿度之比，称为相对湿度。即

$$\varphi = \frac{\rho_a}{\rho_s} \times 100\% \tag{1-6}$$

式中 φ——空气的相对湿度（%）；

ρ_s——同温度下饱和空气的饱和绝对湿度（kg/m^3）。

相对湿度 φ 的大小反映了空气所含水蒸气量接近饱和的程度，因此也称为饱和度。φ 值

小表示空气干燥，其吸收水分的能力强；φ 值大则表示空气潮湿，其吸收水分的能力弱；$\varphi=0$ 时为干空气，$\varphi=1$ 时为饱和空气。因此，不论气温高低，由 φ 值的大小可以直接看出其干湿程度。水分向空气中蒸发的快慢直接与相对湿度有关。

不饱和空气随温度下降其相对湿度逐渐增大，冷却到 $\varphi=1$ 时的温度称为露点。再继续冷却，空气中的水蒸气就会因过饱和而凝结成水珠。反之，当空气温度升高时，空气的相对湿度将会减小。

空气中的水蒸气遵循理想气体状态方程，由式（1-2）得

$$\rho_a=\frac{m_a}{V}=\frac{p_a}{R_aT} \tag{1-7}$$

式中 p_a——空气中的水蒸气分压力（Pa）；

R_a——水蒸气的质量气体常数[J/(kg·K)]，$R_a=461$J/(kg·K)。

同理，饱和空气中的水蒸气也遵循理想气体状态方程，由式（1-2）得

$$\rho_s=\frac{m_s}{V}=\frac{p_s}{R_aT} \tag{1-8}$$

式中 p_s——同温度下饱和空气中的饱和水蒸气分压力（Pa）；

m_s——同温度下饱和空气中的饱和水蒸气质量（kg）。

将式（1-8）、式（1-7）代入式（1-5）得

$$\varphi=\frac{p_a}{p_s}\times 100\% \tag{1-9}$$

例1-1 甲地的空气温度 $t=18℃$，$\rho_a=10.7\text{g/m}^3$；乙地的空气温度 $t=30℃$，$\rho_a=15.4\text{g/m}^3$。试求两地的相对湿度。

解：查附表3-1得，当 t 为18℃时 $\rho_s=15.3\text{g/m}^3$；当 t 为30℃时 $\rho_s=30.1\text{g/m}^3$。

所以甲地 $\varphi_1=10.7/15.3\times100\%=70\%$；乙地 $\varphi_2=15.4/30.37\times100\%=51\%$。

乙地的绝对湿度大于甲地，但由于乙地的相对湿度小于甲地，故乙地空气的吸湿能力强，更利于蒸发散热。

3. 含湿量

含有1kg干空气的湿空气中所含水蒸气的质量（kg），称为空气的含湿量。即

$$d=\frac{\rho_a}{\rho_d} \tag{1-10}$$

式中 d——空气的含湿量［kg/(kg干空气)］；

ρ_d——单位体积空气中的干空气质量（kg/m³）。

由式（1-9）得 $p_a=\varphi p_s$，根据道尔顿分压定律可知空气中干空气的分压力为 $p-\varphi p_s$，代入式（1-2）有

$$\rho_d=\frac{p-\varphi p_s}{R_dT} \tag{1-11}$$

式中 R_d——干空气的质量气体常数［J/(kg·K)］，$R_d=287$J/(kg·K)。

将式（1-7）和式（1-11）代入式（1-10），整理得

$$d=\frac{R_a}{R_d}\times\frac{\varphi p_s}{p-\varphi p_s}=0.622\frac{\varphi p_s}{p-\varphi p_s} \tag{1-12}$$

空气在某一压力和温度下的最大含湿量，即相对湿度为100%的空气含湿量，称为饱和空气含湿量。

4. 井下空气湿度的变化规律

影响矿井空气湿度变化的主要原因是空气温度变化和水分蒸发，其具体影响因素为：①地面空气的湿度。它的高低受天气、季节和地理位置的影响。我国湿度分布为沿海地区平均湿度较高（平均湿度为70%～80%）、向内陆逐渐降低，西北地区最低（平均湿度为30%～40%）。②矿井涌水量及煤岩层的含水情况。③井下湿式作业情况，特别是喷雾洒水等。

一般情况下，地面较干燥的空气进入井下后，由于巷道壁潮湿、淋水、蒸发等原因，风流的绝对湿度会逐渐增加，直至采区回风的巷道中达到饱和状态时绝对湿度达到最大。在总回风区域，有水分凝结析出时，绝对湿度会有所降低，如图1-1所示。

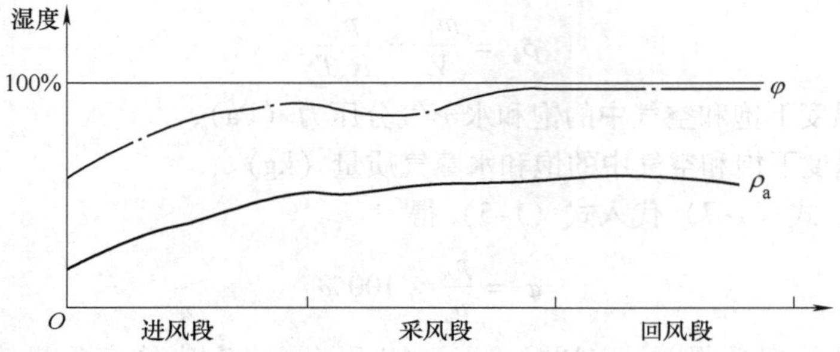

图1-1 井下空气湿度变化

相对湿度是根据风流的绝对湿度和温度而变化的，其变化规律为：在进风段，夏季时由于进入井巷使风流温度降低，使空气的饱和绝对湿度下降，致使风流的相对湿度升高，人感觉比较潮湿；冬季时由于进风井巷使风流温度升高，使空气的饱和绝对湿度增大，致使风流的相对湿度降低，人会感觉空气比较干燥，即所谓的“冬干夏湿”现象。

如图1-1所示，对于多数矿井，较干燥的空气进入井下，由于井巷的淋水和蒸发，风流的相对湿度会逐渐增大。例如井巷内滴水，能使空气的相对湿度增至90%。在进风大巷采区进风巷道的升温段，由于巷道的水源较少和风流温度的升高，风流的相对湿度会有所下降。到采掘工作面，由于湿式作业的大量水分蒸发，相对湿度上升很快。到工作面回风巷，空气中的水分基本达到饱和，即相对湿度接近100%。随着矿井排出的污风，每昼夜可从矿井内带走数吨甚至上百吨的地下水。

例1-2 某矿井风量为6000m^3/min，进风口空气相对湿度为30%，温度为12℃；回风井口空气相对湿度为100%，温度为22℃。试求一昼夜由矿井风流带出的水量。

解：由进风流温度12℃，查附表3-1可得空气的饱和绝对湿度为$\rho_s = 0.010kg/m^3$，则空气的绝对湿度为$\rho_a = \varphi\rho_s = 0.003kg/m^3$；同理求得矿井回风流绝对湿度为0.0193$kg/m^3$。

则一昼夜由矿井风流带出的水量为：$6000\times(0.0193-0.003)\times60\times24 = 140832kg/d \approx 140.8t/d$，即矿井风流每天从井下带出140.8t水。

5. 空气湿度的测定

矿井空气湿度的测定通常采用风扇湿度计，又称为通风干湿表，如图1-2所示。它主要由两支相同的温度计1、2和一个通风器6组成。其中一只温度计的水银液球上包有湿纱布，称为湿温度计；另一只温度计称为干温度计。两只温度计的外面均罩着内外表面光亮的双层金属保护管4、5，以防热辐射的影响。通风器6内装有风扇和发条，使用时上紧发条，风扇转动，使风管7内产生稳定的气流，干、湿温度计的水银球处在同一风速下。

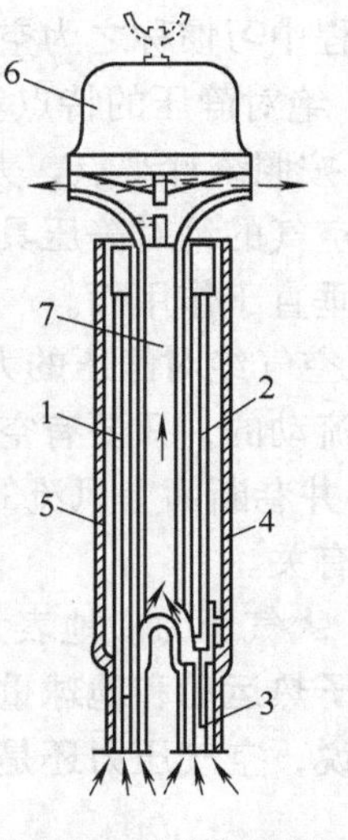

图1-2 风扇湿度计

1—干球温度计 2—湿球温度计

3—湿棉纱布 4、5—双层金属保护管

6—通风器 7—风管

测定相对湿度时，先用仪器附带的吸水管将湿温度计的棉纱布浸湿，然后上紧发条，小风扇转动吸风，空气从两个金属保护管4、5的入口进入，经中间风管7由上部排出。由于湿球表面的水分蒸发需要热量，因而湿球温度计的温度值低于干球温度计的温度值，空气的相对湿度越小，蒸发吸热作用越显著，干湿温度差就越大。根据湿温度计的读数（t',℃）和干、湿度计的读数差值（Δt,℃），由附表4-1即可查出空气的相对湿度（φ）。

例1-3 *在井下某处用风扇湿度计测得风流的干球温度为24.0℃，湿球温度为20.0℃。求此处空气的相对湿度。*

解：$t'=20.0$℃，$\Delta t=(24.0-20.0)$℃ $=4$℃，查附表4-1得相对湿度为69%。

1.2.4 空气的压力及其测定

井巷任意断面上的空气压力，可以分为静压、位压和动压。

空气压力的常用单位为Pa（帕斯卡，$1\text{Pa}=1\text{N/m}^2$），压力较大时可采用kPa（$1\text{kPa}=10^3\text{Pa}$）、MPa（$1\text{MPa}=10^6\text{Pa}$）。

矿井通风中压力的单位主要有Pa、mmH_2O、mmHg、mmbar、hPa、atm等，其换算关系为$1\text{mmH}_2\text{O}=9.8\text{Pa}$、$1\text{mmHg}=13.6\text{mmH}_2\text{O}=133.2\text{Pa}$、$1\text{mmbar}=1\text{hPa}=100\text{Pa}=10.2\text{mmH}_2\text{O}$、$1\text{atm}=760\text{mmHg}=101325\text{Pa}$。

1. 静压

（1）绝对静压

1）绝对静压的概念。空气的压力是空气分子热运动对器壁碰撞的宏观表现，指的是空气分子作用在器壁单位面积上的力，其单位为N/m²，即压强（Pa）。根据物理学的分子运动理论，空气压力的表达式为

$$p=\frac{2}{3}n_0\left(\frac{1}{2}m_0v_0^2\right) \tag{1-13}$$

式中 n_0——单位体积内的空气分子数（个/m³）；

$\frac{1}{2}m_0v_0^2$——气体分子平移运动的平均动能（J/个）；

p——空气的压力（即空气的绝对静压）（Pa）。

由式（1-13）可知，空气压力的实质是单位体积内空气分子不规则热运动转化为能对外做功的能量，可以看作是单位体积空气所具有的一种弹性（压力）势能，或称为压能，

通风工程中习惯称之为空气的绝对静压。

2）绝对静压的特点。绝对静压有如下的特点：

① 按照统计观点，大量空气分子做无规则的热运动时，在各个方向运动的机会是均等的，故空气的绝对静压具有在各个方向上强度相等的特点，即空气中任一点的绝对静压各向同值且垂直于作用面。

② 空气绝对静压的大小取决于空气分子的稠密程度及其热运动，所以无论空气是静止的还是流动的，只要有空气的地方，就会有空气的绝对静压。

③ 井巷断面上风流的静压大小主要与大气压力、断面位置（主要是高度）以及通风机的作用有关。

3）大气压力。地表大气中的绝对静压习惯称为大气压力。在地球引力场中的大气，由于受分子热运动和地球重力场引力的综合作用，空气的压力在不同标高处其大小是不同的。也就是说，空气压力还是位置的函数，它服从玻耳兹曼分布规律。海拔标高为 Z 处的大气压为

$$p_0 = p_c \exp\left(-\frac{M_0 g Z}{R_0 T}\right) \tag{1-14}$$

式中 Z——海拔标高（m）；

p_0——海拔标高为 Z 处的大气压（Pa）；

p_c——海平面处的大气压（Pa）；

M_0——空气的摩尔质量（kg/mol），$M_0 = 28.97 \times 10^{-3}$kg/mol；

g——重力加速度（m/s^2）；

R_0——摩尔气体常数［J/(mol·K)］，$R_0 = 8.314$J/(mol·K)；

T——空气的热力学温度（K）。

在同一水平面不大的范围内，可以认为大气压是相同的。但大气压与气象条件等因素也有关（主要是温度），一般白天 9～10 时大气压较高，15～16 时大气压较低。在我国，中纬度地区大气压日变化幅度为 100～400Pa，低纬度地区为 250～600Pa。一年中的大气压变化可高达 4～5kPa。我国内地大气压最高值出现在冬季，最低值出现在夏季。大气压的变化，会直接影响矿井空气压力的变化，有时会引起矿井瓦斯的异常涌出。

（2）相对静压

1）压力测算基准。压力的测算基准有如下两种：

① 以真空状态绝对零压为测算基准测得的静压，即以零压力为起点表示的静压，就是绝对静压。绝对静压恒为正值。

② 以当地大气压力 p_0 为测算基准（即零压）测得的静压，称之为相对静压。即

$$h_s = p - p_0 \tag{1-15}$$

式中 h_s——空气的相对静压（Pa）；

p——空气的绝对静压（Pa）。

2）相对静压的特点。相对静压有如下的特点：

① 相对静压 h_s 可正可负。如果容器或井巷中某点的绝对静压 p 大于大气压力 p_0，则称为正压；反之，称为负压。

② 相对静压的大小随选择的基准 p_0 不同而变化。

2. 位压

(1) 重力位能

物体在地球重力场中因地球引力的作用，由于位置的不同而具有的一种能量称为重力位能，简称位能。如果把质量为 m_1(kg) 的物体从某一基准面提高 Z_1(m)，就要对物体克服重力做功 m_1gZ_1(J)，物体因而获得同样数量的重力位能 m_1gZ_1(J)。当物体从 Z_1(m) 处下落到基准面，该物体就会对外做功 m_1gZ_1(J)。

(2) 位压

某一断面的单位体积流体相对于水平基准面所具有的重力位能，称为位压。位压是一种相对于基准面而具有的潜在能量，它不能单独对外呈现压力效应，只是按照能量守恒定律与空气静压相互转化，即当空气由标高高的断面流至标高低的断面时位压转化为静压，其转化的静压附加于标高低断面处的静压中；反之，当空气由标高低的断面流至标高高的断面时部分静压转化为位压，其转化的位压是通过减少标高低断面处的静压产生的。

如图 1-3 所示的井筒中，1—1 断面相对于基准面 2—2（即 2—2 断面的位压为零）的位压为

$$h_z = \int_2^1 \rho_i g \mathrm{d}Z_i \tag{1-16}$$

式中 h_z——空气的位压 (Pa)；

ρ_i——$\mathrm{d}Z_i$段空气柱的平均密度 (kg/m^3)。

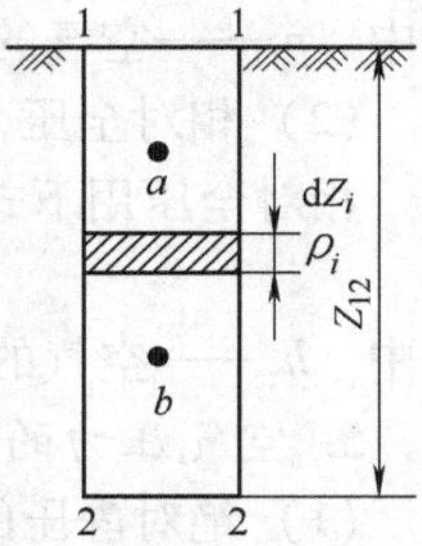

图 1-3 位压的计算

由式 (1-16) 可以看出，1—1 断面相对于基准面 2—2 的位压就是两断面间单位面积上的空气柱重力。

在实际测算位压时，可在 1—1 至 2—2 断面间布置若干测点（测点间距视具体情况而定），如图 1-3 加设了 a、b 两点。然后分别测出这些点的绝对静压、温度和相对湿度，据此计算出各点的密度和各测段的平均密度。则位压为

$$h_z = \rho_{1a} g Z_{1a} + \rho_{ab} g Z_{ab} + \rho_{b2} g Z_{b2} = \Sigma(\rho_{ij} g Z_{ij}) \tag{1-17}$$

在实际应用中，由于密度与标高的变化关系比较复杂，因此在计算空气的位压时，一般采用多测点计算法计算。显然，测点布置得越多，其计算的空气位压就越精确。

(3) 位压的特点。位压有如下特点：

1) 位压随所选基准面的变化而变化。基准面以上的位压为正值，基准面以下的位压为负值。

2) 不论空气是否流动，上断面相对于下断面的位压总是存在的。

3. 动压

(1) 动压

单位体积空气流动时，其动能所呈现的压力称为动压。即

$$h_v = \frac{1}{2}\rho v^2 \tag{1-18}$$

式中 h_v——空气的动压 (Pa)。

(2) 动压的特点

1) 只有作定向流动的空气才具有动压，因此，动压具有方向性。垂直流动方向的作用面所承受的动压最大（即流动方向上的动压真值）；当作用面与流动方向有夹角时，感压孔

感受到的动压值将小于动压真值；当作用面平行流动方向时，感压孔感受的动压为零。因此，在测量动压时，应使感压孔平面垂直于空气流动方向。

2）动压总是大于零。

3）在同一流动断面上，由于风速分布的不均匀性，各点的风速不相等，所以其动压值也不相等。一般情况下，某断面风流的动压是用该断面的平均风速来进行计算的。

4. 全压、势压（能）和总能量（总压力）

矿井通风中，通常将风流中某点的静压与动压之和称为全压，将某点的静压与位压之和称为势压（能），将井巷风流中任一断面（或点）的静压、动压与位压之和称为该断面（或点）的总能量（总压力）。

（1）绝对全压

绝对全压用下式计算

$$p_t = p + h_v \tag{1-19}$$

式中 p_t——空气的绝对全压（Pa）。

（2）相对全压

相对全压用下式计算

$$h_t = h_s + h_v \tag{1-20}$$

式中 h_t——空气的相对全压（Pa）。

5. 空气压力的测定

（1）绝对静压的测定

通常使用水银气压计和无液气压计测定矿井内外空气的绝对静压。

1）水银气压计。如图1-4所示，水银气压计主要由一个水银盛槽与一根玻璃管构成。玻璃管上端封闭，下端插入水银盛槽中，管内上端形成绝对真空，下部充满水银。当盛槽里的水银表面受到空气压力时，管内水银柱的高度就随着空气压力的变化而变化。此管中水银面与盛槽里水银面的高差，就是所测空气的绝对静压。水银气压计属固定式装置，一般置于机房或硐室壁上，以测量其绝对静压或用以校对其他测压计。

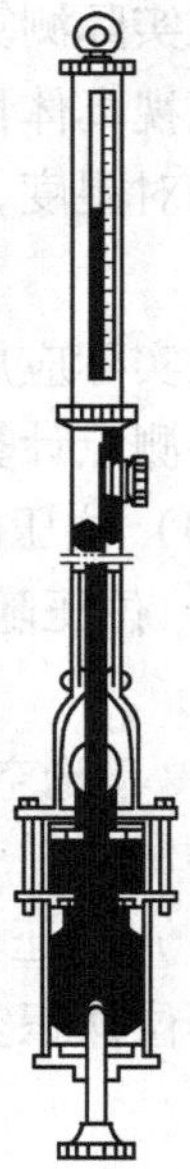
图1-4 水银气压计

2）无液气压计。它的传感器是抽成一定真空度的皱纹金属模盒，其测压原理是：由于盒内抽成真空（实际上还有少许余压），当空气压力作用于盒面上时，盒面被压缩，并带动传动杠杆使指针转动，根据指针转动的幅度，即可获得空气绝对静压的数值。无液气压计是一种携带式仪器，使用前必须进行校正，一般用于巷道内外非固定地点测量空气的绝对静压。

由机械传动机构带动读数指针转动的无液气压计称为空盒气压计，如图1-5所示，它是由一个皱纹状金属空盒与连接在盒上带指针转动的传动机构所构成。空盒气压计精度较低，一般用于巷道内外非固定地点概略地测量空气的绝对静压。用空盒气压计测量时，将盒面水平放置在被测地点，停留10～20min，待指针稳定后再读数，读数时视线应该垂直于盒面。

在表盘上由电信号显示绝对静压数值的无液气压计，称为数值式精密气压计。数值式精密气压计的测量精度可提高到 0.133 ~ 1.33Pa，也可用于测量空气的相对压力。

（2）相对压力的测定

测量井巷中或管道内某点的相对静压、相对全压、相对动压或两点间的压差时，一般需要用皮托管配合压差计来完成。常用的压差计有 U 形压差计、倾斜微压计和补偿式微压计等。

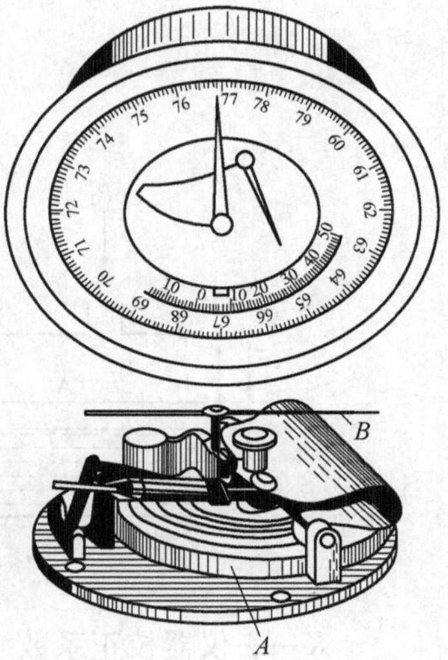

图 1-5 空盒气压计

1）U 形压差计。U 形压差计有垂直和倾斜两种类型，它们都是由一内径相同、装有蒸馏水或酒精的 U 形玻璃管与刻度尺构成，如图 1-6 所示。

测压前，U 形管的两个液面处于同一水平。测压时，在压差作用下，较大压力液面下降，较小压力液面上升，则 U 形压差计两端压差为

$$h_0 = \rho_0 g l_0 \sin\alpha \tag{1-21}$$

式中 h_0——U 形压差计两端压差（Pa）；

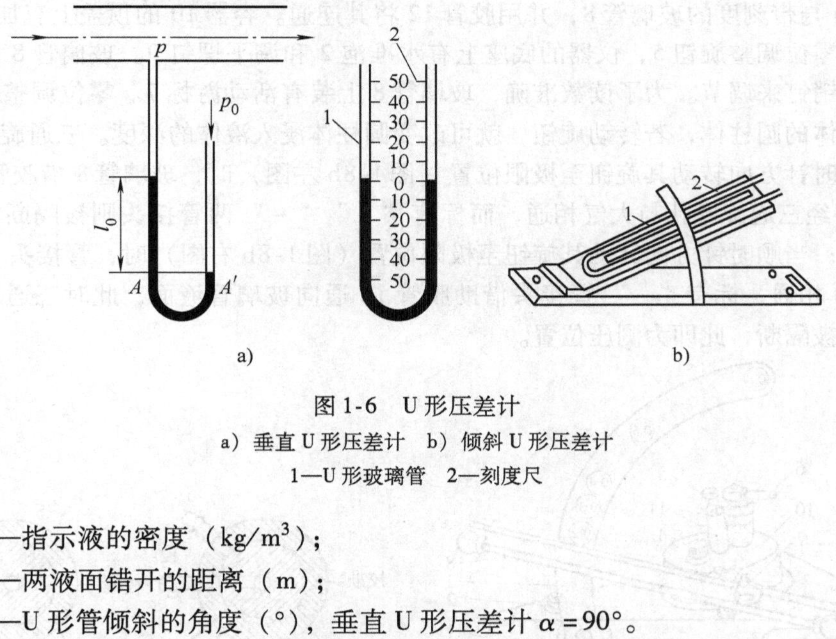

图 1-6 U 形压差计

a）垂直 U 形压差计 b）倾斜 U 形压差计

1—U 形玻璃管 2—刻度尺

ρ_0——指示液的密度（kg/m^3）；

l_0——两液面错开的距离（m）；

α——U 形管倾斜的角度（°），垂直 U 形压差计 $\alpha = 90°$。

2）单管倾斜压差计。如图 1-7 所示，它由一个较大断面的容器 A 与一个小断面的倾斜管 B 相互连通而构成。A 与 B 断面积的比例 F_1/F_2 一般为 250 ~ 300，其中充有适量的酒精。为便于读数，酒精中注入微量的染色剂使之染色。

它的测压原理基本上同 U 形压差计。当 A 与 B 内接受不同压力时（A 内引入较大的压力），A 中液面略有下降，B 内液面相应上升，则两侧压力差 h'_2 为

$$h'_2 = Kl \tag{1-22}$$

式中 h'_2——单管倾斜压差计两端的压差（mmH_2O）；

l——倾斜管上的读数（mm）；

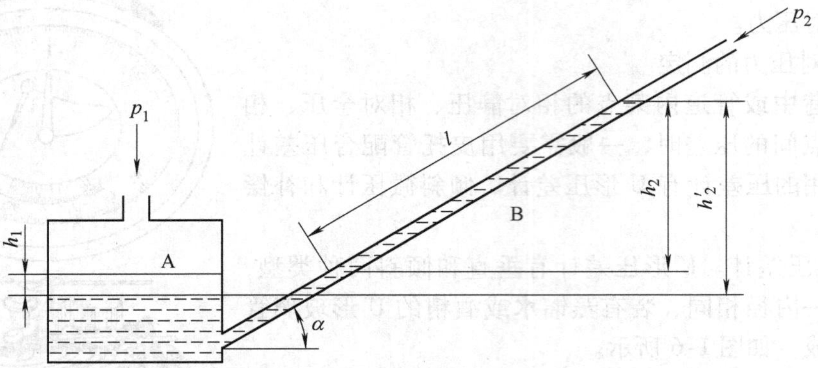

图 1-7 单管倾斜压差计测压原理

K——仪器校正系数（包括大断面内的液面下降、倾斜管的倾斜角度以及酒精密度等对读数影响的校正）。

3）倾斜微压计。图 1-8a 所示为 Y－61 型倾斜微压计的结构图。在三角形的底座 1 上装设容器 10 与带刻度的玻璃管 8，并用胶管 12 将其连通。容器 10 的顶盖上有加液盖 4、三通旋塞 6 及零位调整旋钮 5，仪器的底座上有水准泡 2 和调平螺钉 9。玻璃管 8 的倾角可借弧形板 3 与销钉来调节。为了读数准确，玻璃管 8 上装有活动游标 7。零位调整旋钮下部是一个浸入液体的圆柱体，若转动旋钮，就可改变圆柱体浸入液体的深度。三通旋塞如图1-8b 所示，当反时针方向转动其旋钮至极限位置（图 1-8b 左图）时，玻璃管 8 借胶管 12 与容器 10 连通，并经三通旋塞孔与大气相通，而标有“＋”“－”两管接头则被隔断，此时为调整零位位置；当顺时针方向转动其旋钮至极限位置（图 1-8b 右图）时，管接头“＋”端与玻璃容器 10 相通，标有“－”管接头借助胶管 12 通向玻璃管液面，此时三通旋塞孔与大气的通路则被隔断，此即为测压位置。

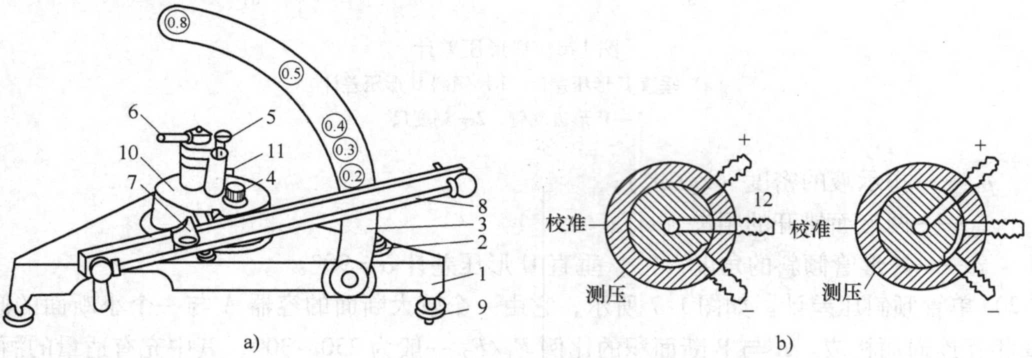

图 1-8 Y－61 型倾斜微压计

a）结构图 b）三通旋塞

1—底座 2—水准泡 3—弧形板 4—加液盖 5—零位调整旋钮 6—三通旋塞 7—活动游标 8—玻璃管 9—调平螺钉 10—容器 11—多向阀门 12—胶管

仪器的使用方法为：①注入酒精。将零位调整旋钮 5 旋置于中间位置，拧开加液盖 4，把配置好的酒精（对水的相对密度为 0.81）慢慢注入大容器 10 内，直到玻璃内酒精液面在

“0”附近为止。②调平仪器。将玻璃管按所测压力大小固定到弧形板3的适当位置，用调平螺钉9将仪器调平，转动三通旋塞6至调零位置，玻璃管液面如不在“0”刻度上，则旋动零位调整旋钮5使液面恰好位于“0”刻度上。③测压。将高压接到仪器的“+”接头上，将低压接到仪器的“-”接头上，然后转动三通旋塞到“测压”位置，管内液面上升，待液面稳定后，即可读数，记作 l，将其乘以玻璃管所在弧形板相应位置的校正系数 K，即为测得的压差。

4）补偿式微压计。它由盛水容器A和B以胶管连通而成，如图1-9所示。容器B固定不动，B中装有水准头。容器A可以上下移动。这种仪器的测压原理是较大的压力 p_1 连到“+”接头与B相通，小压力 p_2 连到“-”接头与A相通，B中水面下降，水准头露出，同时A内液面上升。测定时，旋转螺杆以提高容器A，则B中水面上升，直至B中水面回到水准头所在水平为止，即通过提高容器A的位置，用水柱高度来平衡（补偿）压差造成的B中水面下降，使它恢复到原来的位置。此时A所上提的高度恰好是压差 p_1-p_2 造成的水柱高度 h。

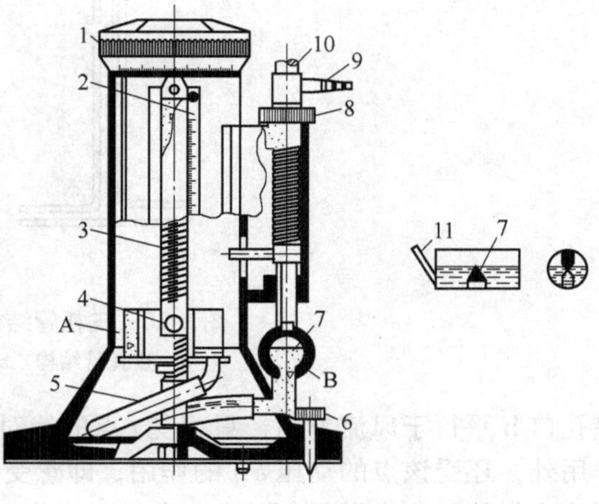

图1-9 补偿式微压计

A、B—盛水容器 1—微调盘 2—刻度盘 3—螺杆 4—胶管接头“-” 5—连通胶管 6—底座螺钉 7—水准头尖端 8—调节螺母 9—胶管接头“+” 10—密封螺钉 11—反射镜

为使测量准确，仪器上装有微调装置与水准观察装置。微调装置由刻有200等分的微盘构成，将它左右转动一圈，螺杆将带动A上下移动2mm，其精度能读到0.01mmH_2O。水准观察装置根据光学原理使水准头在反射镜11中形成倒像，当水准头的尖端和像的尖端恰好接触时，说明B中水面已经达到要求的位置。

补偿式微压计测压时的操作方法为：①安稳仪器。利用底座螺钉6与水准泡将其调成水平，并把微调盘与指示标均对到刻度“0”上。②拧开密封螺钉10，注入蒸馏水，直到反射镜11中观察到的水准头尖端7的正倒影像近似相接，然后拧上密封螺钉10，再慢慢旋转微调盘，使容器A升降数次，以排除连接胶管中的气泡。最后转动调节螺母8，使水准头尖端的正倒影像恰好相接；如果不能调到恰好相接，当两个影像重叠时表明水量不够，当尖端分离时表明水量过多。③将被测高压胶管接到“+”压接头9上，低压胶管接到“-”压接头4上，这时水准头尖端的正倒影像消失或重叠。④按顺时针方向缓慢地转动微调盘，直到水准头尖端7的正倒影再次恰好相接，此时在标尺上读出整数值，在微调盘上读出小数值，两者相加，即为所测压差。

5）皮托管。皮托管是一种测压管，它是承受和传递压力的工具。它由两个同心管（一般为圆形）组成，其结构如图1-10a所示。尖端孔口a与标着“+”号的接头相通，侧壁小孔b与标着“-”号的接头相通。

测压时，将皮托管插入风筒，如图1-10b所示。将皮托管尖端孔口a在 i 点正对风流。

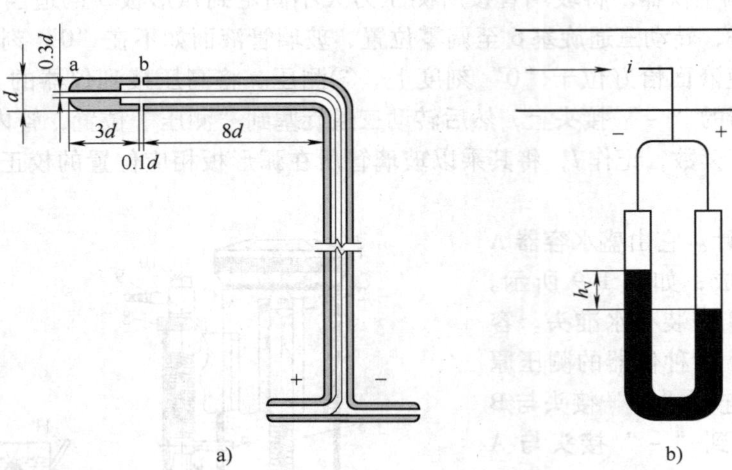

图 1-10 皮托管结构和测压布置图

a）皮托管结构 b）测压布置图

侧壁孔口 b 平行于风流方向，只感受 i 点的绝对静压 p_i，故称为静压孔；端孔 a 除了感受 p_i 的作用外，还受该点的动压 h_{vi} 的作用，即感受 i 点的全压 p_{ti}，因此称之为全压孔。用胶管分别将皮托管的“+”“−”接头连至压差计上，即可测定 i 点的点压力。

如图 1-10b 所示的连接，测定的是 i 点的动压。如果将皮托管“+”接头与压差计断开，这时测定的是 i 点的相对静压；如果将皮托管“−”接头与压差计断开，这时测定的是 i 点的相对全压。

6. 风流点压力的相互关系

（1）压入式通风

压入式通风时，其通风机及点压力测定的布置如图 1-11a 所示，通风机布置在风筒的入风口，在通风机的作用下，风筒内风流的绝对全压高于大气压力，从而使风流排出风筒。其风筒内风流点压力分别为

绝对全压 $p_t = p + h_v$，$p_t > p$，$p_t > p_0$

相对全压 $h_t = p_t - p_0 = h_s + h_v$，$h_s = p - p_0$，$h_t > 0$

压入式通风中，风筒中任一点的相对全压 h_t 恒为正值，所以压入式通风也称之为正压通风。其风道中各点压力关系如图 1-11c 所示。

（2）抽出式通风

抽出式通风时，其通风机及点压力测定的布置如图 1-11b 所示，通风机布置在风筒的出风口，在通风机的作用下，风筒内风流的绝对全压低于大气压力，从而将空气吸入风筒。其风筒内风流点压力分别为

绝对全压 $p_t = p + h_v$，$p_t > p$，$p_t < p_0$

相对全压 $h_t = p_t - p_0$，$h_s = p - p_0$，$|h_t| = |h_s| - h_v$，$h_t < 0$

抽出式通风中，风筒中任一点的相对全压 h_t 恒为负值，所以抽出式通风也称之为负压通风。其风道中各点压力关系如图 1-11d 所示。

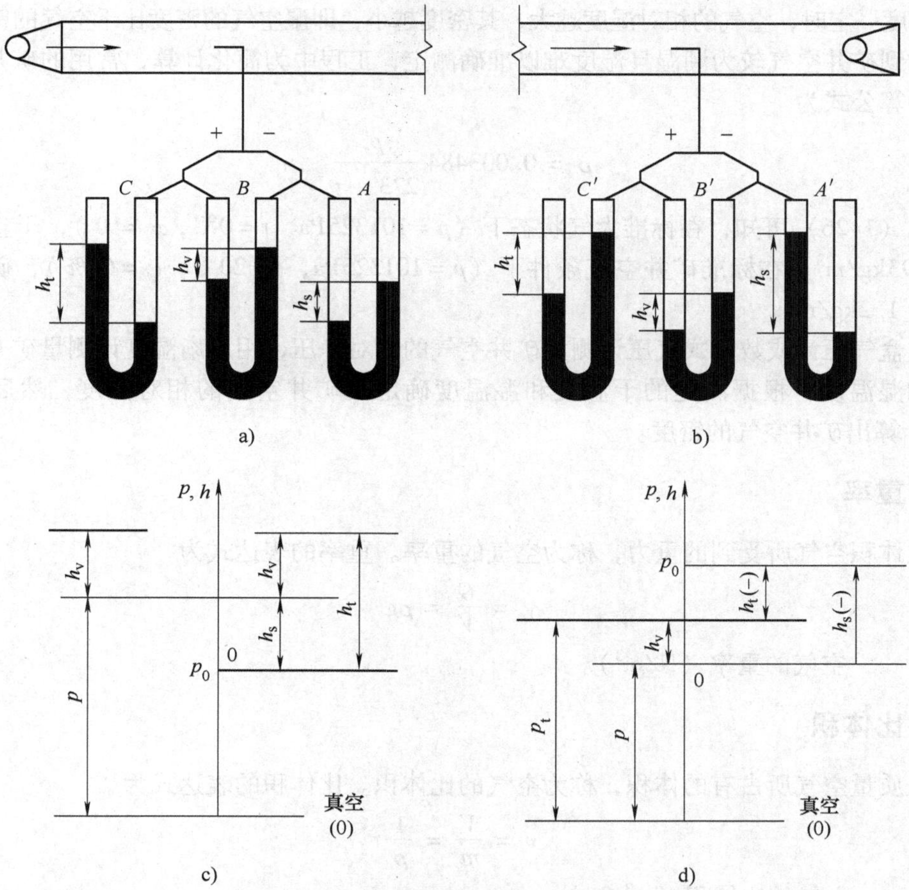

图1-11　风流点压力的测定及其相互关系

a）压入式通风点压力测定　b）抽出式通风点压力测定　c）压入式通风点压力的关系　d）抽出式通风点压力的关系

1.3　矿井空气物理性质

1.3.1　密度及其测算

单位体积空气所具有的质量，称为空气的密度。其表达式为

$$\rho = \frac{m}{V} \tag{1-23}$$

矿井空气为湿空气，湿空气的密度是$1m^3$空气中所含干空气质量和水蒸气质量之和。即

$$\rho = \rho_d + \rho_a \tag{1-24}$$

将式（1-7）、式（1-11）、式（1-3）以及$R_d = 287J/(kg \cdot K)$和$R_a = 461J/(kg \cdot K)$代入式（1-24），整理得

$$\rho = 0.003484 \frac{p}{273 + t}\left(1 - \frac{0.378\varphi p_s}{p}\right) \tag{1-25}$$

由式（1-25）可见，空气的压力越大，温度越低，湿度越小，空气密度越大。当空气的

压力和温度一定时，空气的相对湿度越大，其密度越小，即湿空气的密度比干空气的密度小。

考虑到矿井空气较为潮湿且湿度难以准确测定，工程中为简化计算，常用的矿井空气密度近似测算公式为

$$\rho = 0.003484\frac{p}{273+t} \tag{1-26}$$

由式（1-26）可知，在标准大气状态下（$p=101325\text{Pa}$，$t=0℃$，$\varphi=0$），干空气的密度为 1.293kg/m^3；在标准矿井空气条件下（$p=101325\text{Pa}$，$t=20℃$，$\varphi=60\%$），矿井空气的密度为 1.2kg/m^3。

用空盒气压计或数字式气压计测定矿井空气的绝对静压，用风扇湿度计测量矿井空气的干温度和湿温度；根据测定的干温度和湿温度确定出矿井空气的相对湿度，然后依据式(1-26)计算出矿井空气的密度。

1.3.2 重率

单位体积空气所受到的重力，称为空气的重率。重率的表达式为

$$\gamma = \frac{G}{V} = \rho g \tag{1-27}$$

式中 γ——空气的重率（N/m^3）。

1.3.3 比体积

单位质量空气所占有的体积，称为空气的比体积。比体积的表达式为

$$v = \frac{V}{m} = \frac{1}{\rho} \tag{1-28}$$

式中 v——空气的比体积（m^3/kg）。

1.3.4 黏度

当流体层间发生相对运动时，在流体内部两个流体层的接触面上，便产生黏性阻力（内摩擦力）以阻止相对运动，流体具有的这一性质，称为流体的黏性。例如，空气在管道内以速度 v 作层流流动时，管壁附近的流速较小，向管道轴线方向流速逐渐增大，如同把管内的空气分成若干薄层，如图 1-12 所示。

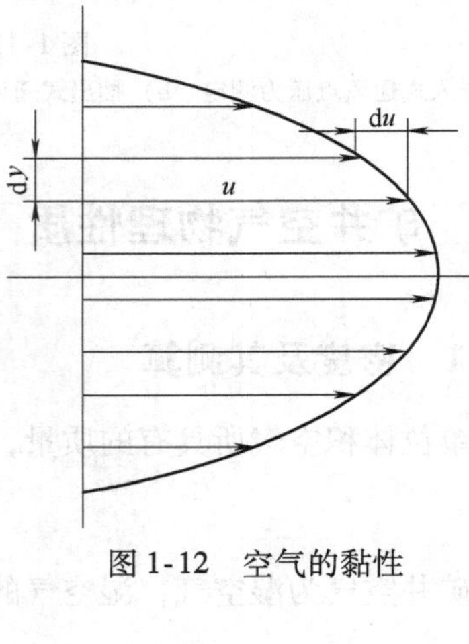

图 1-12 空气的黏性

在垂直流动方向上，设有厚度为 dy（m）、速度为 u（m/s）、速度增量为 du（m/s）的分层，在流动方向上的速度梯度为 dy/du，则牛顿内摩擦定律为

$$F = \mu S\frac{dy}{du} \tag{1-29}$$

式中 F——内摩擦力（N）；

S——流层之间的接触面积（m^2）；

μ——动力黏度（或称绝对黏度），它随着气温和气压而变化（Pa·s）。

由式（1-29）可知，当流体处于静止状态或流层间无相对运动时，$dy/du=0$，则 $F=0$。

在矿井通风中还常用运动黏度，用符号 ν（m^2/s）表示。

$$\nu = \mu/\rho \tag{1-30}$$

流体的黏性是由流体分子间的作用力和动量交换所决定的，温度是影响流体黏性的主要因素之一。对于气体，随温度升高会使分子的动量交换加强，则黏性增大；对于液体，随温度升高会使分子的间距增大，液体由黏稠变得稀薄，则黏性减小。一般情况下，压力对流体的动力黏性影响很小，可以忽略。图 1-13 所示为空气与水的黏性随温度的变化，表 1-9 为几种流体的黏度。

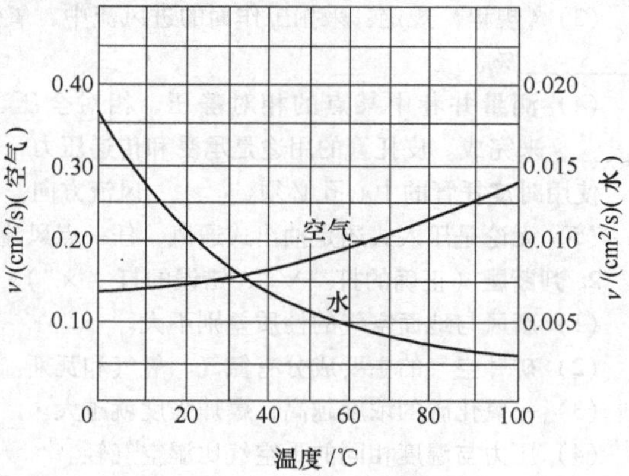

图 1-13　空气与水的黏性随温度的变化

表 1-9　几种流体的黏度（0.1MPa，$t=20$℃）

流体名称	动力黏度 μ/(Pa·s)	运动黏度 ν/(m^2/s)
空气	1.808×10^{-5}	1.501×10^{-5}
氮气（N_2）	1.76×10^{-5}	1.41×10^{-5}
氧气（O_2）	2.04×10^{-5}	1.43×10^{-5}
甲烷（CH_4）	1.08×10^{-5}	1.52×10^{-5}
水	1.005×10^{-3}	1.007×10^{-6}

1.3.5　比热容

使单位质量空气的温度升高 1K 所需要的热量称为空气的比热容 c，它的计量单位是 kJ/(kg·K)。

空气在不同热力变化过程中的比热容是不相同的。等容过程时，单位质量空气温度升高 1K 所需要的热量称为等容比热容（或比定容热容）c_V；等压过程时，空气的比热容称为等压比热容（或比定压热容）c_p。等容比热容和等压比热容均随空气温度改变而变化，其变化规律见表 1-10。

表 1-10　空气比热容表

温度/℃		−10	0	+15	+30	+80
比热容/[kJ/(kg·K)]	c_V	0.7076	~0.7118	~0.7118	0.7159	0.7201
	c_p	0.9965	~1.0006	~1.0006	~1.0006	1.0009

对于一定的气体，等压比热容和等容比热容的比值是个常数，即 $c_p/c_V=\kappa$，κ 称为比热容比，或称为等熵指数。对于空气，$\kappa\approx1.41$。

本章习题

1. 填空题

（1）矿井空气主要是由________、________和二氧化碳等气体组成的。

（2）矿井空气中常见的有害气体有________、硫化氢、二氧化硫、二氧化氮和________等。

（3）《规程》规定：采掘工作面的进风流中，氧气的浓度不得低于________%，二氧化碳浓度不得超过________%。

（4）测量井巷中某点的相对静压、相对全压、动压或两点间的压差时，一般需要用皮托管配合________来完成。皮托管的用途是承受和传递压力，其“+”管脚传递绝对全压，“-”管脚传递绝对静压。使用时皮托管的中心孔必须________风流方向。

（5）无论是压入式还是抽出式通风，任一点风流的相对全压总是等于________与________的代数和。

2. 判断题（正确的打“√”，错误的打“×”）

（1）新风与地面空气的性质差别不大。（　）

（2）矿井空气的主要成分有氮气、氧气和瓦斯。（　）

（3）一氧化碳的浓度越高，爆炸强度就越大。（　）

（4）压力与温度相同的干空气比湿空气轻。（　）

（5）煤矿井下的氢气不是有害气体。（　）

（6）煤矿井下一氧化碳气体的体积安全浓度为0.0024。（　）

（7）二氧化氮对人体的危害很小。（　）

3. 单项选择题

（1）下列气体中不属于矿井空气主要成分的是________。

A. 氧气　B. 二氧化碳　C. 瓦斯

（2）下列不属于一氧化碳性质的是________。

A. 燃烧爆炸性　B. 毒性　C. 助燃性

（3）矿井空气的主要组成成分有________。

A. N_2、O_2 和 CO_2　B. N_2、O_2 和 CO　C. N_2、O_2 和 CH_4

（4）下列气体中不属于矿井空气主要有害气体的是________。

A. 甲烷　B. 二氧化碳　C. 一氧化碳

（5）若下列气体集中在巷道的话，应在巷道底板附近检测的气体是________。

A. 甲烷与二氧化碳　B. 二氧化碳与二氧化硫　C. 二氧化硫与氢气　D. 甲烷与氢气

（6）皮托管中心孔感受的是测点的________。

A. 绝对静压　B. 相对全压　C. 绝对全压

（7）下列哪种气体易溶于水________。

A. 氮气　B. 二氧化氮　C. 瓦斯　D. 二氧化碳

（8）下列气体有刺激性气味的是________。

A. 一氧化碳　B. 氨气　C. 甲烷　D. 二氧化碳

（9）下列气体属于助燃气体的是________。

A. 氮气　B. 二氧化碳　C. 甲烷　D. 氧气

（10）下列气体属于混合物的是________。

A. 硫化氢　B. 二氧化氮　C. 瓦斯　D. 氨气

（11）关于位压，以下说法中错误的是________。

A. 在水平巷道中，风流没有位压差

B. 不论空气流动与否，立井中上下两断面空气的位压差都存在

C. 在非水平巷道中，向下流的位压差为正，向上流的位压差为负

D. 位压与空气密度有关系

4. 问答题

（1）地面空气进入矿井后，其成分和性质发生哪些变化？

（2）矿井空气氧气浓度降低的主要原因是什么？

（3）何谓大气压力？何谓绝对静压、动压和绝对全压？它们各有什么特性？

5. 计算题

（1）井下某采煤工作面的回风巷道中，已知 CO_2 的绝对涌出量为 6.5m³/min，回风量为 520m³/min，问该工作面回风流中的 CO_2 浓度是多少？是否符合安全浓度标准？

（2）测得井下某一工作面风流的干球温度为22℃，湿球温度为20℃，求其相对湿度。

（3）供人员呼吸及其他需要所消耗的氧气量可折算成每人30L/min，则每人所需新鲜空气量为多少？

（4）由于矿井中人员呼吸及其他作业产生的 CO_2 量为5.52m³/min。求稀释 CO_2 到允许浓度所需的风量。

（5）空气压力单位 mmH_2O、Pa、mmHg 如何换算？

（6）冬季进风温度为+5℃，相对湿度为80%，大气压力为101.3kPa；进入矿井后，空气温度增至+15℃，大气压力基本不变。若空气的含湿量不变，求矿内空气的相对湿度。

（7）已知某矿内空气压力 $p=103958$Pa，空气温度 $t=17$℃，空气的相对湿度为60%，求空气的密度。

（8）某矿井总进风量 $Q=2500\text{m}^3/\text{min}$，地表大气压力为101.3kPa，进风温度 $t_1=+5$℃，空气相对湿度 $\varphi_1=70\%$，空气密度 $\rho=1.267\text{kg/m}^3$。矿井回风井口气温 $t_2=20$℃，相对湿度 $\varphi_2=90\%$，求每昼夜风流由矿井中带走的水蒸气量。

（9）压入式通风风筒中某点 i 的相对静压 $h_{si}=1000$Pa、动压 $h_{vi}=150$Pa，风筒外与 i 点同标高的大气压力 $p_{0i}=101332$Pa，求：①i 点的绝对静压；②i 点的相对全压；③i 点的绝对全压。

（10）测得风筒内某点 i 的相对压力如图1-14所示，求动压。（可不考虑单位）

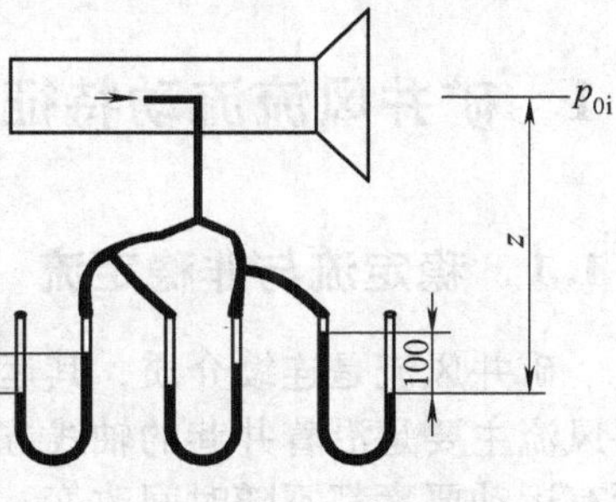

图1-14 习题（10）附图

（11）用皮托管和U形管压差计测得几种通风管道中压力的结果分别如图1-15所示。问相对静压、相对动压和相对全压各为多少？并判断其通风方式。

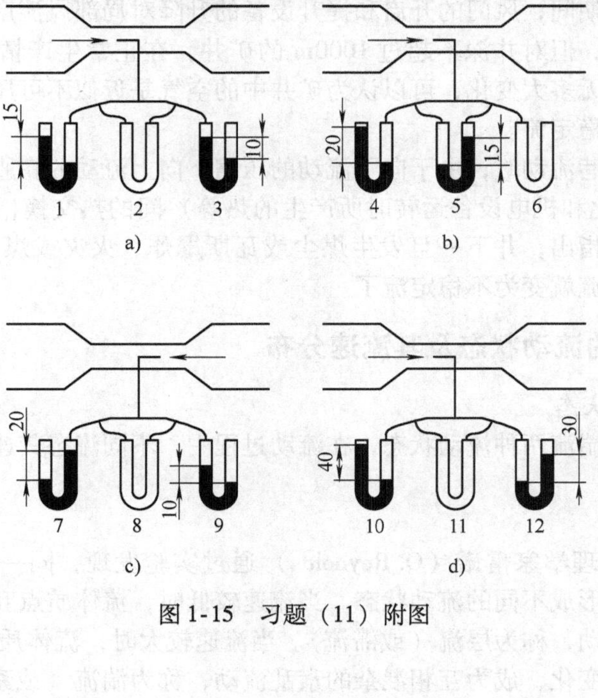

图1-15 习题（11）附图

第 2 章

第 2 章 矿井空气流动的基本理论

井下风流的流动遵循能量守恒及其转换定律。本章结合矿井风流流动的特点，介绍风流的流态、巷道断面风速的分布、矿井风流的运动形式、矿井风速的测定及能量方程，重点阐述矿井通风中的能量方程及其应用。

2.1 矿井风流流动特征

2.1.1 稳定流与非稳定流

矿井风流是连续介质，其运动要素（压力、速度、密度等）都是连续分布的，而且矿井风流主要是沿着井巷的轴线方向运动，可视为一维运动。当流场中流体质点通过空间点的所有运动要素都不随时间改变，只是位置的函数时，这种流被称为稳定流（或称定常流）；如果其中一个要素随时间变化，就被称为非稳定流。

在矿井里，井巷特征、岩壁温度、通风机风压和矿井供风量等，在某一时期内变化不大；在矿井正常通风期间，风门的开启和提升设备的升降对局部风流产生瞬时扰动的影响也不大。空气虽可压缩，但对井深不超过 1000m 的矿井，在正常生产情况下，空气的密度变化不大，其比体积也无多大变化，可以认为矿井中的空气是近似不可压缩的。因此，可以把矿井风流近似地视为稳定流。

此外，风流沿井巷流动时，由于向下流动的压缩、向上流动的膨胀以及与井下各种热源（围岩、有机物的氧化和机电设备运转时所产生的热等）间的热交换，致使矿井风流的热力状态不断变化。应当指出，井下一旦发生煤尘或瓦斯爆炸、火灾或煤（岩）与瓦斯突出等重大灾害时，矿井风流就变为不稳定流了。

2.1.2 井巷风流的流动状态及其流速分布

1. 风流的流动状态

风流具有层流和湍流两种流动状态，在流动过程中，不同流态其速度分布和通风阻力各不相同。

(1) 管道流

1883 年，英国物理学家雷诺（O. Reynolds）通过实验发现，同一流体在同一管道中流动时，不同的流速会形成不同的流动状态。当流速较低时，流体质点互不混杂，沿着与管轴平行的方向做层状运动，称为层流（或滞流）。当流速较大时，流体质点的运动速度在大小和方向上都随时发生变化，成为互相混杂的紊乱流动，称为湍流（或紊流）。

雷诺曾用各种流体在不同直径的管路中进行了大量实验，发现流体的流动状态与平均流速 v、管道直径 d 和流体的运动黏度 ν 有关。可用一个量纲为一的特征数来判别流体的流动状态，这个特征数就称为雷诺数，用 Re 表示。即

$$Re = \frac{vd}{\nu} \tag{2-1}$$

式中　Re——雷诺数；

v——流体的平均流速（m/s）；

d——圆形管道直径（m）；

ν——流体的运动黏度，与流体的温度、压力有关，对于正常时期矿井风流，一般取平均值 $\nu = 14.4 \times 10^{-6}\text{m}^2/\text{s}$。

实验表明，流体在直圆管内流动时，当 $Re \leqslant 2300$（下临界雷诺数）时，流动状态为层流；当 $Re > 4000$（上临界雷诺数）时，流动状态为湍流；在 $Re = 2300 \sim 4000$ 的区域内，流动状态不是固定的，由管壁的粗糙程度、流体进入管道的情况等外部条件而定，只要稍有干扰，流态就会发生变化，因此，成为不稳定的过渡区。在实际工程计算中，为简便起见，通常以 $Re = 2300$ 作为管道流动状态的判别准数，即层流的 $Re \leqslant 2300$，湍流的 $Re > 2300$。

对于非圆形断面的井巷，Re 中的管道直径 d 应以井巷断面的当量直径 d_e 来表示

$$d_e = \frac{4S}{P} \tag{2-2}$$

因此，非圆形断面井巷的雷诺数可表示为

$$Re = \frac{4vS}{\nu P} \tag{2-3}$$

式中　S——井巷断面积（m^2）；

P——井巷断面周长（m）。

对于不同形状的井巷断面，其周长 P 与断面积 S 的关系为

$$P \approx C\sqrt{S} \tag{2-4}$$

式中　C——断面形状系数，梯形 $C = 4.16$，圆形 $C = 2\sqrt{\pi} = 3.545$，三心拱 $C = 3.85$，半圆拱 $C = 3.90$。

例 2-1　某梯形巷道的断面积 $S = 2.5\text{m}^2$，风流的运动黏度为 $14.4 \times 10^{-6}\text{m}^2/\text{s}$，试计算风流开始向湍流过渡时的平均风速。

解：$P = C\sqrt{S} = 6.58\text{m}$，则 $v = \dfrac{Re\,P\nu}{4S} = \dfrac{2300 \times 6.58 \times 14.4 \times 10^{-6}}{4 \times 2.5}\text{m/s} = 0.022\text{m/s}$

计算说明：在 2.5m^2 的巷道里，当风速大于 0.022m/s 时就成为湍流。井巷中的最低允许风速一般为 0.15～0.25m/s，而且大多数井巷的断面都大于 2.5m^2，故矿井中所有通风井巷中的风流几乎都为湍流。

（2）孔隙介质流

当空气在采空区、岩石裂隙、充填物以及堆积状态的煤岩中渗流或漏风时，风速一般都很小，此时的流动状态大多数属于层流。在采空区和煤层等多孔介质中，风流流态的判别准数为

$$Re = \frac{vK}{l\nu} \tag{2-5}$$

式中 K——冒落带渗流系数（m^2）；

l——滤流带粗糙度系数（m）。

流态的判定准则为：当 $Re \leqslant 0.25$ 时为层流，当 $Re > 2.5$ 时为湍流，当 $0.25 < Re \leqslant 2.5$ 时为过渡流。

2. *湍流质点的脉动性*

风流中各点的流动参数（如流速 v、压力 p、密度 ρ 和温度 F 等）随时间作不规则变化，这种变化就被称为湍流脉动。由于湍流脉动，井巷中风流流动参数的瞬时值是不断变化的，如图 2-1 所示。虽然湍流流动参数的瞬时值 $u(t)$ 是随时间 t 的变化而不断变化的，但在一足够长的时间段 T 内，瞬时值 $u(t)$ 总是围绕着某一平均值 $\bar{u}$ 上下波动，该平均值 $\bar{u}$ 被称为流动参数时均值。其表达式为

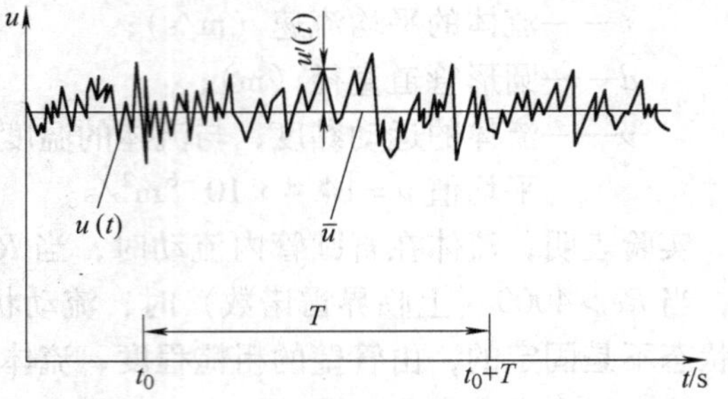

图 2-1 湍流速度的变化

$$\bar{u} = \frac{1}{T}\int_{t_0}^{t_0+T} u(t)\,\mathrm{d}t \qquad (2\text{-}6)$$

式中 $\bar{u}$——井巷断面上某点流动参数的时均值；

T——计算的时间间隔，比脉动周期大得多（s）；

$u(t)$——该点流动参数的瞬时值，即实际值。

湍流状态下风流流动参数的实际值 $u(t)$ 可以表示为时均值与脉动量 $u'(t)$ 之和。即

$$u(t) = \bar{u} + u'(t) \qquad (2\text{-}7)$$

$$\overline{u'} = \frac{1}{T}\int_{t_0}^{t_0+T} u'(t)\,\mathrm{d}t = 0 \qquad (2\text{-}8)$$

式中 $u'(t)$——该点风流流动参数的脉动量。

式（2-8）说明风流流动参数的脉动量在时均值下分布是均等的。

在矿井里，由于井巷系统、用风地点、矿井需风量以及通风机能力等参数在某一时期内变化不大，矿井正常通风期间风门的开启和提升设备的升降对局部风流产生瞬时扰动的影响也不大，因此，一定时期内矿井系统中各断面风流流动参数的时均值 $\bar{u}$ 是稳定的。采用流动参数的时均值 $\bar{u}$ 时候，井巷中空气的流动一般就可视为稳定流了。

矿井通风中通常说的巷道断面某点风流的速度、压力、密度和温度等参数值，均指的是该点风流的时均速度、时均压力、时均密度和时均温度等。

3. *巷道断面风速分布*

由于空气的黏性和井巷壁面摩擦的影响，井巷断面上风速分布是不均匀的，如图 2-2 所示。

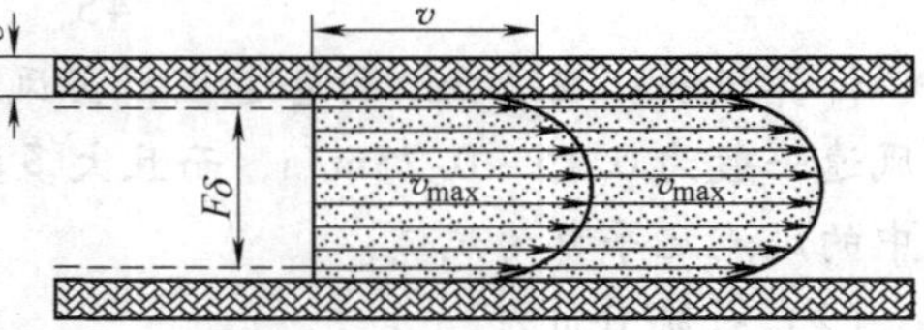

图 2-2 巷道断面风速分布示意图

在贴近壁面处仍存在层流运动薄层，称为层流边层，其厚度 δ 随 Re 增加而变薄，它的存在对流动阻力、传热和传质过程有较大影响。

在层流边层以外，从巷壁向巷道轴心方向，风速逐渐增大，呈抛物线分布，其平均风速为

$$v = \frac{1}{S}\int_s v_i \mathrm{d}s = \frac{Q}{S} \tag{2-9}$$

式中　v_i——巷道断面上任一点的风速（m/s）；

$\mathrm{d}s$——巷道断面上的微元面积（m^2）；

Q——单位时间内通过巷道断面的空气体积，通常被称为风量（m^3/s）。

巷道断面平均风速 v 与巷道断面上的最大风速 v_{max} 的比值，称为风速分布系数（或称速度场系数）。其表达式为

$$K_v = \frac{v}{v_{max}} \tag{2-10}$$

式中　K_v——风速分布系数。

巷道壁越光滑，K_v 值越大，即断面上风速分布越均匀。一般地，砌碹巷道 $K_v = 0.8 \sim 0.86$；木棚支护巷道 $K_v = 0.68 \sim 0.82$；无支护巷道 $K_v = 0.74 \sim 0.81$。

如图 2-3 所示，由于受井巷断面形状和支护形式的影响，以及局部阻力物的存在，巷道断面上的最大风速 v_{max} 不一定在巷道的中心轴线上，风速分布也不一定具有对称性。

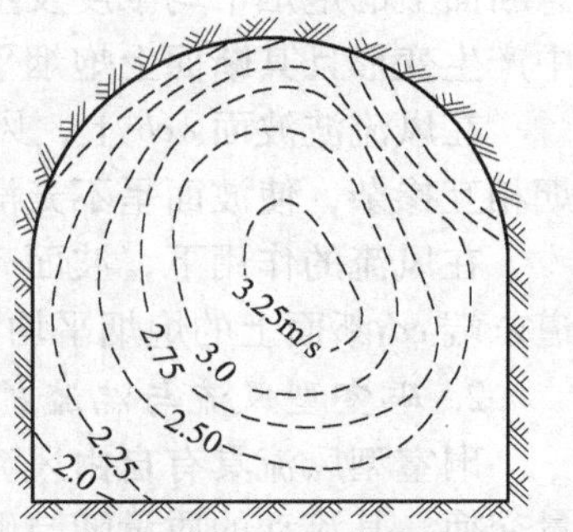

图 2-3　实测的某巷道断面等风速线分布图

2.1.3　矿井风流的运动形式

风流的流动形式有两种，一种是有固定边界的风流，例如井筒、巷道及管道中的风流就属于这一种，其特点是空气受边界的限制而沿风道方向流动。

另一种是没有固定边界的风流，即自由风流，或称射流。当空气由巷道流进宽大的硐室，或空气自风筒末端排到巷道时就会出现自由风流。它的特点为，风流的边界不是风道壁，而是与风流同一相态的介质。

自由风流的横断面随流动方向逐渐扩散，形成圆锥形。此圆锥形风流在前进途中如遇界壁时，则为受限自由风流，如图 2-4a 所示；当圆锥形得以充分发展时，即为完全自由风流，如图 2-4b 所示。

矿井通风中，通常把固定边界的风流称为巷道型风流，无固定边界的风流称为硐室型风流。

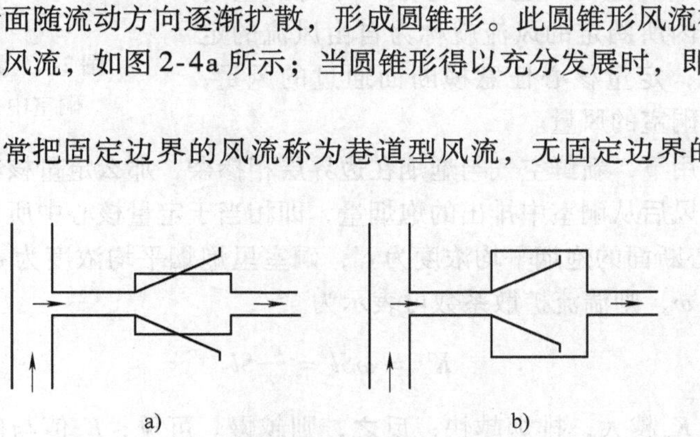

a)　　b)

图 2-4　自由风流

a）受限自由风流　b）完全自由风流

1. 巷道型风流与湍流变形

图 2-5 所示的巷道型风流，右侧和左侧分别为进风道和回风道，爆破后工作场所 $abcd$ 中充满炮烟。

欲把 abcd 中的炮烟排进回风道，必须源源不断地供给新鲜风流。当风流以湍流运动状态通过巷道型工作场所时，其排烟的实质是以纵向运移为主、横向扩散为辅的过程。由于作业场所断面上各点风速分布不均匀，在轴心处风速高，炮烟被排得快；在靠近作业面边壁处风速低，炮烟被排得慢。随着通风时间增加，炮烟区将逐渐变形，形成逐渐伸展的风流波（aeb）。与此同时，作业场所任意断面上的炮烟平均浓度发生变化。这种巷道断面上风速分布不均匀，使炮烟区在移动过程中产生变形且其断面上炮烟平均浓度逐渐变化的过程，称为湍流变形。

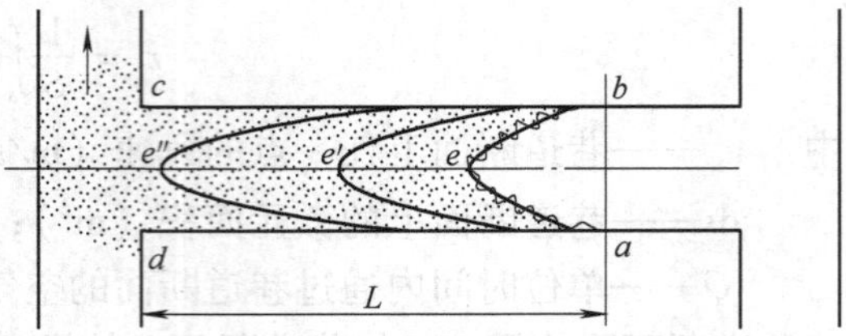

图 2-5　湍流变形

在风流波波面 aeb 上，风流和炮烟相接触。因横向脉动速度作用，波面两侧的风流与炮烟相互掺杂，使波面呈不光滑状态。为便于分析，可把它看成光滑的曲面。

在风流的作用下，波面 aeb 不断向前移动，经过 ae′b、ae″b 等位置而到达回风道。当巷道末端 cd 断面上的炮烟平均浓度合乎允许标准时，就可以认为是排烟完毕了。

2. 硐室型风流与湍流扩散

硐室型风流具有自由风流的特性。在湍流脉动作用下，硐室型风流与周围的空气进行质量交换，其流动的质量随与硐室入风口距离的增加而增大，而风速则逐渐降低，但动量保持不变。

如图 2-6 所示，爆破后硐室中充满炮烟，新鲜风流由进风口 aa′流入，经硐室后从排风口 dd′流出。因为进风口流入的风量必然等于排风口流出的风量 Q，故自由风流各横断面通过的风量，只有与进风量相等的那一部分才是被排出的风量。如果把自由风流中等于进（或回）风量的每个横断面连在一起，即形成一个等风量的柱体，这个柱状体内所圈定的风流就称为自由风流的定量核心。也就是说，定量核心任意横断面通过的风量，均等于流入或排出硐室的风量。

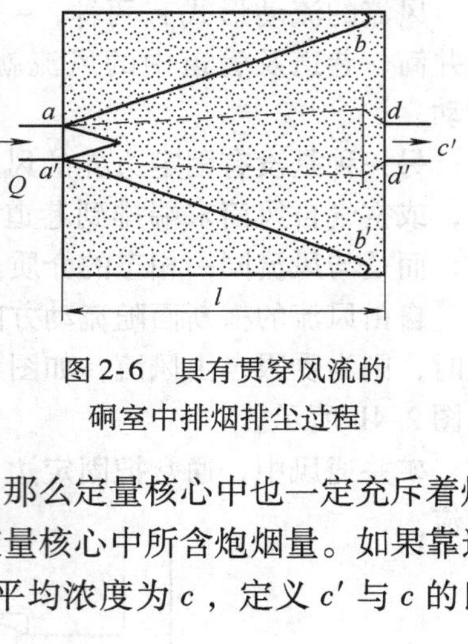

图 2-6　具有贯穿风流的硐室中排烟排尘过程

在湍流扩散作用下，新鲜空气与炮烟在边界层相掺杂，那么定量核心中也一定充斥着炮烟。可以认为，通风后从硐室中排出的炮烟量，即相当于定量核心中所含炮烟量。如果靠近出口 dd 处定量核心断面的炮烟平均浓度为 c'，硐室里炮烟平均浓度为 c，定义 c' 与 c 的比值为湍流构造系数 ω，则湍流扩散系数可表示为

$$K_x = \omega Sl = \frac{c'}{c}Sl \tag{2-11}$$

湍流扩散系数 K_x 越大，排烟越快；反之，则越慢。可见，K_x 值与硐室长度 l、入风口的断面积 S 及入风流的湍流构造系数 ω 有关。

2.2　矿井风速测定

风速既是影响矿井气候条件的主要因素之一，又是测定井下巷道风量的基础。风速与风

量测定是矿井通风测定技术中的重要组成部分，也是矿井通风管理中的基础性工作。

2.2.1　测风地点与方法

1. 测风地点

为了准确、全面地测定风速和风量，每个矿井都必须建立完善的测风制度和分布合理的固定测风站。井下测风要在测风站内进行。对测风站的要求如下：

1）应在矿井的总进风和总回风、各水平与各翼的总进风和总回风、各采区与各用风地点的进风和回风巷中设置测风站，但要避免重复设置。

2）测风站应设在平直的巷道中，其前后各 10m 范围内不得有风流分叉、断面变化、障碍物和拐弯等局部阻力。

3）若测风站位于巷道断面不规整处，其巷道四壁应用其他材料衬壁以使巷道测风处呈固定形状断面，长度不得小于 4m。

4）采煤工作面不设固定的测风站，但必须随工作面的推进选择在支护完好、前后无局部阻力物的断面上测风。

5）测风站内应悬挂测风记录板（牌），记录板（牌）上写明测风站的断面积、平均风速、风量、空气温度、大气压力、瓦斯和二氧化碳浓度、测定日期以及测定人等项目。

2. 测风方法

由井巷断面上的风速分布可知，井巷断面上各点的风速是不同的。为了测得平均风速，可采用线路法或定点法。

（1）线路法测风

如图 2-7 所示，风表按一定的线路采用均匀移动的方式来测定断面风速的方法，称为线路法测风。图 2-7 中，图 2-7a 所示线路比图 2-7b 所示线路的测风操作更复杂，但更准确一些。一般来说，较大的巷道断面采用图 2-7b 所示的线路，较小的巷道断面采用图 2-7c 所示的线路。

机械式风表由于可以连续地累计所测的风速，因而常采用线路法测风。

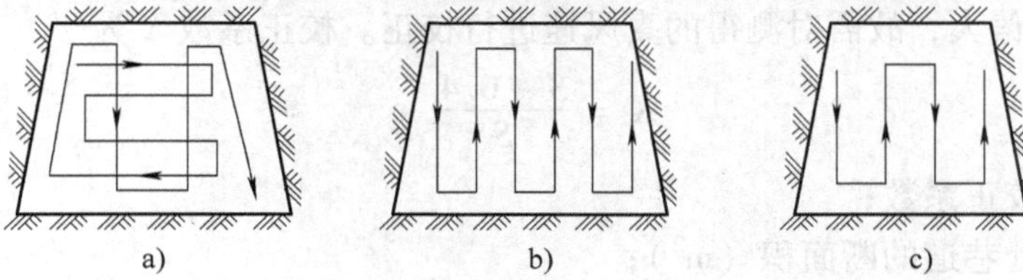

图 2-7　线路法测风

（2）定点法测风

现有的热球式风速仪、超声波旋涡风速传感器以及皮托管与压差计都不能连续累计所测的风速，只能孤立地测定某点风速。因此，用这类仪器测定巷道或管道的平均风速时，应该把巷道断面划分成若干个面积大致相等的方格（图 2-8），再逐格在其中心测量各点风速 v_1、v_2、…、v_m，最后取平均值即得断面的平均风速 v。即

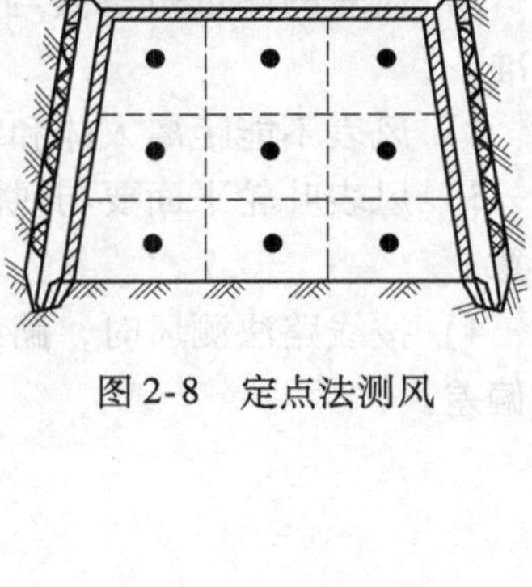

图 2-8　定点法测风

$$v = \frac{v_1 + v_2 + \cdots + v_m}{m} \tag{2-12}$$

式中　m——划分的等面积方格数，即测点数。

这种将井巷断面分为若干格，风表在每一个格内停留相等的时间进行测风的方法，称为定点法测风。

圆形风筒的横断面应划分成若干个等面积的同心圆环，每一个等面积环里相应地有一个测点圆，如图2-9所示。用皮托管压差计测定时，在互相垂直的两个直径上，可以测得每个测点圆的四个动压值，以一系列的动压值，就可以计算出风筒全断面的平均风速。

测点圆数量 n 根据被测风筒直径确定。一般被测风筒直径为300～600mm时，n 取3；直径为700～1000mm时，n 取4。测点圆环半径 R_i 的计算式为

$$R_i = R\sqrt{\frac{2i-1}{2n}} \tag{2-13}$$

式中　R_i——第 i 个测点圆半径（m）；

R——风筒半径（m）；

n——测点圆数量；

i——从风筒中心算起圆环序号。

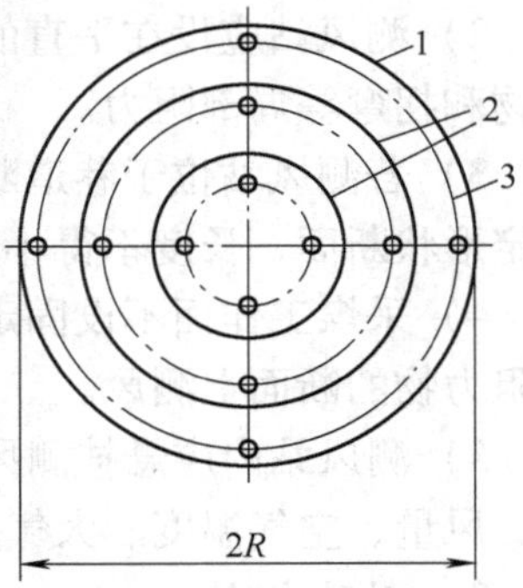

图2-9　圆形风筒划分的等面积同心圆环

1—风筒壁　2—等面积同心圆环界线　3—测点圆　R—风筒半径

（3）风速校正系数 K

测风时，根据测风员的站立姿势不同又分为迎面法和侧身法两种。

1）迎面法是测风员面向风流，将手臂伸向前方测风。由于测风断面位于人体前方，且人体阻挡了风流，故风表的读数值偏小。为了消除人体的影响，需将测得的真风速乘以 $K=1.14$ 的风速校正系数，才能得到实际风速。

2）侧身法是测风员背向巷道壁站立，手持风表将手臂向风流垂直方向伸直，然后在巷道断面内作均匀移动。由于测风员立于测风断面内，减少了通风面积，从而增大了风速，测量结果较实际风速偏大，故需对测得的真风速进行校正。校正系数 K 为

$$K = \frac{S-0.4}{S} \tag{2-14}$$

式中　K——风速校正系数；

S——测风处巷道的断面积（m^2）；

0.4——测风员阻挡风流的面积（m^2）。

3．测风时应注意的问题

1）风表的测量范围要与所测风速相适应，避免风速过高、过低造成风表损坏或测量不准。

2）风表不能距离人体和巷道壁太近，否则会引起较大误差。

3）风表叶轮平面要与风流方向垂直，偏角不得超过10°，在倾斜巷道中测风时尤其要注意。

4）按线路法测风时，路线分布要合理，风表的移动速度要均匀，防止忽快忽慢造成读数偏差。

5）采用机械式风表测风时，秒表和风表的开关要同步，确保在1min内测完全线路（或测点）。

6）有车辆或行人时，要等其通过后风流稳定时再测。

7）同一断面测定三次，三次测得的计数器读数之差不应超过5%，然后取其平均值。

2.2.2 用测风仪表测定风速

1．机械式风表

（1）分类及测风原理

机械式风表是目前金属矿和煤矿使用最为广泛的风表。它全部采用机械结构，多用于测量井巷断面的平均风速，也可以用于点风速的测定。按其感受风力部件的形状不同，可分为翼式风表（图2-10）和杯式风表（图2-11）两种。按照风速测量范围的不同，它又分为高速风表（>10m/s）、中速风表（0.5~10m/s）和低速风表（0.2~5m/s）三种。

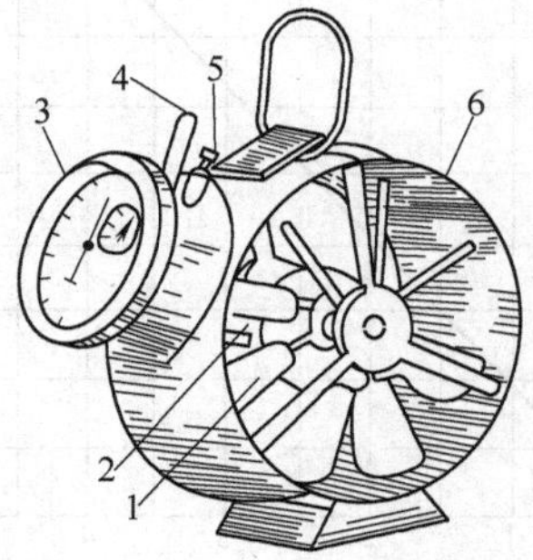

图2-10 翼式风表

1—翼轮 2—蜗杆轴 3—计数器

4—开关 5—回零压杆 6—护壳

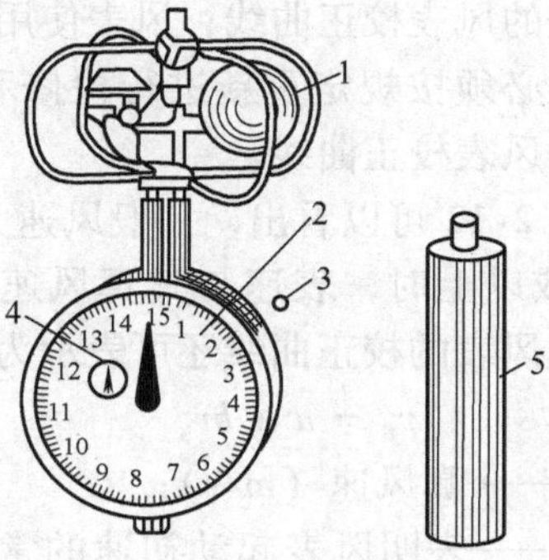

图2-11 杯式风表

1—旋杯 2—计数器 3—起动杆

4—计时指针 5—表把

中速风表一般为翼式风表，如图2-10所示，其受风翼轮1是由八个叶片按照与旋转轴的垂直平面成一定角度安装组成的。当叶轮转动时，通过蜗杆轴2将转动传给计数器3，使计数器指针转动。计数器上设有开关4，当打开开关，计数器指针随翼轮转动；关闭开关，翼轮虽仍转动，但计数器指针不动。回零压杆5为回零装置，不论计数器指针在何位置，只要按下压杆，计数器长短指针立即回到零位。

低速风表的构造与中速风表相似，也为翼式，只是其叶片更薄更轻，翼轮轴更细，因而当风速很低时，也能转动。

高速风表有翼式和杯式两种，翼式的同中速风表，只是叶片及轴的强度更大一些。杯式风表如图2-11所示，它与翼式风表不同之处是将由叶片组成的翼轮换为由三个（或四个）金属半圆杯组成的旋杯1，所以比较坚固，能够经受高风速的吹击。该风表上设有自动计时装置，使用时用手按下启动杆3，计数器指针就回到零位，放开起动杆后，计时指针4开始走动，同时计数器指针也走动；经1min后，计数器指针自动停止，同时计时指针也转到最初位置停止下来，完成了风速的测量。

（2）测风步骤

一般采用线路法测风。测风时，先将计数器指针回零，然后使风表迎着风流并与风流方向垂直，不得歪斜，风表转动正常后，同时打开计数器开关和秒表，在1min时间内，风表要按路线法均匀地走完测定路线，然后同时关闭秒表和计数器，读计数器指针读数n，则表速为

$$v_s = \frac{n}{t} \tag{2-15}$$

式中 v_s——风表测得的风速（简称表速，m/s）；

n——风表计数器刻度盘的读数（m）；

t——测风时间，一般为60s。

由于风表结构和使用中机件磨损、腐蚀等影响，通常风表的表速并不是真风速，表速v_s与真风速v_t的关系可用风表校正曲线来表示，如图2-12所示。风表出厂时，都附有该风表的风表校正曲线；风表使用一段时间后，还必须按规定重新进行检修和校正，得出新的风表校正曲线。

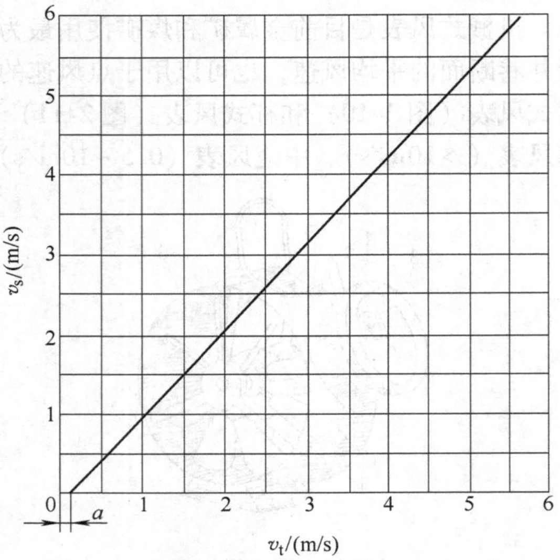

图2-12 风表校正曲线

从图2-12可以看出，一般风速为0.2～0.3m/s或以上时，表速与其真风速呈线性关系，故风表的校正曲线还可表示为

$$v_t = a + bv_s \tag{2-16}$$

式中 v_t——真风速（m/s）；

a——表明风表起动初速的常数，决定于风表转动部件的惯性和摩擦力；

b——校正常数，决定于风表的构造尺寸；

v_s——风表测得的风速（m/s）。

计算出的表速v_s再由风表校正曲线或式（2-16）求得真风速v_t，然后根据测风员的站立姿势将真风速v_t乘以校正系数K就得所测巷道断面的平均风速v。即

$$v = Kv_t \tag{2-17}$$

测得平均风速后，需要细致地量出测风断面的巷道尺寸，计算出巷道的断面面积S，这样就可求出通过巷道的风量Q。即

$$Q = vS \tag{2-18}$$

例2-2 *在某矿井井下的测风站内测风，测风站的断面积是8.4m²，用侧身法测得的三次读数分别为325、338、340，每次测风时间均是1min。求算该测风站的风速和通过测风站的风量各是多少（风表校正曲线如图2-12所示）？*

解：1）检验三次测量结果的最大误差是否超过5%。E =（最大读数 - 最小读数）/最小读数 ×100% = (340 - 325)/325 ×100% = 4.62% < 5%，三次测量结果的最大误差小于5%，测量数据精度符合要求。

2）计算风表的表速。$n = (n_1 + n_2 + n_3)/3 = [(325 + 328 + 340)/3]\text{m/min} = 334\text{m/min}$，$v_s = n/t = (334/60)\text{m/s} = 5.57\text{m/s}$

3）查风表校正曲线，求真风速。根据 $v_s=5.57\text{m/s}$，查图 2-12 可得真风速为 $v_t=5.2\text{m/s}$。

4）求测风站测风断面平均风速。$K=(S-0.4)/S=(8.4-0.4)/8.4=0.95$，$v=(0.95\times5.2)\text{m/s}=4.94\text{m/s}$

5）计算通过测风站的风量。$Q=vS=(4.95\times8.4)\text{m}^3/\text{s}=41.58\text{m}^3/\text{s}$

经计算得知，测风站的风速为 4.94m/s，通过的风量为 $41.58\text{m}^3/\text{s}$。

2. 超声波旋涡风速传感器

超声波旋涡风速传感器是应用卡曼涡街理论来实现风速检测的。所谓卡曼涡街理论，就是在无限流场中，垂直流体流向插入一根无限长的非流线型阻挡体（旋涡发生体），在雷诺数为 200～50000 范围内，阻挡体的下游将产生内旋的、互相交替的旋涡列，其旋涡频率 f 与流体流速 v_p 成正比，与阻挡体直径 d_p 成反比。即

$$f=S_t\frac{v_p}{d_p} \tag{2-19}$$

式中　S_t——常数，在雷诺数 $Re=200\sim200000$ 范围内，对于圆柱体 $S_t=0.21$；

f——卡曼旋涡频率（次/s）；

v_p——流体流速（m/s）；

d_p——阻挡体直径（m）。

由式（2-19）可知，只要准确测出旋涡频率 f，就可以确定出流体流速的大小。

如图 2-13 所示，探头为矩形的塑料筒，内有旋涡发生体（d_p），两侧分别有超声波发射器（F）和接收器（S），主机为一防爆外壳体，内有电子信号接收处理线路；图中超声波发生器产生连续等幅振荡信号，经放大后加到发射换能器（F）上，然后转换成等幅连续的超声波信号并发射到流体中。接收换能器（S）接收到的是经旋涡调制的超声波信号，并转

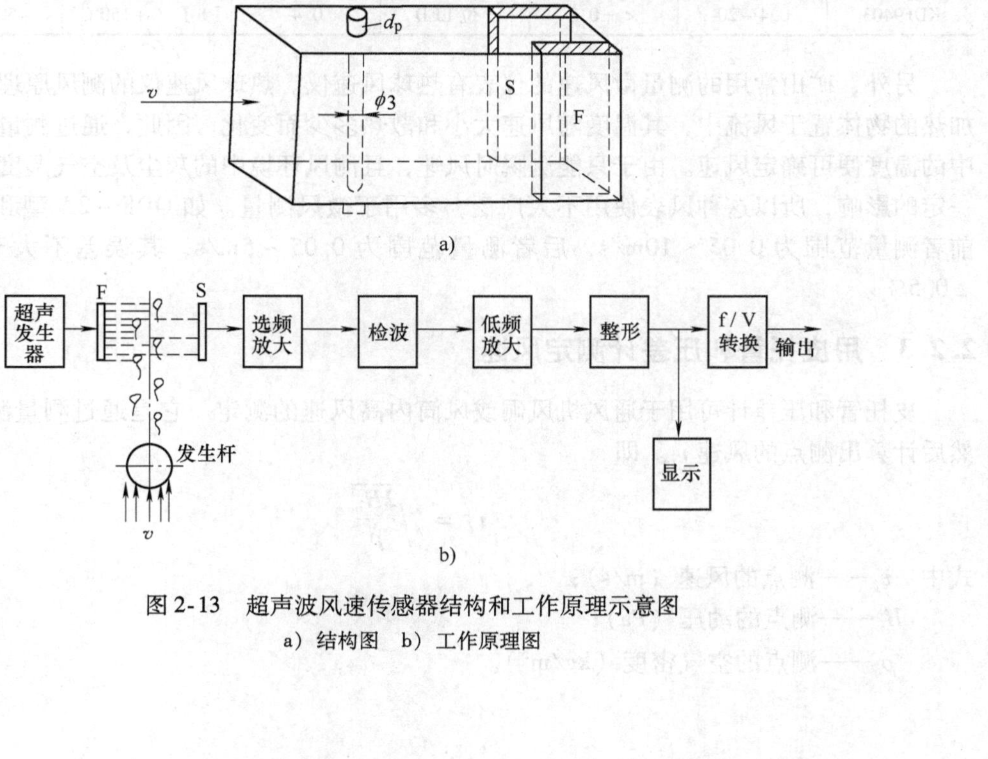

图 2-13　超声波风速传感器结构和工作原理示意图

a）结构图　b）工作原理图

换成电信号，送到选频放大器，选频放大器把经旋涡调制了的微弱信号放大送到检波器检出旋涡信号。经低频放大和电路整形，输出脉冲计数信号。其中一部分由显示电路显示风速；另一部分送给频率/电压变换电路，转换成模拟信号，与各种监测系统配套使用，也可以配上专用电源单独使用。

目前，这类传感器型号有 FC－1 型、FC－2 型、KG5002 型、VA216 型、CW－1 型等风速传感器。CW－1 型风速传感器主要技术指标为：本安电源 12～24V（<300mA）；输出信号 0～150（200～1000）Hz，1～5mA；测量范围 0.3～15m/s；测量误差≤±0.3%。

3. 数字风表

叶轮式数字风表感风元件仍是叶轮，只是在叶轮上安装一些附件，根据光电、电感和干簧管等原理把物理量转变为电量，利用电子线路实现自动记录和检测数字化。如 XSF－1 型数字风表，叶轮在风流作用下，连续不断转动，带动同轴上的光轮作同步转动。当光轮上的孔正对红外光电管时，发射管发出的脉冲信号被接收管接收，光轮每转动一次，接收管接收到两个脉冲。由于风轮的转动与风速成线性关系，因此，接收管接收到的脉冲与风速成线性关系。脉冲信号经整形、分频和 1min 记数后，LED 数码管显示 1min 的平均风速值。

KDF9403 型矿用电子计算式风速计也是采用机械光电原理，以单片微机为核心的矿用智能测风仪表。使用时不必查对校正曲线，通过预置表头修正系数和常数，可测量 1s、1min、2min 时间内的平均风速，并具有风量计算、数据储存、保护和调用等功能。XSF－1 型和 KDF9403 型数字风表的主要技术参数见表 2-1。

表 2-1　XSF－1 型和 KDF9403 型数字风表的主要技术参数

型号	测量范围 /(m/s)	测量误差 /(m/s)	显示方式	起动风速 /(m/s)	防爆形式	外形尺寸 /(mm×mm×mm)
XSF－1	0.4～15	<±0.3	3 位 LED	0.4	ⅠbⅠ（+150℃）	140×40×25
KDF9403	0.4～20	<±0.3	3 位 LED	0.4	ⅠbⅠ（+150℃）	50×150×40

另外，矿山常用的测量微风速的仪表有热球风速仪。热球风速仪的测风原理是，一个被加热的物体置于风流中，其温度随风速大小和散热多少而变化，因此，通过测量物体在风流中的温度便可确定风速。由于只能测瞬时风速，且测风环境中的灰尘及空气湿度等对它也有一定的影响，所以这种风表使用不太广泛，多用于微风测量。如 QDF－2A 型和 QDF－2B，前者测量范围为 0.05～10m/s，后者测量范围为 0.05～5m/s，其误差不大于测量值的±0.5%。

2.2.3 用皮托管和压差计测定风速

皮托管和压差计可用于通风机风硐或风筒内高风速的测定。它是通过测量测点的动压，然后计算出测点的风速 v_i。即

$$v_i = \sqrt{\frac{2H_v}{\rho}} \tag{2-20}$$

式中　v_i——测点的风速（m/s）；

H_v——测点的动压（Pa）；

ρ——测点的空气密度（kg/m^3）。

根据式（2-12）和式（2-20）可得风硐或风筒全断面的平均风速为

$$v=\sqrt{\frac{2}{\rho}}\times\frac{\sqrt{H_{v1}}+\sqrt{H_{v2}}+\cdots+\sqrt{H_{vm}}}{m} \tag{2-21}$$

式中　H_{v1}、H_{v2}、…、H_{vm}——各测点的动压（Pa）；

m——测点数。

风速过低或压差计精度不够时，该法测定误差比较大。

2.2.4　最大风速法测定风速

采用各种测风方法测得巷道中心的最大风速后，利用巷道断面的风速分布系数根据式（2-10）计算出断面的平均风速。

该法测风简单，但巷道断面风速分布系数的准确确定较为困难。

2.2.5　烟雾法或示踪气体法测定微风和漏风

当风速很低时，很难吹动机械风表的叶轮，即便能使叶轮转动，也很难测得准确结果，此时可以采用烟雾、气味或者粉末作为风流的示踪传递物进行风速测定。具体方法为：在通风巷道两端各安排一名测风员，位于上风侧的测风员带发烟器（发味器或粉末）和声响（或光信号）发射器具，下风侧测风员带秒表。一人放出烟雾（气味或粉末），同时发出声响或光信号，另一人听到信号后开始计时，接到烟雾（气味或粉末）为止关闭秒表。则巷道内的平均风速为

$$v=\frac{L_{\mathrm{w}}}{t_{\mathrm{w}}} \tag{2-22}$$

式中　L_{w}——风流流经巷道的距离（m）；

t_{w}——风流流经巷道所用的时间（s）。

采用烟雾法或示踪气体法，也可以判别通风构筑物的漏风。

2.2.6　风表校正

由于风表制造上的误差和使用中的磨损以及温度、湿度、风速、粉尘的影响，表速v_{s}并不等于真风速v_{t}。为了获得真风速，必须用实验方法进行风表校正。新风表在出厂时都附有校正曲线，使用中的风表还必须定期校正，以绘制出新的校正曲线。所谓风表校正，即用专门的设备测定出不同的表速与相应的真风速之间的关系，然后在坐标纸上把它们绘成校正曲线。实验室校正设备有旋臂式校正装置和空气动力管等。

空气动力管（亦称风洞）风表校正装置形式很多，图2-14所示的是其中的一种。

被校正的风表置于工作管5之中，管中的风速用调节阀11控制，其大小从连接于文丘里喷嘴的压差计9上读出。压差计9的刻度用皮托管7测算的平均速度校正。

改变空气动力管的风速，可以获得若干组表速v_{s}与真风速v_{t}的对应值，依此能够绘出风表校正曲线。

旋臂式风表校正装置主要由一根长为2m左右、可以旋转的横杆组成。校正风表必须在一个没有空气流动的房间中进行。首先将风表固定在旋臂的一端，转动旋臂，风表就与旋臂一起转动，风表所在点的运动速度可根据转速和旋臂直径计算出来，该速度即为准确的真风

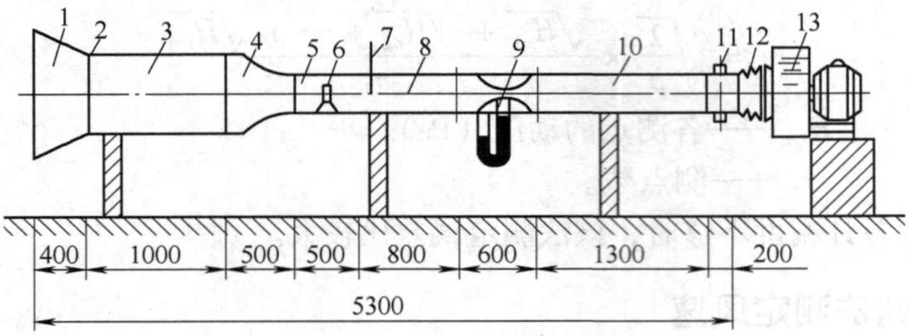

图 2-14 空气动力管式风表校正装置

1—集流器 2—阻尼网 3—稳流管 4—收缩管 5—工作管 6—风表 7—皮托管 8—直线管 9—文丘里喷嘴及压差计 10—直线管 11—调节阀 12—帆布接头 13—扇风机

速 v_t；同时，记录和计算出表速 v_s。按照上述步骤，通过改变旋臂的转速，就可以获得一系列对应的真风速 v_t 和表速 v_s 数据组，从而可得出风表校正方程式和风表校正曲线图。

空气动力管式风表校正装置适宜校正中速和高速风表，旋臂式风表校正装置多用于校正中、低速风表。在矿井通风测定工作中，有时也可用已校正好的风表粗略地校正其他风表。

2.3 矿井风流运动的连续性方程与能量方程

2.3.1 矿井风流运动的连续性方程

1. *理想流体*

不可压缩的、没有黏滞性的稳定流体称为理想流体。这种理想流体实际上是不存在的。井巷中的气体虽然容易被压缩，但在研究井下空气流动特性时，因为巷道空间一般变化很小，所以其密度没有明显改变，可以将其认为是理想流体。

2. *矿井风流运动的连续性方程*

质量守恒是自然界中基本的客观规律之一。在矿井巷道中流动的风流是连续不断的介质，其充满了所流经的空间。在流动过程中无补给和漏失时，根据质量守恒定律可知，稳定流流入某空间的流体质量必然等于流出该空间的流体质量。

风流在井巷中的流动可以看做是一元稳定流。如图 2-15 所示，当空气在井巷中从 1—1 断面流向 2—2 断面时，若在流动过程中无补给和漏风，则流过各断面的空气质量流量相等，即任一过流断面的质量流量 M_i 为常数

$$\rho_1 v_1 S_1 = \rho_2 v_2 S_2 = \rho_i v_i S_i \tag{2-23}$$

$$\rho_1 Q_1 = \rho_2 Q_2 = \rho_i Q_i \tag{2-24}$$

$$M_i = \rho_i v_i S_i = \text{const} \tag{2-25}$$

式中 ρ_1、ρ_2、ρ_i——分别为 1—1、2—2、i—i 断面上空气的平均密度（kg/m^3）；

v_1、v_2、v_i——分别为 1—1、2—2、i—i 断面上空气的平均流速（m/s）；

S_1、S_2、S_i——分别为 1—1、2—2、i—i 断面的断面积（m^2）；

Q_1、Q_2、Q_i——分别为 1—1、2—2、i—i 断面的风量（m^3/s）；

M_i——流过 i 断面的空气质量流量（kg/s）。

这就是矿井空气流动的连续性方程，它适用于可压缩和不可压缩流体。

对于可压缩流体，根据式（2-23）可知，当 $S_1 = S_2$ 时，空气的密度与其流速成反比，也就是流速大的断面上的密度比流速小的断面上的密度要小。

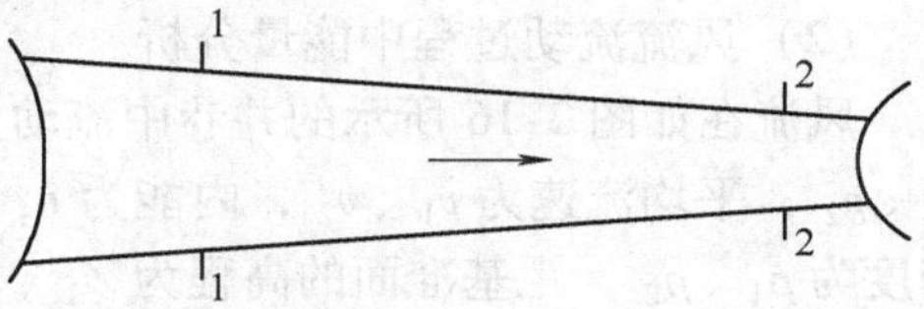

图2-15　一元稳定流连续性分析

对于不可压缩流体，密度为常数（即 $\rho_1 = \rho_2 = \rho_i$），则由式（2-24）可知通过任一断面上的体积流量相等。即

$$Q_i = v_i S_i = \text{const} \tag{2-26}$$

由式（2-26）可以看出，对于不可压缩流体，井巷断面上风流的平均流速与过流断面的面积成反比。即在流量一定的条件下，风流在断面大的地方流速小，在断面小的地方流速大。

空气流动的连续性方程为井巷风量的测算提供了理论依据。

例2-3　风流在图2-15所示的巷道中流动，已知 $\rho_1 = \rho_2 = 1.12\text{kg/m}^3$，$S_1 = 8\text{m}^2$，$S_2 = 6\text{m}^2$，$v_1 = 4\text{m/s}$。求1—1、2—2两断面上通过的质量流量 M_1、M_2；体积流量（风量）Q_1、Q_2；2—2断面的平均风速 v_2。

解：$M_1 = M_2 = \rho_1 v_1 S_1 = (1.12 \times 4 \times 8)\text{kg/s} = 35.84\text{kg/s}$；$Q_1 = Q_2 = v_1 S_1 = (4 \times 8)\text{m}^3/\text{s} = 32\text{m}^3/\text{s}$；$v_2 = Q_2/S_2 = (32/6)\text{m/s} = 5.33\text{m/s}$

2.3.2　矿井风流运动的能量方程

能量方程表达了空气在流动过程中的压能、动能和位能的变化规律，是能量守恒和转换定律在矿井通风中的应用。

在矿井通风系统中，严格地说空气的密度是变化的，即矿井风流是可压缩的。当外力对它做功增加其机械能的同时，也增加了风流的内（热）能。因此，在研究矿井风流流动时，风流的机械能加上其内（热）能才能使能量守恒及转换定律成立。

1. 单位质量（1kg）流体能量方程

（1）能量组成

在井巷通风中，风流的能量由机械能和内能组成，常用1kg空气或1m³空气所具有的能量表示。

风流具有的机械能包括静压能、动压能和位能。

风流具有的内能是风流内部储存能的简称，它是风流内部所具有的分子内动能与分子位能之和。

用 u 表示1kg空气所具有的内能（J/kg），则

$$u = f(T, v) \tag{2-27}$$

式中　T——空气的热力学温度（K）；

　　　v——空气的比体积（m³/kg）。

根据压力 p、温度 T 和比体积 v 三者之间的关系，空气的内能还可写成

$$u = f(T, p),\ u = f(p, v) \tag{2-28}$$

由式（2-27）和式（2-28）可知，空气的内能是空气状态参数的函数。

（2）风流流动过程中能量分析

风流在如图 2-16 所示的井巷中流动，设断面 1—1、2—2 的风流参数分别为绝对静压为 p_1、p_2，平均流速为 v_1、v_2，内能为 u_1、u_2，风流的密度为 ρ_1、ρ_2，距基准面的高程为 Z_1、Z_2。

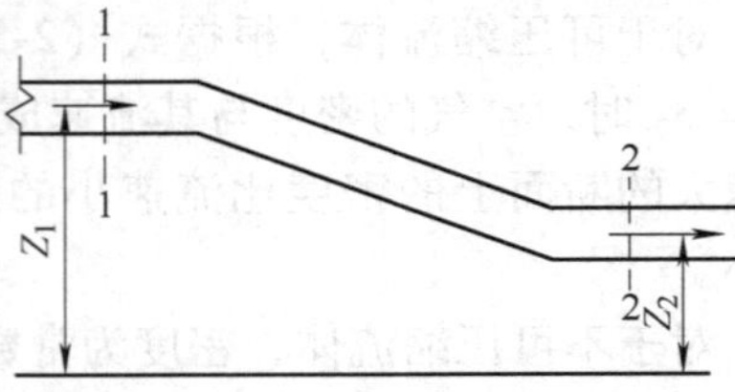

图 2-16 井巷中的风流

在 1—1 断面上，1kg 空气所具有的能量为

$$\frac{p_1}{\rho_1}+\frac{v_1^2}{2}+gZ_1+u_1 \tag{2-29}$$

风流流经断面 1—1→断面 2—2，到达断面 2—2 时的能量为

$$\frac{p_2}{\rho_2}+\frac{v_2^2}{2}+gZ_2+u_2 \tag{2-30}$$

1kg 空气由断面 1—1 流至断面 2—2 的过程中，克服流动阻力消耗的能量为 L_R（J/kg，这部分被消耗的能量将转化成热能 q_R，仍存在于空气中）。另外，还有地温（通过井巷壁面或淋水等其他途径）、机电设备等传给 1kg 空气的热量 q。这些热量将增加空气的内能并使空气膨胀做功。

（3）可压缩空气单位质量流体的能量方程

假设 1—1 断面→2—2 断面间无其他动力源（如局部通风机等），当风流在井巷中作一维稳定流动时，根据能量守恒及转换定律可得

$$\frac{p_1}{\rho_1}+\frac{v_1^2}{2}+gZ_1+u_1+q_R+q=\frac{p_2}{\rho_2}+\frac{v_2^2}{2}+gZ_2+u_2+L_R \tag{2-31}$$

根据热力学第一定律，传给空气的热量（q_R+q），一部分用于增加空气的内能，一部分使空气膨胀对外做功。即

$$q_R+q=(u_2-u_1)+\int_1^2 p\mathrm{d}v \tag{2-32}$$

因 $$\frac{p_2}{\rho_2}-\frac{p_1}{\rho_1}=p_2v_2-p_1v_1=\int_1^2\mathrm{d}(pv)=\int_1^2 p\mathrm{d}(v)+\int_1^2 v\mathrm{d}(p) \tag{2-33}$$

将式（2-32）、式（2-33）代入式（2-31），整理得

$$L_R=-\int_1^2 v\mathrm{d}(p)+\left(\frac{v_1^2}{2}-\frac{v_2^2}{2}\right)+g(Z_1-Z_2)=\int_2^1 v\mathrm{d}p+\left(\frac{v_1^2}{2}-\frac{v_2^2}{2}\right)+g(Z_1-Z_2) \tag{2-34}$$

式（2-34）就是单位质量可压缩空气在无压源的井巷中流动时能量方程的一般形式。1—1、2—2 断面间有压源（如局部通风机等）L_t（J/kg）存在时，则其能量方程为

$$L_R=\int_2^1 v\mathrm{d}p+\left(\frac{v_1^2}{2}-\frac{v_2^2}{2}\right)+g(Z_1-Z_2)+L_t \tag{2-35}$$

（4）单位质量可压缩空气能量方程分析

式（2-34）和式（2-35）中，$\int_2^1 v\mathrm{d}p=\int_2^1\frac{1}{\rho}\mathrm{d}p$ 称为伯努利积分项，它反映了风流从 1—1 断面流至 2—2 断面的过程中的静压能变化，它与空气流动过程的状态密切相关。对于不同的状态过程，其积分结果是不同的。

对于过程指数为 n 的多变过程，其多变过程方程式为

$$pv^n = \text{const} \tag{2-36}$$

不同的多变过程有不同的过程指数 n，n 值可以在 $0 \sim \pm\infty$ 范围内变化。

当 $n=0$ 时，$p=\text{const}$，为定压过程，则：$\int_2^1 v\mathrm{d}p = 0$；

当 $n=1$ 时，$pv=\text{const}$，为等温过程，则：$\int_2^1 v\mathrm{d}p = p_1 v_1 \ln \dfrac{p_1}{p_2}$；

当 $n=k=1.41$ 时，$pv^k=\text{const}$，为等熵过程；

当 $n=\pm\infty$ 时，$v=\text{const}$，为等容过程，则：$\int_2^1 v\mathrm{d}p = v(p_1 - p_2)$　　(2-37)

实际多变过程中，其 n 值是变化的。在深井通风中，如果其 n 值变化较大时，可把通风流程分成若干段（各段的 n 值均不相等），在每一段中的 n 值可近似认为不变。当 n 为定值时，对式（2-36）微分，则有：

$$npv^{n-1}\mathrm{d}v + v^n\mathrm{d}p = 0 \quad \text{或} \quad \frac{\mathrm{d}p}{p} + n\frac{\mathrm{d}v}{v} = 0\text{，则}$$

$$n = -\frac{\mathrm{d}(\ln p)}{\mathrm{d}(\ln v)} = \frac{\ln p_1 - \ln p_2}{\ln \rho_1 - \ln \rho_2} \tag{2-38}$$

按式（2-38）可由邻近的两个实测的状态求得此过程的 n 值。

由式（2-36）和 $v = \dfrac{1}{\rho}$ 得 $pv^n = \dfrac{p}{\rho^n} = \dfrac{p_1}{\rho_1^n} = \dfrac{p_2}{\rho_2^n} = \cdots = \text{const}$，故有

$$v = \frac{1}{\rho} = \frac{1}{\rho_1}\left(\frac{p_1}{p}\right)^{\frac{1}{n}} = \frac{1}{\rho_2}\left(\frac{p_2}{p}\right)^{\frac{1}{n}} = \cdots = \text{const} \tag{2-39}$$

将式（2-39）代入积分项并由积分公式 $\int x^\mu \mathrm{d}x = \dfrac{x^{\mu+1}}{\mu+1} + c$ 积分得

$$\int_2^1 v\mathrm{d}p = \int_2^1 \left(\frac{p_1^{\frac{1}{n}}}{\rho_1} \times \frac{1}{p^{\frac{1}{n}}}\right)\mathrm{d}p = \frac{p_1^{\frac{1}{n}}}{\rho_1}\int_2^1 \frac{1}{p^{\frac{1}{n}}}\mathrm{d}p = \frac{p_1^{\frac{1}{n}}}{\rho_1} \times \frac{n}{n-1} \times \left(p_1^{\frac{n-1}{n}} - p_1^{\frac{n-1}{n}}\right) = \frac{n}{n-1}\left(\frac{p_1}{\rho_1} - \frac{p_2}{\rho_2}\right)$$

将上式代入式（2-34）和式（2-35）得

$$L_{\mathrm{R}} = \frac{n}{n-1}\left(\frac{p_1}{\rho_1} - \frac{p_2}{\rho_2}\right) + \left(\frac{v_1^2}{2} - \frac{v_2^2}{2}\right) + g(Z_1 - Z_2) \tag{2-40}$$

$$L_{\mathrm{R}} = \frac{n}{n-1}\left(\frac{p_1}{\rho_1} - \frac{p_2}{\rho_2}\right) + \left(\frac{v_1^2}{2} - \frac{v_2^2}{2}\right) + g(Z_1 - Z_2) + L_{\mathrm{t}} \tag{2-41}$$

令

$$\frac{n}{n-1}\left(\frac{p_1}{\rho_1} - \frac{p_2}{\rho_2}\right) = \frac{p_1 - p_2}{\rho_{\mathrm{m}}} \tag{2-42}$$

则由式（2-42）和式（2-38）可得

$$\rho_{\mathrm{m}} = \frac{p_1 - p_2}{\dfrac{n}{n-1}\left(\dfrac{p_1}{\rho_1} - \dfrac{p_2}{\rho_2}\right)} = \frac{p_1 - p_2}{\dfrac{\ln p_1 \ln p_2}{\ln \dfrac{p_1/\rho_1}{p_2/\rho_2}}\left(\dfrac{p_1}{\rho_1} - \dfrac{p_2}{\rho_2}\right)} \tag{2-43}$$

式中　ρ_{m} ——1—1、2—2 断面间按状态过程考虑的空气平均密度（$\mathrm{kg/m^3}$）。

则无压源和有压源 L_{t} 的单位质量流体能量方程又可分别表示为

$$L_R = \frac{p_1 - p_2}{\rho_m} + \left(\frac{v_1^2}{2} - \frac{v_2^2}{2}\right) + g(Z_1 - Z_2) \tag{2-44}$$

$$L_R = \frac{p_1 - p_2}{\rho_m} + (\frac{v_1^2}{2} - \frac{v_2^2}{2}) + g(Z_1 - Z_2) + L_t \tag{2-45}$$

2. 单位体积（1m³）流体能量方程

在矿井通风中，习惯使用单位体积流体的能量方程。在考虑空气的可压缩性时，1m³空气流动过程中的能量损失 h_R（J/m³或 Pa）可由1kg空气流动过程中的能量损失 L_R 乘以按流动过程状态考虑计算的空气密度 ρ_m 求得，即 $h_R = L_R\rho_m$，然后将式（2-44）和式（2-45）代入得

$$h_R = p_1 - p_2 + (\frac{v_1^2}{2} - \frac{v_2^2}{2})\rho_m + g\rho_m(Z_1 - Z_2) \tag{2-46}$$

$$h_R = p_1 - p_2 + (\frac{v_1^2}{2} - \frac{v_2^2}{2})\rho_m + g\rho_m(Z_1 - Z_2) + H_t \tag{2-47}$$

式（2-49）和式（2-50）就是单位体积流体无压源和有压源 H_t 的能量方程。

下面就单位体积流体能量方程正确使用加以讨论：

1）1m³空气在流动过程中的能量损失（即通风阻力）等于两断面间的机械能差。状态过程的影响反映在动压差和位压差中，这是与单位质量流体能量方程的不同之处，在应用时应予以注意。

2）$g\rho_m(Z_1 - Z_2)$ 或写成 $\int_2^1 \rho g \mathrm{d}Z$ 是1—1、2—2断面的位压差。当1—1、2—2断面的标高差较大时，该项数值在方程中往往占有很大的比例，必须准确测算。

在计算两断面位压时，要合理选择基准面，才能正确应用能量方程并可简化计算。对于水平巷道，基准面应选择巷道本身；对于单倾斜巷道，基准面应选择较低的断面；对于中间有起伏的巷道，基准面应选择中间最低（最高）起伏点所在水平面。

在计算两断面位压时，密度选取分两种情况，即对于单倾斜巷道，密度取两断面间风流的平均密度；对于中间有起伏的巷道，应以中间最低（最高）起伏点为界，分别取各侧空气柱的平均密度 ρ_{m1} 和 ρ_{m2}。

例如，在图2-17a中，当断面1—1、2—2位于矿井最低水平的同一侧时，可将位压的基准面选在较低的2—2断面；此时，断面2—2的位压为0（$Z_2=0$），断面1—1相对于基准面的高差为 Z_{12}，空气密度取其平均密度 $\rho_{m1}=(\rho_1+\rho_2)/2$，其中 ρ_1、ρ_2 分别为1—1、2—2两断面风流的平均密度。

在图2-17b中，当断面1—1、2—2分别位于矿井最低水平的两侧时，应将位压的基准面选在最低水平（0—0）；此时，断面1—1、2—2相对于基准面的高差分别为 Z_{10}、Z_{20}，空气密度则分别为两侧断面距基准面的平均密度 ρ_{m1} 与 ρ_{m2}，可取 $\rho_{m1}=(\rho_1+\rho_0)/2$、$\rho_{m2}=(\rho_2+\rho_0)/2$，其中 ρ_1、ρ_2、ρ_0 分别为1—1、2—2、0—0三个断面风流的平均密度。

3）$(\frac{v_1^2}{2} - \frac{v_2^2}{2})\rho_m$ 是1—1、2—2两断面上的动压差。

在矿井通风中，因其动压差较小，故在实际应用时 ρ_m 可分别用各自断面上的密度来代替以计算其动压差。

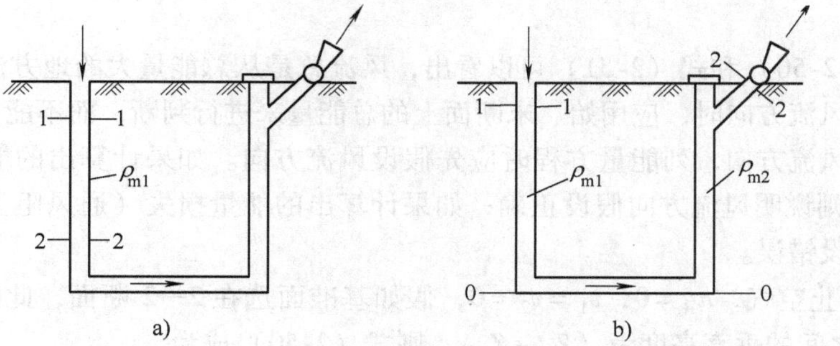

图 2-17　能量方程中位压基准面的确定及密度的取法

a）两断面位于井底同一侧　b）两断面分别位于井底两侧

动压差计算式中的 v_1 和 v_2 分别为断面 1—1 和 2—2 上的平均风速。由于井巷断面上风速分布的不均匀性，用断面平均风速计算出来的断面总动压与断面实际总动压不等，需用动能系数 K_v 加以修正。动能系数是断面实际总动压与用断面平均风速计算出的总动压之比。即

$$K_v = \frac{\int_S \rho \frac{u^2}{2} u \mathrm{d}s}{\rho \frac{v^2}{2} vS} = \frac{\int_S u^3 \mathrm{d}s}{v^3 S} \tag{2-48}$$

式中　u——巷道断面微小面积 ds 上的风速（m/s）。

在实际应用时，为了测算动能系数 K_v，把断面分成若干微小面积（分得越小越好），分别测出每一微小面积上的 u_i 和 s_i，测出断面平均风速 v 和断面积 S，则

$$K_v = \frac{\sum_{i=1}^{n} u_i^3 s_i}{v^3 S} \tag{2-49}$$

断面上风速分布越不均匀，K_v 的值越大。在矿井条件下，K_v 一般为 1.02 ~ 1.05。由于动压差项很小，在应用能量方程时，一般可取 K_v 为 1。只有在进行空气动力学研究时，才实际测得 K_v 值。

在进行了上述位压差和动压差计算的简化处理后，单位体积流体无压源和有压源 H_t 的能量方程可近似地写成

$$h_R \approx p_1 - p_2 + \left(\frac{v_1^2}{2}\rho_1 - \frac{v_2^2}{2}\rho_2\right) + g(\rho_{m1} Z_1 - \rho_{m2} Z_2) \tag{2-50}$$

$$h_R \approx p_1 - p_2 + \left(\frac{v_1^2}{2}\rho_1 - \frac{v_2^2}{2}\rho_2\right) + g(\rho_{m1} Z_1 - \rho_{m2} Z_2) + H_t \tag{2-51}$$

式中　h_R——通风的能量损失，即通风阻力（Pa）。

① 从能量观点来说，式（2-50）表示无压源时单位体积风流流经井巷两断面的能量损失等于这两个断面上的总能量（静压、动压和位压之和）之差；式（2-51）表示有压源时单位体积风流流经井巷两断面的能量损失等于这两个断面上的总能量之差再加上压源 H_t。在始、末断面间有压源 H_t（例如通风机风压 H_t）存在时，压源的作用方向与风流的方向相同，压源对风流做功，压源 H_t 为正；如果两者方向相反，压源成为风流的通风阻力，压源

H_t 为负。

② 由式（2-50）和式（2-51）可以看出，风流总是从总能量大的地方流向总能量小的地方。在判断风流方向时，应用始、末断面上的总能量来进行判断，而不能只看其中的某一项。如果不知风流方向，列能量方程时应先假设风流方向。如果计算出的能量损失（通风阻力）为正，则说明风流方向假设正确；如果计算出的能量损失（通风阻力）为负，则说明风流方向假设错误。

③ 对于静止空气，$h_R=0$，$v_1=v_2=0$，假如基准面选在2—2断面，此时 $Z_2=0$，断面1—1和2—2之间的垂直高度为（Z_1-Z_2）。则式（2-50）成为

$$p_2 = p_1 + \rho_{m1} g(Z_1 - Z_2) \tag{2-52}$$

即能量方程表示的静止空气压力分布规律符合流体静力学的静压力公式。

④ 风流流动必须是稳定的，即断面上的流动参数不随时间的变化而变化。所研究的始、末断面要选在缓变流场上，这样才能比较准确地确定断面风流的平均参数（如 p、ρ、v 等）。一般取巷道断面中心的静压和位压作为该断面的平均值，如果始、末断面相同，也可以取两断面相同位置（例如巷道底板或轨面）的值进行计算。

⑤ 当井巷风流热力状态变化过大，或者风流的密度变化超过5%～10%时，则应采用单位质量流体能量方程及热力学方法来分析风流能量的变化，因为流体的内能或分子能的变化以及外部的热交换等都参与了风流能量的变化。

⑥ 应用能量方程时要注意各项单位的一致性。

3. *风流的功率*

能量方程表示的是单位体积空气由断面1—1流到断面2—2所消耗的能量（即通风阻力），若巷道的风量为 Q，则巷道通风时单位时间所消耗的能量（即风流的功率）为

$$N_0 = h_R Q \tag{2-53}$$

式中 Q——巷道通过的风量（m^3/s）；

N_0——巷道通风时单位时间所消耗的能量，即风流的功率（W）。

4. *矿井空气密度的变化分析*

严格地说，矿井风流是可压缩的，在通风过程中其体积和密度是变化的。

（1）矿井主通风机所造成的风流静压变化对空气密度的影响

在主通风机入、排风两侧，由于主通风机的运行，其风流静压发生较大的变化。根据式（2-36）可知，在多变过程中，通风机入、排风两侧空气密度与风流静压的关系为

$$\rho_2 = \rho_1 \left(\frac{p_2}{p_1}\right)^{\frac{1}{n}} \tag{2-54}$$

式中 p_1、p_2——分别为通风机入、排风两侧的绝对静压（Pa）；

ρ_1、ρ_2——分别为通风机入、排风两侧的空气密度（kg/m^3）。

选取 $p_1=101325$Pa、多变指数 $n=1.4$、通风机造成的最大静压差为2980Pa，则

$$\rho_2 = \rho_1 \left(\frac{101325 + 2940}{101325}\right)^{\frac{1}{1.4}} \approx 1.021\rho_1$$

可见，由于通风机所造成的风流静压变化使风流被压缩，其空气密度最多约增加2.1%。

（2）井筒深度变化对空气密度的影响

在垂直井筒里，假设各处井巷断面相同，因而有 $v_1=v_2$，将其代入式（2-40）得

$$L_R = \frac{n}{n-1}\left(\frac{p_1}{\rho_1}-\frac{p_2}{\rho_2}\right)+g(Z_1-Z_2) \tag{2-55}$$

根据式（2-54）可得

$$\frac{p_2}{p_1}=\left(\frac{\rho_2}{\rho_1}\right)^n \tag{2-56}$$

由式（2-55）和式（2-56）可得

$$\rho_2 = \rho_1\left[1+\frac{(n-1)\rho_1}{n}\times\frac{g(Z_1-Z_2)-L_R}{p_1}\right]\left(\frac{\rho_2}{\rho_1}\right)^n \tag{2-57}$$

选取多变指数 $n=1.4$、井口的空气密度和静压分别为 $\rho_1=1.2\text{kg/m}^3$ 和 $p_1=101325\text{Pa}$，井筒通风阻力 L_R 与井筒深度有关，其值按常规进行选取，见表2-2。

表2-2　不同井筒深度下空气密度的变化

(Z_1-Z_2)/m	100	500	1000	1200	2000	3000
L_R/(J/kg)	10	50	100	120	200	300
ρ_2/(kg/m³)	$1.008\rho_1$	$1.042\rho_1$	$1.084\rho_1$	$1.102\rho_1$	$1.172\rho_1$	$1.265\rho_1$

表2-2说明，距离井口深度为500m处空气密度增加了约4.2%，距离井口深度为1000m处空气密度增加了约8.4%，距离井口深度为1200m处空气密度增加率已经大于10%了。

（3）风流速度变化对空气密度的影响

在水平巷道里，假设有一点风流的速度为0，即 $v_1=0$，将其代入式（2-40）得

$$L_R = \frac{n}{n-1}\left(\frac{p_1}{\rho_1}-\frac{p_2}{\rho_2}\right)-\frac{v_2^2}{2} \tag{2-58}$$

由式（2-54）和式（2-58）可得：

$$\rho_2 = \rho_1\left[1-\frac{(n-1)\rho_1}{np_1}\left(L_R+\frac{v_2^2}{2}\right)\right]^{\frac{1}{n-1}} \tag{2-59}$$

选取多变指数 $n=1.4$、井下的空气密度和静压分别为 $\rho_1=1.2\text{kg/m}^3$ 和 $p_1=101325\text{Pa}$、巷道的通风阻力 $L_R=2500\text{J/kg}$，当巷道的风速 $v_2=45\text{m/s}$ 时，由式（2-59）求得

$$\rho_2 = \rho_1\left[1-\frac{(1.4-1)\times1.2}{1.4\times101325}\left(2500+\frac{45^2}{2}\right)\right]^{\frac{1}{1.4-1}} \approx 0.972\rho_1$$

这就是说，空气由速度为0增大到45m/s且巷道的通风阻力为2500J/kg时，空气的密度仅降低约2.8%。

以上分析表明，对于深度不超过1000m的矿井，在正常生产情况下，风流的密度变化较小。在一般情况下，将矿井内的风流视为不可压缩流体，即近似把风流的热力变化过程视为等容过程，在通风工程计算中，不会引起明显的误差。

灾变时，风流的高温和高速对空气密度的影响很大，这时的风流就必须按可压缩流体来对待；对于深度超过1000m的矿井和高温矿井，风流也有必要按可压缩流体来对待。

2.3.3 有分支风路的能量方程

单位体积流体的能量方程适用于风量沿风流流动方向保持不变的情况。如果巷道有分支，沿风流流动方向风量发生了变化，则不能用单位体积流体的能量方程，而应该用全流量能量方程。

如图2-18所示，在水平巷道中，当风流从断面0—0流出后，分成两个分支，一个分支流到断面1—1，另一个分支流到断面2—2，则其全流量能量方程为

$$\left(p_0+\frac{v_0^2}{2}\rho_0\right)Q_0=\left(p_1+\frac{v_1^2}{2}\rho_1\right)Q_1+h_{01}Q_1+\left(p_2+\frac{v_2^2}{2}\rho_2\right)Q_2+h_{02}Q_2 \tag{2-60}$$

式中 h_{01}、h_{02}——分别为单位体积流体由断面0—0到断面1—1、2—2的能量损失（Pa）；

Q_0、Q_1、Q_2——分别为断面0—0、1—1、2—2处的风量（m^3/s）。

在图2-19所示的中央压入两翼排风的通风系统中，当风流由风硐断面3—3流到入风井底0断面后，分成两路，分别由两回风井口断面1—1、2—2流出。

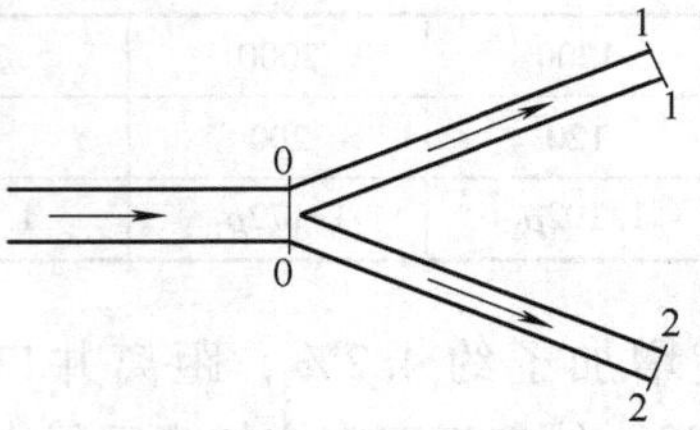

图2-18 风流分成两个分支流动

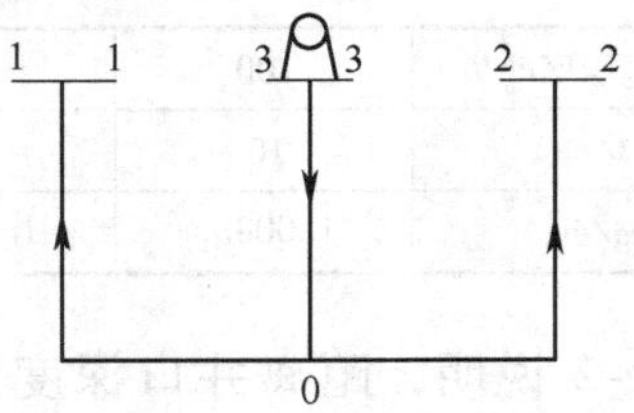

图2-19 中央压入两翼回风的通风系统

风流由断面3—3到断面0—0的全流量能量方程为

$$\left(p_3+\frac{v_3^2}{2}\rho_3+\rho_3 gZ_3\right)Q_0=\left(p_0+\frac{v_0^2}{2}\rho_0\right)Q_0+h_{30}Q_0 \tag{2-61}$$

风流由断面0—0到断面1—1、2—2的全流量能量方程为

$$\left(p_0+\frac{v_0^2}{2}\rho_0\right)Q_0=\left(p_1+\frac{v_1^2}{2}\rho_1+\rho_{m1}gZ_1\right)Q_1+h_{01}Q_1+\left(p_2+\frac{v_2^2}{2}\rho_2+\rho_{m2}gZ_2\right)Q_2+h_{02}Q_2 \tag{2-62}$$

将式（2-62）代入式（2-61），整理得

$$\left(p_3+\frac{v_3^2}{2}\rho_3+\rho_3 gZ_3\right)Q_0=h_{30}Q_0+\left(p_1+\frac{v_1^2}{2}\rho_1+\rho_{m1}gZ_1\right)Q_1+ h_{01}Q_1+\left(p_2+\frac{v_2^2}{2}\rho_2+\rho_{m2}gZ_2\right)Q_2+h_{02}Q_2 \tag{2-63}$$

式中 Z_1、Z_2、Z_3——分别为断面1—1、2—2、3—3距离基准面（即0断面）的高度（m）；

ρ_{m1}、ρ_{m2}、ρ_{m3}——分别为断面1—1、2—2、3—3与基准面之间空气柱的平均密度（kg/m^3）。

若$p_1=p_2=p_a$（p_a为回风井口处地表大气压力），由于$Q_0=Q_1+Q_2$，则式（2-63）可变换为

$$(H_t + H_{n31})Q_1 + (H_f + H_{n32})Q_2 = h_{30}Q_0 + (h_{01} + \frac{v_1^2}{2}\rho_1)Q_1 + (h_{02} + \frac{v_2^2}{2}\rho_2)Q_2 \tag{2-64}$$

$$H_{n31} = \rho_{m3}gZ_3 - \rho_{m1}gZ_1 \tag{2-65}$$

$$H_{n32} = \rho_{m3}gZ_3 - \rho_{m2}gZ_2 \tag{2-66}$$

$$H_t = (p_3 - p_a) + \frac{v_3^2}{2}\rho_3 \tag{2-67}$$

式中　H_{n31}、H_{n32}、H_f——分别为 3－0－1、3－0－2 回路的自然风压（见第 4 章，Pa）；
　　H_t——通风机的全压（见第 4 章，Pa）。

式（2-64）表明，在中央压入两翼回风的通风系统中，通风机全压和各回路的自然风压共同造成的全能量（全流量的总能量），等于共用巷道段全流量阻力加上各分支风路在各自风量下的全流量阻力和风井出风口全流量动压损失。

由于 $Q_0 = Q_1 + Q_2$，式（2-64）还可以变换为

$$(H_t + H_{n31})Q_1 + (H_f + H_{n32})Q_2 = (h_{30} + h_{01} + \frac{v_1^2}{2}\rho_1)Q_1 + (h_{30} + h_{02} + \frac{v_2^2}{2}\rho_2)Q_2 \tag{2-68}$$

由式（2-68）可得

$$H_t + H_{n31} = h_{30} + h_{01} + \frac{v_1^2}{2}\rho_1 \tag{2-69}$$

$$H_t + H_{n32} = h_{30} + h_{02} + \frac{v_2^2}{2}\rho_2 \tag{2-70}$$

式（2-69）和式（2-70）也可由第 5 章的能量平衡定律得出。这两式说明，在中央压入两翼回风的通风系统中，通风机的全压（以单位体积流体计算）与各通风回路的自然风压之和，等于该通风回路中各段风路阻力的叠加值与风井出风口动压损失之和。这种情况与压入式通风机在单一风路中工作的情况是一致的。但要注意，每一个排风回路在计算总阻力时，都要把共用巷道的阻力计算在内。

对于图 2-20 所示的中央进风两翼回风的通风系统，两台抽出式通风机Ⅰ、Ⅱ分别在两回风井口 1、2 处工作，其通风动力和阻力之间的关系，也可以通过分析得出与中央压入两翼回风的通风系统类似的结果。即

$$(H_{t\,\mathrm{I}} + H_{n31})Q_1 + (H_{t\,\mathrm{II}} + H_{n32})Q_2 = h_{30}Q_0 + (h_{01} + \frac{v_1^2}{2}\rho_1)Q_1 + (h_{02} + \frac{v_2^2}{2}\rho_2)Q_2 \tag{2-71}$$

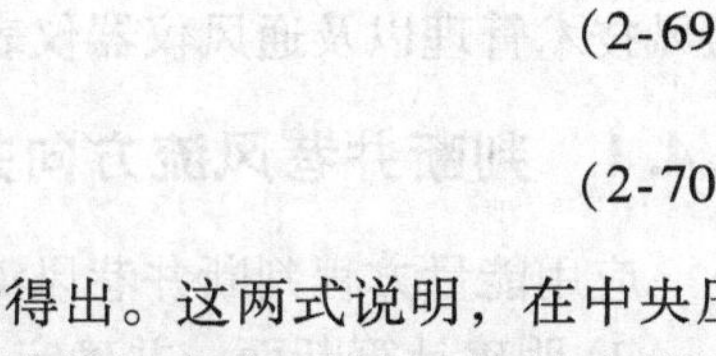

图 2-20　两翼抽出式通风系统

式（2-71）表明，在中央进风两翼排风的通风系统中，两通风机全压和各回路的自然风压共同造成的全能量（全流量的总能量），等于共用巷道段全流量阻力加上各分支风路在各自风量下的全流量阻力和通风机出风口全流量动压损失。

由于 $Q_0 = Q_1 + Q_2$，式（2-71）还可以变换为

$$(H_{t\,\mathrm{I}}+H_{n31})Q_1+(H_{t\,\mathrm{II}}+H_{n32})Q_2=\left(h_{30}+h_{01}+\frac{v_1^2}{2}\rho_1\right)Q_1+\left(h_{30}+h_{02}+\frac{v_2^2}{2}\rho_2\right)Q_2 \tag{2-72}$$

由式（2-72）可得

$$H_{t\,\mathrm{I}}+H_{n31}=h_{30}+h_{01}+\frac{v_1^2}{2}\rho_1 \tag{2-73}$$

$$H_{t\,\mathrm{II}}+H_{n32}=h_{30}+h_{02}+\frac{v_2^2}{2}\rho_2 \tag{2-74}$$

式中　$H_{t\,\mathrm{I}}$、$H_{t\,\mathrm{II}}$——分别为Ⅰ、Ⅱ通风机的全压（Pa）。

式（2-73）和式（2-74）也可由第5章的能量平衡定律得出。这两式说明，在中央进风两翼回风的通风系统中，各通风机的全压（以单位体积流体计算）与其通风回路的自然风压之和，等于该通风回路中各段风路阻力的叠加值与通风出风风口动压损失之和。这种情况与抽入式通风机在单一风路中工作的情况是一致的。但要注意，每一个通风回路在计算总阻力时，都要把共用巷道的阻力计算在内。

2.4　矿井能量方程的应用

能量方程是矿井通风的理论基础，在井巷通风阻力计算和测定、通风机性能测定、矿井通风技术管理以及通风仪器仪表设计等方面都有着广泛的应用。

2.4.1　判断井巷风流方向并计算其通风阻力

应用能量方程判断井巷风流方向并计算其通风阻力的步骤为：

① 明确计算断面，并确定（或设定）风流方向；

② 确定基准面位置；

③ 根据给出的条件确定或计算断面的风流参数（主要是各断面的 p、v、ρ 和 Z）；

④ 列出能量方程，计算通风阻力，判断风流方向。

例2-4　某倾斜巷道如图2-21所示，测得断面1—1、2—2的绝对静压分别为98200Pa和97700Pa；平均风速分别为4m/s和3m/s；空气密度分别为1.14kg/m³和1.12kg/m³；两断面的标高差为50m。求断面1—1与断面2—2间的通风阻力并判断风流方向。

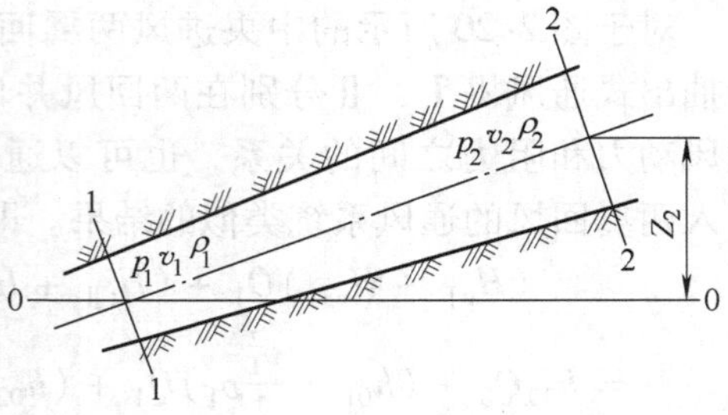

图2-21　倾斜巷道

解：取标高较低的断面1—1为位压基准面，并假设风流方向为断面1—1→断面2—2，根据能量方程有

$$h_{12}=(p_1-p_2)+\left(\frac{\rho_1v_1^2}{2}-\frac{\rho_2v_2^2}{2}\right)+(Z_1\rho_{m1}g-Z_2\rho_{m2}g)$$

$$=(98200-97700)+(1.14\times4^2/2-1.12\times3^2/2)+[0-50\times(1.14+1.12)/2\times9.8]\,\mathrm{Pa}$$

$$=-54\mathrm{Pa}$$

因为求得的通风阻力为负值，说明断面1—1的总压力小于断面2—2的总压力，原假设风流方向不正确，风流方向应为断面2—2→断面1—1，通风阻力为54Pa。

2.4.2　井巷通风阻力测定

由于井巷的通风阻力等于风流的总能量损失，所以井巷通风阻力的大小就可以通过测定两断面间的总能量损失获得。

如某一水平巷道，风流由断面1—1流向断面2—2。由于巷道是水平的，则 $Z_1 = Z_2 = 0$。根据式（2-50）可得

$$h_{1-2} = (p_1 - p_2) + (\frac{\rho_1 v_1^2}{2} - \frac{\rho_2 v_2^2}{2}) \tag{2-75}$$

式（2-75）表明，水平巷道两断面间的静压差和动压差之和等于这段巷道的通风阻力。如果用精密气压计分别测定断面1—1、断面2—2处的静压 p_1 和 p_2，又用风速计分别测定两断面的平均风速 v_1 和 v_2，并计算出动压，就可按式（2-75）计算出这段巷道的通风阻力。如果用皮托管的静压端和压差计直接测定两断面间的静压差（$p_1 - p_2$）值，再加上两断面的动压差，同样可求得这段巷道的通风阻力。

如果是断面积均匀不变的水平巷道，根据风流运动的连续性方程有 $v_1 = v_2$，则式（2-75）成为

$$h_{1-2} = (p_1 - p_2) \tag{2-76}$$

式（2-76）表明，断面相同的水平巷道，两断面间的静压差等于这段巷道的通风阻力。因此，只要测出断面1—2与断面2—2间的静压差（$p_1 - p_2$）值，即为该段巷道的通风阻力 h_{1-2}。

2.4.3　矿井通风系统中风流能量（压力）坡度线

矿井通风系统中风流能量（压力）坡度线是对矿井通风能量方程的图形描述，它可以清晰地表明矿井通风系统中各断面的静压、动压、位压和通风阻力之间的相互转化关系，从而加深对能量方程的理解，是矿井通风管理和均压防灭火工作的有力工具。

矿井通风系统中风流能量（压力）坡度线的绘制方法是以矿井最低水平面作为位压计算基准面，在矿井通风系统中沿风流流程布置若干个测点，测出各测点的绝对静压、风速、温度、相对湿度、标高等参数，据此计算出各测点的动压、位压和总能量（即静压、动压和位压之和）；然后以能量（绝对压力）为纵坐标，风流流程为横坐标，分别描出各测点，并将同名参数点用折线连接起来，即为所要绘制的矿井通风系统风流能量（压力）坡度线。矿井通风系统风流能量（压力）坡度线包括三条，具体为风流总能量坡度线、风流全压坡度线和风流静压坡度线。

1. 风流入口断面和出口断面的边界条件

（1）风流入口断面边界条件

地面大气进入矿井入风口（参见图2-22），入风口处风流的突然收缩会造成能量的损失 $h_{局1}$。根据能量方程，对于入风口微上和微下断面，有 $h_{局1} = (p_0 - p_{静1}) - h_{动1}$。即

$$p_0 = p_{静1} + h_{动1} + h_{局1} \tag{2-77}$$

式中　$h_{局1}$——入风口局部阻力（Pa）；

p_0——地面大气压（Pa）；

$p_{静1}$——入风口风流绝对静压（Pa）；

$h_{动1}$——入风口风流动压（Pa）。

式（2-77）是计算矿井通风阻力时风流入口断面的边界条件。

（2）风流出口断面边界条件

矿井中风流由井下排入地面大气中时（参见图 2-24），出风口处风流的突然扩大会造成能量的损失 $h_{局6}$。根据能量方程，对于回风井口微上和微下断面，有 $h_{局6}=(p_{静6}-p_0)+h_{动6}$；由于风流断面突然扩大时的局部阻力系数 $\xi=1$，所以 $h_{局6}=h_{动6}$。由此得

$$p_0 = p_{静6} \tag{2-78}$$

式中 $h_{局6}$——出风口局部阻力（Pa）；

$p_{静6}$——出风井口风流绝对静压（Pa）；

$h_{动6}$——出风口风流动压（Pa）。

式（2-78）就是计算矿井通风阻力时风流出口断面的边界条件。

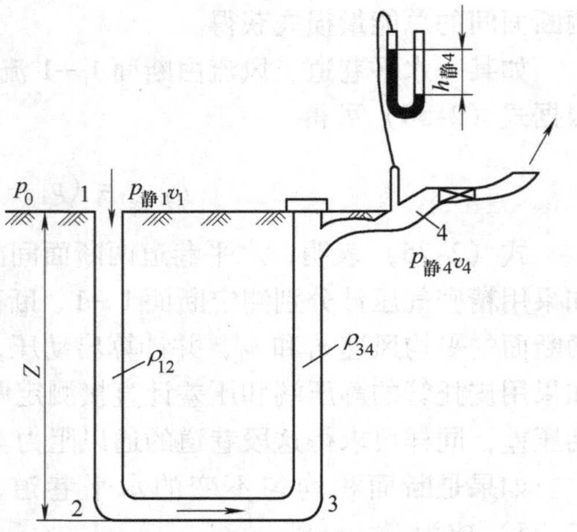

图 2-22 抽出式矿井通风系统

2. 抽出式通风矿井中的风流能量（压力）坡度线

如图 2-22 所示的抽出式矿井通风系统，其风流能量（压力）坡度线如图 2-23 所示。

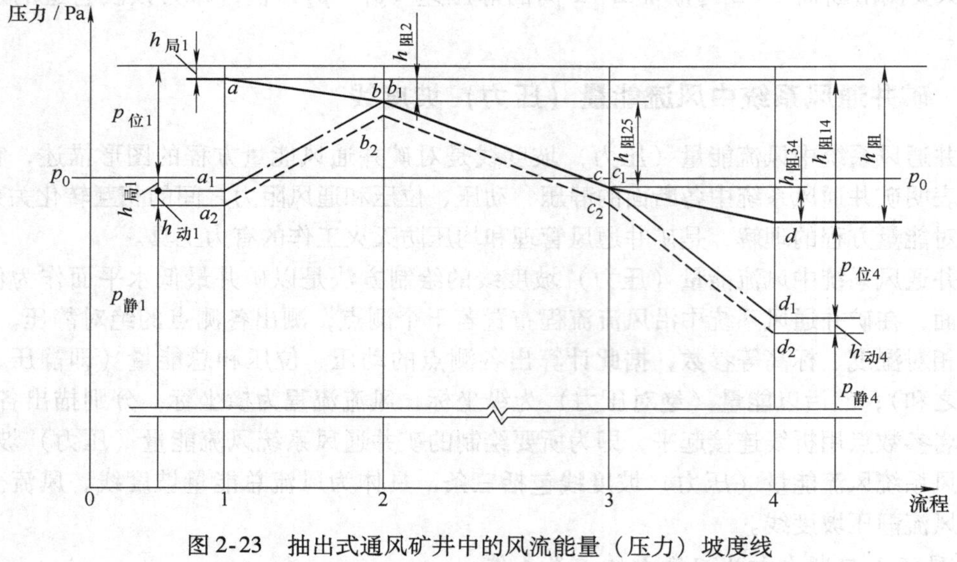

图 2-23 抽出式通风矿井中的风流能量（压力）坡度线

（1）总能量坡度线

总能量坡度线 $a—b—c—d$ 沿程逐渐下降，矿井的通风总阻力 $h_{阻}$ 就等于风硐断面 4 上总能量的下降值；任意两断面间的通风阻力等于这两个断面总能量下降值的差。矿井通风的总阻力包括进风井口的局部阻力 $h_{局1}$ 与井巷通风阻力之和，即 $h_{阻}=h_{局1}+h_{阻12}+h_{阻23}+h_{阻34}=h_{局1}+h_{阻14}$。

总能量坡度线的坡度反映了流动路线上通风阻力的分布状况，即坡度越大说明单位通风路线长度上的通风阻力就越大。

（2）绝对全压和绝对静压坡度线

绝对全压和绝对静压坡度线的变化与总能量坡度线的变化不同。总能量坡度线全程逐渐下降，而绝对全压坡度线 a_1—b_1—c_1—d_1 和绝对静压坡度线 a_2—b_2—c_2—d_2 有上升也有下降。如进风井 1→2 段，风流由上向下流动，位压逐渐减小，静压逐渐增大，所以其绝对静压和绝对全压坡度线逐渐上升；在回风井 3→4 段，风流由下向上流动，位压逐渐增大，静压逐渐减小，所以其绝对静压和绝对全压坡度线逐渐下降。这也充分说明，风流在有高差变化的井巷中流动时，其静压和位压之间可以相互转化。

3. 压入式通风矿井中的风流能量（压力）坡度线

如图 2-24 所示的压入式矿井通风系统，其风流能量（压力）坡度线如图 2-25 所示。压入式通风矿井中的风流能量（压力）坡度线，其坡度变化基本与抽出式通风矿井中的风流能量（压力）坡度线相同，不同的是井下各测点的绝对压力都高于同标高的大气压力，故能量（压力）坡度线都位于 p_0 线的上方。此外，局部阻力则产生在回风井口断面 6 处。

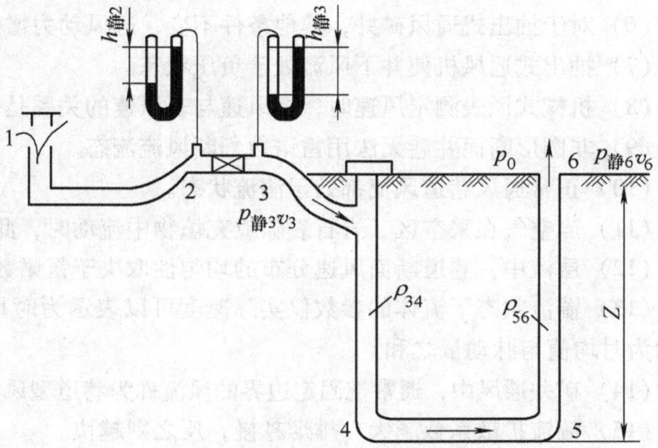

图 2-24　压入式矿井通风系统

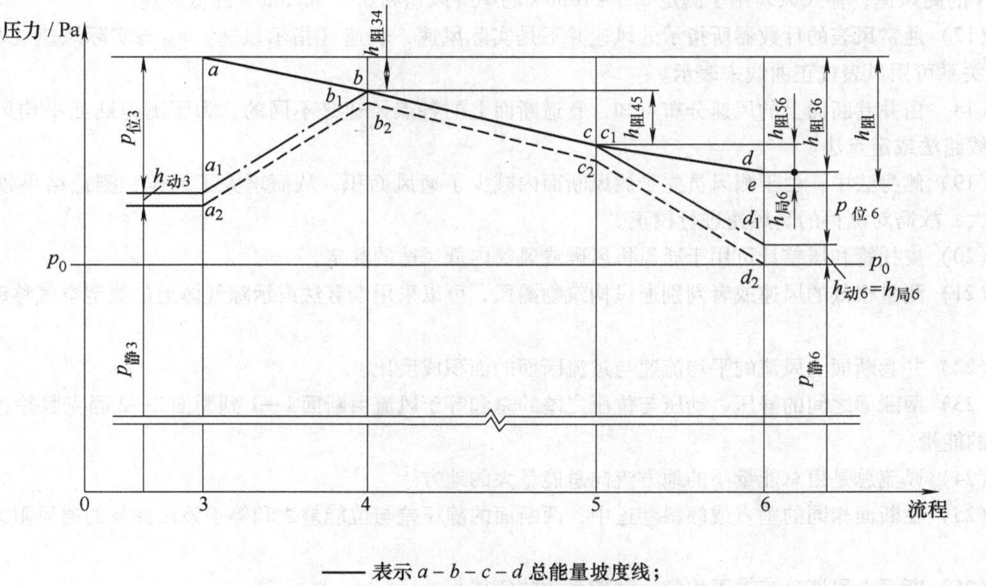

—— 表示 $a-b-c-d$ 总能量坡度线；

—·— 表示 a_1-b_1-c_1-d_1 绝对全压坡度线；

- - - 表示 a_2-b_2-c_2-d_2 绝对静压坡度线

图 2-25　压入式通风矿井中的风流能量（压力）坡度线

本章习题

1. 概念解释

稳定流与非稳定流　层流与湍流　巷道型风流与硐室型风流　雷诺数　湍流脉动　风速分布系数　湍流扩散系数

2. 判断题

（1）风阻单位为 kg/m^7，等价于 $N \cdot s^2/m^8$。（　）

（2）判别管内流体流动状态的临界雷诺数为2000。（　）

（3）巷道越光滑，速度分布系数越趋近于1。（　）

（4）层流中，流动参数的瞬时值是时变的，其流动一般用时均值来描述。（　）

（5）矿井风流的运动状态与雷诺数无关。（　）

（6）对于抽出式通风矿井，其他条件不变，通风动力增大，瓦斯涌出量增大。（　）

（7）抽出式通风机使井下风流处于负压状态。（　）

（8）机械式风表测定风速时，真风速与表风速的关系是一条抛物线。（　）

（9）非圆形断面井巷无法用雷诺数判断风流流态。（　）

（10）正常通风巷道风流都处于湍流状态。（　）

（11）当空气在采空区、岩石裂隙或充填物中流动时，此时的流动状态大多属于层流。（　）

（12）层流中，巷道断面风速分布的均匀性取决于雷诺数的大小和巷道壁面的平整程度。（　）

（13）湍流状态下流体的参数仅实际速度可以表示为时均速度与脉动量之和，其他参数实际值均不能表示为时均值与脉动量之和。（　）

（14）矿井通风中，通常把固定边界的风流称为巷道型风流，无固定边界的风流称硐室型风流。（　）

（15）湍流扩散系数越大，排烟越慢，反之则越快。（　）

（16）矿内常用风表按感受风力部件的形状不同分为翼式风表和杯式风表两种，翼式风表用于测量10m/s的高风速，杯式风表用于测定0.5～10m/s的中等风速和0.2～0.5m/s的低风速。（　）

（17）通常风表的计数器所指示的风速并不是实际风速，表速（指示风速）$v_{表}$与实际风速（真风速）$v_{真}$的关系可用风表校正曲线来表示。（　）

（18）由井巷断面上的风速分布可知，巷道断面上的各点风速是不同的，为了测得断面平均风速，可采用线路法或定点法。（　）

（19）侧身法中，由于测风员立于测风断面内减少了通风面积，从而增大了风速，测量结果较实际风速偏大，故需对测得的真风速进行校正。（　）

（20）皮托管和压差计可用于通风机风硐或风筒内低风速的测定。（　）

（21）测量很低的风速或者判别通风构筑物漏风，可以采用烟雾法或示踪气体近似测定空气移动速度。（　）

（22）井巷断面上风流的平均流速与过流断面的面积成反比。（　）

（23）两断面之间的静压、动压与位压之差的总和等于风流由断面1—1到断面2—2因克服井巷阻力所损失的能量。（　）

（24）风流总是由总能量小的地方流向总能量大的地方。（　）

（25）在断面相同的垂直或倾斜巷道中，两断面的静压差与位能差之和等于该段井巷的通风阻力。（　）

（26）断面上风速分布越不均匀，动能系数的值越小。（　）

（27）风流总是从总能量（机械能）大的地方流向总能量小的地方。在判断风流方向时，应用始、末断面上的总能量来判断，而不能只看其中的某一项。（　）

（28）对于中间有起伏的巷道，基准面应选择中间最低（最高）起伏点所在水平面。（　）

（29）如果巷道有分支，沿风流流动方向风量发生变化，可以应用单位体积流体的能量方程式。（　）

（30）井巷的通风阻力等于风流的总能量损失，所以井巷通风阻力的大小就可以通过测定两断面间的总能量损失获得。（　）

3. 单项选择题

（1）井巷任一断面相对某一基准面具有三种压力，分别为________。

A. 静压、动压和位压　B. 静压、动压和势压　C. 势压、动压和位压

（2）皮托管中心孔感受的是测点的________。

A. 绝对静压　B. 相对全压　C. 绝对全压

（3）通风压力与通风阻力的关系是________。

A. 通风压力大于通风阻力　B. 作用力与反作用力　C. 通风阻力大于通风压力

（4）巷道断面上各点风速是________。

A. 轴心部位小，周壁大　B. 上部大，下部小　C. 一样大　D. 轴心大，周壁小

（5）当管道中风流的雷诺数 $Re>100000$ 时，则风流的流态属于________。

A. 层流状态　B. 完全湍流状态　C. 层流向湍流过渡状态　D. 湍流状态

（6）按风流雷诺数的大小可将风流流态分为________形式

A. 一种　B. 二种　C. 三种　D. 四种

（7）当管道中流体的雷诺数小于2000时，则流体的流动状态属于________。

A. 层流状态　B. 完全湍流状态　C. 层流向湍流过渡状态　D. 湍流状态

（8）一般管道中风流流态的判别数 Re 值为________。

A. 20左右　B. 200左右　C. 2000左右　D. 20000左右

（9）研究井深小于1000m的矿井通风时，一般将矿井风流视为________。

A. 一维稳定可压缩流动　B. 一维稳定不可压缩流动

C. 一维非稳定可压缩流动　D. 一维非稳定不可压缩流动

（10）当管道中风流的雷诺数 $2000<Re<10000$ 时，则风流的流态属于________。

A. 层流状态　B. 完全湍流状态　C. 层流向湍流过渡状态　D. 湍流状态

（11）压入式通风时，管道内任意一点的相对全压 h_{ti}、相对静压 h_{si}、动压 h_{vi} 的关系为________。

A. $h_{ti}=h_{si}-h_{vi}$　B. $h_{ti}=h_{si}+h_{vi}$　C. $h_{si}=h_{ti}+h_{vi}$　D. $h_{vi}=h_{ti}+h_{si}$

（12）当矿井风流视为可压缩流体时，流经一条巷道的质量流量一定时，巷道断面上的平均流速与________。

A. 断面的面积成反比　B. 断面的面积成正比

C. 断面上的空气密度和断面积成反比　D. 断面上的空气密度和断面积成正比

（13）巷道风流在两断面间为克服通风阻力而损失的能量，等于风流在始末两断面间的________。

A. 静压差　B. 位压差

C. 动压差　D. 静压差、位压差和动压差之和

4. 问答题

（1）矿井风流以层流为主还是以湍流为主？为什么？

（2）简述用风表测风的具体操作步骤。

（3）用风表测风为什么要校正其读数？用迎面法与侧身法测风时其校正系数为什么不同？

（4）何谓风速分布系数？它与哪些因素有关？为什么巷壁越光滑，断面上风速分布越均匀？

（5）何谓单位体积流体能量方程？试述方程的物理意义？

（6）层流和湍流两种流态的判别依据是什么？矿井通风巷道为什么多属湍流？

（7）在尼古拉兹实验中，随着 Re 变化，可分为几个区？各区有何特征？

（8）何谓当量直径？

5. 计算题

（1）在某一通风井巷中，测得两断面 1—1、2—2 的绝对静压分别为 101324Pa 和 101858Pa，若 $S_1 = S_2$，两断面间的高差 $Z_1 - Z_2 = 100\text{m}$，巷道中空气密度为 1.2kg/m^3，求两断面 1—1 和 2—2 间的通风阻力，并判断风流方向。

（2）测得风筒内某点 i 相对压力如图 2-26 所示，求动压并判断通风方式（可不考虑单位）。

（3）如图 2-27 所示，某倾斜巷道面积 $S_1 = 5\text{m}^2$，$S_2 = 6\text{m}^2$，两断面垂直高差 50m，通过风量 $600\text{m}^3/\text{min}$，巷道内空气平均密度为 1.2kg/m^3，两断面 1—1、2—2 处的绝对静压分别为 760mmHg 与 763mmHg（1mmHg = 133.322Pa）。求该段巷道的通风阻力。

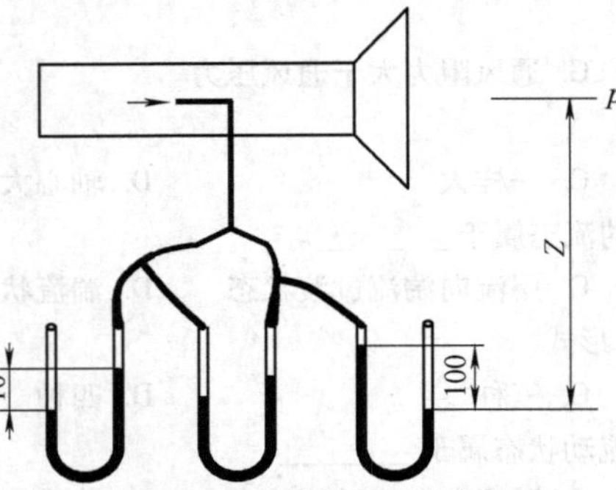

图 2-26 习题（2）附图

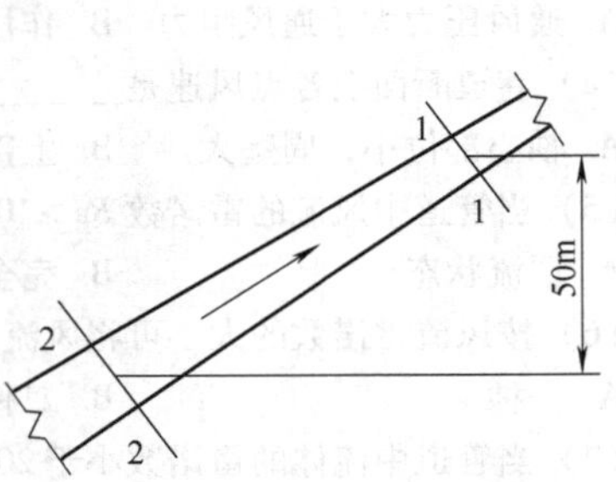

图 2-27 习题（3）附图

（4）如图 2-28 所示，某矿井深 150m，采用压入式通风。已知风硐与地表的静压差为 1500Pa，入风井空气的平均密度为 1.25kg/m^3，回风井空气的平均密度为 1.2kg/m^3，风硐中平均风速为 8m/s，出风口的风速为 4m/s。求矿井通风阻力。

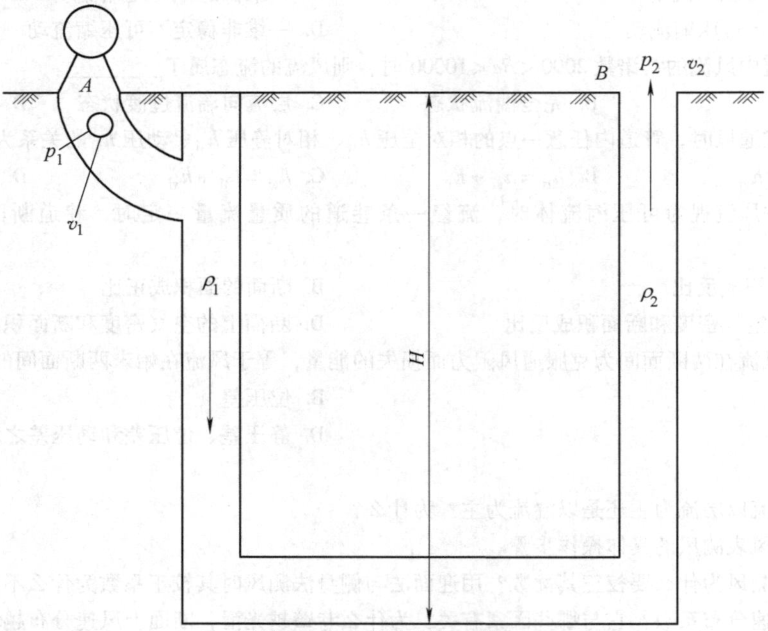

图 2-28 习题（4）附图

（5）如图 2-29 所示，某矿井深 200m，抽出式通风。风硐与地表静压差为 2200Pa，入风井空气的平均密度为 1.25kg/m^3，回风井空气的平均密度为 1.2kg/m^3，风硐中平均风速为 8m/s，通风机扩散器的平均风速为 6m/s，空气密度为 1.25kg/m^3，求矿井通风阻力。

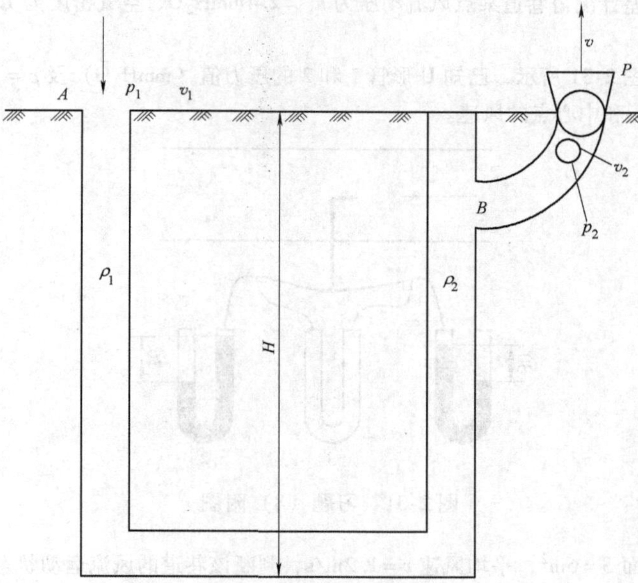

图 2-29 习题（5）附图

（6）某矿井通风系统如图 2-30 所示，U 形管测出风硐内的压差读数为 $230\text{mmH}_2\text{O}$，风硐断面 $S = 9\text{m}^2$，通过风量为 $90\text{m}^3/\text{s}$。入风井深 $H_1 = 300\text{m}$，其平均空气密度 $\rho_1 = 1.25\text{kg/m}^3$，回风井深度 $H_2 = 250\text{m}$，其平均空气密度为 $\rho_2 = 1.15\text{kg/m}^3$。两井口标高相等，两井筒间巷道中的空气平均密度 $\rho_3 = 1.23\text{kg/m}^3$。求矿井的通风总阻力。

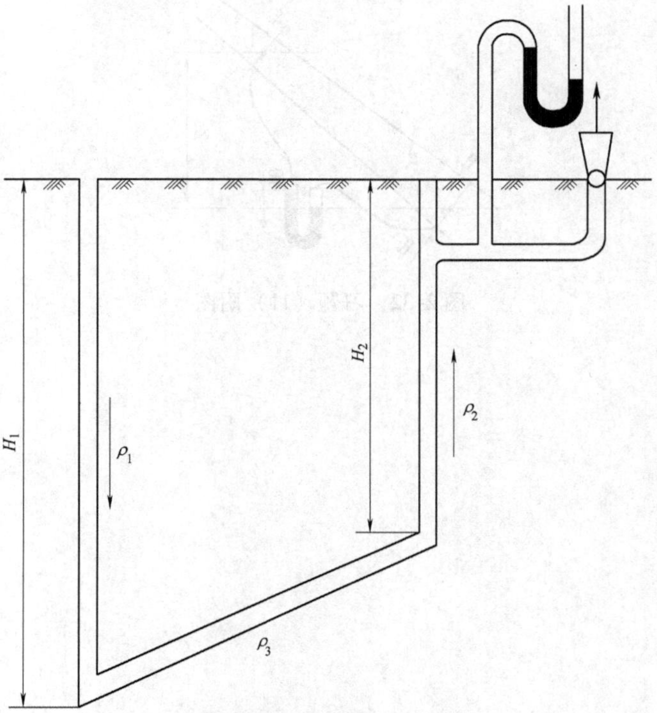

图 2-30 习题（6）附图

（7）用皮托管和压差计测得巷道某点风流动压为 $h_v = 2.4\text{mmH}_2\text{O}$，空气密度为 1.2kg/m^3，求巷道中该点的风速。

（8）某通风管路如图 2-31 所示，已知 U 形管 1 和 2 的压力值（mmH_2O）及 $\rho = 1.18\text{kg/m}^3$，求管路中风流的动压、静压、全压和中心点的风速。

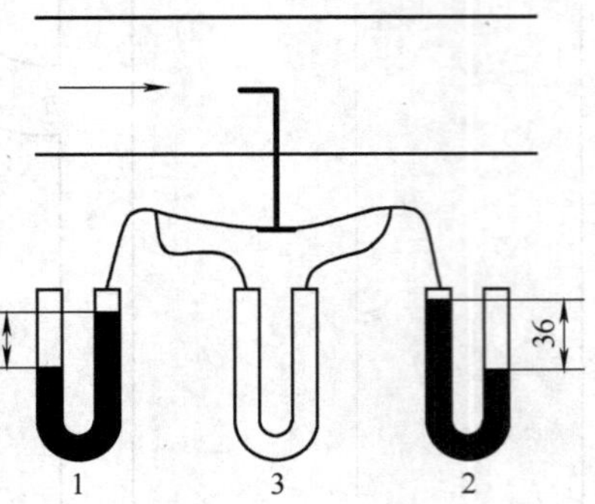

图 2-31　习题（8）附图

（9）某梯形巷道断面 $S = 6\text{m}^2$，平均风速 $v = 1.2\text{m/s}$，判断该巷道的风流运动状态是层流还是湍流？

（10）某巷道断面为 $S = 5.2\text{m}^2$，用风表测得（侧身法）平均风速为 $v_s = 2.3\text{m/s}$，求巷道的风量为多少？

（11）某倾斜巷道如图 2-32 所示，测得两断面Ⅰ—Ⅰ、Ⅱ—Ⅱ处的平均风速分别为 4m/s 和 2m/s，两断面间高差 $Z = 190\text{m}$，空气平均密度 $\rho = 1.20\text{kg/m}^3$。用胶管和压差计连接Ⅰ—Ⅰ、Ⅱ—Ⅱ两断面上皮托管的静压端，压差计上的读数为 $10\text{mmH}_2\text{O}$，求两断面Ⅰ—Ⅰ、Ⅱ—Ⅱ间的通风阻力，并判断风流方向；若 $p_2 = 750\text{mmHg}$（$1\text{mmHg} = 133.322\text{Pa}$），求点 1 的大气压 p_1 为多少？

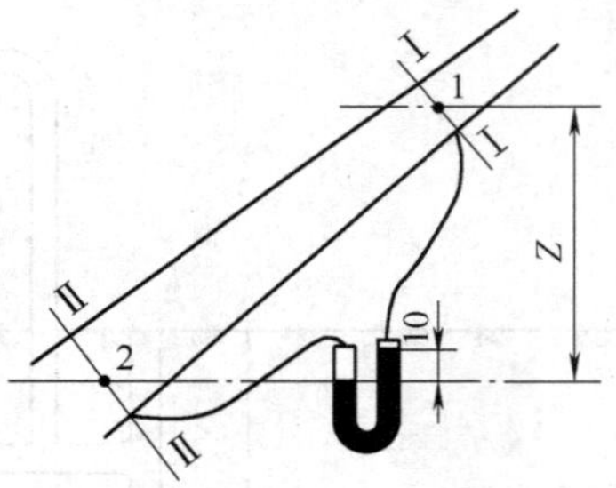

图 2-32　习题（11）附图

第 3 章

第3章　矿井通风阻力

通风阻力是指矿井风流流动过程中，在风流内部黏性力和惯性力、井巷壁面以及障碍物的阻滞作用下，部分机械能不可逆地转化为热能而引起的单位体积风流的能量损失。按照造成矿井风流能量损失的形式，井巷通风阻力分为摩擦阻力和局部阻力，其中摩擦阻力是井巷通风阻力的主要组成部分（占85%左右）。

3.1　摩擦阻力

风流在井巷中作沿程流动时，由于井巷周壁与风流互相摩擦以及风流自身的黏性等因素而产生的阻力，称为摩擦阻力（也称沿程阻力）。在矿井通风中，用单位体积（$1m^3$）风流的能量损失来表示。由流体力学可知，流动状态的不同，流体阻力的成因与规律也不相同。

由工程流体力学可知，无论是层流还是湍流，以风流压能损失来反映的摩擦阻力计算公式为

$$h_f = \lambda \frac{L}{d}\rho \frac{v^2}{2} \tag{3-1}$$

式中　h_f——摩擦阻力（Pa）；

λ——无因次系数，即达西系数，通过实验求得；

L——风管的长度（m）；

d——圆形风管直径或非圆形风管的当量直径（m）；

ρ——空气的密度（kg/m^3）；

v——风管断面的平均风速（m/s）。

著名的尼古拉兹实验明确了流动状态和无因次系数 λ 的关系。尼古拉兹把粗细不同的砂粒均匀地黏于管道内壁，形成不同粗糙度的管道。管壁表面粗糙程度可用绝对粗糙度和相对粗糙度来表示。管壁的相对粗糙度是管壁的绝对粗糙度 ε 与管道半径 r 的比值 ε/r；管壁的绝对粗糙度就是管壁凸起的平均高度，用 ε 来表示（单位为m），在尼古拉兹实验中就是砂粒的直径。以水为流动介质，得出：

1）当 $Re<2320$（即 $\lg Re<3.36$）时，λ 与相对粗糙度 ε/r 无关，只与 Re 有关，且 $\lambda=64/Re$。这是因为管道内为层流时，其层流边层的厚度 δ 远远大于黏于管道壁各个砂粒的直径，砂粒凸起的高度全部被淹没在层流边层内，它对湍流的核心没有影响，所以 λ 与管壁的粗糙度无关，如图3-1所示。

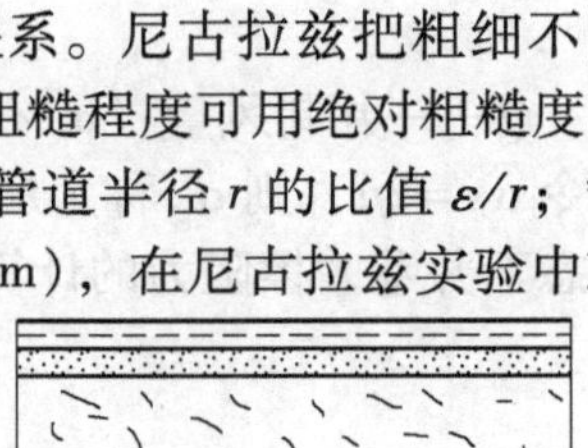

图3-1　流态结构

2）当 $2320 \leqslant Re \leqslant 4000$（即 $3.36 \leqslant \lg Re \leqslant 3.6$）时，$\lambda$ 随 Re 增大而增大，与相对粗糙度 ε/r 无明显关系。

3）当管内流体虽然都已处于湍流状态（$Re > 4000$）但未达到完全湍流过度区时，当层流边层的厚度 δ 大于管道的绝对粗糙度 ε（称为水力光滑管）时，λ 与 ε 仍然无关，而只与 Re 有关；当流速继续增大使流体处于湍流过渡区但未处于完全湍流状态时，λ 值既与 Re 有关，也与 ε/r 有关。

4）当流速增大使流体处于完全湍流状态（Re 值较大，其 $\lg Re > 5$）时，管内流体的层流边层变得极薄，砂粒凸起的高度几乎全暴露在湍流的核心中，所以 Re 对 λ 值的影响极小，可省略不计，相对粗糙度 ε/r 成为 λ 的唯一影响因素。故在该区，λ 与 Re 无关，而只与相对粗糙度 ε/r 有关。此时摩擦阻力与流速平方成正比，称为阻力平方区，其 λ 可用尼古拉兹公式计算为

$$\lambda = \left(1.74 + 2\lg \frac{r}{\varepsilon}\right)^{-2} \tag{3-2}$$

尼古拉兹试验比较完整地反映了 λ 的变化规律，揭示了 λ 的主要影响因素，对于确定井巷摩擦阻力有着重要的指导意义。

3.1.1 层流摩擦阻力

1. 层流摩擦阻力及摩擦阻力系数

由尼古拉兹实验的结果可知，流体在层流状态时 $\lambda = 64/Re$，将其代入式（3-1）中得

$$h_f = \frac{64}{Re} \frac{L}{d} \frac{\rho v^2}{2} \tag{3-3}$$

再将雷诺数 $Re = \dfrac{vd}{\nu}$ 和 $\mu = \rho\nu$ 代入式（3-3），整理得

$$h_f = 32\mu \frac{L}{d^2} v \tag{3-4}$$

式中 ν——空气的运动黏度（m^2/s）；

μ——空气的动力黏度（Pa · s）。

将式（3-4）中的 d 以当量直径 $d_e = \dfrac{4S}{U}$ 代替，并将 $v = \dfrac{Q}{S}$ 代入式（3-4），整理得

$$h_f = \frac{2\mu LU^2}{S^3} Q \tag{3-5}$$

式中 Q——井巷风量（m^3/s）。

令 $\alpha_c = 2\mu$，则 α_c 称为层流摩擦阻力系数，单位为 $N \cdot s/m^2$。将其代入式（3-5），得层流状态下井巷摩擦阻力的计算公式为

$$h_f = \frac{\alpha_c LU^2}{S^3} Q \tag{3-6}$$

式（3-6）说明，层流状态下摩擦阻力与风量（或风流速度）的一次方成正比。由于井巷中的风流大多数都为湍流状态，所以层流摩擦阻力计算公式在实际工作中很少用。

2. 层流摩擦风阻及摩擦阻力定律

令 $R_b = \dfrac{\alpha_c LU^2}{S^3}$，则 R_c 称为层流状态下的摩擦风阻，单位为 $N \cdot s/m^5$。将其代入式

(3-6)，得

$$h_f = R_b Q \tag{3-7}$$

式（3-7）就是风流在层流状态下的摩擦阻力定律。

3.1.2　湍流摩擦阻力

1. 摩擦阻力

将式（3-1）中的 d 以当量直径 $d_e = \frac{4S}{U}$ 代替，并将 $v = \frac{Q}{S}$ 代入式（3-1），则可得

$$h_f = \frac{\lambda\rho}{8}\frac{LU}{S}v^2 \tag{3-8}$$

井下巷道的风流大多属于完全湍流状态，所以无因次系数 λ 值取决于巷道壁面的相对粗糙程度。井巷壁的相对粗糙度与井巷断面大小、支护类型、支护材料、施工质量等有关，但在一定时期内，一条井巷的粗糙度可认为是不变的，故井巷的 λ 系数在一定时期内可视为一个常数；矿井空气的密度变化不大，也可以视为常数。故令

$$\alpha = \frac{\lambda\rho}{8} \tag{3-9}$$

式中　α——摩擦阻力系数（$N \cdot s^2/m^4$ 或 kg/m^3）。

将式（3-9）及 $v = Q/S$ 代入式（3-8），得通风工程上应用的湍流状态下井巷摩擦阻力计算公式为

$$h_f = \alpha \frac{LU}{S^3}Q^2 \tag{3-10}$$

式中　α——井巷的摩擦阻力系数（$N \cdot s^2/m^4$ 或 kg/m^3）。

式（3-10）表明，湍流摩擦阻力与巷道摩擦阻力系数、巷道的长度、巷道断面周长、巷道风量（或平均风速）的平方成正比，与巷道断面积的三次方成反比。因 $U \approx C\sqrt{S}$（其中 C 为断面形状系数），由式（3-10）可得 $Q = S^{1.25}\sqrt{\frac{h_f}{\alpha LC}}$，即在其他参数不变时，巷道风量与其断面积的 1.25 次方成正比。

2. 摩擦阻力系数

由式（3-9）可以看出，摩擦阻力系数 α 值取决于空气密度和无因次系数 λ 值，即取决于空气密度以及井巷断面大小和支护形式。各种支护形式井巷的摩擦阻力系数值一般是通过实测或模型实验得到。

通风设计时，可以通过查表法确定井巷的摩擦阻力系数。查表法是根据巷道的壁面条件、相对粗糙度或纵口径等，可在井巷摩擦阻力系数 α 值表（见附录1）中查得矿井标准空气状态下（空气密度 $\rho_0 = 1.2kg/m^3$）各类井巷的摩擦阻力系数，即所谓的标准 α_0 值。实际条件下（空气密度 $\rho \neq 1.2kg/m^3$）的摩擦阻力系数与标准摩擦阻力系 α_0 数的关系为

$$\alpha = \alpha_0 \frac{\rho}{1.2} \tag{3-11}$$

由于井巷断面大小、支护形式及支架规格的多样性，不同井巷的相对粗糙度差别很大，因而从井巷摩擦阻力系数 α 值表中查取 α_0 的方法也有所区别。

1）对于砌碹和锚喷巷道，壁面粗糙度可用尼古拉兹实验的相对粗糙度概念来比拟，只考虑横断面方向的相对粗糙度，α_0 可直接从表中查取。

2）对于用木棚子、工字钢、U 形钢和混凝土棚等支护的巷道，还要用支架间距（棚距）l 与支柱的直径或纵向厚度 d_0 之比 l/d_0（即支架的纵口径 Δ）来表示巷道的轴向相对粗糙度，如图 3-2 所示。这是因为，当巷道横断面方向的相对粗糙度一定时，摩擦阻力系数 α 随纵口径 Δ 的不同而产生较大变化。图 3-3 所示为在平巷模型中试验获得的纵口径 Δ 与摩擦阻力系数 α 关系曲线图，从图中可看出，当 $\Delta<5$ 时，摩擦阻力系数 α 随纵口径 Δ 增加而增加；当 $\Delta=5\sim6$ 时，摩擦阻力系数 α 达到最大值；当 $\Delta>6$ 时，摩擦阻力系数 α 随纵口径 Δ 增加而减少。这说明 $\Delta=5\sim6$ 时，引起的风流能量损失最大，产生的通风摩擦阻力最大，所以在实际巷道工程支护时，从降低通风摩擦阻力出发，一定要选用合理的支柱直径及其支护密度。

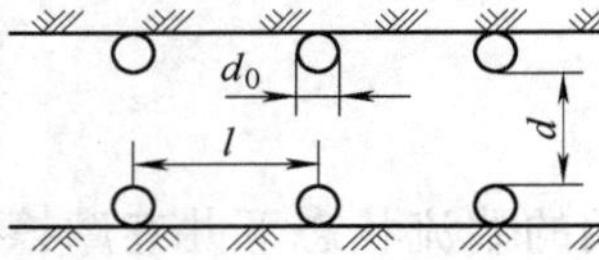

图 3-2 支架巷道的纵口径参数

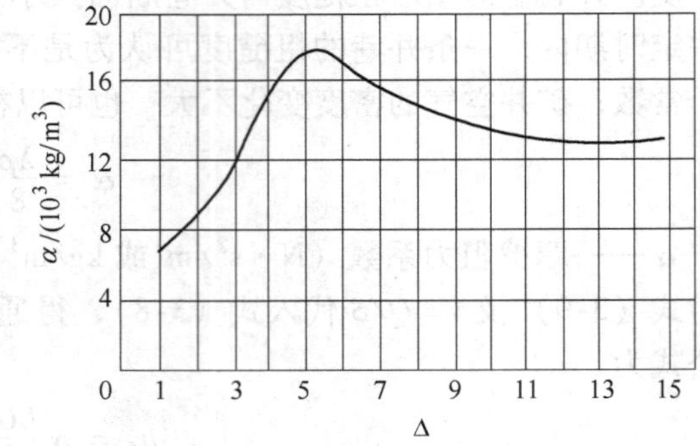

图 3-3 支架巷道 α 与 Δ 关系的实验曲线

对于木棚子、工字钢、U 形钢和混凝土棚等支架巷道，应先根据巷道支架的 d_0 和 Δ 两个数值在表中查出该巷道一定断面积 S_0 时的摩擦阻力系数值 α'_0，再根据该巷道的断面积 S 查出断面校正系数 k_0，然后对 α'_0 进行校正，从而得出该巷道标准状态下的 $\alpha_0=k_0\alpha'_0$。这是因为在模型试验测定 α_0 时其巷道的断面积为 S_0，当实际巷道断面积 $S>S_0$ 时，摩擦阻力系数 α_0 较小，故乘以一个小于 1 的系数；反之，乘以一个大于 1 的系数。

3. 摩擦风阻与摩擦阻力定律

对于已经给定的井巷，巷道的 α、L、U、S 都为确定的数值，故令

$$R_f=\frac{\alpha LU}{S^3} \tag{3-12}$$

R_f 称为巷道的摩擦风阻，其单位为 $N\cdot s^2/m^8$ 或 kg/m^7。显然，R_f 是空气密度、巷道粗糙程度、断面积、断面周长和井巷长度各参数的函数。在正常条件下，某一段井巷中的空气密度 ρ 变化不大时，可将 R_f 看作是反映井巷几何特征的参数，即 R_f 仅与巷道本身特征有关。

将式（3-12）代入式（3-10），则有

$$h_f=R_fQ^2 \tag{3-13}$$

式（3-13）就是完全湍流状态（进入阻力平方区）下井巷通风的摩擦阻力定律，它表明当井巷的摩擦风阻一定时，井巷的摩擦阻力与其风量的平方成正比。

例题 3-1　某巷道为梯形断面，$S=8\text{m}^2$，$L=500\text{m}$，采用工字钢棚支护，支架截面高度 $d_0=14\text{cm}$，纵口径为 $\Delta=5$，计划通过风量 $Q=2400\text{m}^3/\text{min}$。预计巷道中空气密度 $\rho=1.25\text{kg/m}^3$，求该段巷道的通风阻力及每年通风所消耗的能量。

解：根据 d_0、Δ 及 S 值，由附录 1 井巷摩擦阻力系数 α 值表查得 $\alpha'_0=284.2\times10^{-4}\text{N}\cdot\text{s}^2/\text{m}^8$、$k_0=0.88$，由此求得 $\alpha_0=k_0\alpha'_0=(284.2\times10^{-4}\times0.88)\text{N}\cdot\text{s}^2/\text{m}^8=0.025\text{N}\cdot\text{s}^2/\text{m}^8$，$\alpha=\alpha_0\times\rho/1.2=(0.025\times1.25/1.2)\text{N}\cdot\text{s}^2/\text{m}^8=0.026\text{N}\cdot\text{s}^2/\text{m}^8$；对于梯形巷道，$C=4.16$；$Q=(2400/60)\text{m}^3/\text{s}=40\text{m}^3/\text{s}$。则巷道的摩擦风阻、摩擦阻力及每年通风所消耗能量分别为

$$R_\text{f}=\frac{\alpha LU}{S^3}=\frac{\alpha LC\sqrt{S}}{S^3}=\left(\frac{0.026\times500\times4.16\sqrt{8}}{8^3}\right)\text{N}\cdot\text{s}^2/\text{m}^8=0.299\text{N}\cdot\text{s}^2/\text{m}^8$$

$$h_\text{f}=R_\text{f}Q^2=0.299\times40^2\text{Pa}=478.4\text{Pa}$$

$$E=h_\text{f}Q\times10^{-3}\times365\times24=(478.4\times40\times10^{-3}\times365\times24)\text{kW}\cdot\text{h}\approx167631.4\text{kW}\cdot\text{h}$$

3.2 局部阻力

在风流运动过程中，由于井巷断面和方向变化以及分岔、汇合或堵塞等局部突变，引起风流流速大小、方向和分布的突然变化，导致风流本身产生很强的冲击，形成极为紊乱的涡流，造成风流能量损失，这种均匀稳定风流经过某些局部地点所造成的附加能量损失，就称为局部阻力。

3.2.1 局部阻力及其计算

矿井产生局部阻力的地点很多，在巷道断面的突然扩大与缩小（如采区车场、井口、调节风窗、风桥、风硐、巷道的堆积物、停放和行走的矿车和人员、井筒中的装备等）、巷道的各种拐弯（如各类车场、大巷、采区巷道、工作面巷道等）、各类巷道的交叉、交汇（如井底车场、中部车场）等处，都会产生局部阻力。按照局部阻力产生处风流的特征，通常将局部阻力分为突变类型和渐变类型两种，如图 3-4 中 a)、c)、e)、g) 和 h) 属于突变类型，b)、d) 和 f) 属于渐变类型。

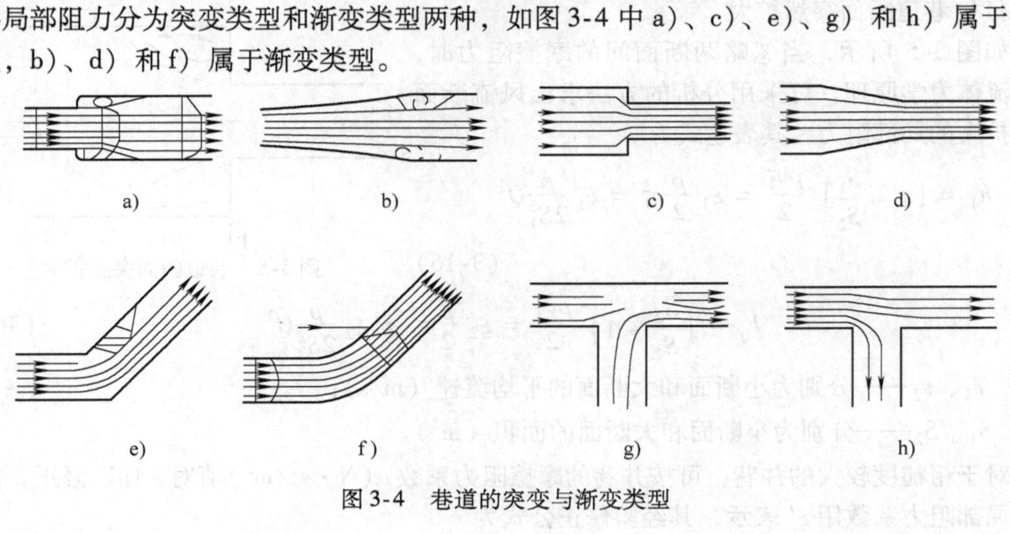

图 3-4　巷道的突变与渐变类型

由于产生局部阻力地点的风流速度场变化比较复杂，对局部阻力的计算一般采用经验公式，即将局部阻力表示为巷道风流动压的倍数。其表达式为

$$h_j = \xi \frac{\rho}{2} v^2 \tag{3-14}$$

式中 h_j——局部阻力（Pa）；

ξ——局部阻力系数，无量纲。

1. *层流条件下的局部阻力系数*

实验表明，在层流条件下，流体经过局部阻力物后仍保持层流，局部阻力仍是由流层之间的黏性切应力引起的。只是由于边壁变化，使流速重新分布，加强了相邻层流间的相对运动，从而增加了局部能量损失。层流局部阻力的大小与雷诺数 Re 成反比。即

$$\xi_c = \frac{B}{Re} \tag{3-15}$$

式中 ξ_c——层流时的局部阻力系数，无量纲；

B——因局部阻力物形式不同而异的常数。

由式（2-1）、式（3-15）和式（3-14）可知，层流条件下的局部阻力 h_j 与其风量（或风速）的一次方成正比。

受局部阻力物影响而仍能保持着层流，只有在 $Re < 2000$ 时才有可能，这在矿井通风巷道中极为少见，故不再讨论层流时的局部阻力系数计算方法。

2. *湍流条件下的局部阻力系数*

井巷中的风流绝大多数属于湍流，因此以下将重点讨论湍流条件下的局部阻力系数计算方法。

3.2.2 局部阻力系数与局部风阻

1. *局部阻力系数 ξ*

大量试验表明，湍流局部阻力系数主要取决于巷道局部变化的形状，而边壁的粗糙程度虽对其有一定的影响，但属于次要因素。

（1）巷道断面突然扩大

如图 3-5 所示，当忽略两断面间的摩擦阻力时，根据流体力学原理，可采用分析的方法求出风流断面突然扩大的局部阻力，其表达式为

$$h_j = \left(1 - \frac{S_1}{S_2}\right)^2 \frac{\rho v_1^2}{2} = \xi_1 \frac{\rho}{2} v_1^2 = \xi_1 \frac{\rho}{2S_1^2} Q^2 \tag{3-16}$$

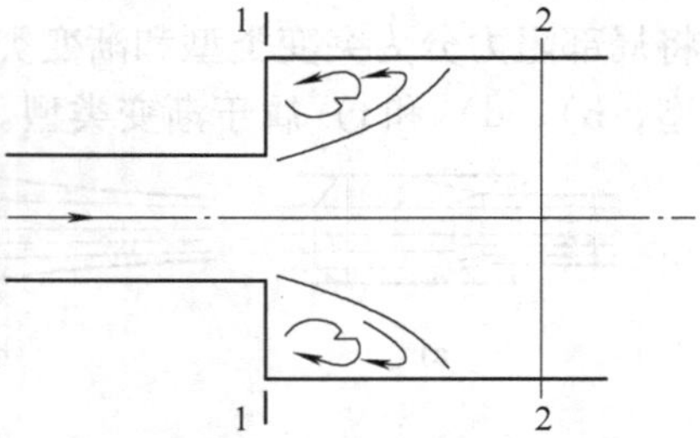

图 3-5 巷道断面突然扩大

$$h_j = \left(\frac{S_2}{S_1} - 1\right)^2 \frac{\rho v_2^2}{2} = \xi_2 \frac{\rho}{2} v_2^2 = \xi_2 \frac{\rho}{2S_2^2} Q^2 \tag{3-17}$$

式中 v_1、v_2——分别为小断面和大断面的平均流速（m/s）；

S_1、S_2——分别为小断面和大断面的面积（m^2）。

对于粗糙度较大的井巷，可按井巷的摩擦阻力系数 α（$N \cdot s^2/m^8$）值对 ξ 加以修正。修正后的局部阻力系数用 ξ' 表示，其经验修正公式为

$$\xi' = \xi\left(1 + \frac{\alpha}{0.01}\right) \tag{3-18}$$

（2）巷道断面突然缩小

如图3-6所示，巷道突然缩小时，风流由于惯性而形成一个收缩断面 $c—c$，然后再扩展到整个断面上流动，其在收缩前后都会产生能量损失。突然缩小的局部阻力系数 ξ 取决于巷道收缩面积比 S_2/S_1。对应于小断面的动压 $\frac{\rho v_2^2}{2}$，ξ 值计算公式为

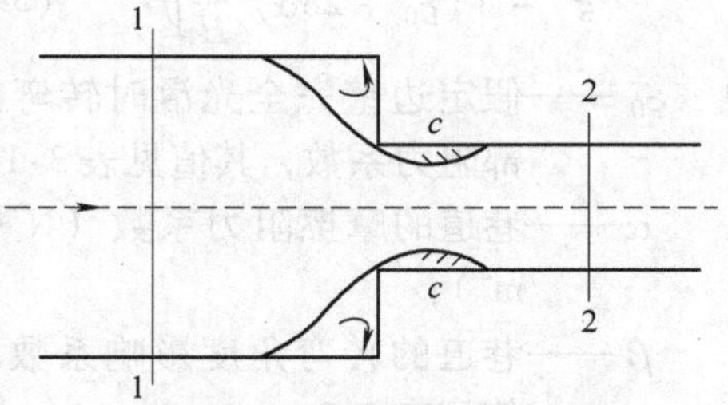

图3-6　巷道断面突然缩小

$$\xi = 0.5\left(1 - \frac{S_2}{S_1}\right) \tag{3-19}$$

考虑到巷道粗糙程度的影响，突然缩小的局部阻力系数修正后的值 ξ' 为

$$\xi' = \xi\left(1 + \frac{\alpha}{0.013}\right) \tag{3-20}$$

（3）巷道断面逐渐扩大

逐渐扩大的局部阻力比突然扩大小得多，其能量损失可认为由摩擦阻力和扩张损失两部分组成。扩张损失是由涡流区和流速分布改变所形成的。如图3-7所示，当断面比 n（$n = S_2/S_1$）一定时，扩张段的摩擦阻力随扩张角 θ 增大而减小，而扩张损失却随 θ 增大而增大，当 θ 在5°~8°范围内时，渐扩段的能量损失最小。在扩张角 $\theta < 20°$ 时，渐扩段对应于小断面动压 $\frac{\rho v_1^2}{2}$ 的局部阻力系数 ξ 为

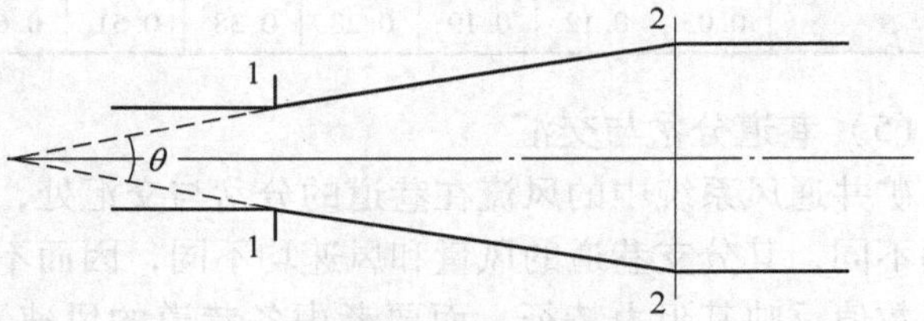

图3-7　巷道断面逐渐扩大

$$\xi = \frac{\alpha}{\rho \sin\frac{\theta}{2}}\left(1 - \frac{1}{n^2}\right) + \sin\theta\left(1 - \frac{1}{n}\right)^2 \tag{3-21}$$

式中　α——巷道的摩擦阻力系数（$N \cdot s^2/m^4$）；

n——巷道大、小断面积之比，即 S_2/S_1；

θ——扩张角（°）。

考虑到巷道粗糙程度的影响，逐渐扩大的局部阻力系数修正后的值 ξ' 为

$$\xi' = \xi\left(1 + \frac{\alpha}{0.01}\right) \tag{3-22}$$

（4）巷道转弯

如图3-8所示，巷道转弯时的局部阻力系数（考虑巷道粗糙程度）ξ' 计算公式为

当巷高与巷宽之比 $H/b = 0.2:1.0$ 时

$$\xi' = \left[(\xi_0 + 28\alpha)\frac{1}{0.35 + 0.65\frac{H}{b}}\right]\beta \tag{3-23}$$

当 $H/b=1:2.5$ 时

$$\xi'=\left[(\xi_0+28\alpha)\frac{b}{H}\right]\beta \qquad (3\text{-}24)$$

式中 ξ_0——假定边壁完全光滑时转弯的局部阻力系数，其值见表 3-1；

α——巷道的摩擦阻力系数（$N\cdot s^2/m^4$）；

β——巷道的转弯角度影响系数，其值见表 3-2。

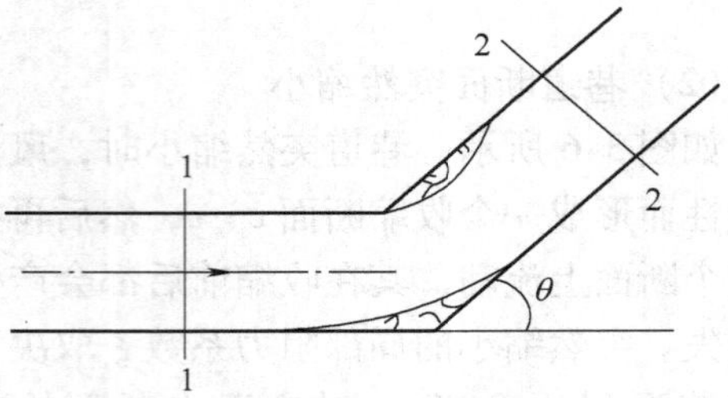

图 3-8 巷道断面转弯

表 3-1 局部阻力系数 ξ_0 值

r_1/b	0	0.1	0.2	0.3	0.4	0.5	0.6	0.7	0.75
ξ_0	0.93	0.8	0.68	0.58	0.49	0.45	0.41	0.39	0.38

注：表中 r_1 为转弯处内角的曲率半径，b 为巷道宽度。

表 3-2 巷道转弯角度影响系数

转弯角 θ/(°)	10	20	30	40	50	60	70	80	90	100	110	120	140
β	0.05	0.12	0.19	0.28	0.38	0.51	0.63	0.80	1.00	1.32	1.63	1.98	2.43

（5）巷道分岔与交汇

矿井通风系统中的风流在巷道的分岔与交汇处，也产生局部阻力。由于主干、分支巷道断面不同，其分支巷道的风量和风速均不同，因而不能像前述局部阻力物那样用一个局部阻力系数值反映其阻力特征，而要考虑各巷道的风速及几何特征，对各分支分别计算其局部阻力。

1）巷道分岔处的局部阻力。分岔巷道如图 3-9a 所示，1—2 段的局部阻力 h_{12} 和 1—3 段的局部阻力 h_{13} 分别为

$$h_{12}=K_a\frac{\rho}{2}(v_1^2-2v_1v_2\cos\theta_1+v_2^2) \qquad (3\text{-}25)$$

$$h_{13}=K_a\frac{\rho}{2}(v_1^2-2v_1v_3\cos\theta_2+v_3^2) \qquad (3\text{-}26)$$

式中 K_a——巷道粗糙度的影响系数，其值根据巷道摩擦阻力系数 α 在表 3-3 中选取。

表 3-3 巷道粗糙影响系数 K_a

α/（$N\cdot s^2/m^4$）	0.002~0.005	0.005~0.010	0.010~0.015	0.015~0.020	0.020~0.025	0.025~0.030
K_a	1.0	1.1~1.25	1.25~1.35	1.35~1.50	1.50~1.65	1.65~1.80

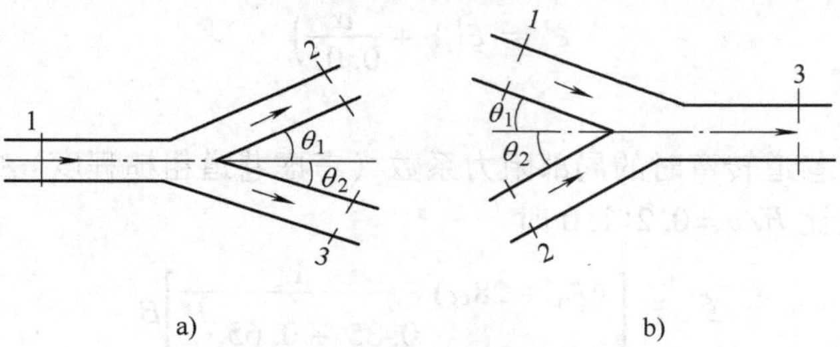

图 3-9 巷道断面的分岔与会合

2）巷道交汇处的局部阻力。如图3-9b 所示，巷道交汇处1—3 段和2—3 段的局部阻力 h_{13} 和 h_{23} 分别为

$$h_{12} = K_a \frac{\rho}{2}(v_1^2 - 2v_3\omega + v_3^2) \tag{3-27}$$

$$h_{23} = K_a \frac{\rho}{2}(v_2^2 - 2v_3\omega + v_3^2) \tag{3-28}$$

$$\omega = \frac{Q_1}{Q_3}v_1\cos\theta_1 + \frac{Q_2}{Q_3}v_2\cos\theta_2 \tag{3-29}$$

其中 K_a 值见表3-3。

（6）巷道中正面阻碍物

当井巷中存在有罐笼、矿车、采煤机、坑木堆等正面阻碍物时，对风流运动也会产生通风阻力，这种阻力有人称为正面阻力，其实它也是局部阻力的一种。尽管正面阻碍物的形式多种多样，但其产生局部阻力、引起能量损失的本质原因却是相同的，即当风流从正面阻碍物的周围绕过时，风流的方向和速度大小发生急剧改变，导致空气微团相互间的激烈冲击和附加摩擦，形成紊乱的涡流现象，从而造成风流能量的损失。巷道中正面阻碍物局部阻力的计算公式为

$$h_b = C_m \frac{S_m}{S - S_m} \times \frac{\rho v_m^2}{2} = \xi_b \frac{\rho v_m^2}{2} \tag{3-30}$$

式中 h_b——巷道中正面阻碍物的局部阻力（Pa）；

S_m——正面阻碍物在垂直于风流总方向上的投影面积（m^2）；

ξ_b——正面阻碍物局部阻力系数，无量纲；

C_m——正面阻碍物通风阻力特征系数，无量纲；

S——井巷断面面积（m^2）；

v_m——风流通过空余断面（$S - S_m$）时的平均风速（m/s），即 $v_m = Q/(S - S_m)$，m/s；

ρ——风流的密度（kg/m^3）。

井巷局部阻力系数 ξ 值一般可查表（见附录2）确定。井筒中的罐道梁、运输巷道中的运输机等阻碍物，在实测井巷通风阻力时，一般把它们对通风阻力的影响包括在摩擦阻力系数内，不再另行计算。

2. 局部风阻

将 $v = Q/S$ 代入式（3-14），并令 $R_j = \xi \frac{\rho}{2S^2}$，整理得

$$h_j = R_j Q^2 \tag{3-31}$$

式中 R_j——局部风阻（$N \cdot s^2/m^8$ 或 kg/m^7）。

式（3-31）就是湍流状态下通用的局部阻力定律，它表明在湍流条件下局部阻力与风量的平方成正比。

在一般情况下，由于井巷内的风流速压较小，所产生的局部阻力也较小，井下所有的局部阻力之和只占矿井总阻力的10%～20%。故在矿井通风设计中，一般只对摩擦阻力进行计算，对局部阻力不作详细计算，而是用矿井总摩擦阻力乘以一个系数加以经验估算。但是，如果不注意对矿井通风局部阻力加以管理的话，也会给矿井通风造成严重的困难。

3.3 降低矿井通风阻力的措施

通风阻力是通风能量的损失，通风阻力大会使得矿井通风费用高，还会使漏风大、有效风量率降低，甚至引发火灾事故。因此，降低通风阻力对保证矿井安全生产和提高经济效益都具有重要的意义，是矿井通风技术管理工作的重要内容。无论是矿井设计还是矿井生产，都要尽量降低矿井的通风阻力。

井巷通风阻力是由摩擦阻力和局部阻力组成，摩擦阻力是井巷通风阻力的主要部分，因此，降低井巷通风阻力要以降低井巷摩擦阻力为重点，同时注意降低某些风量大的井巷的局部阻力。

3.3.1 降低井巷摩擦阻力的措施

由式（3-10）可知，降低摩擦阻力的措施主要有以下几方面：

1）减小摩擦阻力系数 α。在矿井通风设计时应尽量选用 α 值小的支护方式，如锚喷、砌碹、锚杆、锚索、钢带等；尤其是服务年限长的主要井巷，一定要选用摩擦阻力较小的支护方式，如砌碹巷道的 α 值仅有支架巷道的 30% ~40%。施工时一定要保证施工质量，应尽量采用光面爆破技术，尽可能使井巷壁面平整光滑，使井巷壁面的凹凸度不大于 50mm。对于支架巷道，要注意支护质量，支架不仅要整齐一致，有时还要平整两帮和拱顶，并且要注意支护密度。要及时修复被破坏的支架，失修率不大于 7%。在不设支架的巷道，一定注意把顶板、两帮和底板修整好，以减少摩擦阻力。

2）井巷风量要合理。因为摩擦阻力与风量的平方成正比，因此，在通风设计和技术管理过程中，不能随意增大风量，各用风地点的风量在保证安全生产要求的条件下，应尽量减少。掘进初期用局部通风机通风时，要对风量加以控制。要及时调节主通风机的工况，以减少矿井富裕总风量。避免巷道内风量过于集中，要尽可能使矿井的总进风早分开、总回风晚汇合。

3）保证井巷通风断面。因为摩擦阻力与通风断面积的三次方成反比，所以扩大井巷断面能大大降低通风阻力。当井巷通过的风量一定时，井巷断面扩大 33%，通风阻力可减少一半，故常用于主要通风路线上高阻力段的减阻措施中。当受到技术和经济条件的限制，不能任意扩大井巷断面时，可以采用双巷并联通风的方法。在日常通风管理工作中，要经常修整巷道，减少巷道堵塞物，使巷道清洁、完整、畅通，以保持巷道足够的通风断面。

4）减少巷道长度。因为巷道的摩擦阻力和巷道长度成正比，所以在矿井通风设计和通风系统管理时，在满足开拓和开采的条件下，要尽量缩短风路长度，及时封闭废弃的旧巷和甩掉那些经过采空区且通风路线很长的巷道，及时对生产矿井通风系统进行改造，以实现矿井通风的经济和合理。

5）选用周长较小的井巷断面。在井巷断面相同的条件下，圆形断面的周长最小，拱形次之，矩形和梯形的周长较大。因此，在矿井通风设计时，一般要求立井井筒采用圆形断面，斜井、石门、大巷等主要井巷采用拱形断面，次要巷道及采区内服务年限不长的巷道可以采用矩形和梯形断面。

3.3.2　降低井巷局部阻力的措施

局部阻力的产生是由于风流的速度或方向突然发生变化，导致风流本身产生剧烈冲击，形成极为紊乱的涡流而造成能量损失。所以减少局部阻力的方法就是减少风流的冲击和涡流。一般可采取如下措施：

1）应尽量避免井巷断面的突然扩大或突然缩小，在巷道断面需要变化处，应采用逐渐过渡的变化，两断面的比值应尽量接近1。要把连接不同巷道断面的边缘做成斜线（见图3-10）或平滑曲面。井下应尽量少使用直径很小的铁风桥，应尽量减少调节风窗的数量。

2）在转弯处的内侧和外侧要有一定的曲率半径，尽可能避免井巷直角转弯，其转角越小越好，如图3-11所示。在风速高、风量大的井巷中，可在拐弯处设置若干块导风板，以减小风流的冲击。

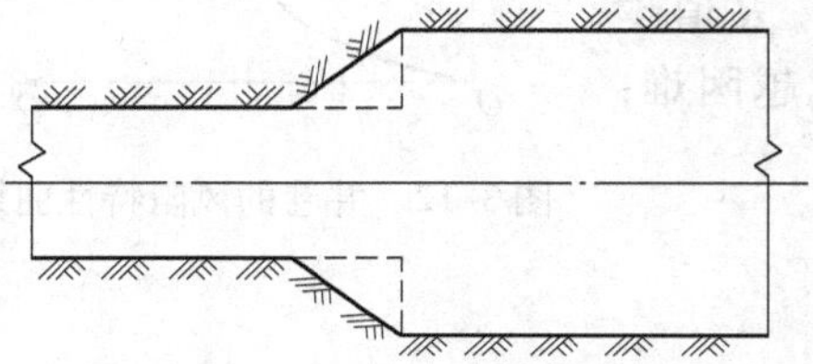

图3-10　巷道连接处为斜线型

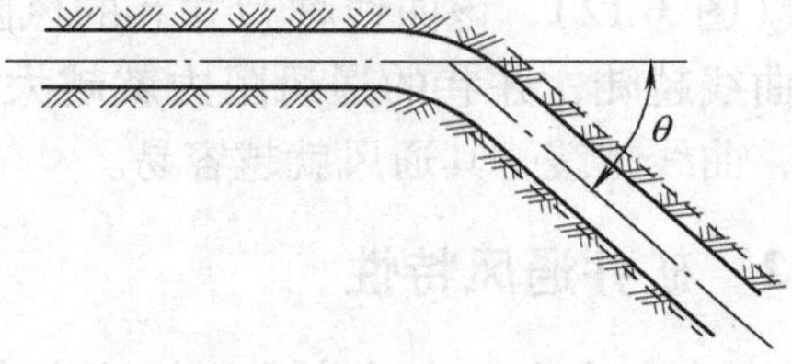

图3-11　巷道拐弯处为圆弧形

3）最大限度地减少产生局部阻力地点的数量，尽量减小产生局部阻力地点的风速及巷道的粗糙度。

4）减少井巷正面阻碍物。主要通风巷道内不得随意停放车辆、堆放设备及材料等。对冒顶、片帮和积水处等风流受阻地点要及时处理。对于通风巷道中需要集中停放车辆、大型设备安放、胶带转载等地点，应扩大一定范围的巷道断面，以减小巷道的堵塞。永久性的正面阻碍物要做成流线型。

5）在主通风机的进风口安装集风器，在出风口安装扩散器，以使风速均匀变化，从而减少进风口和出风口的通风能量损失。

矿井通风阻力指的是矿井通风关键路线上的各条巷道的通风阻力之和。因此，降阻之前必须首先确定通风系统的关键通风路线，通过阻力测定调查其阻力分布，进而实施降低摩擦阻力和局部阻力的措施，否则不易奏效。根据通风阻力定律，在矿井需风量不变的条件下，降低通风阻力的途径，就是要降低矿井风阻。矿井风阻取决于各通风巷道的风阻值和风量的调节分配、巷道间的连接关系、通风系统形式以及其他通风动力的作用等，通风降阻还会改变通风系统的能量分布。因此，实际工程中，降低矿井通风阻力应该从安全、技术和经济等方面进行综合考虑，属于通风优化的内容。

3.4　井巷通风阻力定律及矿井通风特性

3.4.1　井巷通风阻力定律

在完全湍流状态下，井巷通风的摩擦阻力和局部阻力均与井巷风量的平方成正比；在层

流状态下，井巷通风的摩擦阻力和局部阻力均与风量的一次方成正比。即

$$h = RQ^x \tag{3-32}$$

式中 h——井巷的通风阻力，为井巷的摩擦阻力与局部阻力之和（Pa）；

R——井巷的风阻，为井巷的摩擦风阻与局部风阻之和（$N \cdot s^x/m^{2+3x}$）；

x——系数，层流时 $x=1$，湍流时 $x=2$，过渡流时 $1<x<2$。

矿井风流绝大多数属于完全湍流状态，因而式（3-32）中 $x=2$ 时就是井巷通风阻力定律的数学表达式。

对于特定的井巷，其支护形式和断面尺寸是确定的，当风流的密度不变时，则风阻是确定值。用横坐标表示井巷通过的风量，纵坐标表示通风阻力，依据井巷通风阻力定律的数学表达式 $h=RQ^2$，可以画出该井巷的 $h-Q$ 曲线为一条抛物线（图3-12），该曲线称为井巷的风阻特性曲线。R 值越大，曲线越陡，井巷的通风阻力就越大，其通风就越困难；反之，曲线越缓，其通风就越容易。

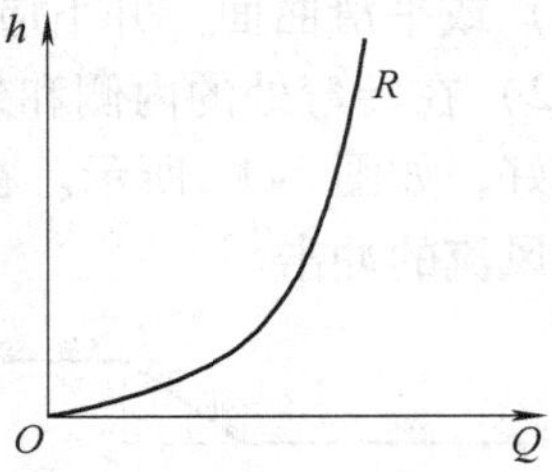

图3-12　井巷的风阻特性曲线

3.4.2　矿井通风特性

1. *矿井总风阻及矿井风阻特性曲线*

矿井通风特性指的是矿井的风量与矿井通风阻力之间的变化关系。矿井风量是指矿井的总进风量或总回风量，在不考虑外部漏风和风流密度及成分变化时，两者相同，用 Q_m 表示，单位为 m^3/s。矿井通风阻力是指单位体积空气由进风口进入矿井，流经井下巷道到达出风口克服摩擦阻力和局部阻力所消耗的总能量，用 h_m 表示，单位为 Pa。矿井通风阻力 h_m 与矿井风量 Q_m 采用通风阻力定律可表示为

$$R_m = \frac{h_m}{Q^2} \tag{3-33}$$

式中 R_m——矿井总风阻（$N \cdot s^2/m^8$）。

R_m 是反映矿井通风难易程度的一个指标，R_m 越大矿井通风越困难；反之，R_m 越小矿井通风就越容易。因此，R_m 也可以理解为矿井的等效风阻。

依据式（3-33）可以画出矿井的 h_m-Q_m 曲线（见图3-13），该曲线称为矿井风阻特性曲线。

2. *矿井等积孔*

矿井等积孔是人们用来衡量矿井通风难易程度的一个形象化指标。假定在无限空间有一薄壁，在薄壁上开一面积为 A 的孔口（图3-14），当孔口通过的风量等于矿井风量，而且孔口两侧的风压差等于矿井通风阻力时，则孔口面积 A 称为该矿井的等积孔。

在孔口左侧距孔口 A 足够远处（风速 $v_1 \approx 0$）取截面Ⅰ—Ⅰ，在孔口右侧风流收缩断面最小处取截面Ⅱ—Ⅱ，该处风速 v_2 达最大值。忽略流动过程中的能量损失，可列出两截面的能量方程为

$$p_1 = p_2 + \frac{\rho}{2}v_2^2 \tag{3-34}$$

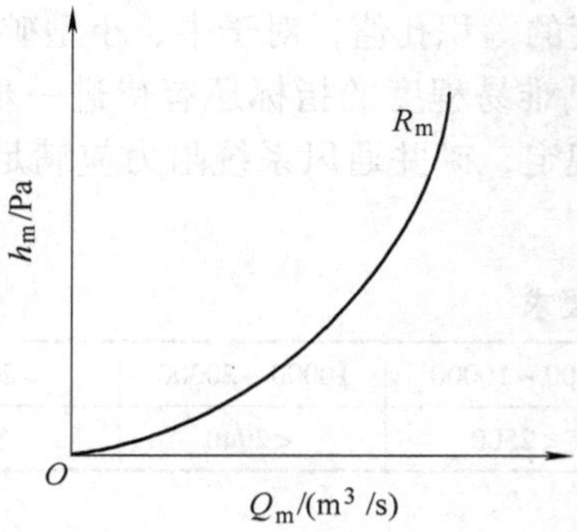

图 3-13 矿井风阻特性曲线

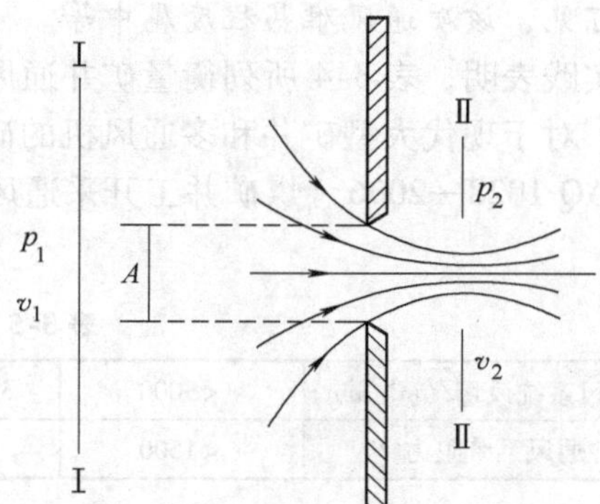

图 3-14 矿井等积孔

因 $p_1 - p_2 = h_m$，将其代入式（3-34）得

$$v_2 = \sqrt{2h_m/\rho} \tag{3-35}$$

风流收缩处断面面积 A_2 与孔口面积 A 之比称为收缩系数 φ，由工程流体力学可知，一般 $\varphi = 0.65$，故 $A_2 = 0.65A$。则 $v_2 = Q/A_2 = Q/0.65A$，将其代入式（3-35），整理得

$$A = \frac{Q}{0.65\sqrt{2h_m/\rho}} \tag{3-36}$$

取井下标准空气状态 $\rho = 1.2\text{kg/m}^3$，则

$$A = 1.19\frac{Q}{\sqrt{h_m}} \tag{3-37}$$

因 $R_m = h_m/Q^2$，故有

$$A = \frac{1.19}{\sqrt{R_m}} \tag{3-38}$$

由此可见，A 是 R_m 的函数，与 R_m 的值是一一对应的，故可以表示矿井通风的难易程度，其单位简单又比较形象，因此常作为衡量矿井通风难易程度的指标。根据矿井总风阻或等积孔，通常把矿井按通风难易程度分为三级，见表 3-4。

表 3-4 矿井通风系统难易程度的分级标准

通风阻力等级	通风难易程度	矿井总风阻 $R/(N \cdot s^2/m^8)$	等积孔 A/m^2
大阻力矿	困难	>1.420	<1
中阻力矿	中等	1.420 ~ 0.355	1 ~ 2
小阻力矿	容易	<0.355	>2

例 3-2 某矿井通风系统，测得矿井通风总阻力 $h_m = 1800\text{Pa}$，矿井总风量 $Q_m = 60\text{m}^3/\text{s}$，求矿井总风阻 R_m 和等积孔 A，并评价其通风难易程度。

解：

$$R_m = \frac{h_m}{Q_m^2} = \left(\frac{1800}{60^2}\right)\text{N} \cdot \text{s}^2/\text{m}^8 = 0.5\text{N} \cdot \text{s}^2/\text{m}^8$$

$$A = \frac{1.19}{\sqrt{R_m}} = \frac{1.19}{\sqrt{0.5}}\text{m}^2 \approx 1.68\ \text{m}^2$$

可见，该矿通风难易程度属中等。

实践表明，表3-4所列衡量矿井通风系统难易程度的等积孔值，对于中、小型矿井比较适用。对于现代大型矿井和多通风机的矿井，衡量通风难易程度的指标还有待进一步研究。我国AQ 1028—2006《煤矿井工开采通风技术条件》规定，矿井通风系统阻力应满足表3-5要求。

表3-5 矿井通风阻力要求

矿井通风系统风量/(m^3/min)	<3000	3000~5000	5000~10000	10000~20000	>20000
矿井通风系统阻力/Pa	<1500	<2000	<2500	<2940	<3920

3. 矿井阻力h_m的计算

(1) 单台主通风机通风的矿井

从矿井通风系统入风口到出风口任选一条通风线路，把这条通风线路上顺序连接的各段井巷的通风阻力累加起来，就得到矿井通风阻力h_m。根据式（3-33）可知，此时的矿井总风阻R_m是一个与矿井风量无关的定值，其大小只取决于矿井通风系统各条巷道的风阻值及巷道间的连接关系。因此，单台主通风机通风的矿井，其矿井风阻特性曲线是抛物线。

(2) 多台主通风机通风的矿井

对于多台主通风机通风的矿井（图3-15），矿井通风阻力h_m应根据全矿井总功率等于各台主要通风机工作系统功率之和的原理来计算。即

$$h_m Q_m = h_1 Q_1 + h_2 Q_2 + \cdots + h_n Q_n = \sum_{i=1}^{n}(h_i Q_i),$$

$$Q_m = Q_1 + Q_2 + \cdots + Q_n = \sum_{i=1}^{n} Q_i$$

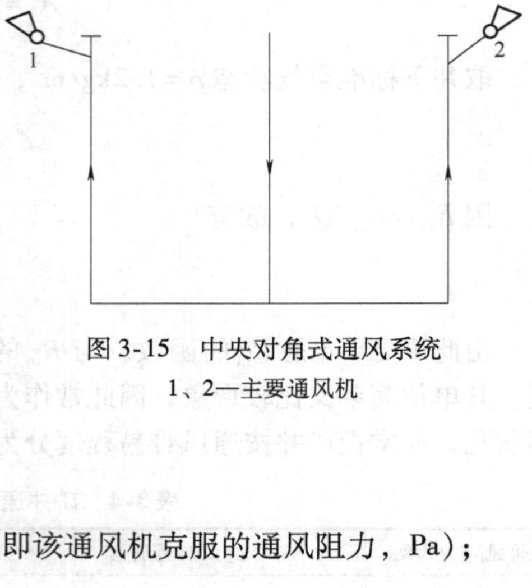

图3-15 中央对角式通风系统

1、2—主要通风机

由此得
$$h_m = \frac{\sum_{i=1}^{n}(h_i Q_i)}{\sum_{i=1}^{n} Q_i} \tag{3-39}$$

式中 n——通风系统中主通风机的台数；

h_i——第i台主通风机工作系统的通风阻力（即该通风机克服的通风阻力，Pa）；

Q_i——第i台主通风机的工作风量（m^3/s）。

矿井总风阻为
$$R_m = \frac{h_m}{Q_m^2} = \frac{\sum_{i=1}^{n}(h_i Q_i)}{\left(\sum_{i=1}^{n} Q_i\right)^3} \tag{3-40}$$

将式（3-40）代入式（3-38）得
$$A = \frac{1.19}{\sqrt{R_m}} = \frac{1.19\left(\sum_{i=1}^{n} Q_i\right)^{3/2}}{\sqrt{\sum_{i=1}^{n}(h_i Q_i)}} \tag{3-41}$$

由式（3-41）可以看出，对于多台主通风机通风的矿井，矿井总风阻R_m除取决于矿井

通风系统各条巷道的风阻值及巷道间的连接关系外，还随着各主通风机的工作风量而变化，已不再是一个与矿井风量无关的定值。所以，多台主通风机通风的矿井，其矿井风阻特性曲线不是严格的抛物线。实际应用时，应根据实验测算或计算机模拟来确定。

多台主通风机通风的矿井，一般应根据各主要通风机工作系统的通风阻力和风量分别计算其所担负系统的等积孔，据此评价各主要通风机工作系统通风的难易程度。

3.5 矿井通风阻力测定

3.5.1 通风阻力测算

矿井通风阻力测定工作是通风技术管理的重要内容之一，其目的在于检查通风阻力的分布是否合理，某些巷道或区段的阻力是否过大，为改善矿井通风系统、减少通风阻力、降低矿井通风机的电耗以及均压防灭火提供依据。此外，通过阻力测量，还可求出矿井各类巷道的风阻值和摩擦阻力系数值，以备通风技术管理和通风计算时使用。

1. 测定路线选择和测点布置

1）如果测定目的是了解通风系统阻力及其阻力分布，其测定路线必须首先选择风路最长、风量最大的干线为主要测定路线，然后再决定其他若干条次要测定路线，以及那些必须测定的局部阻力区段。如果测定路线上有难以通过的巷道，可以选择其并联分支进行测量。选择测定路线后，按下列原则布置测点：

① 测点布置应考虑测点间的压差不小于 10Pa，以便于仪器的测量。

② 在风路的分叉或汇合地点必须布置测点。如果在分风点或合风点流出去的风流中布置测点，测点距分风点或合风点的距离不得小于巷道宽度 B 的 12 倍；如果在流入分风点或合风点的风流中布置测点，测点距分风点或合点的距离一般可为巷道宽度 B 的 3 倍，如图 3-16 所示。

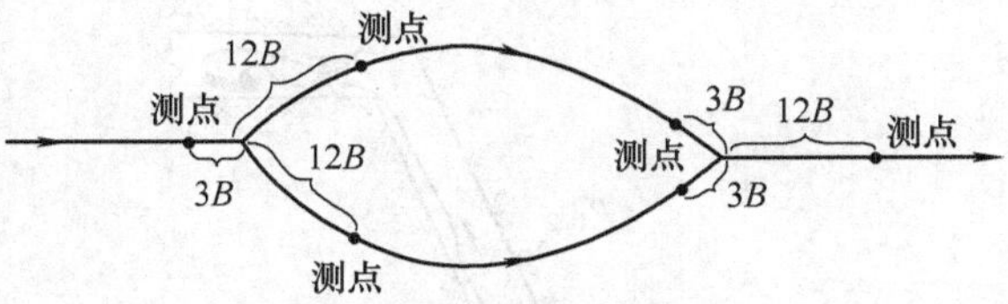

图 3-16　测点布置

③ 在并联风路中，只沿一条路线测量通风阻力（因为并联风路中各分支的通风阻力相等），其他各并联风路只布置测风点测出风量，以便根据相同的通风阻力来计算各分支巷道的风阻。

④ 如果巷道很长且漏风较大时，测点的间距宜尽量缩短，以便逐步检查漏风情况。

⑤ 安设皮托管或静压管时，在测点之前至少有 3m 长的巷道支架良好，没有空顶、空帮、凹凸不平或堆积物等情况。

⑥ 在局部阻力特别大的地方，应在前后设置两个测点进行测量。但若时间紧急，局部阻力的测量可以留待以后进行，以免影响整个测量工作。

⑦ 测点应按顺序编号并标注明显。为了减少正式测量时的工作量，可提前将测点间距、巷道断面积测出。待测量路线和测点位置选好后，要用不同颜色绘成测量路线示意图，并将测点位置、间距、标高和编号注入图中。

2）若测定目的仅为局部区段的阻力测定，则根据需要仅在该区段内选择测量路线。

3）如果测定目的是为获得摩擦阻力系数、局部阻力系数和分支风阻，则应选择不同支护形式、不同类型巷道的典型区段，如平巷、立井、工作面等的典型区段进行测量。同时，还应考虑：

① 应选择风量较大、人员易于通过的井巷，以使测点间的压差不小于10Pa，从而使测定的结果能够满足网络解算的要求。

② 应尽量避免靠近井筒和风门，应尽量选择在风流比较稳定的巷道区段。

③ 要求测段内无风流汇合和分岔点，测点前后3m的地段内巷道支护完好，没有堆积物。

2. 一段巷道的通风阻力测算

巷道通风阻力的测定方法有压差计法和气压计法两种。

(1) 压差计法

1）测量仪器。一般是用单管倾斜压差计作为显示压差的仪器，传递压力用内径4~6mm的胶管，接受压力的仪器用皮托管或静压管。静压管如图3-17所示，它是由流线型的中空管1与管接头3组成。在管的侧壁径向开小孔2，静压从此传递。为了测量动压值，还需用风表、湿度计和气压计。

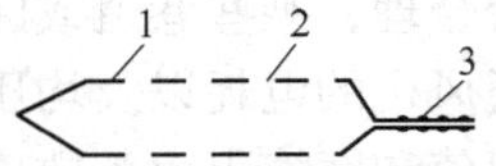

图3-17 静压管

1—中空管 2—小孔 3—管接头

2）测量原理。欲测某倾斜巷道1、2两断面之间的通风阻力，仪器布置如图3-18所示。如果将单管倾斜压差计放在图3-18a所示的2点，则作用在压差计“+”接头的压力为$(p_1-Zg\rho_{1-2})$，作用在压差计“-”接头的压力为p_2，若单管倾斜压差计内的液体为水，则有

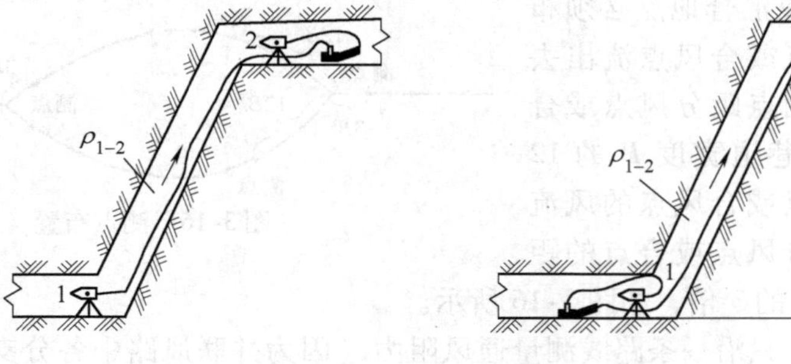

图3-18 单管倾斜压差计测量阻力布置图

$$KL_{d}g=(p_1-Zg\rho_{1-2})-p_2=(p_1-p_2)-Zg\rho_{1-2} \tag{3-42}$$

式中 L_d——单管倾斜压差计的读数（mmH_2O）；

K——单管倾斜压差计的校正系数，$K=\sin\theta$；

如果将单管倾斜压差计放在图3-18b所示的1点，则作用在压差计“+”接头的压力为p_1，作用在压差计“-”接头的压力为$p_2+Zg\rho_{1-2}$，故有

$$KL_{d}g=p_1-(p_2+Zg\rho_{1-2})=(p_1-p_2)-Zg\rho_{1-2} \tag{3-43}$$

式（3-42）和式（3-43）说明，用单管倾斜压差计测出的压差值为1、2两断面的静压差与位压差之和，或称为1、2两断面的势压差。而且不论将单管倾斜压差计放在2点、1

点或1、2两点之间，其测量结果是相同的。根据能量方程式，1、2两断面之间的通风阻力为

$$h_{1-2} = (p_1 - p_2) + (0 - Zg\rho_{1-2}) + \left(\frac{\rho_1 v_1^2}{2} - \frac{\rho_2 v_2^2}{2}\right) \tag{3-44}$$

将式（3-44）代入式（3-43），整理得

$$h_{1-2} = KL_{\mathrm{d}}g + \left(\frac{\rho_1 v_1^2}{2} - \frac{\rho_2 v_2^2}{2}\right) \tag{3-45}$$

式中 h_{1-2}——1、2两断面之间的通风阻力（Pa）。

3）测量步骤。①测量时仪器的布置如图3-18所示，将两个静压管用三角架设于1点和2点，其尖部迎风，管轴和风向平行。用胶管将静压管与压差计相连。②读取压差计的液面读数L_{d}和仪器校正系数K，记录于表中。③与此同时，其他人员测量测点的风速、干湿球温度、大气压、巷道断面尺寸及测点间距，分别记录于表中。④当1、2两测点测完后，顺着风流方向将1测点的静压管移至测点3，进行与上述相同的测量工作，如此继续循环进行，直到测完为止。

4）注意事项。①在倾斜巷道内一般不宜安设测点，其始末两点应尽量安设在上下水平巷道内。②开始测量前，用小气筒将两根胶管内原有的空气换成测定地点的空气。③测回采工作面压差时，仪器应安置在运输平巷或回风平巷内不易被运输干扰的地点，胶管沿工作面敷设。如果该工作面邻近有行人或通风小眼，也可将胶管通过这些小眼敷设。④测定过程中，如果压差计出现异常现象，必须立即查明原因，排除故障，重新测定。其常见的故障有胶管因积水、污物进入或打折而堵塞；胶管被扎有小眼或破裂；压差计漏气；测压管内或测压管与容器连接处有气泡；压差计的三通阀被油污堵塞，压力传递受阻；静压管放置在风流的涡流区内。⑤在主要运输巷和主要回风巷测定时，应尽可能增加两测点的长度，以减少分段测定的积累误差和缩短测定时间。

（2）气压计法

1）测量原理。用气压计法测定通风阻力，就是用精密气压计测出测点的绝对静压以计算出测点间的绝对静压差，再加上动压差和位能差，可求得通风阻力。即

$$h_{1-2} = (p_1 - p_2) + (Z_1 g\rho_1 - Z_2 g\rho_2) + \left(\frac{\rho_1 v_1^2}{2} - \frac{\rho_2 v_2^2}{2}\right) \tag{3-46}$$

气压计测量通风阻力的方法有逐点测定法和双测点同时测定法。

逐点测定法的方法是：将一台气压计留在基点作为校正大气压变化使用，另一台作为测压仪器从基点开始测量每一测点的绝对静压。如果在测量时间内大气压和通风状况没有变化，那么两测点的绝对压差就是气压计在两测点的仪器读数差值。即

$$p_1 - p_2 = h_{\mathrm{d1}} - h_{\mathrm{d2}} \tag{3-47}$$

式中 p_1、p_2——分别为1、2测点的实际绝对静压（Pa）；

h_{d1}、h_{d2}——分别为1、2测点的气压计读数（Pa）。

但是，地面大气压和矿井通风状况都可能发生变化，因此井下任一点的绝对静压在不同时刻是有所变化的。这就要求1、2测点必须同时测定，这样计算出的通风阻力才是正确的。若1测点测完后再测2测点的绝对静压，由于这两点测定不同时，此时就产生了测量误差。在逐点测定法中，为了消除1、2测点不同时测定时产生的误差，必须设置基点校正气压计，

并根据基点校正气压计读数对这两测点的绝对静压进行校正。即

$$p_1 - p_2 = (h_{d1} - h_{d2}) - (h'_{d1} - h'_{d2}) \tag{3-48}$$

式中 h'_{d1}——读取 h_{d1} 时校正气压计的读数（Pa）；

h'_{d2}——读取 h_{d2} 时校正气压计的读数（Pa）。

将式（3-48）代入式（3-46），则两测点间的通风阻力为

$$h_{1-2} = (h_{d1} - h_{d2}) - (h'_{d1} - h'_{d2}) + (Z_1 g\rho_1 - Z_2 g\rho_2) + \left(\frac{\rho_1 v_1^2}{2} - \frac{\rho_2 v_2^2}{2}\right) \tag{3-49}$$

双测点同时测定法的方法是：用两台气压计（Ⅰ、Ⅱ号）同时放在1号测点定基点，然后将Ⅰ号仪器留在1号测点，将Ⅱ号仪器带到2号测点，约定时间同时读取两台仪器的读数后，再把Ⅰ号仪器移到3测点，Ⅱ号仪器留在2测点不动，再同时读数。如此循环前进，直到测定完毕。此法因为两个测点的静压值是同时读取的，所以不需要进行大气压变化的校正，但是测定时比较麻烦。

用气压计法测定通风阻力主要以逐点测定法为主。

2）测量步骤。①将两台仪器同放于基点处，将电源开关拨至“通”位置，等待15～20min后，按“总清”键，记录基点绝对压力值。②按“差压”键，并将记忆开关拨于“记忆”位置，再将仪器的时间对准。③将一台仪器留于基点处测量基点的大气压力变化情况，并每逢5的倍数每隔5min记录一次。④另一台仪器沿着测量路线逐点测定各测点的压力，测定时将仪器平放于测点底板上，每个测点读数三次，也是逢5的倍数每隔5min记录一次。⑤测定时先测测点的相对压力，然后测巷道断面平均风速和断面尺寸，最后测温度与湿度，分别记录于表中。如此逐点进行，直到将测点测完为止。

3）注意事项。①由于矿井的通风状态是变化的，井下大气压的变化有时滞后于地面大气压的变化，在同一时间内变化幅度也与地面不同，所以校正用的气压计最好放在井底车场附近。②用矿井通风综合参数检测仪测定平均风速和湿度时，由于受井下环境的影响较大，所以测得的结果往往误差较大，故在实际测定通风阻力时，一般用机械风表和湿度计测测点的巷道断面平均风速和湿度。③测定最好选在天气晴朗、气压变化较小和通风状况比较稳定的时间内进行。

（3）测定方法的选择

用压差计法测量通风阻力时，只测定压差计读数和动压差值，就可以测量出该段通风阻力，不需要测算位压，数据整理比较简单，测量的结果比较精确。所以，在标定井巷风阻和计算摩擦阻力系数时，多采用压差计法。但这种方法收放胶管的工作量很大，费时较多，尤其是对回采工作面、井筒内或者行人困难井巷及特长距离巷道，不宜采用此方法。

用气压计法测量通风阻力，不需要收放胶管和静压管，测定简单。由于仪器有记忆功能（矿井通风综合参数检测仪），在井下用一台数字气压计就可以将阻力测量的所有参数测出，省时省力，操作简单。但位压很难准确测算，精度较差，故一般适用于无法收放胶管或大范围测量矿井通风阻力分布的场合。

3. 竖井通风阻力测算

竖井通风测定原理和井下水平或倾斜巷道一样，可用压差计法或气压计法测定。

（1）压差计法

1）进风竖井通风阻力测定。整个井筒的通风阻力包括井口、井底局部阻力和井筒全长

的摩擦阻力三部分。当井筒较深且不能下人敷设胶管时，可采用吊测法测定。

吊测法的测定系统如图3-19所示，由压差计、胶管、防淋水静压管（图3-20）和测绳等部件组成。

吊测法的测定方法：为了缩短测定时间，测定前应根据测定深度，预先将胶管与测绳绑扎好。连接好胶管、防淋水静压管和压差计后，将防淋水静压管缓慢放入井筒中，开始每隔5～10m作为一个测点，读一次压差计示值，放下30m后，每20～30m读一次压差计示值，直至放到预定深度为止。测定各断面与地面的势能差（即静压差与位压差之和）的同时，还应测定井筒的进风量。此外，测量人员还应乘罐笼测定井筒内空气压力和干、湿温度，以便计算井筒内的空气密度。

2）回风竖井通风阻力测定。测定系统有两种方式，一是在井盖上开个孔，供下放静压管用；另一种方法是在风硐内的井口平台上放置压差计和下放静压管进行测定。

回风竖井上部井筒与风硐连接段风流不稳定，测定时首先确定井筒与风硐连接位置（标高）。测定系统测点布置如图3-21所示。对于抽出式通风的矿井，压差计的低压端（－）与主要通风机房水柱计传压管相连接；压差计的高压端（＋）与连接防淋水静压管的胶管相接。测定时，防淋水静压管穿过井盖放入井筒，慢慢下放防淋水静压管，记录其下放的深度，同时观察压差计液面变化，当防淋水静压管下放至风硐口处即可开始读数，以后每下放20～30m读取一次压差计的示数。一般防淋水静压管下放深度为100～150m时，即可推算出回风井和风硐的通风阻力。

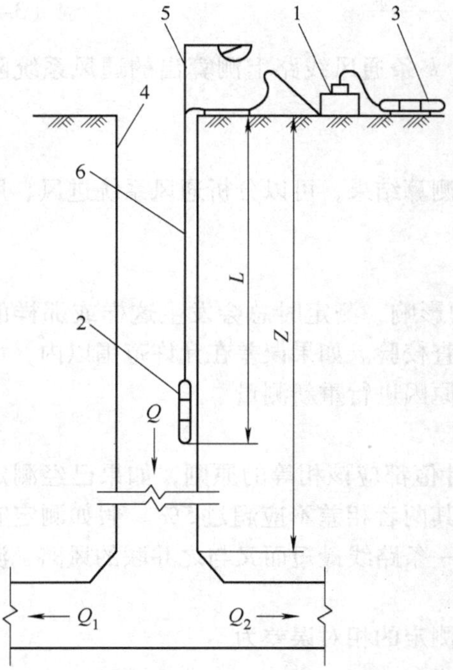

图3-19 进风竖井通风阻力测定

1—单管压差计 2、3—防淋水静压管 4—井筒 5—测绳 6—胶管

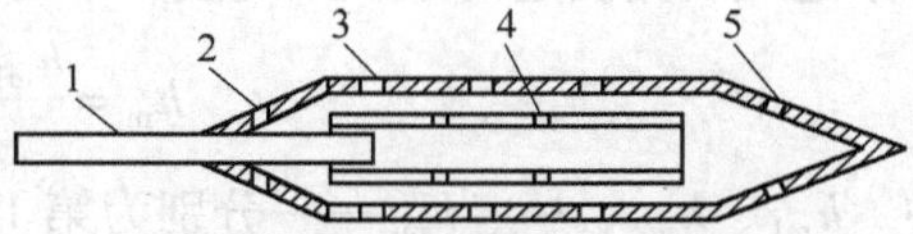

图3-20 防淋水静压管

1—接管 2—系绳孔 3—外传压孔 4—内传压孔 5—排水孔

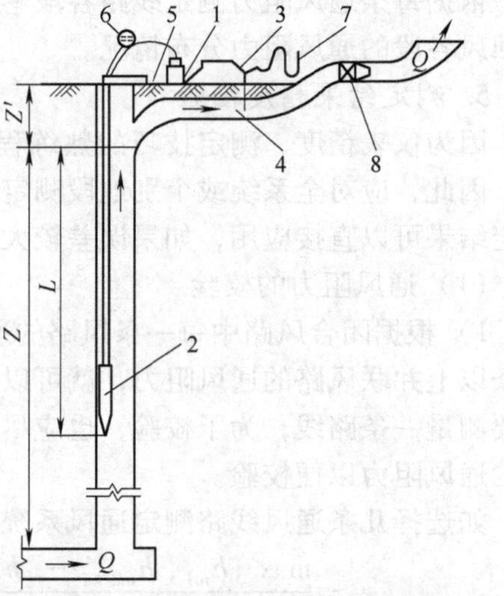

图3-21 回风立井通风阻力测定测点布置

1—单管压差计 2—防淋水静压管 3—三通管 4—风硐 5—胶管 6—测绳 7—U形水柱计 8—风机

当一个井筒担负多个水平通风任务时，可采用上述方法分水平测定，即先测算第一水平的井筒通风阻力，然后将仪器移至下一水平进行测定，这样就可测算出整个井筒的通风阻力。

3）测定数据处理。首先根据测定数据确定井口的局部阻力影响范围，然后依据局部阻力影响区间以外的数据采用线性回归方法确定摩擦阻力计算式 $h_f = a + bH$ 中的系数 a 和 b（H 为井深），并据此公式计算出井筒全长的摩擦阻力；再根据井口受局部阻力影响段的吊测数据确定出井口的局部阻力 h_1。井底局部阻力可按局部阻力测定方法进行测定。

（2）气压计法

用气压计法测定竖井通风阻力一般采用逐点测定法。基点设在井口外无风流流动的地方。用两台仪器同时在基点读数后，一台留在基点（图 3-21 中压差计处），另一台移至井筒中风流比较稳定的地方测定绝对静压。使用气压计法时，井筒内的空气密度的测量精度对测量结果影响甚大，为了获得准确的结果，一般是乘罐笼分段（段长为 50m 左右）测量井筒内风流的绝对静压 p 和干、湿温度 t_d、t_w，然后计算各段的空气密度，再求其平均值。同时测量井筒的总进（回）风量。最后按式（3-49）计算竖井筒的通风阻力。

4. 通风系统阻力及阻力分布测算

从通风系统入风口到出风口任选一条通风线路，把这条通风线路上顺序连接的各段井巷的通风阻力累加起来，就得到该通风系统阻力 h_m。通常选择几条通风线路进行测定，并将这几条通风线路测定的通风系统阻力平均值作为该通风系统的阻力值。即

$$h_m = \frac{h_{m1} + h_{m2} + \cdots + h_{mk}}{k} \tag{3-50}$$

式中 h_{m1}、h_{m2}、…、h_{mk}——分别为第 1、2、…、k 条通风线路上测算出的通风系统阻力（Pa）；

k——通风阻力测定线路数。

依据每条通风阻力测定线路各段巷道上的阻力测算结果，可以分析通风系统进风、用风和回风各段的通风阻力分布情况。

5. 测定结果精度检验

因为仪表精度、测定技巧的熟练程度等因素的影响，测定时总会发生这样或那样的误差，因此，应对全系统或个别地段测定结果进行检查校验。如果误差在允许范围以内，那么测定结果可以直接应用，如果误差较大，应该查明原因进行重新测量。

（1）通风阻力的校验

1）根据闭合风路中每一条风路的通风阻力累计值都应该相等的原则，如果已经测定了两条以上并联风路的通风阻力，就可以相互校验，其两者相差不应超过 5%。假如测定时只需要测量一条路线，为了校验，也应尽可能再选择一条路线最短而又与之并联的风路，测量它的通风阻力以便校验。

如选择几条通风线路测定通风系统阻力时，其测定的相对误差为

$$e = \frac{\max\{h_{m1}, h_{m2}, \cdots, h_{mk}\} - \min\{h_{m1}, h_{m2}, \cdots, h_{mk}\}}{\min\{h_{m1}, h_{m2}, \cdots, h_{mk}\}} \times 100\% \tag{3-51}$$

式中 e——测定结果的相对误差，一般 $e \leqslant 5\%$。

2）测算全矿井通风系统阻力时，一般利用通风机房水柱压差计读数计算的通风系统阻

力 h 进行校验。即

$$e = \left|\frac{h_m - h}{h}\right| \times 100\% \tag{3-52}$$

式中 h——利用通风机房水柱压差计读数计算的通风系统阻力值（具体计算见 4.3.2，Pa）。

（2）风量的校验

首先换算成标准矿井空气状态下的风量，再根据“在密度不变的情况下，流进汇点或闭合风路的风量，等于流出汇点或闭合风路的风量”的原则进行风量比较，其误差不应该超过所用风表的允许误差值。如果误差过大，则应分析并查明原因，必要时进行局部或全部的重新测定。

3.5.2 摩擦阻力、摩擦风阻及摩擦阻力系数测算

根据通风摩擦阻力定律，若已测得巷道的摩擦阻力 h_f、风量 Q 和该段巷道的几何参数，即可求得该巷道的摩擦风阻 R_f 及摩擦阻力系数 α。现场测定时应注意以下几点：

1）必须选择支护形式一致、巷道断面不变和风流方向不变（不存在局部阻力）的巷道。

2）准确测算 R_f 和摩擦阻力系数 α 值的关键是要测准 h_f 和 Q 值。测定断面应选择在风流较稳定的区段。在局部阻力物前布置测点，距离不得小于巷宽的 3 倍；在局部阻力物后布置测点，距离不得小于巷宽的 12 倍。测段距离和风量均要大一些，压差不应低于 20Pa。

3）用风表测定断面平均风速时应和测压同步进行，以防止由于各种原因（风门开闭、车辆通过等）使测段风量变化而影响测定结果。

一般用压差计法测定 R_f 和 α 值。

3.5.3 局部阻力、局部风阻及局部阻力系数测算

以图 3-22 所示的巷道转弯为例，说明局部阻力 h_j、局部风阻 R_j 和局部阻力系数 ξ 值的测定方法。

用压差计法测出 1 ~ 2 段摩擦阻力 h_{f12} 和 1 ~ 3 段的通风阻力 h_{13}，其中 h_{13} 中包括 1 ~ 3 段的摩擦阻力和巷道转弯的局部阻力。由于摩擦阻力是与测段长度成正比的，故有

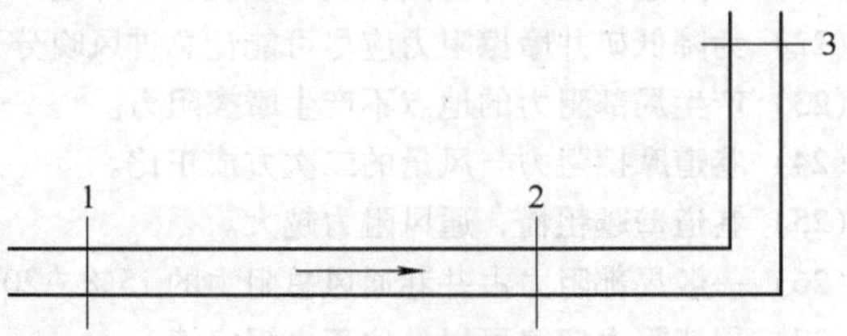

图 3-22 巷道转弯的局部阻力测定

$$h_j = h_{13} - h_{f12}\frac{L_{13}}{L_{12}} \tag{3-53}$$

$$R_j = \frac{h_j}{Q^2} \tag{3-54}$$

$$\xi = \frac{2S^2}{\rho}R_j \tag{3-55}$$

式中 L_{12}、L_{13}——分别为 1—2 段、1—3 段巷道的长度（m）。

本章习题

1. 概念解释

局部阻力　正面阻力　矿井等积孔　摩擦阻力　局部风阻　井巷风阻特性曲线

2. 判断题（正确的打“√”，错误的打“×”）

（1）等积孔是表示矿井通风难易程度的参数，但矿井并不存在实际的等积孔。（　）

（2）风阻越大，等积孔也越大。（　）

（3）巷道长，则风阻一定大。（　）

（4）矿井等积孔小，说明矿井的通风阻力小。（　）

（5）井巷断面积越大，摩擦阻力越小。（　）

（6）井巷断面突然扩大或缩小会产生局部阻力。（　）

（7）巷道中通过的风量越大，摩擦阻力就越大。（　）

（8）要减小风筒的局部阻力，拐弯时应增大弯曲的曲率半径。（　）

（9）风筒的风阻越大，风筒出口的有效风量越大。（　）

（10）风筒吊挂不好，就会增大摩擦阻力而影响通风效果。（　）

（11）同样几何形状和支护方式的巷道，高原地区井巷比平原地区井巷风阻要大。（　）

（12）有公共进风路的多风井、多风机运行的矿井等积孔等于各风井等积孔的代数和。（　）

（13）等积孔的大小与风压、风量有关，与井型、开采强度和瓦斯涌出量无关。（　）

（14）在风量相同的情况下，同样几何形状和支护方式的浅部井巷通风阻力要小于深部井巷的通风阻力。（　）

（15）同样井型的新矿井的等积孔一般比老矿井的等积孔要大。（　）

（16）进风口比回风口的局部阻力系数要大。（　）

（17）风阻特性曲线平缓比陡好。（　）

（18）风阻单位 kg/m^7，等价于 $N \cdot s/m^8$。（　）

（19）巷道摩擦阻力与巷道断面积的三次方成正比。（　）

（20）在完全湍流的状态下，井巷风阻特性曲线是一条二次抛物线。（　）

（21）矿井通风阻力特性曲线较平缓说明矿井通风较困难。（　）

（22）为降低矿井摩擦阻力应尽可能让总进风晚分开，总回风早汇合。（　）

（23）产生局部阻力的地点不产生摩擦阻力。（　）

（24）巷道摩擦阻力与风量的二次方成正比。（　）

（25）巷道壁越粗糙，通风阻力越大。（　）

（26）一般局部阻力占井巷通风总阻力的15%～20%。（　）

（27）层流阻力定律可以类比于电阻定律。（　）

（28）流体层流流态时 λ 与 Re 有关。（　）

3. 单项选择题

（1）矿井等积孔________。

A. 大比小好　　B. 小比大好　　C. 最好为0　　D. 最好为1

（2）下列选项能反映矿井通风难易程度的是________。

A. 等积孔　　B. 风速　　C. 风量　　D. 风压

（3）两条并联的巷道，风阻大的________。

A. 风压大　　B. 风速小　　C. 风量大　　D. 风量小

（4）巷道摩擦阻力系数的大小和________无关。

A. 巷道断面面积　　B. 巷道长度　　C. 支护方式　　D. 巷道周长

(5) 下列各项不会减小风筒风阻的措施是________。

A. 增大风筒直径　　B. 减少拐弯处的曲率半径

C. 减少接头个数　　D. 及时排出风筒内的积水

(6) 巷道产生摩擦阻力的原因是________。

A. 巷道断面突然扩大　　B. 巷道断面突然减小

C. 巷道拐弯　　D. 空气流动时与巷道周壁的摩擦以及克服空气本身的黏性

(7) 风筒的摩擦风阻与直径的________成正比。

A. 2 次方　　B. 3 次方　　C. 4 次方　　D. 5 次方

(8) 下面各项不能减小风筒风阻的措施是________。

A. 增大风筒直径　　B. 减少风量

C. 减少接头个数　　D. 及时排出风筒内的积水

(9) 增阻调节使矿井风网总风阻增加，如果主通风机特性曲线不变，总风量会________。

A. 减少　　B. 增加　　C. 不变　　D. 不一定

(10) 在压力坡度线图上，代表两断面间通风阻力的是________在始末断面上的值之差。

A. 绝对压力坡度线　　B. 绝对全压坡度线　　C. 总能量坡度线　　D. 相对静压坡度线

(11) 等断面的同种支护方式不同形状的下列巷道，________种摩擦阻力最小。

A. 半圆拱形　　B. 梯形　　C. 矩形　　D. 圆形

(12) 完全湍流状态下，矿井风阻特性曲线是一条________。

A. 直线　　B. 二次抛物线　　C. 双曲线　　D. 指数曲线

(13) 矿井中产生局部阻力的地点是________。

A. 风流通过的各种巷道　　B. 风流速度和方向发生改变的地点

C. 大巷　　D. 井筒

(14) 井巷风阻特性曲线是________。

A. 越平坦越好　　B. 垂直的最好　　C. 越陡越好　　D. 水平的最好

(15) 用倾斜压差计测量倾斜巷道中风流始末两点，所得的测值等于________。

A. 静压差　　B. 位压差

C. 静压差和位压差之和　　D. 静压差、位压差和动压差之和

(16) 层流状态下的井巷通风阻力定律是________。

A. $h=RQ^3$　　B. $h=RQ^2$　　C. $h=RQ^{(1\sim2)}$　　D. $h=RQ$

(17) 完全湍流状态下的井巷通风阻力定律是________。

A. $h=RQ$　　B. $h=RQ^{(1\sim2)}$　　C. $h=RQ^2$　　D. $h=RQ^3$

(18) 流体的运动黏性系数与________有关。

A. 流体的压力　　B. 流体的温度　　C. 流体的压力和湿度　　D. 流体的压力和密度

(19) 当流体作层流状态流动时，其无量纲系数 λ 与________有关。

A. 雷诺数 Re　　B. 管壁的相对粗糙度　　C. 流体的密度　　D. 流体的速度

4. 问答题

(1) 降低局部阻力有哪些途径？

(2) 矿井通风阻力包括哪两种？如何降低摩擦阻力？

(3) 什么叫等积孔？它有什么用处？一个矿井等积孔的大小说明了什么问题？

(4) 摩擦阻力系数与哪些因素有关？

(5) 局部阻力系数 ξ 取决于哪些因素？

(6) 通风阻力的测定方法有哪几种？

（7）平坦的风阻特性曲线和陡峭风阻特性曲线各反映什么问题？

5. 计算题

（1）有一条长 500m 的水平巷道，断面积相同，已知 1 点和 2 点的静压分别为 101.35kPa 和 101.17kPa，巷道标高为 -150m，断面积为 $10m^2$，风速为 3m/s，求该巷道的通风阻力为多少？若风速提高到 4m/s，通风阻力为多少？

（2）井下某一巷道的风阻为 $0.2N\cdot s^2/m^8$，通过的风量为 $3600m^3/min$，求该巷道的通风阻力。

（3）某巷道通过的风量为 $Q=40m^3/s$，空气的密度 $\rho=1.25kg/m^3$，在突然扩大段，巷道断面由 $S_1=6m^2$ 变为 $S_2=10m^2$。求突然扩大段的局部阻力。

（4）由测定得知，某梯形巷道断面积为 $5m^2$，长 500m，当通过的风量为 $25m^3/s$ 时，通风阻力为 $3.75mmH_2O$，求该巷道的摩擦阻力系数。

（5）假若井筒直径 $D=4m$，摩擦阻力系数 $\alpha=0.04N\cdot s^2/m^4$，深度 $L=325m$，通过的风量为 $3000m^3/min$，问井筒的摩擦风阻有多大？摩擦阻力有多大？

（6）某通风巷道的断面由 $2m^2$ 突然扩大到 $10m^2$，若巷道中流过的风量为 $20m^3/s$，巷道的摩擦阻力系数为 $0.016N\cdot s^2/m^4$，求巷道突然扩大处的通风阻力。

（7）某巷道如图 3-23 所示，在垂直巷道上下口的水平巷道中，用皮托管的静压端与压差计相连接，测得两断面间的压差为 $12mmH_2O$。已知风速 $v_1=6m/s$，$v_2=8m/s$，空气的平均密度 $\rho=1.2kg/m^3$。求断面Ⅰ—Ⅰ与断面Ⅱ—Ⅱ间的通风阻力。

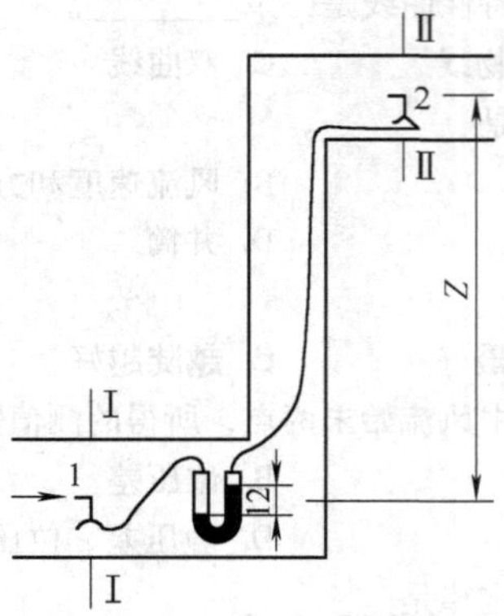

图 3-23　习题（7）附图

第 4 章

第4章 矿井通风动力

欲使空气在矿井中源源不断地流动，就必须克服空气沿井巷流动时所受到的阻力，这种克服通风阻力的能量或压力称为通风动力。它包括由通风机提供的机械风压和由自然条件形成的自然风压两种。矿井通风中，机械风压是必须采用的主要通风动力；自然风压普遍存在，但是不稳定，是次要的通风动力。完全依靠自然风压进行的通风，称为自然通风。《规程》规定，“每一矿井都必须采用机械通风”。

4.1 自然风压

4.1.1 自然风压及其计算

由于空气热湿状态的变化，在矿井中产生一种自然通风动力，这种自然通风动力被称为矿井自然风压。矿井自然风压的数值是以矿井风流系统的最低、最高标高点为界，两侧空气柱作用在底面单位面积上的重力之差。在此重力差的驱动下，空气柱较重一侧的空气向下流动，空气柱较轻一侧的空气向上流动，这就形成了空气的自然流动。如图4-1所示，矿井0—5水平以上大气的重力是相同的，矿井中空气的重力差是在0—5水平至2—3水平之间形成的。在垂直坐标z向上为正的情况下，左侧空气柱作用在底面单位面积上的重力为$-\int_0^2 \rho_1 g\mathrm{d}z$，右侧空气柱作用在底面单位面积上的重力为$\int_3^5 \rho_2 g\mathrm{d}z$，则矿井的自然风压为

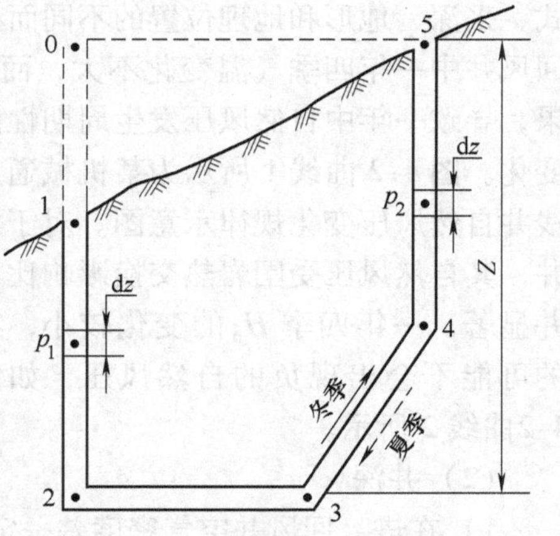

图4-1 自然风压原理图

$$H_{\mathrm{n}} = -\int_0^2 \rho_1 g\mathrm{d}z - \int_3^5 \rho_2 g\mathrm{d}z = \oint \rho g\mathrm{d}z \tag{4-1}$$

式中 H_{n}——矿井自然风压（Pa）；

dz——矿井风流系统中两水平之间的垂直距离增量（m）；

ρ_1、ρ_2——分别为0—1—2和5—4—3井巷中dz段空气柱的密度（$\mathrm{kg/m^3}$）；

g——重力加速度（$\mathrm{m/s^2}$）；

ρ——空气密度（$\mathrm{kg/m^3}$）。

式（4-1）表明，在垂直坐标 z 向上为正的情况下，一个通风回路（图 4-1 中的 0—1—2—3—4—5—0）的自然风压值 H_n 为 $-\rho g\mathrm{d}z$ 沿此通风回路的积分。

由于空气密度受多种因素影响，因此利用式（4-1）计算自然风压较为困难。为了简化计算，一般采用测算出的 0—1—2 和 5—4—3 井巷中空气密度的平均值 ρ_{m1} 和 ρ_{m2} 分别代替式（4-1）中的 ρ_1 和 ρ_2，则式（4-1）可写为

$$H_n = Zg(\rho_{m1} - \rho_{m2}) \tag{4-2}$$

式中 Z——矿井最高点水平与最低点水平之间的垂直距离（m）。

一般情况下，冬季时可能 $\rho_{m1} > \rho_{m2}$，此时自然风流方向为 3→4；夏季时可能 $\rho_{m1} < \rho_{m2}$，此时自然风流方向为 4→3；春、夏之间和秋、冬之间有一个时期可能 $\rho_{m1} \approx \rho_{m2}$，此时矿井中无自然风流。

4.1.2 自然风压的影响因素

由式（4-1）可知，影响自然风压的决定性因素是两侧空气柱的密度差，而空气密度又受温度 T、大气压力 p、气体常数 R 和相对湿度 φ 等因素影响。因此，自然风压与其影响因素的函数关系为

$$H_n = f(\rho, Z) = f[\rho(T, p, R, \varphi), Z] \tag{4-3}$$

（1）矿井进风侧与回风侧的空气温差

矿井某一回路中最低水平和最高水平之间两侧空气柱的温差是影响 H_n 的主要因素。影响气温差的主要因素是地面入风气温和风流与围岩的热交换。其影响程度随矿井的开拓方式、采深、地形和地理位置的不同而有所不同。由于风流与围岩的热交换作用使机械通风的回风井中一年四季气温变化不大，而地面进风井中气温则随季节变化，两者综合作用的结果，导致一年中自然风压发生周期性的变化。图 4-2 曲线 1 所示为某机械通风浅井自然风压变化规律示意图。对于深井，其自然风压受围岩热交换影响比浅井显著，一年四季 H_n 的变化较小，有的可能不会出现负的自然风压，如图 4-2 曲线 2 所示。

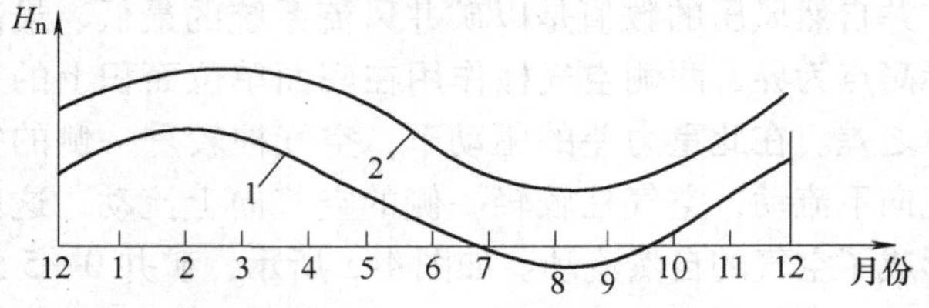

图 4-2 自然风压变化规律曲线图
1—浅井 2—深井

（2）井深

1）在进、回风井空气密度差一定的情况下，自然风压与最大井深成正比，即深井的自然风压值高于浅井的自然风压值。

2）进风井的深度影响风流的换热，即深井由于井筒深度大，进风侧空气柱温度受井筒围岩的调节作用大，一年四节井筒平均温度变化小，因此，深井的自然风压一年四季变化幅度小，如图 4-2 曲线 2 所示；相反，对于较浅的进风井，由于其井筒深度小，浅井进风侧空气柱受井筒围岩的调节作用小，因此，矿井自然风压的变化幅度就较大，如图 4-2 曲线 1 所示。

（3）矿井主要通风机的运行

1）因为矿井主要通风机的运行决定了主风流的方向，加之风流与围岩及各种生产热源的热交换，使冬季回风井气温高于进风井且在进风井周围形成了冷却带。

2）即使到了夏季，由于进风井周围的冷却带冷却作用，一定时期（浅井）甚至长期

（深井）回风井的温度仍然高于进风井，从而仍有一定的自然风压且其作用方向一直未变。

3）在冬季，若增加主要通风机风量，进风井风流的温度会进一步降低，进、回风井风流的温度差增大，则自然风压增加；若减少主要通风机风量，则自然风压会有所降低。在夏季，若增加主要通风机风量，进风流温度会升高，则自然风压会降低。一般认为主要通风机风量对自然风压的影响较小。

（4）空气成分和湿度

空气成分和湿度影响空气的密度，因而对自然风压也有一定影响，但影响较小。

4.1.3　自然风压的控制和利用

矿井自然风压既可作为矿井通风的动力，也可能是事故的肇因。因此，研究矿井自然风压的控制和利用具有重要意义。

1）新设计矿井在选择开拓方案、拟定通风系统时，应充分考虑利用地形和当地气候特点，使全年大部分时间内自然风压作用的方向与机械通风风压的方向一致，以便利用自然风压。例如，在山区要尽量增大进、回风井井口的高差，进风井井口布置在背阳处等。

2）根据自然风压的变化规律，应适时调整主要通风机的工况点，以使其既能满足矿井的通风需要，又可节约电能。例如，在冬季自然风压帮助机械通风时，可采用减小通风机叶片安装角度或调低转速的方法来降低机械风压以减少电耗。

3）可人工调整进、回风井内空气的温差。例如，可在进风井设置水幕或者淋水以冷却空气，这同时也起到了净化风流的作用；可将矿井地下热水散发出的热量排入回风井以加热空气，这同时又解决了热量的排出问题。

4）在建井时期，要注意因地制宜和因时制宜利用自然风压通风，如在表土施工阶段可利用自然通风；在主副井与风井贯通之后，有时也可利用自然通风；有条件时还可利用钻孔构成回路，形成自然风压，以解决局部区域的通风问题。

5）利用自然风压做好非常时期通风。一旦主要通风机因故遭受破坏时，便可利用自然风压进行通风，这在制定矿井事故预防和处理计划时应予以考虑。

6）在多井口通风的山区，特别是如图 4-3 所示的山区平硐开拓多井口矿井，由于进风侧空气柱受井筒围岩的调节作用很小或几乎没有，其自然风压大小和方向受地面气温影响较为明显，一年四季、甚至昼夜之间自然风压都有明显变化。因此，必须做好矿井自然风压调查研究和现场实测工作，以便在及时掌握矿井通风系统和各回路自然风压变化规律的基础上，在某些时候能够采取合理的风流调节措施，以有效地防止因自然风压作用造成某些巷道无风或风流反向而发生的事故。

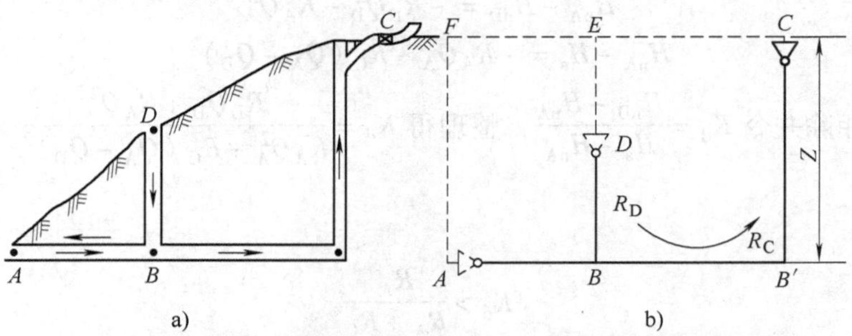

图 4-3　山区平硐开拓多井口矿井自然风压使风流反向示意图

在图 4-3a 所示的抽出式通风系统中，冬季 AB 平硐和 DB 竖井进风，其自然风压作用方向与主要通风机风压方向相同；夏季自然风压作用方向与主要通风机风压方向相反，AB 平硐或 DB 竖井可能无风流或风流反向。

如图 4-3b 所示，对于回风井来说，夏季两个回路系统的自然风压分别为

$ABB'CEFA$ 回路系统的自然风压为 $H_{nA}=Zg(\rho_{CB'}-\rho_{FA})$

$DBB'CEDB$ 回路系统的自然风压为 $H_{nD}=Zg(\rho_{CB'}-\rho_{EB})$

式中 $\rho_{CB'}$、ρ_{FA}、ρ_{BE}——分别为 CB'、FA 和 BE 空气柱的平均密度（kg/m^3）。

自然风压与主要通风机作用方向相反，相当于在平硐口 A 和进风竖井口 D 各安装一台通风机向外抽风。对于 $ABDEFA$ 回路和 $ABB'CEFA$ 回路，列出其不同条件下的能量平衡方程（能量平衡定律见 5.2 节）。

1）当 AB 平硐风流反向、DB 竖井风流方向不变时

$$H_{nA}-H_{nD}=R_DQ_D^2+R_AQ_A^2$$

$$H_{nA}-H_s=R_AQ_A^2-R_C\ (Q_D-Q_A)^2$$

式中 H_s——主要通风机静压（Pa）；

Q_D、Q_A——分别为 DB 竖井和 AB 平硐的风量（m^3/s）；

R_D、R_A、R_C——分别为 DB 竖井、AB 平硐和 $BB'C$ 分支的风阻（$N\cdot s^2/m^8$）。

以上两式相除并令 $K_a=\dfrac{H_{nA}-H_{nD}}{H_s-H_{nA}}$，整理得 $K_a=\dfrac{R_DQ_D^2+R_AQ_A^2}{R_C\ (Q_D-Q_A)^2-R_AQ_A^2}>\dfrac{R_DQ_D^2}{R_CQ_D^2}=\dfrac{R_D}{R_C}$，即

$$K_a>\frac{R_D}{R_C} \tag{4-4}$$

式中 K_a——AB 平硐风流流向判别系数。

式（4-4）就是 AB 平硐风流反向的条件。由此可见，防止 AB 平硐风流反向的措施有加大 R_D、增大 H_s 以及在 A 点安装通风机向 AB 平硐压风。

同理可得，AB 平硐风流停滞的条件为 $K_a=\dfrac{R_D}{R_C}$，AB 平硐风流方向不变的条件为 $K_a<\dfrac{R_D}{R_C}$。

2）当 DB 竖井风流反向，AB 平硐风流方向不变时

$$H_{nA}-H_{nD}=-R_DQ_D^2-R_AQ_A^2$$

$$H_{nA}-H_s=-R_AQ_A^2-R_C\ (Q_A-Q_D)^2$$

以上两式相除并令 $K_d=\dfrac{H_{nD}-H_{nA}}{H_s-H_{nA}}$，整理得 $K_d=\dfrac{R_DQ_D^2+R_AQ_A^2}{R_AQ_A^2+R_C\ (Q_A-Q_D)^2}>\dfrac{R_AQ_A^2}{R_AQ_A^2+R_CQ_A^2}=\dfrac{R_A}{R_A+R_C}$，即

$$K_d>\frac{R_A}{R_A+R_C} \tag{4-5}$$

式中 K_d——DB 竖井风流流向判别系数。

式（4-5）就是 DB 竖井风流反向的条件。由此可见，防止 DB 竖井风流反向的措施有加大 R_A、增大 H_s、减小 R_C 以及在 D 点安装通风机向 DB 竖井压风。

同理可得，DB 竖井风流停滞的条件为 $K_d=\frac{R_A}{R_A+R_C}$，DB 竖井风流方向不变的条件为 $K_d<\frac{R_A}{R_A+R_C}$。

4.1.4 自然风压的测算

矿井自然风压是通风设计及矿井通风技术管理的必要资料，为了确切地考虑自然风压的影响，必须对自然风压进行准确的测算。矿井自然风压的测算方法主要有隔断风流测算法、平均密度测算法和改变通风机运行工况测算法等，其中隔断风流测算法属于直接测算法，其余的方法属于间接测算法。

1. 隔断风流测算法

在通风机停止运转后，在总风流中设置密闭墙隔断风流，用压差计测定密闭墙两侧的压差，此值即为该回路的自然风压，如图4-4所示。密闭墙的位置可以任意选定，但要能完全隔断总风流。为简化工序，通风机停止运转后，可利用关闭风硐内的闸门来隔断风流，用压差计测定闸门两侧的压差，其读数即为矿井的自然风压，如图4-5所示。测定时，既要使风流停滞（停风后等待10～15min），又要动作迅速，以防止因通风机停止运转时间过长其空气的密度发生变化。

隔断风流测算法简单、直观，测定结果准确。但要停止通风机运转，对矿井的生产和安全有影响。

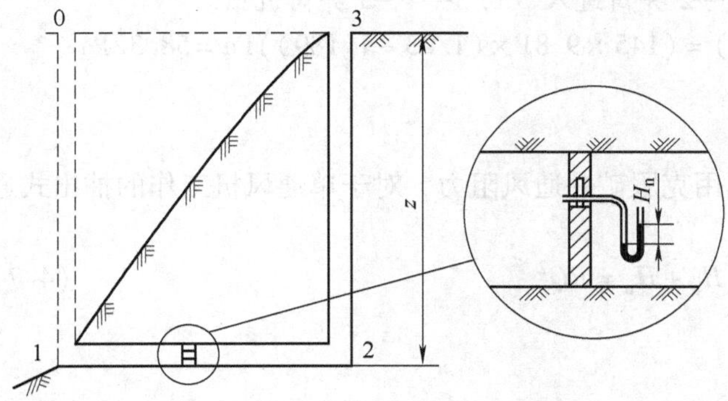

图4-4 设置密闭墙测自然风压

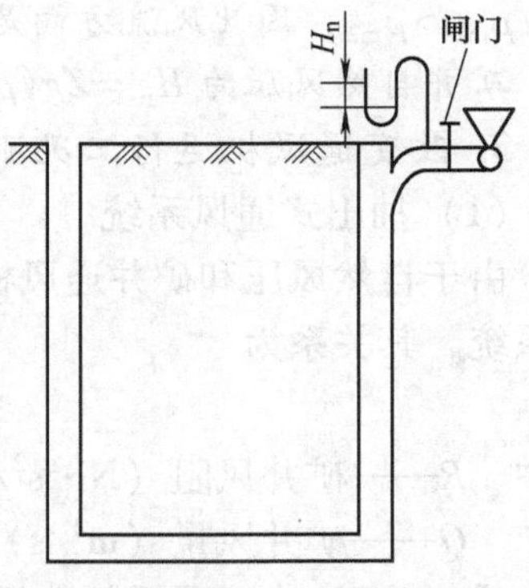

图4-5 利用关闭闸门测自然风压

2. 平均密度测算法

平均密度测算法是指通过测算井巷风流的平均密度而计算矿井自然风压的方法，式（4-1）是其基本计算公式。对于井深大、巷道多的通风回路，为了比较准确地求得高度 Z 内空气柱的平均密度，应在风路内尽量多布置测点，尤其要在坡度变化较大的地方，如井口、井底、倾斜巷道的上端和下端、风温变化较大以及变坡的地方布置测点，并尽可能同时或在较短的时间内测出风流各测点的绝对静压、温度和湿度以计算其空气密度，两测点间的高差不宜过大（最好不超过100m）。相邻两测点间为一测段，分别计算各测段空气柱单位面积的重力，风流向下流动的测段为“+”，风流向上流动的测段为“-”，沿风流方向进行累加，即可得到风流待测回路的自然风压。即

$$H_n = \sum(g\rho_{mi}Z_i) \tag{4-6}$$

式中 ρ_{mi}——第 i 测段中风流的平均密度（kg/m^3）；

Z——第 i 测段的垂直高度（m）。

平均密度测算法可以测定计算矿井通风系统中各条回路的自然风压，且是在主要通风机正常运行的条件下进行测定的，不影响生产。但是，该法测定和计算工作量大，时间也较长。

例4-1 如图 4-1 所示的自然通风矿井，测得各点的空气密度分别为 $\rho_0 = 1.3kg/m^3$、$\rho_1 = 1.26kg/m^3$、$\rho_2 = 1.16kg/m^3$、$\rho_3 = 1.14kg/m^3$、$\rho_4 = 1.15kg/m^3$、$\rho_5 = 1.3kg/m^3$，$Z_{0-1} = 45m$，$Z_{1-2} = 100m$，$Z_{3-4} = 65m$，$Z_{4-5} = 80m$，试求该矿井的自然风压，并判断其风流方向。

解：各测段空气的平均密度分别为

$$\rho_{0-1} = (\rho_0 + \rho_1)/2 = [(1.3 + 1.26)/2]kg/m^3 = 1.28kg/m^3$$

$$\rho_{1-2} = (\rho_1 + \rho_2)/2 = [(1.26 + 1.16)/2]kg/m^3 = 1.21kg/m^3$$

$$\rho_{3-4} = (\rho_3 + \rho_4)/2 = [(1.14 + 1.15)/2]kg/m^3 = 1.145kg/m^3$$

$$\rho_{4-5} = (\rho_4 + \rho_5)/2 = [(1.15 + 1.3)/2]kg/m^3 = 1.225kg/m^3$$

通风系统两侧空气柱的平均密度分别为

$$\rho_{m1} = \frac{Z_{0-1}\rho_{0-1} + Z_{1-2}\rho_{1-2}}{Z_{0-1} + Z_{1-2}} = \frac{45 \times 1.28 + 100 \times 1.21}{45 + 100}kg/m^3 = 1.23kg/m^3$$

$$\rho_{m2} = \frac{Z_{3-4}\rho_{3-4} + Z_{4-5}\rho_{4-5}}{Z_{3-4} + Z_{4-5}} = \frac{65 \times 1.145 + 80 \times 1.225}{65 + 80}kg/m^3 = 1.189kg/m^3$$

$\rho_{m1} > \rho_{m2}$，因此风流方向是由0—1—2 井筒进入、由3—4—5 井筒流出。

矿井自然风压为 $H_n = Zg(\rho_{m1} - \rho_{m2}) = (145 \times 9.81 \times (1.23 - 1.189))Pa = 58.32Pa$

3. 改变通风机运行工况测算法

（1）抽出式通风系统

由于自然风压和矿井通风机共同作用克服矿井通风阻力，对于单通风机工作的抽出式通风系统，其关系为

$$H_s + H_n = RQ^2 \tag{4-7}$$

式中 R——矿井风阻（$N \cdot s^2/m^8$）；

Q——矿井风量（m^3/s）。

式（4-7）中，通风机静压 H_s 和矿井风量 Q 可以直接测得，因而其未知数只有自然风压 H_n 和矿井风阻 R。自然风压 H_n 和矿井风阻 R 不随矿井风量的变化而变化，因此，只要再改变一次工况，测出其 H_{sx}、Q_x，即可建立联立方程解算出矿井自然风压 H_n。即

$$H_{sx} + H_n = RQ_x^2 \tag{4-8}$$

式中 Q_x——矿井风量（m^3/s）；

H_{sx}——矿井风量为 Q_x 时通风机的静压（Pa）。

解式（4-7）和式（4-8）组成的联立方程组，得

$$H_n = \frac{H_s - H_{sx}}{Q^2 - Q_x^2}Q^2 - H_s \tag{4-9}$$

改变通风机运行工况的方法，可以采用不改变矿井风阻 R 的任何工况调节法，如停开通风机法或改变通风机转速法。当采用停开通风机法时 $H_{sx}=0$，则式（4-9）成为

$$H_n = \frac{Q_x^2}{Q^2 - Q_x^2} H_s \tag{4-10}$$

如果矿井风阻 R 为已知，则可以直接由式（4-7）计算出矿井自然风压 H_n。

（2）压入式通风系统

对于单通风机工作的压入式通风系统，其关系为

$$H_f + H_n = RQ^2 \tag{4-11}$$

式中　H_f——通风机全压（Pa）。

同抽出式通风系统类似，压入式通风系统同样有

$$H_n = \frac{H_f - H_{fx}}{Q^2 - Q_x^2} Q^2 - H_f \tag{4-12}$$

式中　H_{fx}——矿井风量为 Q_x 时通风机的全压（Pa）。

4.2　矿用通风机及其附属装置

利用通风机产生的风压对矿井或井巷进行通风的方法称为机械通风。机械通风是矿井通风的主要形式，是稳定、连续地向井下供风的保障，是确保矿井安全和矿井通风系统稳定、可靠运行的基础。为确保井下空气的质量和数量，每一个矿井都必须采用机械通风。通风机日夜不停地运转，将新鲜空气源源不断地送往井下，并将污浊空气排到地面。因此，常称通风机是矿井的“肺脏”。

矿用通风机按其服务范围可分为主要通风机、辅助通风机和局部通风机。

（1）主要通风机

用于担负全矿井、矿井的一翼或一个分区通风工作的通风机，称为矿井主要通风机。主要通风机一般安装在地面，对矿井安全生产影响极大，需要常年连续运转，所消耗的电能占全矿总用电量的20%～30%。因此，对矿井主要通风机的合理选择和使用，无论在安全方面还是技术和经济方面，都具有重要的意义。

（2）辅助通风机

帮助主要通风机对矿井一翼或一个较大区域克服通风阻力、增加风量和风压的通风机，称为辅助通风机。辅助通风机只可以在矿井改造时采用，在矿井设计时不能设计使用，严禁在煤（或岩）与瓦斯（或二氧化碳）突出矿井中安设辅助通风机。

（3）局部通风机

用于矿井下某一局部地点通风用的通风机，称为局部通风机。局部通风机一般用于井巷掘进时的通风。

4.2.1　通风机的构造及其工作原理

矿用通风机按其构造和工作原理，可分为离心式通风机和轴流式通风机两大类。轴流式通风机又分为普通轴流式通风机和对旋式通风机两种。

1. 离心式通风机

(1) 构造

如图 4-6 所示，离心式通风机主要由叶轮（又名动轮或工作轮）1、螺旋形机壳 5、吸风管 6 和锥形扩散器 7 组成。有些离心式通风机还在叶轮前面装设由叶片构成的前导器（又称固定叶轮）。前导器的作用是使气流进入动轮入口的速度发生预旋绕，以调节通风机产生的风压和风量。动轮是由固定在主轴 3 上的轮毂 4 和其上的叶片 2 所组成。叶片按其在叶轮出口处安装角的不同，分为前倾式、径向式和后倾式三种，如图 4-7 所示。叶轮入风口分为单侧吸风和双侧吸风两种，图 4-6 所示是单侧吸风式。

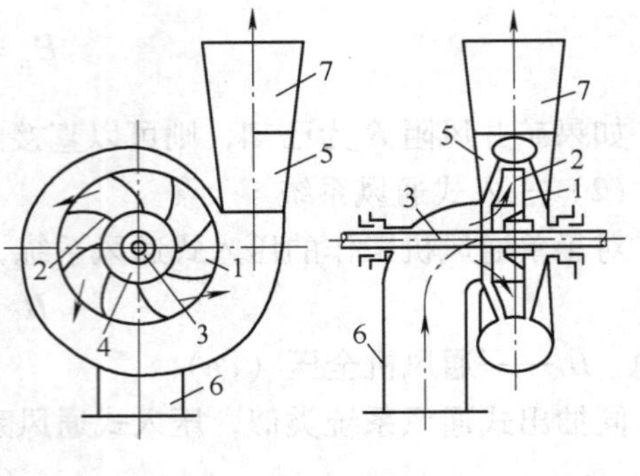

图 4-6 离心式通风机

1—叶轮 2—叶片 3—主轴 4—轮毂
5—螺旋形机壳 6—吸风管 7—锥形扩散器

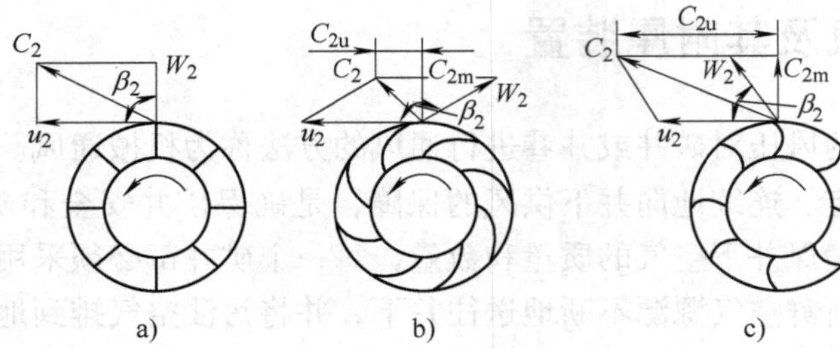

图 4-7 离心式通风机叶轮

a) 径向式 $\beta_2=90°$ b) 后倾式 $\beta_2>90°$ c) 前倾式 $\beta_2<90°$

W_2—空气沿叶片出口的相对速度 u_2—叶轮外缘圆周速度 C_2—合速度

C_{2u}—C_2 的切向分量 C_{2m}—C_2 的径向分量

(2) 工作原理

当电动机通过传动机构带动叶轮旋转时，叶道间的空气随叶片的旋转而旋转，并获得离心力，经叶端被抛出叶轮，流到螺旋形机壳里。在机壳内空气流速逐渐减小，压力升高，然后经扩散器排出。与此同时，由于叶轮中气体外流，因而在叶片的入口即叶根处形成负压，使吸风口处的空气自叶根流入叶道，再从叶端流出，如此连续不断地形成连续流动。

空气受到离心力作用离开动轮时获得了能量，若以压力形式表达就是叶轮的工作提高了空气的全压。空气经过叶轮以后，全压就不再增加了，但是压力的形式却发生转化，即空气通过螺壳和扩散器时由于其过风断面不断扩大，空气的动压转化为静压，静压增大，动压减小。在抽出式通风时扩散器出口静压成为大气压，动压则为气流出流到大气的速度所体现的动压。在压入式通风时扩散器出口静压大于大气压，动压则为气流出流到风硐的速度所体现的动压。

(3) 特点

离心式通风机的优点是结构简单，维护方便，噪声小，工作稳定性好；缺点是体积大，通风机的风量调节不方便，必须有反风道才能反风。

（4）常用型号

我国生产的离心式通风机较多，如4－72－11型、G4－73－11型、K4－73－01型等。型号参数的含义以G4－73－11№25D型为例，从左至右说明如下：G代表通风机的用途，K表示矿用通风机，G表示鼓风机；4表示通风机在效率最高点时全压系数的10倍，取整数；73表示通风机在效率最高点时的比转速 n_s，取整数；1表示进风口数，1为单侧吸入，0为双侧吸入；1为设计序号（1表示第一次设计）；№25为通风机机号，为叶轮直径，单位为dm；D表示传动方式；离心式通风机的传动方式有6种，A表示无轴承电动机直联传动，B表示不悬臂支承带轮在中间传动，C表示悬臂支承带轮在轴承外侧传动，D表示悬臂支承联轴器传动，E表示双支承带轮在外侧传动，F表示双支承联轴器传动。

比转速 n_s 是反映通风机 Q_f、H_f 和 n 等之间关系的综合特性参数，相似通风机（同一类型通风机均属于相似通风机）的比转速 n_s 相同。比转速 n_s 的表达式为

$$n_s = n\sqrt{Q_f} \times \left(\frac{\rho_c}{H_f}\right)^{3/4} \tag{4-13}$$

式中　n_s——通风机的比转速；

Q_f——通风机的风量（m^3/s）；

n——通风机的转速（r/min）；

ρ_c——通风机入风口的空气密度（kg/m^3）。

2. 普通轴流式通风机

（1）构造

如图4-8所示，轴流式通风机主要由叶轮（又名动轮或工作轮）1、圆筒形外壳3、集风器4、整流器5、前流线体6和环形扩散器7所组成。集风器是一个外壳呈曲面形、断面逐渐收缩的风筒。前流线体是一个遮盖动轮部分的曲面圆锥形罩，它与集风器构成环形入风口，以减小入口对风流的阻力。叶轮是由固定在轮轴上的轮毂和等间距安装的叶片2组成。叶轮有一级和二级两种，二级动轮产生的风压近似于一级的2倍。整流器（导叶）安装在每一级叶轮之后，为固定叶轮；其作用是整直由叶轮流出的旋转气流，以减小动能和涡流损失。环形扩散器的作用是使从整流器流出的环状气流逐渐扩张，过渡到柱状（即风硐或外扩散器内全断面的）空气流，同时减少气流能量的冲击损失；随着断面的扩大，气流的一部分动压转换为静压，使动压逐渐变小。

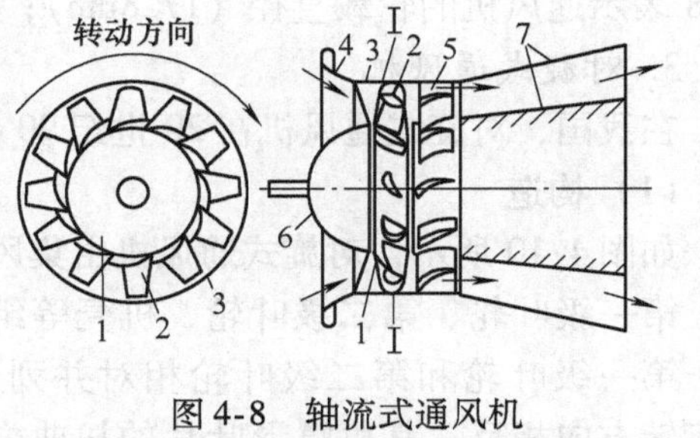

图4-8　轴流式通风机

1—叶轮　2—叶片　3—圆筒形外壳　4—集风器　5—整流器　6—前流线体　7—环形扩散器

叶片用螺栓固定在轮毂上，横截面和机翼形状相似。在叶片迎风侧作一外切线，称为弦线。弦线与动轮旋转方向的夹角，称为叶片安装角，以 θ 表示。θ 角可以根据需要来调整。因为通风机的风压和风量大小与 θ 角有关，所以工作时可根据需要的风压和风量调节 θ 角的度数。一级动轮的通风机 θ 角的调节范围是10°～40°，二级叶轮的通风机 θ 角的调节范围是15°～45°，可按相邻角度差5°或2.5°调节，但每个叶轮上的角度必须严格保持一致，如图

4-9 所示。

（2）工作原理

当叶轮叶片（机翼）在空气中快速扫过时，由于翼面（叶片的凹面）与空气冲击，给空气以能量，产生了正压力，空气则从叶道流出。翼背牵动背面的空气而产生负压力，将空气吸入叶道，如此一吸一推，造成空气流动。空气经过动轮时获得了能量，即动轮的工作给风流提高了全压。

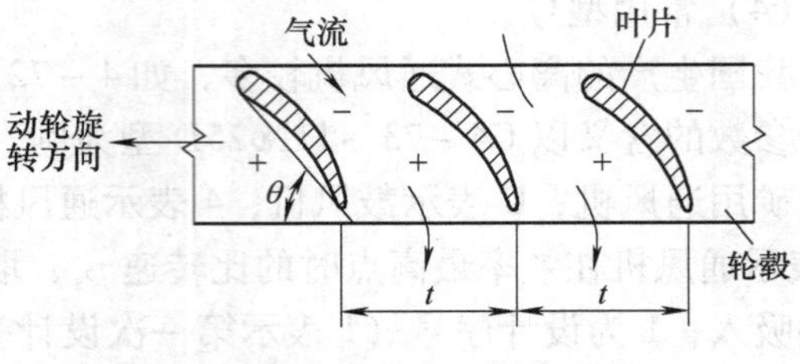

图 4-9　轴流式通风机的叶片安装角

θ—叶片安装角　t—叶片间距

（3）特点

轴流式通风机具有结构紧凑、体积小、质量轻、转速高、可直接与电动机相连、风量调节较为方便、反风措施较多等优点。其缺点是噪声大、构造复杂。

（4）常用型号

我国生产的轴流式通风机有 2K60 型、1K58 型、2K58 型、GAF 型、FBCZ 型等。以 2K60－1－№24 型为例，型号参数从左至右说明如下：2 表示通风机的叶轮级数，1 表示单级，2 表示双级；K 表示通风机的用途，K 表示矿用，T 表示通用；60 表示轮毂比的 100 倍；1 表示结构设计序号；№24 表示通风机机号，为叶轮直径，单位为 dm。

对于 GAF31.5－17.8－1 型通风机，其型号参数从左至右含义为：G 表示矿用通风机；A 表示轴流式；F 表示通风机的动叶片可调节；31.5 表示通风机的叶轮直径（31.5dm）；17.8 表示通风机的轮毂直径（17.8dm）；1 表示通风机的叶轮级数为单级。

3. 对旋式通风机

在我国，对旋式通风机在 20 世纪 90 年代中期以后应用于矿井通风。

（1）构造

如图 4-10 所示，对旋式通风机由集风器、第一级叶轮、第二级叶轮、机壳等组成。第一级叶轮和第二级叶轮相对并列，但旋转方向相反，其机翼形叶片的扭曲方向也相反。电动机为防爆型（长轴通风机不要求电动机防爆），安装在主风硐中的密闭罩内，与通风机流道中的气流隔离。密闭罩中有扁管与大气相通，以达到散热目的。

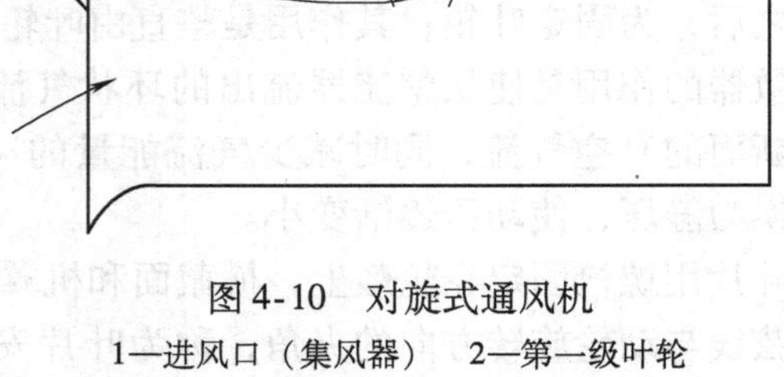

图 4-10　对旋式通风机

1—进风口（集风器）　2—第一级叶轮

3—第二级叶轮　4—机壳

（2）工作原理

工作时两级叶轮分别由两个等功率、等转速、旋转方向相反的电动机驱动，当气流通过集风器进入第一级叶轮获得能量后，再经第二级叶轮升压排出。两级叶轮互为导叶，气流经过第一级叶轮后形成的旋转速度由第二级反向叶轮旋转消除，从而使气流形成单一的轴向流动。

（3）特点

对旋式通风机是无静叶轴流式通风机，两级叶轮的气流平稳，负载分配比较合理，第二级叶轮兼备普通轴流式通风机中导叶的功能，在获得垂直圆周方向速度分量的同时，加给气流能量，从而使通风机内耗减少、阻力损失降低。大型对旋式通风机装有扩散器、消声器等部件，通风机底座设有托轮，在预设的轨道上可沿轴向移动或非轴向移动，安装检修方便。因此，对旋式通风机具有气动性能好、高效区宽、运转稳定、节能、噪声低、结构紧凑以及安装方便等优点。

（4）常用型号

目前，对旋式通风机型号有数十个品种，在煤矿使用的有数千台，主要有 FBCDZ（BDK、BD 等系列）、FBD、FCDZ（为长轴对旋式通风机）等系列。型号参数的含义以 FBCDZ№26/2×355防爆抽出式对旋通风机为例，从左至右说明如下：F 表示通风机；B 表示防爆型；C 表示抽出式；D 表示对旋式；Z 表示主要通风机；№24 表示通风机机号，为叶轮直径，单位为 dm；2×355 表示电动机功率，单位为 kW。

4.2.2　主要通风机的附属装置

主要通风机的附属装置包括风硐、防爆门（井盖）、扩散器、反风装置和消声器等。

1. 风硐

风硐是连接通风机和风井筒的一段巷道。对于压入式通风系统，风硐的作用是将主要通风机排出的风流引入进风井筒；对于抽出式通风系统，风硐的作用是将回风井筒中的风流导入主要通风机。风硐的特点是通过风量和内外压差均较大，因此应尽量降低其风阻并减少其漏风。风硐的服务年限长，一般多用混凝土、砖石等材料建筑。

在风硐的设计和施工中，具体应满足以下要求：

1）断面不宜过小，内部风速以 8～10m/s 为宜，最大不超过 15m/s。

2）风阻不大于 $0.0196\mathrm{N\cdot s^2/m^8}$，阻力不大于 100～200Pa。为了降低通风阻力，风硐不宜过长，转弯部分要呈圆弧形，内壁要光滑，并保持风硐内无堆积物；风硐与风井筒连接处要平缓过渡，其夹角为

$$\cos\beta = 0.5\sqrt{S_2/S_1} \tag{4-14}$$

式中　β——风硐与风井筒之间的夹角，一般为 60°～90°；

S_2——风井的断面积（$\mathrm{m^2}$）；

S_1——风硐的断面积（$\mathrm{m^2}$）。

试验研究证明，风硐拐弯处用双曲线形时其通风阻力最小。其双曲线方程为

$$xy = E \tag{4-15}$$

式中　x、y——双曲线变量（m）；

E——双曲线常数，$E = 0.16b$（m）；

b——风硐的宽度（m）。

同时，可在风硐转角处按式（4-14）设计和安设一组导流叶片，叶片间的距离为 $0.126b$（b 为叶片的弧长），可以进一步降低其通风阻力。

3）应用混凝土砌筑，风硐闸门及风门等装置结构要严密，总漏风量一般不要超过主要

通风机工作风量的5%。

4）直线部分要有一定的坡度，避免积水流向主要通风机。应有长度不小于风硐直径或高度6~8倍的平直段，以满足测风的要求；要安装测定风流压力的测压管。

2. 防爆门（井盖）

在回风井的上口必须安装防爆设施，即在斜井井口必须安设防爆门，在竖井井口必须安设防爆井盖。在正常情况下，防爆门（井盖）是气密的，不能出现风流短路；但当井下发生瓦斯或煤尘爆炸时，在高压气浪的冲击作用下防爆门（井盖）可自动打开，从而使主要通风机免受毁坏。图4-11所示为竖井井口的钟形防爆井盖。防爆井盖用钢板焊接而成，其下端放入密封液槽中，密封液槽中盛油密封，槽深与负压相适应。防爆井盖四周用四条钢丝绳通过滑轮用平衡重锤配重。井口壁四周还应备有一定数量的压脚，以便在反风时用以压住井盖，从而避免反风风压掀起防爆井盖并造成风流短路。装有提升设备的井筒安设的防爆井盖，一般为铁木结构，其与门框接合处要有严密的橡胶垫层。防爆门（井盖）应设计合理、结构严密、维护良好、动作可靠。

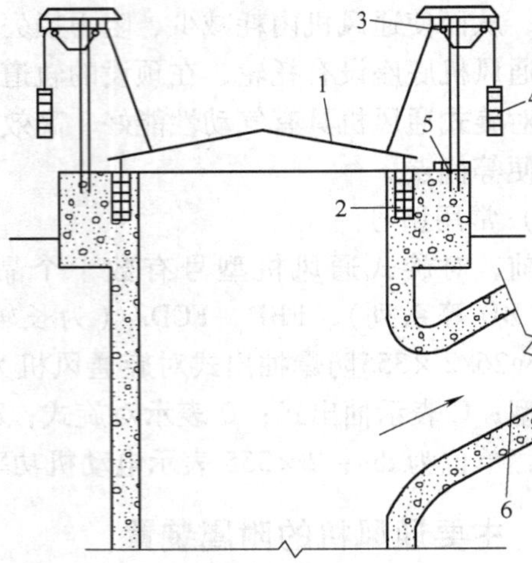

图4-11 竖井井口的钟形防爆井盖
1—防爆井盖 2—密封液槽 3—滑轮
4—平衡重锤 5—压脚 6—风硐

防爆门（井盖）的设计应符合下列要求：

1）防爆门（井盖）应布置在回风井同一轴线上，其断面积不应小于回风井的断面积。

2）回风井与风硐的交叉点到防爆门的距离，至少要比该点到主要通风机吸风口的距离少10m。

3）防爆门（井盖）应靠主要通风机的负压保持关闭状态，并采用安设平衡重锤或其他措施使防爆门（井盖）在井下发生爆炸事故时易于开启。

4）井下一旦发生爆炸，防爆门（井盖）被冲开，在爆炸冲击波通过后，防爆门（井盖）应能自动复位，以确保矿井通风系统的正常运行。

5）防爆门（井盖）的结构必须有足够的强度，并有防腐蚀和防抛出的措施。

6）防爆门（井盖）应密封严密不漏风。如果采用液体作密封时，在冬季应选用不燃的防冻液。

3. 扩散器

无论是离心式通风机还是轴流式通风机，在通风机的出口处都外接一定长度、断面逐渐扩大的构筑物——扩散器，其作用是降低出风速度，以减少通风机出风口的动压损失，提高通风机的静压，并且可以防止噪声和空气污染。

如图4-12所示，轴流式通风机的扩散器是由圆锥形内筒和外筒构成的环状扩散风筒，外圆锥体的敞角可取7°~12°，内圆锥体的敞角可取3°~4°。对于抽出式通风系统，扩散器出口后边连接混凝土砌筑成的外扩散器。外扩散器是一段向上弯曲的方形风道，它与水平线所成的倾角可取45°或60°。外扩散器出风口为长方形断面，长为通风机叶轮直径的2.1倍，宽为通风机叶轮直径的1.4倍。当外扩散器的倾角为60°时，其高为通风机叶轮直径的2倍，长为通风机叶轮直径的2.8倍。外扩散器拐弯处为双曲线形，并安设一组导流叶片，以降低其通风阻力。

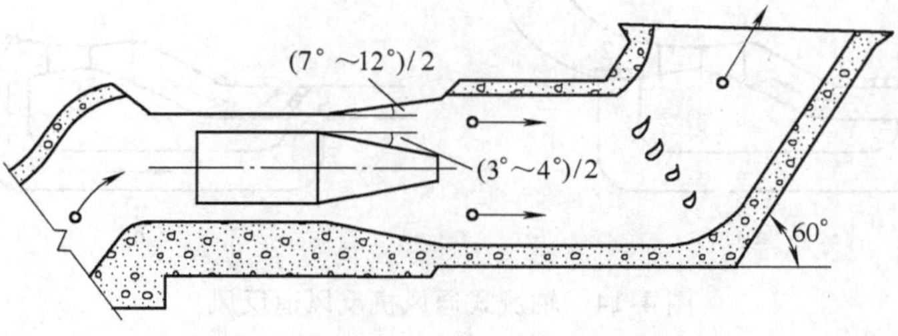

图4-12　轴流式通风机扩散器和外扩散器

离心式通风机的扩散器是长方形的，其敞角取8°～10°，出风口断面S_3与入风口断面S_2之比为3～4，如图4-13所示。

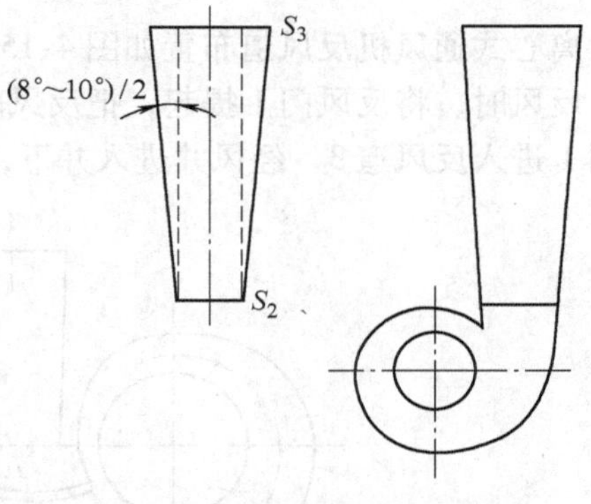

图4-13　离心式通风机扩散器

4. 反风装置

（1）反风概念及其要求

当矿井在进风井口附近、井筒、井底车场及其附近的进风巷道或硐室发生火灾、瓦斯或煤尘爆炸时，为了限制灾区范围扩大，防止烟流流入人员集中的生产场所，以便进行灾害处理和救护工作，有时需要改变矿井的风流方向，即进行矿井反风。可见，当井下发生火灾、瓦斯或煤尘爆炸时，利用矿井预设的反风设施进行矿井反风以改变火灾烟流方向，是一种限制灾区范围、安全撤出受烟流威胁人员的安全技术措施。

矿井反风是一种应急通风措施，所有反风设施应符合下列要求：①结构简单，牢固可靠，密封严密，漏风少；②动作灵活，司机一人可以独立操作；③所有操作开关应集中装设，实行远距离控制；④从下达反风命令开始，在10min内改变巷道中的风流方向。

《规程》第一百二十二条规定："生产矿井主要通风机必须装有反风设施，并能在10min内改变巷道中的风流方向；当风流方向改变后，主要通风机的供给风量不应小于正常供风量的40%。每季度应至少检查1次反风设施，每年应进行1次反风演习。"

（2）反风方法

矿井反风方法随主要通风机类型和结构的不同而异。主要有反风道反风法和调整通风机运转反风法两种。这两种反风方法均适用于轴流式通风机，且轴流式通风机反风时使用后一种方法更方便和更多；离心式通风机反风只能使用前一种方法。

1）反风道反风法。反风道反风法分为利用专用反风道反风和利用备用主要通风机风道反风两种形式。

轴流式通风机反风道布置如图4-14所示。图4-14a所示为通风机正常工作时反风门1

和 2 的位置，此时通风机从井下吸风，然后排至大气。若将反风门 1、2 改变为图 4-14b 所示位置，这时虽然通过通风机的风流方向没有改变，但通风机将从大气吸风然后压入井下，使井下的风流反向。

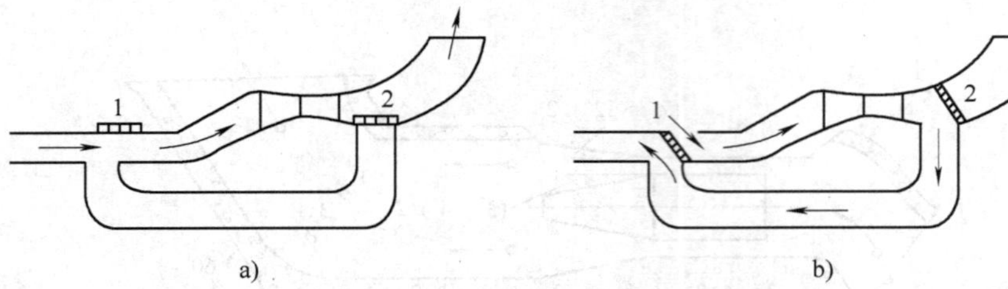

图 4-14 轴流式通风机反风道反风

a）正常通风 b）反风

1、2—反风门

离心式通风机反风道布置如图 4-15 所示。通风机正常工作时，反风门 1 和 2 为实线位置；反风时，将反风门 1 提起，把反风门 2 放下，此时风流由反风门 2 进入通风机，再从反风门 1 进入反风道 3，经风井进入井下，实现反风。

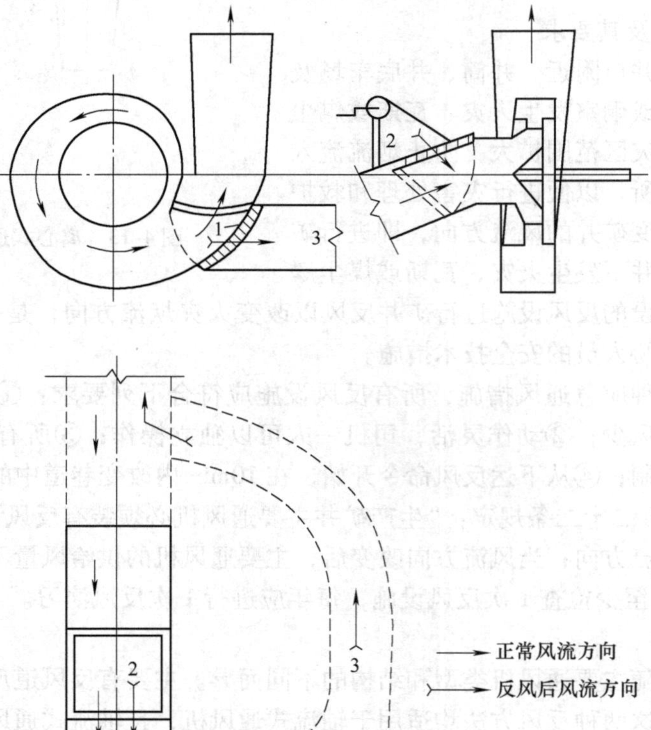

图 4-15 离心式通风机反风道反风

1、2—反风门 3—反风道

利用备用主要通风机风道反风如图4-16所示。当两台通风机并排布置时，工作通风机（正转）可利用另一台备用通风机的风道作为反风道进行反风。图中Ⅱ号通风机正常通风时，分风门4、反风入风顶盖门6、反风入风侧门7和反风门9处于实线位置。反风时通风机停转，将分风门4、反风门9Ⅰ和9Ⅱ拉到虚线位置，然后开启反风入风顶盖门6Ⅱ和反风入风侧门7Ⅱ，压紧反风入风顶盖门6Ⅰ和反风入风侧门7Ⅰ，再起动Ⅱ号通风机便可实现反风。离心式通风机反风布置原理与此相同。

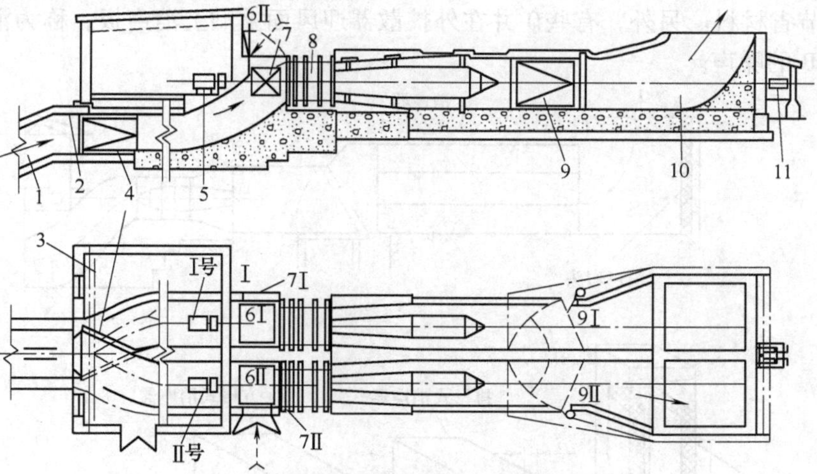

图4-16　利用备用主要通风机风道反风

1—风硐　2—静压管　3、11—绞车　4—分风门　5—电动机　6—反风入风顶盖门　7—反风入风侧门　8—通风机　9—反风门　10—外扩散器

2）调整通风机运转反风法。调整通风机运转反风法主要有通风机反转反风和动叶偏转装置反风两种形式。

主要通风机反转反风形式是将电动机电源的任意两相接线调换，使电动机改变转向，从而使通风机的叶轮反向转动，实现通风机风流的反向流动。该方法简单易行，目前的2K60、1K58、2K58等普通轴流式通风机及FBCDZ（原BDK、BD等系列）、FBD、FCDZ等对旋式通风机都具有反转反风功能。

动叶偏转装置反风只有轴流式通风机有，它是通过将动轮所有叶片同时偏转一定角度（大约12°），而不必改变动轮转向实现风流反向的一种反风形式。如图4-17所示，图中虚线为反向通风的叶片的位置。GAF通风机具有这种形式的反风功能，它设有外置的叶片调节装置，借助该调节装置可以快速地同时调节各叶片角度，进而实现反风。

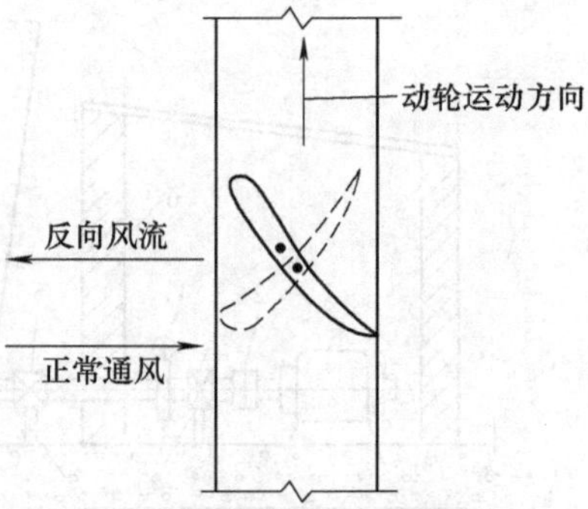

图4-17　调节叶片安装角反风

5. 消声装置

通风机运转时，速度较大的风流与高速旋转的叶轮叶片等发生冲击，产生空气动力噪声，同时机件振动产生机械噪声。矿井通风机特别是轴流式通风机属于强噪声源，其噪声一般在90dB左右，有的甚至高达110dB，严重影响工业场地和居民区人员的工作和休息。为了保护环

境，需要采取消声措施，把噪声降低到人们感觉正常的程度。我国规定，新建、扩建和改建的通风机房，其噪声不得超过 85dB。

机械噪声主要由机壳向外传播，因而一般多采用隔声材料将机壳密封的办法隔离机械噪声。对于空气动力噪声，一般多在风道中装设消声装置以降低噪声。如图 4-18 所示，将多孔性材料制成的消声板平行间隔地放入风道中，即为排行式消声器；若增加水平消声板，即为方格式消声器。为了更有效地降低高频率的噪声，消声板要有足够的厚度；也可制成空心消声板，以节省材料。另外，有些矿井在外扩散器迎风面上贴上消声板，称为消声弯头，能降低 5 ~ 10dB 的噪声。

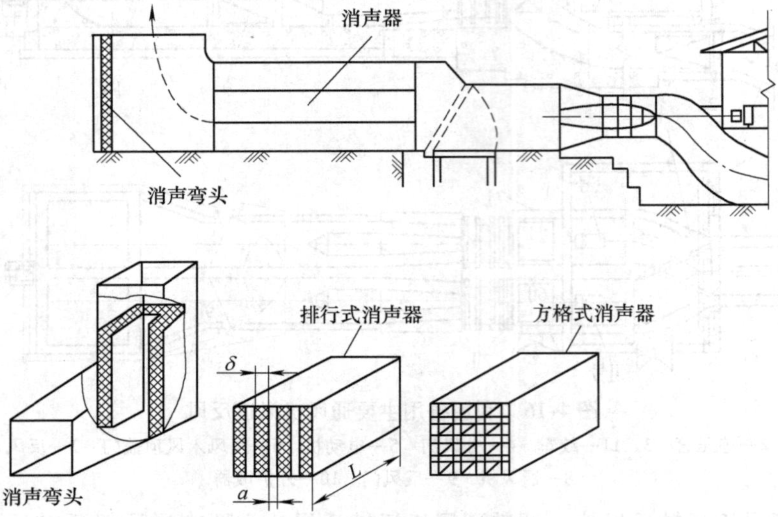

图 4-18　通风机消声装置

4.2.3　主要通风机的布置形式

目前，矿井主要通风机的布置形式如图 4-19 ~ 图 4-22 所示。

（1）离心式通风机的布置形式（图 4-19）

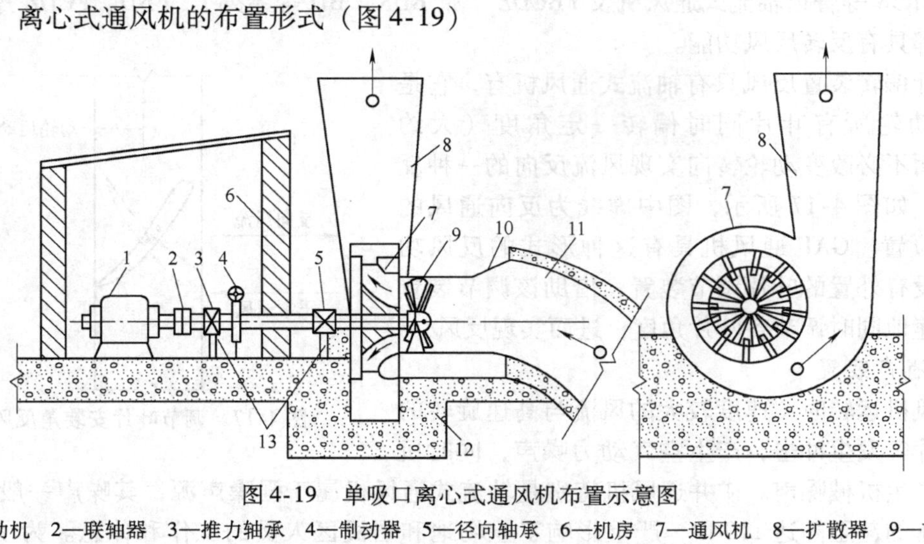

图 4-19　单吸口离心式通风机布置示意图

1—电动机　2—联轴器　3—推力轴承　4—制动器　5—径向轴承　6—机房　7—通风机　8—扩散器　9—前导器　10—吸风口　11—风硐　12—机座　13—轴架

（2）普通轴流式通风机的布置形式（图4-20）

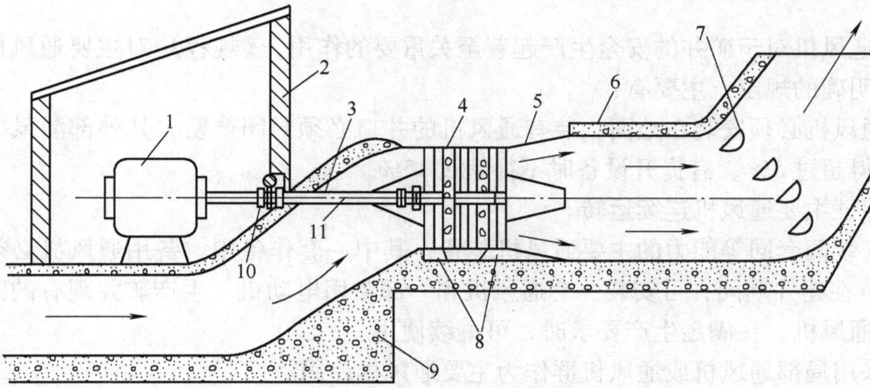

图4-20　普通轴流式通风机布置示意图

1—电动机　2—机房　3—风硐　4—通风机　5—扩散器　6—外扩散器

7—导风板　8—机架　9—基础　10—联轴器　11—机轴

（3）GAF通风机的布置形式（图4-21）

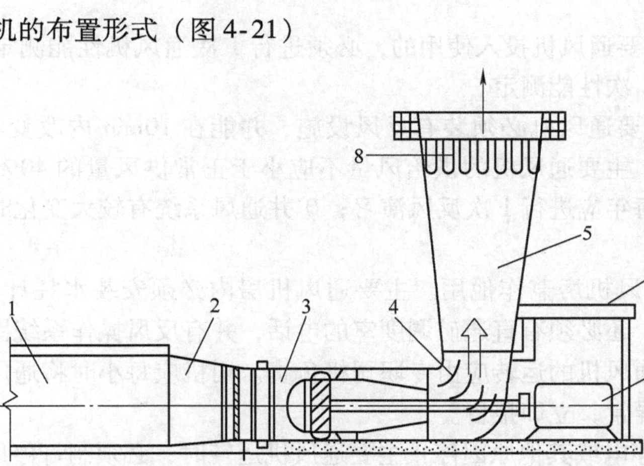

图4-21　GAF通风机布置示意图

1—风硐　2—吸风口　3—通风机　4—导流板　5—外扩散器　6—机房　7—电动机　8—消声器

（4）对旋式通风机的布置形式（图4-22）

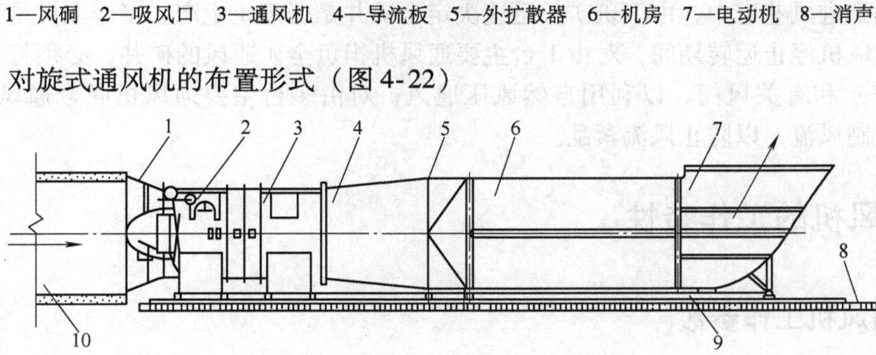

图4-22　对旋式通风机布置示意图

1—集风器　2——级主机　3—二级主机　4—扩散器　5—圆方过渡

6—消声箱　7—外扩散器　8—轨道　9—排水管　10—风硐

4.2.4 主要通风机的使用要求

矿井主要通风机对于矿井的安全生产起着至关重要的作用，《规程》对主要通风机的安装和使用作了明确的规定，主要有：

1）主要通风机必须安装在地面；装有通风机的井口必须封闭严密，其外部漏风率在无提升设备时不得超过5%，有提升设备时不得超过15%。

2）必须保证主要通风机连续运转。

3）必须安装两套同等能力的主要通风机装置，其中一套作备用。备用通风机必须能在10min内起动。在建井期间，可安装一套通风机和一部备用电动机。生产矿井现有的两套不同能力的主要通风机，在满足生产要求时，可继续使用。

4）严禁采用局部通风机或通风机群作为主要通风机使用。

5）装有主要通风机的回风井口应安装防爆门（井盖），防爆门（井盖）每6个月检查维修1次。

6）至少每月检查1次主要通风机。改变通风机转速或叶片角度时，必须经矿技术负责人批准。

7）新安装的主要通风机投入使用的，必须进行1次通风机性能测定和试运转工作，以后每5年至少进行1次性能测定。

8）生产矿井主要通风机必须装有反风设施，并能在10min内改变巷道中的风流方向；当风流方向改变后，主要通风机的供给风量不应小于正常供风量的40%。每季度应至少检查1次反风设施，每年应进行1次反风演习；矿井通风系统有较大变化时，应进行1次反风演习。

9）严禁主要通风机房兼作他用。主要通风机房内必须安装水柱计、电流表、电压表、轴承温度计等仪表，还必须有直通矿调度室的电话，并有反风操作系统图、司机岗位责任制和操作规程。主要通风机的运转应由专职司机负责。司机应每小时将通风机运转情况记入运转记录簿内，发现异常，立即报告。

10）因检修、停电或其他原因停止主要通风机运转时，必须制订停风措施。

11）主要通风机停止运转时，受停风影响的地点，必须立即停止工作、切断电源，工作人员先撤到进风巷道中，由值班矿长迅速决定全矿井是否停止生产、工作人员是否全部撤出。主要通风机停止运转期间，对由1台主要通风机担负全矿通风的矿井，必须打开井口防爆门（井盖）和有关风门，以利用自然风压通风；对由多台主要通风机联合通风的矿井，必须正确控制风流，以防止风流紊乱。

4.3 通风机的工作特性

4.3.1 通风机工作参数

表示通风机性能的主要工作参数是通风机的风压 H、风量 Q、功率 N、效率 η 和转速 n 等。

1. 通风机风量 Q

通风机的风量是指单位时间内通过通风机入风口空气的体积，亦称体积流量（无特殊说明时均指在标准状态下），单位为 m^3/s、m^3/min 或 m^3/h。

2. 通风机风压 H

通风机的风压有全压 H_t、静压 H_s 和动压 H_v 之分，单位为 Pa。

通风机的全压 H_t 是指单位体积空气通过通风机时所获得的能量，其数值为通风机出风口断面与入风口断面风流的总能量之差。因为通风机出风口断面与入风口断面间的高差较小，其位压差可以忽略，则通风机的全压等于通风机出风口风流的全压与入风口风流的全压之差。即

$$H_t = p_{tc} - p_{ti} \tag{4-16}$$

式中 p_{tc}、p_{ti}——分别为通风机出风口和入风口断面风流的绝对全压（Pa）。

通风机的全压 H_t 由通风机静压 H_s 和动压 H_v 两部分组成。通风机动压 H_v 定义为通风机出风口断面风流的动压。即

$$H_t = H_s + H_v \tag{4-17}$$

$$H_v = \frac{1}{2}\rho_c v_c^2 \tag{4-18}$$

式中 ρ_c——通风机出风口断面风流的平均密度（kg/m^3）；

v_c——通风机出风口断面风流的平均速度（m/s）。

3. 通风机的功率 N

通风机的功率分为输出功率（又称空气功率）和输入功率（又称轴功率）。

通风机的输出功率是指通风机单位时间内对空气所做的功，单位为 kW，它分为全压输出功率 N_t 和静压输出功率 N_s。它们的表达式分别为

$$N_t = \frac{H_t Q}{1000} \tag{4-19}$$

$$N_s = \frac{H_s Q}{1000} \tag{4-20}$$

通风机的输入功率是指通风机旋转轴从电动机得到的功率，其计算公式为

$$N = \frac{\sqrt{3}UI\cos\phi}{1000}\eta_m \eta_{tr} \tag{4-21}$$

式中 N——通风机的输入功率（kW）；

U——线电压（V）；

I——线电流（A）；

$\cos\phi$——功率因数；

η_m——电动机效率；

η_{tr}——传动效率。

4. 通风机的效率 η

通风机的效率是指通风机的输出功率与输入功率之比。因为通风机的输出功率有全压输出功率和静压输出功率之分，所以通风机的效率分为全压效率 η_t 和静压效率 η_s。即

$$\eta_t = \frac{N_t}{N} \tag{4-22}$$

$$\eta_s = \frac{N_s}{N} \tag{4-23}$$

显然，通风机的效率越高，说明通风机的内部阻力损失越小，其性能也越好。目前，高性能通风机的静压效率可达到85%以上。

5. 转速 n

通风机单位时间内的转数称为转速，单位为r/min。

4.3.2 通风机房水柱计示值与矿井通风阻力和通风机工作参数的关系

在矿井通风中，为了及时掌握主通风机运转情况以及满足通风管理的需要，要求在主通风机房内安装水柱计。水柱计通过胶管与安设在风硐中靠近通风机入风口且风流稳定断面上的皮托管（或静压管）连接，从而可实时显示风硐中所测断面上风流的相对静压。

1. 抽出式通风矿井

（1）水柱计示值与矿井通风阻力的关系

如图4-23所示，水柱计示值为4断面相对静压 h_4，即

$$|h_4| = p_0 - p_4 \tag{4-24}$$

式中 p_4——4断面绝对静压（Pa）；

p_0——地面大气压（Pa）。

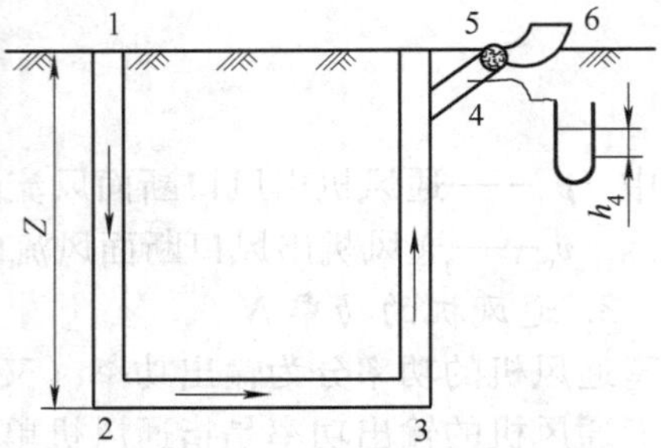

图4-23 抽出式通风矿井

1断面微上断面与4断面间的能量平衡方程为

$$h_m + h_d = (p_0 + \rho_{m12} g Z_{12}) - (p_4 + h_{v4} + \rho_{m34} g Z_{34}) \tag{4-25}$$

式中 h_m——矿井的通风阻力（Pa）；

h_d——风硐的通风阻力（Pa）；

ρ_{m12}、ρ_{m34}——分别为1—2空气柱和3—4空气柱的平均密度（kg/m³）；

Z_{12}、Z_{34}——分别为1—2空气柱和3—4空气柱的高度（m）；

g——重力加速度（m/s²）。

将式（4-24）代入式（4-25），整理得

$$|h_4| = h_m + h_d + h_{v4} - H_n \tag{4-26}$$

$$H_n = (\rho_{m12} g Z_{12} - \rho_{m34} g Z_{34}) \tag{4-27}$$

式中 H_n——为自然风压（Pa）。

式（4-26）反映了通风机房水柱计测值 h_4 与矿井通风系统阻力及自然风压之间的关系。通常 h_{v4} 数值不大，在某一段时间内变化也较小。H_n 随季节变化，一般矿井其值也不大。因此，$|h_4|$ 基本上反映了矿井通风阻力与风硐通风阻力二者之和的大小。如果矿井的主要进风或回风道中发生了冒顶堵塞，矿井通风阻力就会变大，则水柱计读数也就增大；如果控制通风系统的主要风门开启使风流短路，矿井通风阻力就会变小，则水柱计读数也就减小。因此，通风机房水柱计是矿井通风管理的重要监测手段。

（2）通风机房水柱计示值与通风机全压 H_t 和静压 H_s 之间的关系

忽略5（通风机出风口）与6断面（外扩散器出风口）间的位能差，则5—6断面间的能量平衡方程为

$$h_{Rd}=(p_5+h_{v5})-(p_0+h_{v6})=p_{t5}-(p_0+h_{v6}) \tag{4-28}$$

式中　h_{Rd}——外扩散器通风阻力（Pa）；

p_5——5 断面的绝对静压（Pa）；

h_{v5}、h_{v6}——分别为 5、6 断面的动压（Pa）。

通风机全压 H_t 为

$$H_t=p_{t5}-p_{t4}=p_{t5}-(p_4+h_{v4}) \tag{4-29}$$

由式（4-28）得

$$p_{t5}=h_{Rd}+p_0+h_{v6} \tag{4-30}$$

将式（4-30）和式（4-24）代入式（4-29），整理得

$$|h_4|=H_t+h_{v4}-h_{Rd}-h_{v6} \tag{4-31}$$

将式（4-26）代入式（4-31）可得

$$H_t+H_n=h_m+h_d+h_{Rd}+h_{v6} \tag{4-32}$$

式（4-32）说明，抽出式通风的矿井，通风机全压与自然风压共同作用来克服风流流动时在矿井的通风阻力 h_m、风硐的通风阻力 h_d、外扩散器的通风阻力 h_{Rd} 以及外扩散器出口处的动压损失 h_{v6}。

2. 压入式通风矿井

（1）水柱计示值与矿井通风阻力的关系

如图 4-24 所示，水柱计示值为 1 断面相对静压 h_1。即

$$h_1=p_1-p_0 \tag{4-33}$$

式中　p_1——1 断面绝对静压（Pa）。

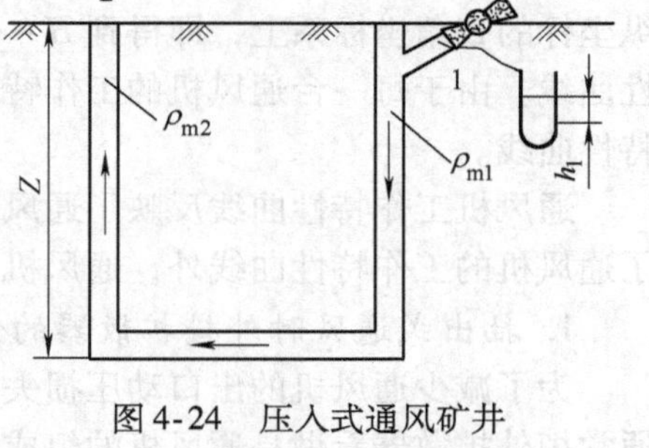

图 4-24　压入式通风矿井

2 断面微下断面与微上断面（两个断面高差近似为零）的能量平衡方程为

$$h_{e2}=(p_2+h_{v2})-p_0 \tag{4-34}$$

式中　p_2——2 断面绝对静压（Pa）；

h_{e2}——回风井口的局部阻力（Pa）；

h_{v2}——2 断面的动压（Pa）。

空气由井筒断面突然扩散到地面大气的阻力，由于这种突然扩散到大气中的局部阻力系数 $\xi=1$，所以

$$h_{e2}=\xi h_{v2}=h_{v2} \tag{4-35}$$

将式（4-35）代入式（4-34），整理得

$$p_2=p_0 \tag{4-36}$$

1 断面与 2 断面间的能量平衡方程为

$$h_m+h_d=(p_1+h_{v1}+\rho_{m1}gZ_1)-(p_2+h_{v2}+\rho_{m2}gZ_2) \tag{4-37}$$

式中　p_2——断面 2 的绝对静压（Pa）；

Z_1、Z_2——分别为进风段、回风段空气柱的高度（m）；

ρ_{m1}、ρ_{m2}——分别为进风段、回风段空气柱的平均密度（kg/m^3）。

将式（4-36）、式（4-33）代入式（4-37），整理得

$$h_1=h_m+h_d+h_{v2}-h_{v1}-H_n \tag{4-38}$$

$$H_n = (\rho_{m1} g Z_1 - \rho_{m2} g Z_2) \tag{4-39}$$

式中 H_n——自然风压（Pa）。

式（4-38）反映了通风机房水柱计测值 h_1 与矿井通风系统阻力及自然风压之间的关系。与抽出式通风类似，h_1 基本上反映了矿井通风阻力的大小。

（2）通风机房水柱计示值与通风机全压 H_t 和静压 H_s 之间的关系

通风机全压 H_t 为

$$H_t = p_{t1} - p_0 = p_1 + h_{v1} - p_0 = h_1 + h_{v1} \tag{4-40}$$

因 h_{v1} 为通风机的动压 H_v，将式（4-17）和式（4-38）代入式（4-40），整理得

$$h_1 = H_s \tag{4-41}$$

$$H_t + H_n = h_m + h_d + h_{v2} \tag{4-42}$$

$$H_s + H_n = h_m + h_d + h_{v2} - h_{v1} \tag{4-43}$$

由式（4-42）可见，对于压入式通风的矿井，通风机全压与自然风压共同作用来克服风流流动时在矿井的通风阻力 h_m、风硐的通风阻力 h_d 以及回风井口的动压损失 h_{v2}。

4.3.3 通风机工作特性曲线

对于每一台通风机来说，在额定转速的条件下，对应于一定的风量，就有一定的风压、功率和效率，如果风量改变，其他三个参数也随之改变。因此，可以将通风机的风压、功率和效率随风量变化而变化的关系绘制在以风量 Q 为横坐标，以风压 H、功率 N 和效率 η 为纵坐标的直角坐标系上，即得到 $H-Q$、$N-Q$ 和 $\eta-Q$ 曲线，这组曲线就称为通风机工作特性曲线。由于每一台通风机的工作特性曲线都有所不同，因此该组曲线也称为该通风机个体特性曲线。

通风机工作特性曲线反映了通风机的工作性能，是选择、使用和管理通风机的依据。除了通风机的工作特性曲线外，通风机特性的表示还有类型特性曲线和通用特性曲线两种。

1. 抽出式通风时外接扩散器的优化设计

为了减少通风机的出口动压损失，抽出式通风时主要通风机的出风口均安装外扩散器。通常把外扩散器看做是通风机的组成部分，并与通风机一起总称为通风机装置。通风机装置的全压 H_{td} 为外扩散器出风口与通风机入风口风流的全压之差。即

$$H_{td} = p_{tw} - p_{ti} \tag{4-44}$$

式中 H_{td}——通风机装置的全压（Pa）；

p_{tw}——通风机外扩散器出风口断面风流的绝对全压（Pa）。

因为通风机外扩散器出风口断面与通风机出风口断面间的高差较小，其位压差可以忽略，则

$$h_{Rd} = p_{tc} - p_{tw} \tag{4-45}$$

式中 h_{Rd}——通风机外扩散器通风阻力（Pa）。

由式（4-16）、式（4-44）和式（4-45）可得

$$H_{td} = H_t - h_{Rd} \tag{4-46}$$

与通风机全压 H_t 类似，通风机装置的全压 H_{td} 由通风机装置静压 H_{sd} 和动压 H_{vd} 两部分组成。通风机装置动压 H_{vd} 定义为通风机装置出风口断面风流的动压。即

$$H_{td} = H_{sd} + H_{vd} \tag{4-47}$$

式中　H_{vd}——外扩散器出风口断面风流的动压（Pa）。

将式（4-47）代入式（4-46），整理得

$$H_{sd}=H_t-(h_{Rd}+H_{vd}) \tag{4-48}$$

对于抽出式通风方式，通风机（装置）静压与自然风压共同作用来克服风流流动时在矿井的阻力 h 和在扩散器的阻力 h_{Rd}，而通风机（装置）的动压是一种能量损失，因此应设法增大通风机（装置）的静压而减小其动压。

比较式（4-17）与式（4-48）可见，只有当 $h_{Rd}+H_{vd}<H_v$ 时，才有 $H_{sd}>H_s$，即通风机外扩散器阻力与外扩散器出口动压损失之和小于通风机出口动压损失时，通风机装置的静压才会因增加外扩散器而有所提高，即外扩散器起到了回收通风机出风口动压损失的作用。

如图4-25所示，安装了设计合理的外扩散器之后，虽然增加了外扩散器阻力，使 $H_{td}-Q$ 曲线低于 H_t-Q 曲线，但由于 $h_{Rd}+H_{vd}<H_v$，故 $H_{sd}-Q$ 曲线高于 H_s-Q 曲线。若 $h_{Rd}+H_{vd}>H_v$，则说明外扩散器设计不合理。

由于安装外扩散器后回收的动压相对于通风机静压来说很小，所以通常并不把通风机特性和通风机装置特性严加区别。

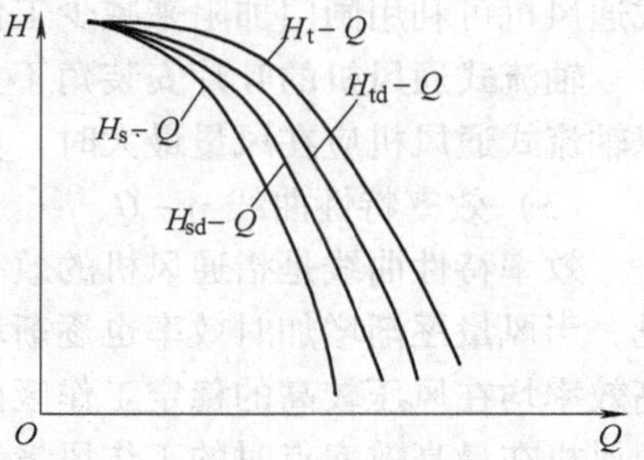

图4-25　H_t、H_{td}、H_s和H_{sd}之间的相互关系

通风机厂提供的特性曲线往往是根据模型试验资料换算绘制的，一般是未考虑外扩散器的，而且有的厂方提供全压特性曲线，有的提供静压特性曲线，因此应用时应根据具体条件进行正确的换算。

2. 通风机的工作特性曲线

图4-26和图4-27所示分别为轴流式和离心式（后倾式）通风机的个体特性曲线。

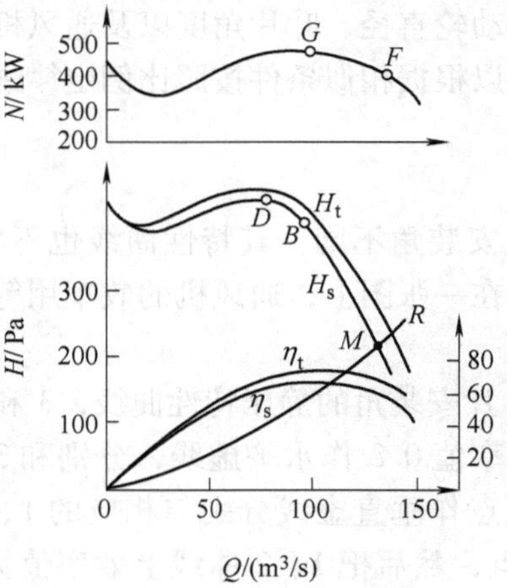

图4-26　轴流式通风机个体特性曲线

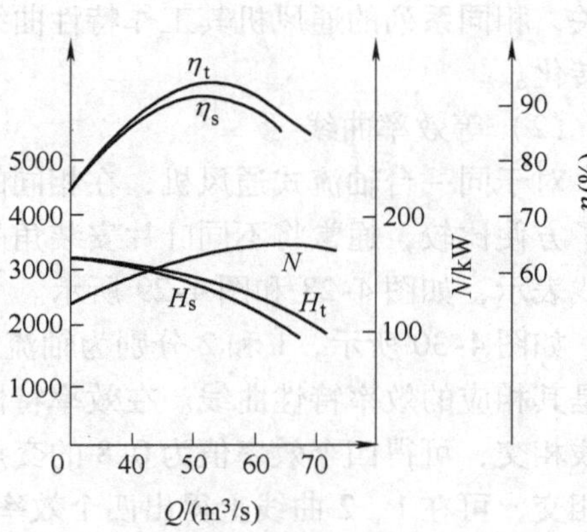

图4-27　离心式（后倾式）通风机个体特性曲线

（1）风压特性曲线 $H-Q$

风压特性曲线反映的是通风机的风压与风量的关系，有全压特性曲线 H_t-Q 和静压特性曲线 H_s-Q 之分（两者之差为通风机的动压）。

轴流式通风机的风压特性曲线一般都有马鞍形驼峰存在，而且同一台通风机的驼峰区随叶片安装角的增大而增大。驼峰点 D 以右的特性曲线为单调下降区段，是稳定工作段；点 D 以左是不稳定工作段，通风机在该段工作，有时会引起通风机风量、风压和电动机功率的急剧波动，甚至机体发生振动，发出不正常噪声，产生所谓“喘振（或飞动）”现象，严重时会损坏通风机。

离心式通风机风压曲线驼峰不明显，且随叶片后倾角度增大逐渐减小，其风压曲线工作段较轴流式通风机平缓；当风网风阻作相同量地变化时，其风量变化比轴流式通风机要大。

（2）功率特性曲线 $N-Q$

功率特性曲线是指通风机的输入功率（轴功率）与通风机风量的关系曲线。

离心式通风机的轴功率 N 随 Q 增加而增大，只有在接近风流短路时功率才略有下降。因而，为了保证安全起动，避免因起动负荷过大而烧坏电动机，离心式通风机在起动时应将风硐中的闸门全闭，待其达到正常转速后再将闸门逐渐打开。当供风量超过需风量时，离心式通风机可利用闸门加阻来减少工作风量，以节省电能。

轴流式通风机的叶片安装角不太大时，在稳定工作段内，功率 N 随 Q 增加而减小。所以轴流式通风机应在风量最大时（如打开闸门）起动，以减少起动负荷。

（3）效率特性曲线 $\eta-Q$

效率特性曲线是指通风机的效率与通风机风量的关系曲线。由图 4-26 和图 4-27 所示可见，当风量逐渐增加时效率也逐渐增大，当增到最大值后便逐渐下降。一般通风机的设计最高效率均在风压较高的稳定工作区内，通风机在铭牌上标出的额定风量和额定风压指的就是通风机在最高效率点时的工作风量和工作风压。

3. 通风机工作特性曲线的使用

（1）同系列通风机的工作特性曲线形状

通风机工作特性曲线形状与通风机的类型、系列、动轮直径、叶片角度以及通风机转速有关，相同系列的通风机其工作特性曲线形状相似，可以根据相似条件按照比例定律进行相互转化。

（2）等效率曲线

对于同一台轴流式通风机，在相同的转速下，叶片安装角不同，其特性曲线也不相同。为了方便比较，通常将不同叶片安装角的特性曲线绘制在一张图上，通风机的效率用等效率曲线表示，如图 4-28 和图 4-29 所示。

如图 4-30 所示，1 和 2 分别为轴流式通风机两个叶片安装角的静压特性曲线，3 和 4 分别是其相应的效率特性曲线。在效率特性曲线中，自效率值 0.8 作水平虚线，分别和 3 及 4 曲线相交，可得四个效率值为 0.8 的交点，从这四个交点作垂直虚线分别与相应的 1、2 曲线相交，可在 1、2 曲线上得出四个效率值为 0.8 的交点，然后把 1、2 曲线上效率值为 0.8 的四个交点连接起来，即得一条效率值为 0.8 的等效率曲线。同理，可以得出效率值为 0.6、0.4…的等效率曲线。

（3）矿井空气密度与工作特性曲线

根据通风机的比例定律可知，通风机的风压、输入功率与空气密度成正比。通风机生产厂家提供的是井下标准空气密度 $\rho_0=1.2\text{kg/m}^3$ 时的通风机工作特性曲线，主要供选择通风机使用。因此，在选择通风机时，应针对使用环境的空气密度，根据通风机比例定律对通风

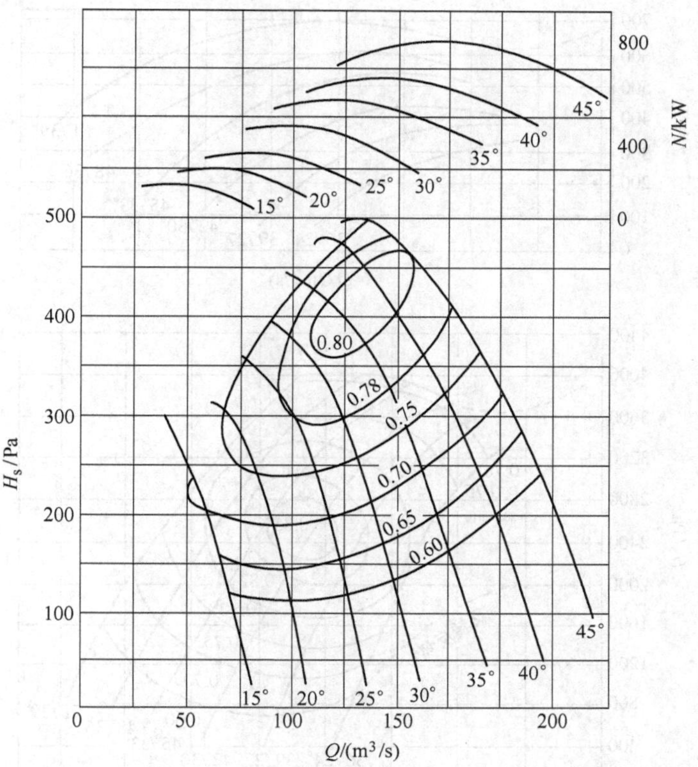

图 4-28　2K60 №24 轴流式通风机（$n=750\text{r/min}$）性能特性曲线

机工作特性曲线予以变换，才能选择出合理的通风机。

（4）通风机工作特性曲线的测定

通风机的安装质量、风硐条件以及外扩散器的性能等，对通风机的工作特性有一定的影响。通风机长期运行，由于通风机（主要是叶片）磨损、腐蚀、生锈等，也会使通风机的工作特性发生变化。因此，通风机实际运行管理使用的工作特性曲线，应按照相关标准进行实际测定得出。

《规程》规定，新安装的主要通风机投入使用前，必须进行 1 次通风机性能测定和试运转工作，以后每 5 年至少进行 1 次性能测定。

4.3.4　通风机无量纲系数与类型特性曲线

目前通风机种类较多，同一系列的产品有许多不同的叶轮直径，同一直径的产品又有不同的转速。如果用工作特性曲线表示各种通风机性能，就显得过于复杂。还有，在设计大型通风机时，首先必须进行模型试验，那么模型和实物之间应保持什么样的关系？如何把模型的性能参数换算成实物的性能参数？这些问题都涉及通风机的无量纲系数与类型特性曲线。

1. 无量纲系数

（1）通风机的相似条件

两个通风机相似是指气体在通风机内流动过程相似，或者说它们之间在任一对应点的同名物理量之比保持常数，这些常数称为相似常数或比例系数。两个通风机相似，其必要条件

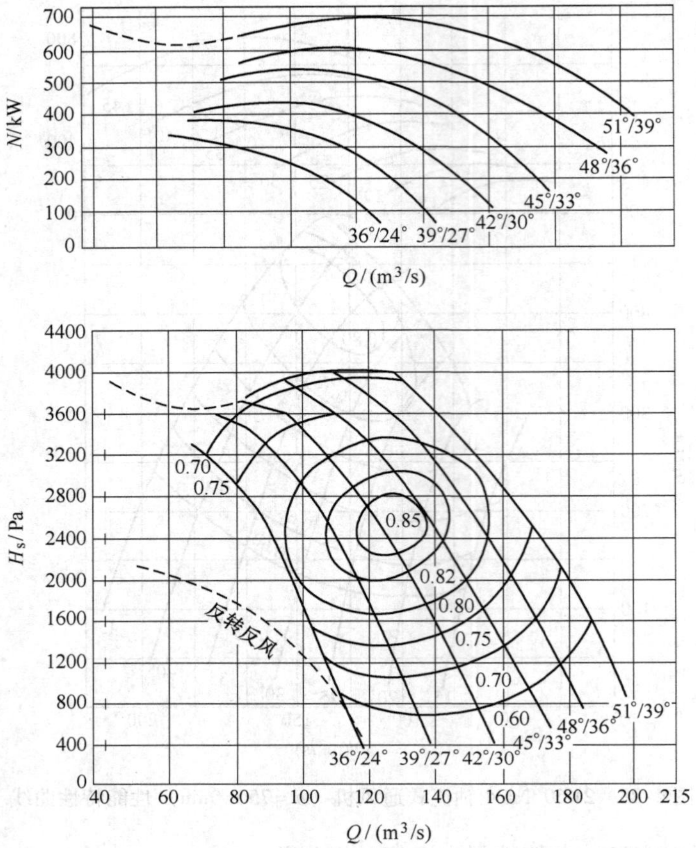

图 4-29 FBCD№26/2×355 对旋式通风机（$n = 740$r/min）性能特性曲线

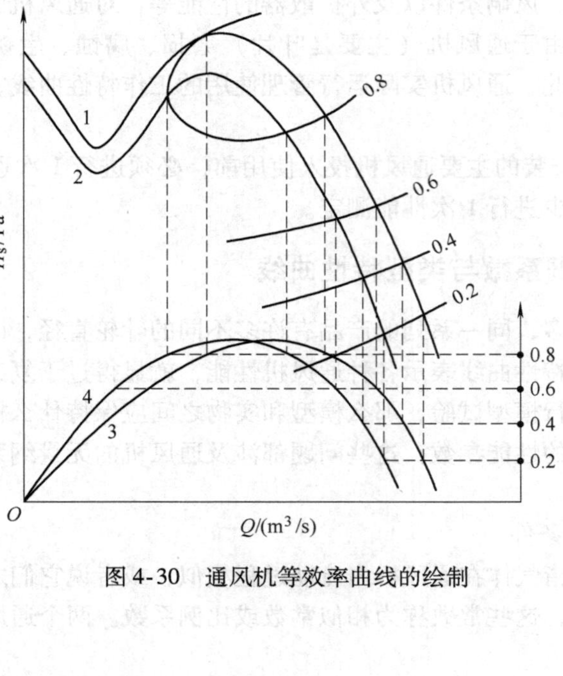

图 4-30 通风机等效率曲线的绘制

是彼此在结构上几何相似，其充分条件是通风机内风流的运动相似和动力相似。同类型通风机在相应工况点气体的流动过程是彼此相似的，它们符合通风机相似的必要和充分条件。

（2）无量纲系数的计算

1）压力系数 $\overline{H}$。由动力相似条件可以推得

$$\frac{H_t}{\rho u_2^2}=\overline{H}_t=常数一\quad,\quad\frac{H_s}{\rho u_2^2}=\overline{H}_s=常数二\tag{4-49}$$

或

$$\frac{H}{\rho u_2^2}=\overline{H}=常数\tag{4-50}$$

式中 $\overline{H}_t$、$\overline{H}_s$、$\overline{H}$——分别为全压系数、静压系数和压力系数；

ρ——空气密度（kg/m^3）；

u_2——叶轮外缘圆周速度（m/s），$u_2=\frac{\pi Dn}{60}$m/s；

D——叶轮直径（m）；

n——叶轮转速（r/min）。

全压系数和静压系数统称为压力系数。同类型通风机在相似工况点的压力系数为常数。

2）流量系数 $\overline{Q}$。由几何相似和运动相似可以推得

$$\frac{Q}{\frac{\pi}{4}D^2u_2}=\overline{Q}=常数\tag{4-51}$$

式中 D——通风机叶轮外缘直径（m）。

式（4-51）表明，同类型通风机在相似工况点的流量系数 $\overline{Q}$ 为常数。

3）功率系数 $\overline{N}$。根据式（4-19）、式（4-20）、式（4-22）和式（4-23）可得通风机轴功率计算公式 $N=\frac{HQ}{1000\eta}$，将其中的 H 和 Q 分别用式（4-50）和式（4-51）中的 $\overline{H}$ 和 $\overline{Q}$ 代替，得

$$\frac{1000N}{\frac{\pi}{4}\rho D^2u_2^3}=\frac{\overline{H}\,\overline{Q}}{\eta}=\overline{N}=常数\tag{4-52}$$

式（4-52）表明，同类型通风机在相似工况点的效率相等，其功率系数 $\overline{N}$ 为常数。

$\overline{Q}$、$\overline{H}$ 和 $\overline{N}$ 三个参数都没有量纲，因此称为无量纲系数。

2. 类型特性曲线

$\overline{Q}$、$\overline{H}$、$\overline{N}$ 和 η 可用相似通风机的模型试验获得，即根据通风机模型的几何尺寸、试验条件及试验时所得的工况参数 Q、H、N 和 η，利用式（4-50）~式（4-52）计算出该类型通风机的 $\overline{Q}$、$\overline{H}$、$\overline{N}$ 和 η。然后以 $\overline{Q}$ 为横坐标，以 $\overline{H}$、$\overline{N}$ 和 η 为纵坐标，绘出 $\overline{H}-\overline{Q}$、$\overline{N}-\overline{Q}$ 和 $\eta-\overline{Q}$ 曲线，此曲线即为该类型通风机的类型特性曲线，亦称为通风机的无因次特性曲线或抽象特性曲线，如图4-31和图4-32所示。

可根据通风机类型特性曲线和通风机直径、转速根据式（4-50）~式（4-52）换算得到通风机工作特性曲线。需要指出的是，对于同一类型通风机，当几何尺寸（如 D）相差较大时，在加工和制造过程中很难保证流道表面粗糙度、叶片厚度以及机壳间隙等参数完全相似，为了避免因尺寸相差较大而造成误差，有些通风机的类型特性曲线有多条，可按不同直

径尺寸而选用。

4.3.5 通风机比例定律与通用特性曲线

1. 通风机比例定律

由式（4-50）~式（4-52）可见，同类型通风机在相似工况点的无量纲系数 $\overline{Q}$、$\overline{H}$、$\overline{N}$ 和 η 是相等的。它们的压力 H、流量 Q 和功率 N 与其转速 n、叶轮外缘直径 D 和空气密度 ρ 成一定比例关系，这种比例关系称为比例定律。将叶轮外缘圆周速度 $u_2=(\pi Dn)/60$ 代入式（4-50）~式（4-52）得

$$H=0.00274\rho D^2n^2\overline{H} \qquad (4\text{-}53)$$

$$Q=0.04108D^3n\overline{Q} \qquad (4\text{-}54)$$

$$N=1.127\times10^{-7}\rho D^5n^3\overline{N} \qquad (4\text{-}55)$$

对于 1、2 两个相似通风机而言，$\overline{Q}_1=\overline{Q}_2$、$\overline{H}_1=\overline{H}_2$、$\overline{N}_1=\overline{N}_2$，所以其风压、风量和功率之间关系为

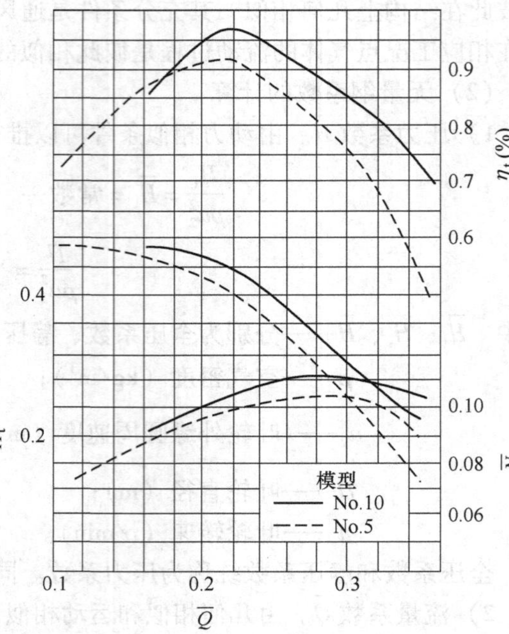

图 4-31 4－72－11 型离心式通风机的类型曲线

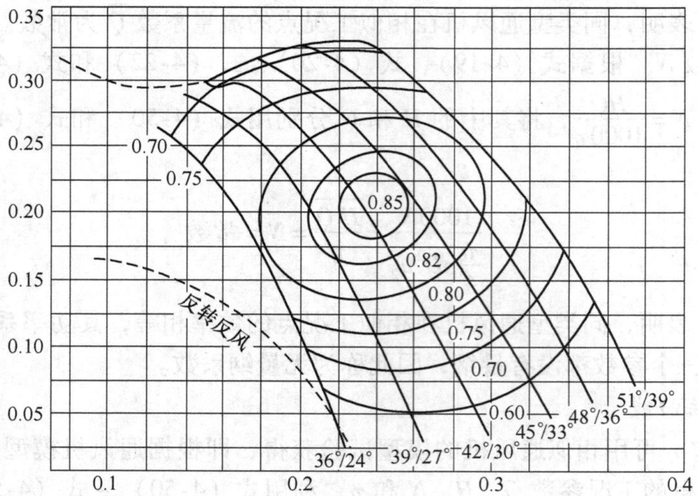

图 4-32 FBCDZ 系列对旋式通风机的类型曲线

$$\frac{H_1}{H_2}=\frac{0.00274\rho_1D_1^2n_1^2\overline{H_1}}{0.00274\rho_2D_2^2n_2^2\overline{H_2}}=\frac{\rho_1}{\rho_2}\left(\frac{D_1}{D_2}\right)^2\left(\frac{n_1}{n_2}\right)^2 \qquad (4\text{-}56)$$

$$\frac{Q_1}{Q_2}=\frac{0.04108D_1^3n_1\overline{Q_1}}{0.04108D_2^3n_2\overline{Q_2}}=\left(\frac{D_1}{D_2}\right)^3\frac{n_1}{n_2} \qquad (4\text{-}57)$$

$$\frac{N_1}{N_2}=\frac{1.127\times10^{-7}\rho_1D_1^5n_1^3\overline{N_1}}{1.127\times10^{-7}\rho_2D_2^5n_2^3\overline{N_2}}=\frac{\rho_1}{\rho_2}\left(\frac{D_1}{D_2}\right)^5\left(\frac{n_1}{n_2}\right)^3 \tag{4-58}$$

各种情况下相似通风机工作参数的换算公式见表4-1。

由比例定律可知，同类型同直径通风机的转速变化时，其相似工况点在等风阻曲线上变化。

表4-1 两台相似通风机 H、Q 和 N 的换算公式

换算条件 / 换算参数	$D_1\neq D_2$ $n_1\neq n_2$ $\rho_1\neq\rho_2$	$D_1=D_2$ $n_1=n_2$ $\rho_1\neq\rho_2$	$D_1=D_2$ $n_1\neq n_2$ $\rho_1=\rho_2$	$D_1\neq D_2$ $n_1=n_2$ $\rho_1=\rho_2$
风压换算	$\frac{H_1}{H_2}=\frac{\rho_1}{\rho_2}\left(\frac{D_1}{D_2}\right)^2\left(\frac{n_1}{n_2}\right)^2$	$\frac{H_1}{H_2}=\frac{\rho_1}{\rho_2}$	$\frac{H_1}{H_2}=\left(\frac{n_1}{n_2}\right)^2$	$\frac{H_1}{H_2}=\left(\frac{D_1}{D_2}\right)^2$
风量换算	$\frac{Q_1}{Q_2}=\left(\frac{D_1}{D_2}\right)^3\frac{n_1}{n_2}$	$Q_1=Q_2$	$\frac{Q_1}{Q_2}=\frac{n_1}{n_2}$	$\frac{Q_1}{Q_2}=\left(\frac{D_1}{D_2}\right)^3$
功率换算	$\frac{N_1}{N_2}=\frac{\rho_1}{\rho_2}\left(\frac{D_1}{D_2}\right)^5\left(\frac{n_1}{n_2}\right)^3$	$\frac{N_1}{N_2}=\frac{\rho_1}{\rho_2}$	$\frac{N_1}{N_2}=\left(\frac{n_1}{n_2}\right)^3$	$\frac{N_1}{N_2}=\left(\frac{D_1}{D_2}\right)^5$
效率换算	$\eta_1=\eta_2$			

例4-2 某矿使用的主要通风机为4－72－11№20B离心式通风机，其特性曲线如图4-33所示，图上给出三种不同转速 n 的 H_t-Q 曲线，通风机工作风阻为 $R=0.63657\text{N}\cdot\text{s}^2/\text{m}^8$。转速为 $n_1=630\text{r/min}$ 时，工况点为 M_0（$Q=58\text{m}^3/\text{s}$，$H_t=1805\text{Pa}$）；后来，风阻变为 $R'=0.7932\text{N}\cdot\text{s}^2/\text{m}^8$，矿井风量减小不能满足生产要求，拟采用调整转速方法保持风量 $Q=58\text{m}^3/\text{s}$，求转速应调至多少？

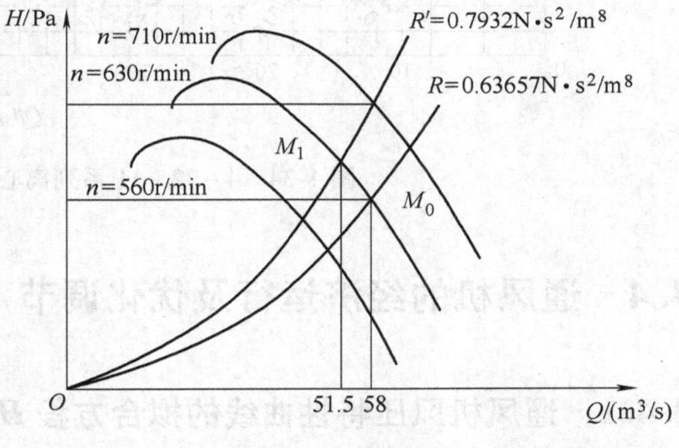

图4-33 4－72－11№20B离心式通风机工作特性曲线

解：因通风网络风阻已变，故应先将新风阻 $R'=0.7932\text{N}\cdot\text{s}^2/\text{m}^8$ 的曲线绘制在图中，得其与 $n_1=630\text{r/min}$ 曲线的交点为 M_1，其风量为 $Q_1=51.5\text{m}^3/\text{s}$。在 $R'=0.7932\text{N}\cdot\text{s}^2/\text{m}^8$ 风阻下风量增至 $Q_2=58\text{m}^3/\text{s}$ 的转速 n_2，可按比例定律求得为

$$n_2=(n_1Q_2)/Q_1=(630\times58/51.5)\text{r/min}=710\text{r/min}$$

即转速应调至 $n_2=710\text{r/min}$，可满足供风要求。

2. 通用特性曲线

为了便于使用，根据比例定律，把一个类型通风机的性能参数，如压力 H、风量 Q、转速 n、叶轮外缘直径 D 和效率 η 等相互关系画在同一个坐标图上，这种曲线称为通风机的通用特性曲线，如图4-34所示。

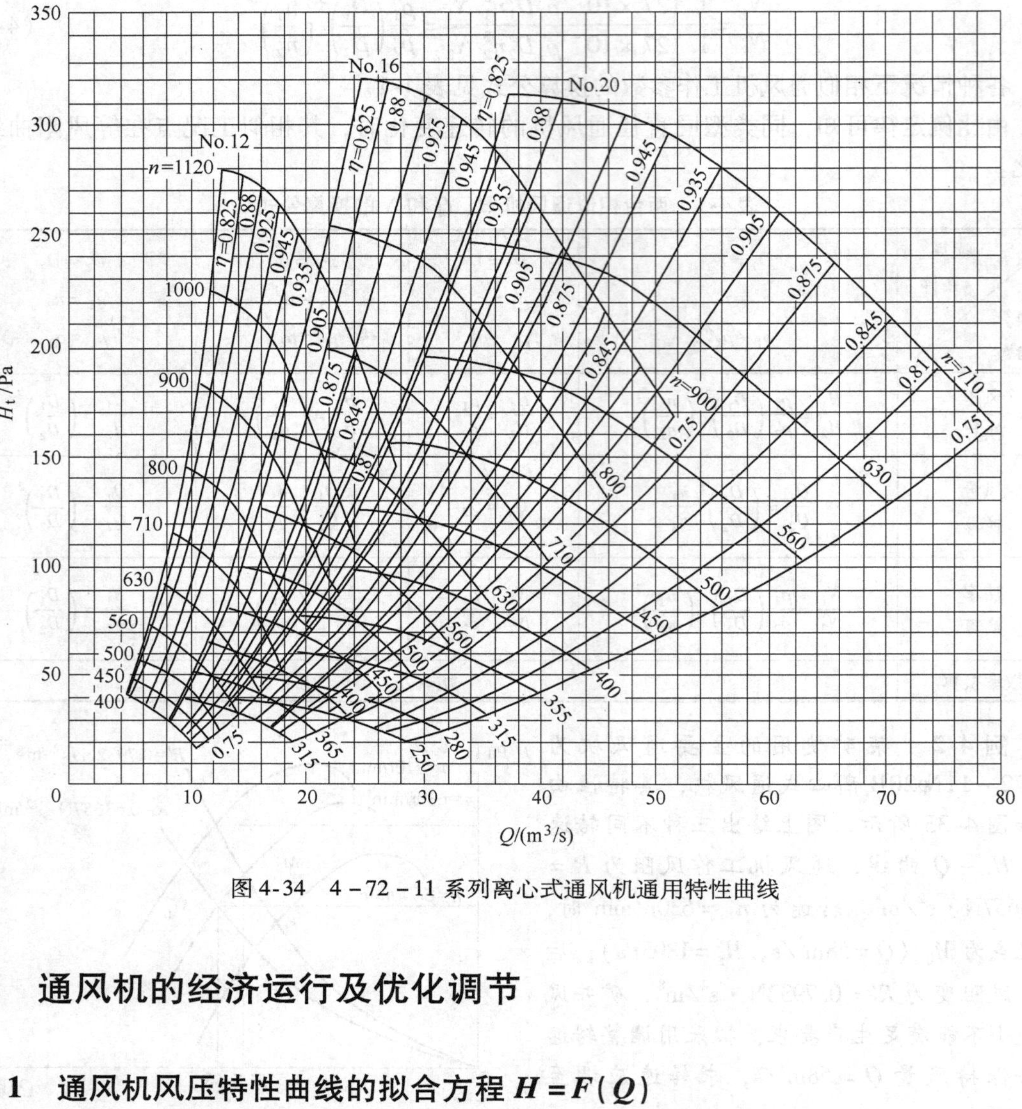

图 4-34　4－72－11 系列离心式通风机通用特性曲线

4.4　通风机的经济运行及优化调节

4.4.1　通风机风压特性曲线的拟合方程 $H=F(Q)$

在矿井通风设计和矿井正常生产过程中，复杂的通风网络解算是一大难点，不仅步骤烦琐，而且容易出错，计算机解算通风网络是解决该问题的唯一途径。建立通风机风压特性曲线的 $H-Q$ 拟合方程，是进行计算机解算矿井复杂通风网络的基础。

采用曲线拟合技术，通风机风压特性曲线 $H-Q$ 方程可以近似地用 Q 的 k 次多项式表示。即

$$H=a_0+a_1Q+a_2Q^2+\cdots+a_kQ^k \tag{4-59}$$

式中　a_0、a_1、a_2、…、a_k——曲线拟合系数。

通风机风压特性曲线 $H-Q$ 方程的拟合方法一般有高斯法、样条函数法、拉格朗日法、牛顿法和最小二乘法等。经过众多学者对于通风机风压特性曲线拟合方程拟合次数的研究，认为仅拟合通风机风压特性曲线工作段时，采用 2 或 3 次多项式即可满足正常通风下风量的解算要求；当需要拟合通风机风压特性的全曲线时，采用 5 次多项式就可以满足要求。

1. 通风机风压特性曲线的最小二乘法拟合原理

由最小二乘法原理可知，$H(Q)$ 为定义在区间 (a, b) 上的函数，$Q_i(i=1, 2, 3, \cdots, n)$ 为区间内 n 个互不相同的点，γ 为给定的某一函数法则，则通风机风压特性曲线的拟合问题就是求以 γ 为对应法则的函数 $H^*(Q_i)$ 满足 $H(Q_i)$ 和 $H^*(Q_i)$ 之间的距离平方之和最小。

对于实测的 n $(n \geqslant k)$ 组数据 (Q_i, H_i)，由式（4-59）可得一个超定矩阵方程为

$$\begin{pmatrix} H_1 \\ H_2 \\ \vdots \\ H_n \end{pmatrix} = \begin{pmatrix} 1 & Q_1 & Q_1^2 & \cdots & Q_1^k \\ 1 & Q_2 & Q_2^2 & \cdots & Q_2^k \\ \vdots & \vdots & \vdots & \vdots & \vdots \\ 1 & Q_n & Q_n^2 & \cdots & Q_n^k \end{pmatrix} \begin{pmatrix} a_1 \\ a_2 \\ \vdots \\ a_k \end{pmatrix}$$

即

$$\boldsymbol{H} = \boldsymbol{QA}$$

根据最小二乘法多项式曲线拟合原理可知，该超定矩阵方程的最小二乘解为

$$\boldsymbol{A} = (\boldsymbol{Q}^{\mathrm{T}}\boldsymbol{Q})^{-1}\boldsymbol{Q}^{\mathrm{T}}\boldsymbol{H} \tag{4-60}$$

当拟合曲线的多项式为2次或3次时，所选实测数据的组数 n 一般取6即可。求出了系数矩阵 $\boldsymbol{A}$，就可以确定出通风机风压特性曲线 $H-Q$ 拟合方程。

2. 通风机风压特性曲线的三点拟合法

将通风机在正常工作范围内的那段曲线近似地看做是二次抛物线，则其拟合方程为

$$H = b_1 + b_2 Q + b_3 Q^2 \tag{4-61}$$

为了求出该式中的三个未知系数 b_1、b_2和 b_3，可以在曲线的正常工作范围内取三点，第一点 (Q_1, H_1) 为通风机稳定工作的上限点（即通风机最高风压0.9倍的点），第二点 (Q_2, H_2) 为通风机最高效率点，第三点 (Q_3, H_3) 为通风机稳定工作的下限点（即通风机允许最低效率对应的点）。将这三点的坐标值代入式（4-61），可列出三个方程，联立求解这组线性方程，得

$$b_3 = \frac{H_3(Q_1 - Q_2) + H_1(Q_2 - Q_3) + H_2(Q_3 - Q_1)}{(Q_1 - Q_2)(Q_2 - Q_3)(Q_3 - Q_1)} \tag{4-62}$$

$$b_2 = \frac{H_1 - H_2}{Q_1 - Q_2} - (Q_1 + Q_2) \tag{4-63}$$

$$b_1 = H_1 - b_3 Q_1^2 - b_2 Q_1 \tag{4-64}$$

这样，只要获得通风机风压特性曲线上的上述三个点坐标值，就可建立起式（4-61）所示的通风机风压特性曲线的拟合方程 $H=F(Q)$。

3. 通风机风压特性曲线 $H-Q$ 拟合实例

以K40－6－№.15通风机为例，其个体特性曲线如图4-35所示。采用最小二乘法对其叶片角为36°的风压特性曲线进行2次和3次多项式拟合。

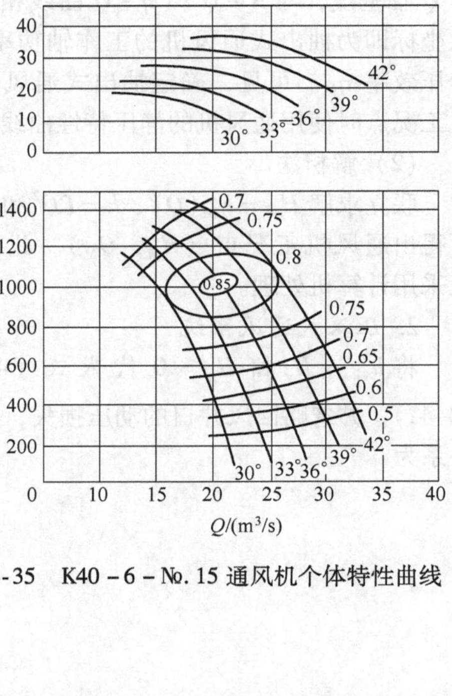

图4-35　K40－6－№.15通风机个体特性曲线

根据最小二乘法多项式曲线拟合原理，在图 4-35 所示的叶片角为 36°时的 $H-Q$ 曲线上取 6 个点（Q_i，H_i），分别为（15，1300）、（17，1200）、（20，1150）、（23，850）、（25，560）和（27，300）。然后根据这 6 个点利用 Origin 软件求解其最小二乘法系数矩阵 $\boldsymbol{A}$，则 K40－6－№. 15 通风机叶片角为 36°时的风压特性曲线 $H-Q$ 2 次多项式拟合方程为 $H=-319.35793+211.43915Q-6.99915Q^2$，该拟合方程与实际曲线的相关系数为 0.99222，可见其拟合的精度很高；K40－6－№. 15 通风机叶片角为 36°的风压特性曲线 $H-Q$ 3 次多项式拟合方程为 $H=238.63624+128.25996Q-2.96355Q^2-0.06386Q^3$，该拟合方程与实际曲线的相关系数为 0.99228，可见其拟合精度比二次多项式拟合精度略高。

4.4.2 通风机工况点的确定方法

所谓工况点，即是通风机在某一特定转速和工作风阻条件下的工作参数，如 Q、H、N 和 η 等，一般是指 H 和 Q 这两个参数。

假设矿井只有一台主要通风机工作，主要通风机全压和静压特性曲线的拟合方程分别为 $H_t=F_t(Q)$ 和 $H_s=F_s(Q)$，矿井和风硐的风阻特性（或称阻力特性）曲线函数式是 $h=h_m+h_d=RQ^2$，不计自然风压。

1. 抽出式通风系统

将式（4-46）、式（4-47）、$h_{v6}=H_{vd}$ 和 $H_n=0$ 代入式（4-32），整理得 H 和 h 的关系为

$$H_{sd}=h \tag{4-65}$$

（1）图解法

如图 4-36 所示，在 $H-Q$ 坐标图上，根据通风机的 H_s-Q 特性曲线作出通风机装置 $H_{sd}-Q$ 特性曲线，然后作出矿井风阻 $h-Q$ 特性曲线，则 $h-Q$ 曲线与 $H_{sd}-Q$ 曲线的交点坐标值，即为抽出式通风机的工作静压 H_M 和工作风量 Q_M。通过交点作 Q 轴垂线，与 $N-Q$ 和 $\eta-Q$ 曲线相交，交点的纵坐标即为抽出式通风机的工作轴功率 N_M 和工作静压效率 η_M。可见，确定抽出式通风系统中通风机工况点时使用通风机的静压特性曲线较为方便。

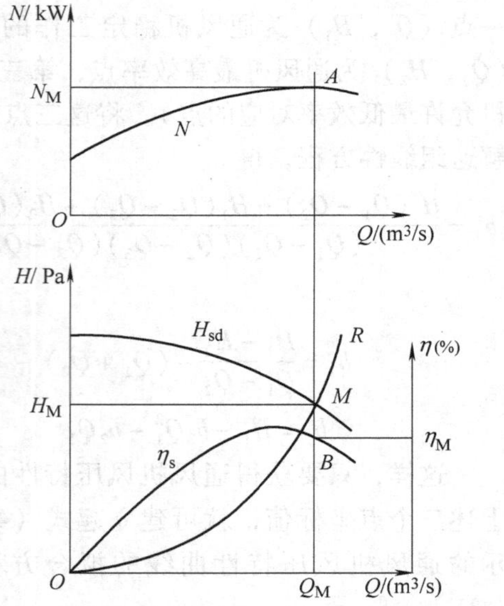

图 4-36　抽出式通风机工况点的图解法确定

（2）解析法

联立求解 $H_{sd}=F_{sd}(Q)$、$h=RQ^2$ 和 $H_{sd}=h$，即可得出通风机工况点（H_M，Q_M）。此求解过程一般采用计算机处理。

2. 压入式通风系统

将 $h_{v_1}=H_v$ 和 $H_n=0$ 代入式（4-43）和式（4-42），并忽略回风井口的动压损失，则 H 和 h 的关系为

$$H_s=h-H_v \tag{4-66}$$

$$H_t=h \tag{4-67}$$

（1）图解法

在 $H-Q$ 坐标图上，作出通风机的 H_t-Q 特性曲线和矿井风阻 $h-Q$ 特性曲线，则 $h-Q$ 曲线与 H_t-Q 曲线的交点坐标值，即为压入式通风机的工作全压和工作风量。与抽出式通风方式相同，可求得压入式通风机的工作轴功率和工作全压效率。可见，确定压入式通风系统中通风机工况点时使用通风机的全压特性曲线较为方便。

（2）解析法

联立求解 $H_t=F_t(Q)$、$h=RQ^2$ 和 $H_t=h$，即可得出通风机工况点。此求解过程一般采用计算机处理。

如果矿井自然风压不能忽略，求抽出式或压入式通风系统中通风机工况点的方法，见本章 4.5.2 节中通风机与自然风压串联作业。

4.4.3 通风机工况点的合理工作范围

为使通风机安全、经济地运转，它在整个服务期内的工况点必须在合理的工作范围之内。

1. 轴流式通风机

从经济的角度出发，通风机的运转效率不应低于60%。从安全方面考虑，轴流式通风机的工况点必须位于驼峰点右下侧单调下降的直线段上。由于轴流式通风机的性能曲线存在马鞍形区段，为了防止矿井风阻偶尔增加等原因，使工况点进入不稳定区，一般限定实际工作风压不得超过最高风压的90%，即 $H<0.9H_{max}$。

轴流式通风机的工作范围如图 4-37 中所示的阴影部分，其上限为最大风压 0.9 倍的连线，下限为 $\eta=0.6$ 的等效率曲线。

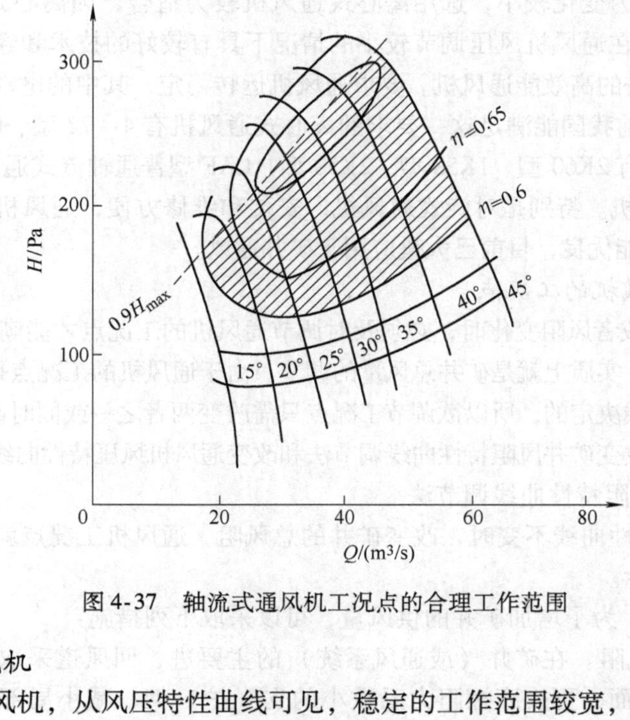

图 4-37 轴流式通风机工况点的合理工作范围

2. 离心式通风机

对于离心式通风机，从风压特性曲线可见，稳定的工作范围较宽，因此，工况点的合理范围应该是运行效率高于60%的区域。

分析主要通风机的工况点合理与否，应使用实测的通风机装置特性曲线更为合理，因厂方提供的通风机特性曲线一是未考虑外扩散器，二是通风机运行一段时间后其特性曲线一般要发生变化。

4.4.4 通风机的经济运行及优化调节

矿井通风机需要连续不停地运转，是矿井的大型耗电设备，如煤矿企业，其通风耗电量占企业总耗电量的20%～30%。因此，主要通风机的经济运行具有重要意义。由式（4-19）～式（4-23）以及式（4-34）和式（4-42）可得主要通风机的耗电量为

$$N_d = \frac{RQ^3}{1000 \times \eta_m \eta_{tr} \eta} \tag{4-68}$$

式中 N_d——通风机的耗电量（kW）。

可见，为了保证矿井通风机的经济运行，需要从通风机的选择、调节和管理等多方面考虑。

1. 正确选择通风机

1）准确计算通风机的工作风量和风压，从而使所选择的通风机的能力与矿井的风量和阻力相匹配，即通风机能够满足其服务年限内矿井通风的要求、工况点在通风机的合理工作范围之内且长期在最高效率点附近运行。

2）所选通风机的类型应与矿井通风系统通风阻力的变化特征相适应。对于矿井通风期间通风阻力变化较大的通风系统，如中央式通风系统前期和后期矿井的通风阻力变化较大，选用轴流式通风机较为适合，因在通风机风压调节时其风量变化较小，因而通风机的工况点偏离最高效率点较小。对于矿井通风期间通风阻力变化较小的通风系统，如对角式通风系统达产后矿井的通风阻力变化较小，选用离心式通风机较为适合，因离心式通风机价格便宜，稳定工作范围较宽，在通风机风压调节较小的情况下具有较好的技术和经济效益。

3）选用技术先进的高效能通风机。要求通风机运转稳定，其中的电动机、通风机及二者的传动效率要高。目前我国能满足这一要求的离心式通风机有4－72型、G4－73型、K4－73型等，轴流式通风机有2K60型、1K58型、2K58型、CAF型普通轴流式通风机和FBCDZ型或BDK型等对旋式通风机。特别是对旋式通风机，安装和维修方便，通风机装置的阻力小、效率高、调节方便、性能优良，目前已大量应用于矿井通风。

2. 合理调节通风机的工况点

当矿井所需风量或者风阻变化时，必须及时调节通风机的工况点才能满足矿井通风的要求。通风机工况点的调节，实质上就是矿井总风量的调节。由于通风机的工况点是由通风机风压和矿井风阻两者的特性曲线决定的，所以欲调节工况点只需改变两者之一或同时改变即可。据此，工况点调节方法主要有改变矿井风阻特性曲线调节法和改变通风机风压特性曲线调节法。

（1）改变矿井风阻特性曲线调节法

当通风机风压特性曲线不变时，改变矿井的总风阻，通风机工况点就沿通风机特性曲线移动，如图4-38所示。

1）增风量调节。为了增加矿井的供风量，可以采取下列措施：

① 减少矿井总风阻。在矿井（或通风系统）的主要进、回风道采取增加并联巷道、缩短风路、扩大巷道断面、更换摩擦阻力系数小的支（护）架、减小局部阻力等措施，均可

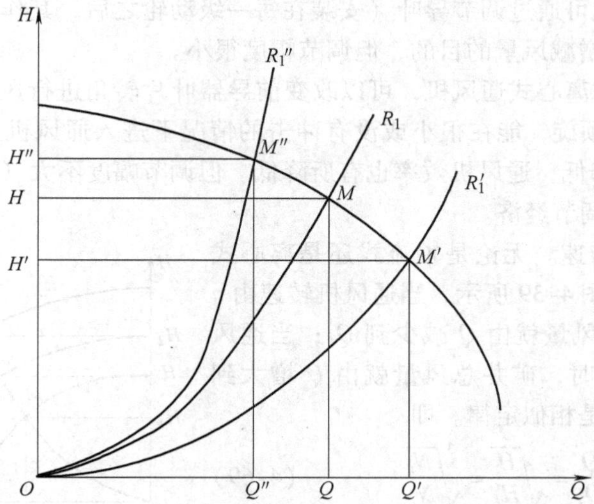

图4-38　改变矿井风阻特性曲线调节法

收到减少矿井总风阻的效果。如图4-38所示，当矿井总风阻由R_1减少到R_1'时，矿井总风量就由Q增加到Q'。这种调节措施的优点是主要通风机的运转费用较低；缺点是工程量和工程费用较大，施工周期也较长。

② 当地面外部漏风较大时，可以采取堵塞地面的外部漏风措施。这样做，通风机的风量虽然因其工作风阻增大而减小，但矿井风量却会因有效风量率的提高而增大。这种方法实施简单，经济效益较好，但调节幅度不大。

2）减风调节。当矿井风量过大时，应进行减少风量的调节。其方法有：

① 增加矿井总风阻。对于离心式通风机，可利用风硐中闸门增加风阻（减小其开度）。如图4-38所示，当矿井总风阻由R_1增加到R_1''时，矿井总风量就由Q减少到Q''。这种方法实施较简单，但因增大风阻而增加了附加能量损耗，所以调节时间不宜过长，只能用于一些临时减少风量的调节。

② 对于轴流式通风机，当其$N-Q$曲线在工作段具有单调下降特点时，因种种原因不能实施低转速和减小叶片安装角度θ时，可以用增大外部漏风的方法来减小矿井风量。这种方法比增阻调节要经济，但调节幅度较小。

（2）改变通风机风压特性曲线调节法

这种调节方法的特点是矿井总风阻不变，通过改变通风机风压特性曲线，使其工况点沿风阻特性曲线移动，如图4-39所示。调节方法有：

1）轴流式通风机可采用改变叶片安装角度达到增减风量的目的。但要注意的是，防止因增大叶片安装角度而导致通风机进入不稳定工况区运行。对于有些轴流式通风机，还可以改变叶片数以改变通风机的工作特性。改变叶片数时，应按说明书规定进行。对于能力过大的双级叶（动）轮轴流式通风机，还可以减少动（叶）轮级数，以减少供风。目前，有些从国外进口的轴流式通风机，能够在运转时自动调节叶片安装角。如德国的GVI轴流式通风机，自带状态监测和控制计算机，只需向计算机输入要求的通风机工作风量，计算机就能自动选择并调节到合适的叶片安装角度。

2）轴流式通风机可通过调节导叶（安装在每一级动轮之后，其作用是整直由动轮流出的旋转气流）来达到增减风量的目的，但调节幅度很小。

3）装有前导器的离心式通风机，可以改变前导器叶片转角进行风量调节。风流经过前导器叶片后发生一定预旋，能在很小或没有冲击的情况下进入通风机。前导叶片角由0°变到90°时，风压曲线降低，通风机效率也有所降低。但调节幅度不大（70%以下）时，该方法比增加矿井总风阻调节经济。

4）改变通风机转速。无论是轴流式还是离心式通风机都可采用。如图4-39所示，当通风机转速由 n 减少到 n_1 时，矿井总风量就由 Q 减少到 Q_1；当通风机转速由 n 增大到 n_2 时，矿井总风量就由 Q 增大到 Q_2。调节的理论依据是相似定律。即

$$\frac{n}{n_i}=\frac{Q}{Q_i}=\sqrt{\frac{H}{H_i}}=\sqrt[3]{\frac{N}{N_i}} \tag{4-69}$$

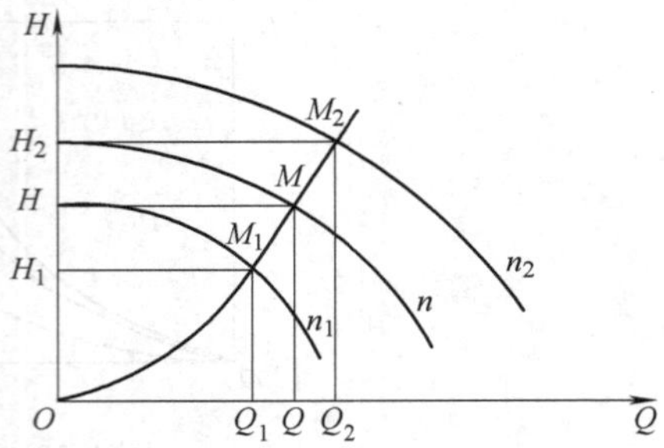

图4-39　改变通风机风压特性曲线调节法

① 利用改变电动机转速调速。可采用晶闸管串级调速，更换合适转速的电动机和采用变频电动机（此种电动机价格较高）等方法。

② 利用传动装置调速。如利用液力偶合器传动的通风机，可通过改变偶合器工作室内的液体量来调节通风机转速；利用带轮传动的通风机，可以通过更换不同直径的带轮来改变传动比。这种方法只适用于小型离心式通风机。

调节通风机转速没有额外的能量损耗，对通风机的效率影响不大，因此是一种较经济的调节方法，当调节期长、调节幅度较大时应优先考虑。但要注意，提高转速后可能会使通风机振动增加、噪声增大、轴承温度升高以及发生电动机超载等问题。

（3）通风机在各种减少风量调节方式下的输入功率比较

通风机在各种减少风量调节方式下，风量与所消耗输入功率的比较如图4-40所示。其中理想曲线是指通风机在最高效率下运行时的功率消耗。可以看出，从通风节能的角度看，调节转速节能效果最好。当前广泛推行的电动机变频调速方法，在矿井通风节能中起到了很好的作用，其节电效果能够达到20%～50%。此外，变频调节在改善电动机功率因数及通风机起动方面也有良好的作用。

调节方法的选择，取决于调节期长短、调节幅度高低、投资大小和实施的难易程度。调节之前应拟定多种方案，经过技术和经济比较后择优选用。选用时，还要考虑实施的可能性。有时，可以联合使用多种调节方法。调节后的工矿点应尽量落在通风机效率最高点附近。

3. 加强通风机的技术管理

要加强检查及维护，及时清理通风机（特别是机道内、叶片上）积水积尘，及时更换变形及受损部件；加强通风机的性能监测，要根据生产需要及监测结果及时、科学地调节通风机工况点，使通风机处于经济最佳运行状态。

对于多个主要通风机联合运行的矿井，还要注意各主要通风机工况点之间的相互影响。理论上讲，各主要通风机共用风路的风阻要小，各主要通风机的风压特性曲线相同时其联合通风的功率消耗最少。

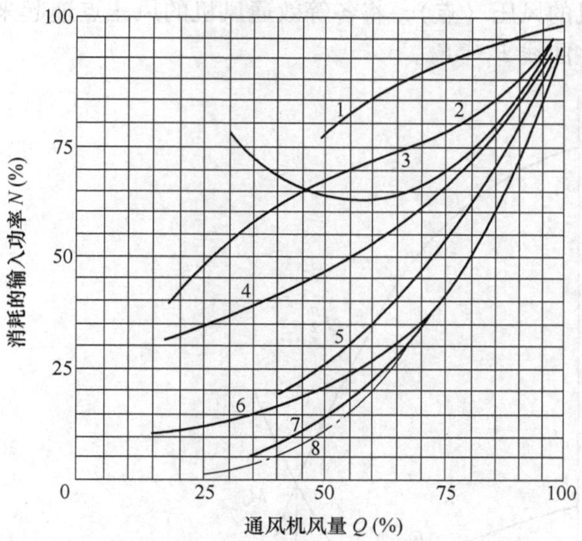

图4-40 通风机在各种减少风量调节方式下的输入功率

1—离心式通风机出口闸门调节 2—离心式通风机进口闸门调节 3—轴流式通风机导叶调节 4—离心式通风机前导器调节 5—液力偶合器调节 6—轴流式通风机叶片安装角度调节 7—电动机变速调节 8—理想曲线

4.5 通风机联合作业

两台或两台以上的通风机同时对一个矿井通风系统或一个风网进行工作，称为通风机的联合作业。通风机的联合作业与一台通风机单独作业有所不同，因此，正确掌握通风机联合作业的特点、效果、稳定性和合理性是十分必要的。通风机的联合作业可分为串联和并联两种。

4.5.1 通风机串联作业

一台通风机的进风口直接连接到另一台通风机的出风口上同时运转，称为通风机的集中串联作业，如图4-41所示。一台通风机的进风口通过一段巷道（或管道）连接到另一台通风机的出风口上同时运转，称为通风机的间隔串联作业。

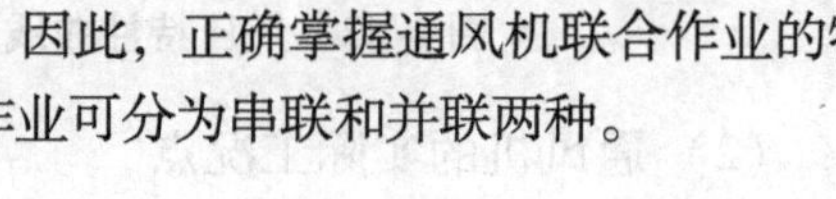

图4-41 两台通风机的集中串联作业

通风机串联作业时，总风量等于每台通风机的风量（没有漏风），总风压等于每台通风机的风压之和。根据上述特性，通风机串联作业时的等效合成特性曲线可按“风量相等、风压相加”的原则绘制。

1. 风压特性曲线不同的通风机串联作业分析

(1) 串联通风机的等效合成特性曲线

如图4-42所示，两台不同型号通风机的特性曲线分别为 F_1 和 F_2。两台通风机串联的等效合成特性曲线 F_1+F_2 按“风量相等、风压相加”原则求得，即在两台通风机的风量范围内，作若干条风量坐标的垂线（等风量线），在等风量线上将两台通风机的风压相加，得该风量下串联等效通风机的风压（点），将各等效通风机的风压点连起来，即可得到通风机串联作业时等效合成特性曲线 F_1+F_2。

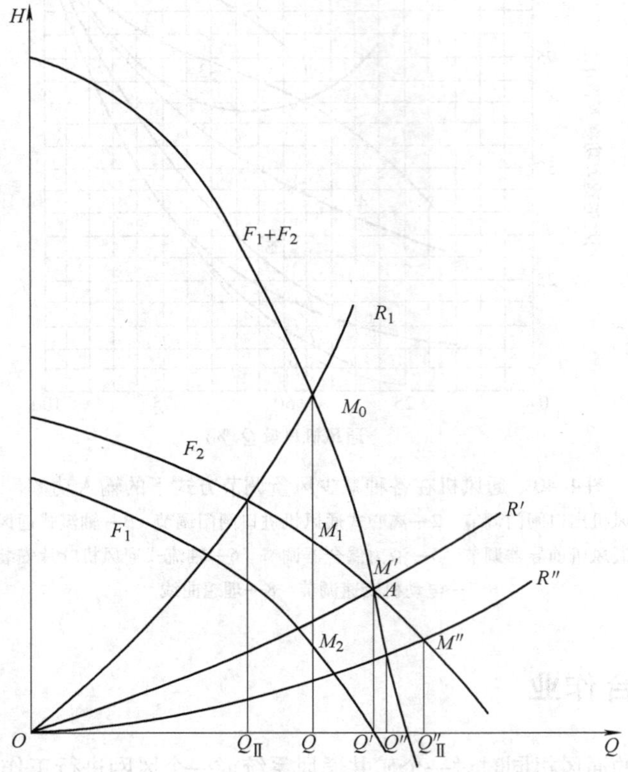

图 4-42　风压特性曲线不同的通风机串联作业时的等效合成特性曲线

（2）通风机的实际工况点

在风阻为 R 的风网上通风机串联作业时，各通风机的实际工况点按下述方法求得：在等效通风机特性曲线 F_1+F_2 上作风网风阻特性曲线 R_1，两者交点为 M_0，过 M_0 作横坐标垂线，分别与曲线 F_1 和 F_2 相交于 M_1 和 M_2，此两点即是两通风机的实际工况点。

为了衡量串联作业的效果，可用等效通风机产生的风量 Q 与能力较大的通风机 F_2 单独作业时产生的风量 Q_{II} 之差表示。由图 4-42 可见，当工况点（如 M_0）位于合成特性曲线与能力较大通风机风压特性曲线 F_2 交点 A（通常称为临界工况点）的左上方时，$\Delta Q=Q-Q_{\mathrm{II}}>0$，则表示串联有效；当工况点（如 M'）与 A 点重合（即风网风阻 R' 通过 A 点）时，$\Delta Q=Q'-Q'_{\mathrm{II}}=0$，则串联无增风；当工况点（如 M''）位于 A 点右下方（即风网风阻为 R''）时，$\Delta Q=Q''-Q''_{\mathrm{II}}<0$，则串联不但不能增风，反而有害，即小通风机成为大通风机的通风阻力，这种情况下串联显然是不合理的。

通过 A 点的风阻称为临界风阻，其值大小取决于两通风机的特性曲线。欲将两台风压特性曲线不同的通风机串联工作时，事先应将由两台通风机所决定的临界风阻 R' 与风网风阻 R 进行比较，当 $R'<R$ 时方可应用。还应该指出的是，对于某一形状的合成特性曲线，串联增加的风量取决于风网风阻特性。

从图 4-42 可以看出，通风机串联作业时不能充分发挥每台通风机的风压作用。风网的风阻越小，串联作业效果越差，尤其当风网的风阻小于临界风阻 R' 时，小能力通风机对风网通风起负作用。反之，风网的风阻越大，串联作业效果越好。故通风机串联作业只适用于风网阻力较大而风量不足的情况，而且只有在选择不到高风压的通风机或矿井扩建时已经有一台风压不能满足要求的通风机时，才能采用多台通风机的串联作业。

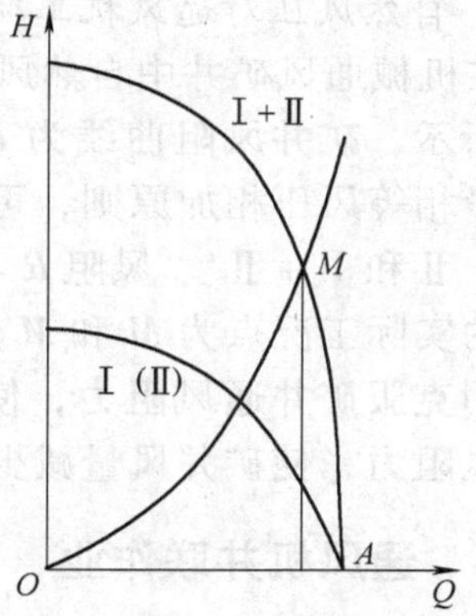

图 4-43　风压特性曲线相同的通风机串联作业时的等效合成特性曲线

2. 风压特性曲线相同的通风机串联作业

图 4-43 所示的是两台特性曲线相同（性能曲线Ⅰ和Ⅱ重合）的通风机串联作业。由图可见，临界点 A 位于 Q 轴上。这就意味着在整个等效合成曲线范围内串联作业都是有效的，只是风网风阻不同增风效果不同而已。可见，风压特性曲线相同的较不相同的通风机串联作业效果要好。

4.5.2　通风机与自然风压串联作业

1. 自然风压特性

自然风压特性是指自然风压与风量之间的关系。在机械通风矿井中，冬季自然风压随风量增大略有增大；夏季，若自然风压为负时，其绝对值亦将随风量增大而增大。通风机停止作业时自然风压依然存在，故一般用平行 Q 轴的直线表示自然风压的特性。如图 4-44 中Ⅱ和Ⅱ′分别表示正和负的自然风压特性。

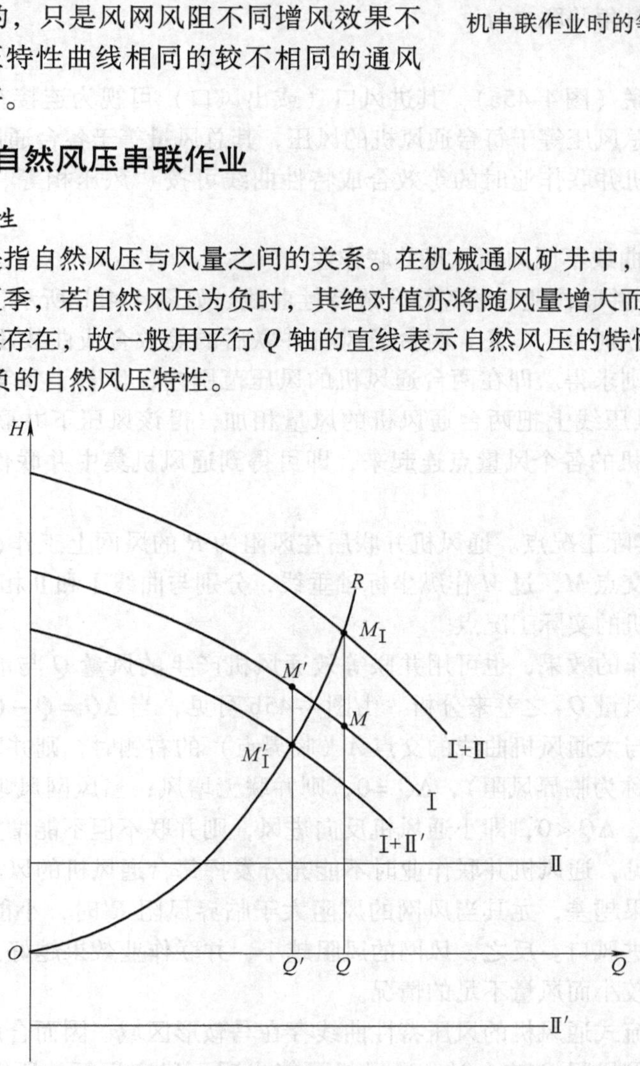

图 4-44　通风机与自然风压串联作业时的等效合成特性曲线

2. 自然风压对通风机工况点的影响

在机械通风矿井中自然风压对机械风压的影响，类似于两台通风机串联作业。如图4-44所示，矿井风阻曲线为 R，通风机特性曲线为Ⅰ，自然风压特性曲线为Ⅱ和Ⅱ′，按风量相等风压相加原则，可得到正和负的自然风压与通风机风压的等效合成特性曲线Ⅰ+Ⅱ和Ⅰ+Ⅱ′。风阻 R 与其等效合成特性曲线交点分别为 M_{I} 和 M'_{I}，据此可得通风机的实际工况点为 M 和 M'。由此可见，当自然风压为正时，机械风压与自然风压共同作用克服矿井通风阻力，使矿井风量增加；当自然风压为负时，自然风压就成为矿井通风阻力，使矿井风量减少。

4.5.3 通风机并联作业

两台通风机的进风口直接或通过一段巷道连接在一起作业，称为通风机的并联。通风机并联有集中并联和对角并联之分。

1. 集中并联

通风机集中并联（图4-45a），其进风口（或出风口）可视为连接在同一点，所以通风机并联作业时，其总风压等于每台通风机的风压，其总风量等于各台通风机的风量之和。根据上述特性，通风机并联作业时的等效合成特性曲线可按“风压相等、风量相加”的原则绘制。

（1）风压特性曲线不同的通风机并联作业

1）通风机集中并联作业时的等效合成特性曲线。如图4-45b所示，两台不同型号通风机的风压特性曲线分别为Ⅰ、Ⅱ。两台通风机并联后的等效合成曲线Ⅰ+Ⅱ可按“风压相等、风量相加”原则求得。即在两台通风机的风压范围内，作若干条等风压线（风压坐标轴的垂线），在等风压线上把两台通风机的风量相加，得该风压下并联等效通风机的风量（点），将等效通风机的各个风量点连起来，即可得到通风机集中并联作业时的等效合成特性曲线Ⅰ+Ⅱ。

2）通风机的实际工况点。通风机并联后在风阻为 R 的风网上工作，R 与等效通风机的特性曲线Ⅰ+Ⅱ的交点 M，过 M 作纵坐标轴垂线，分别与曲线Ⅰ和Ⅱ相交于 M_1 和 M_2，此两点即是两并联通风机的实际工况点。

通风机并联工作的效果，也可用并联等效通风机产生的风量 Q 与能力较大的通风机Ⅰ单独工作时产生的风量 Q_{I} 之差来分析。由图4-45b可见，当 $\Delta Q = Q - Q_{\text{I}} > 0$，即工况点 M 位于合成特性曲线与大通风机曲线的交点 A（临界点）的右侧时，则并联有效；当风网风阻 R' 通过 A 点时（R' 称为临界风阻），$\Delta Q = 0$，则并联无增风；当风网风阻 $R'' > R'$，即工况点 M'' 位于 A 点左侧时，$\Delta Q < 0$，即小通风机反向进风，则并联不但不能增风，反而有害。

从图4-45b可见，通风机并联作业时不能充分发挥每台通风机的风量作用。风网的风阻越大，并联作业效果越差，尤其当风网的风阻大于临界风阻 R' 时，小能力通风机不但抽不出风量，反而成为进风口。反之，风网的风阻越小，并联作业效果越好。故通风机并联作业只适用于风网阻力较小而风量不足的情况。

此外，由于轴流式通风机的风压特性曲线存在马鞍形区域，因而合成特性曲线在小风量时比较复杂。当风网风阻 R 较大时，通风机可能出现不稳定运行。所以，使用轴流式通风机并联作业时，除要考虑并联效果外，还要进行稳定性分析。

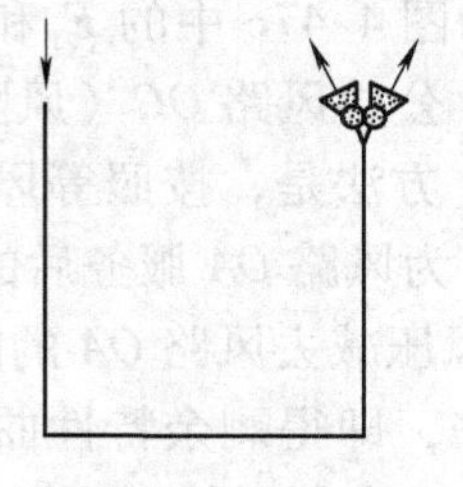

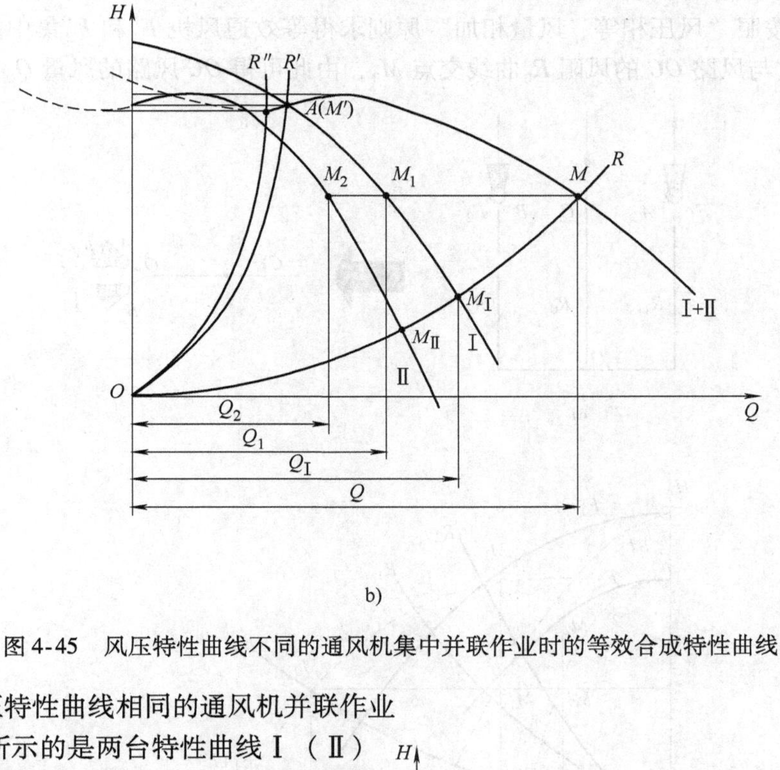

图 4-45　风压特性曲线不同的通风机集中并联作业时的等效合成特性曲线

(2) 风压特性曲线相同的通风机并联作业

图 4-46 所示的是两台特性曲线Ⅰ（Ⅱ）相同的通风机并联作业。Ⅰ + Ⅱ为其合成特性曲线，R 为风网风阻。M 和 M'为并联的工况点和单独工作的工况点。由 M 作等风压线与曲线Ⅰ（Ⅱ）相交于 M_1，此即通风机的实际工况点。由图可见，总有 $\Delta Q = Q - Q' > 0$，且 R 越小，ΔQ 越大。可见，风压特性曲线相同的较不相同的通风机并联作业效果要好。

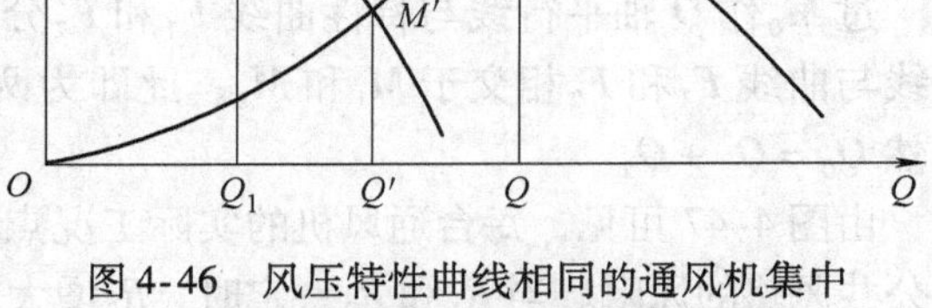

图 4-46　风压特性曲线相同的通风机集中并联作业时的等效合成特性曲线

应该指出，两台风压特性相同的通风机并联作业，同样存在不稳定运转情况。

2. 对角并联

如图 4-47a 所示的对角并联通风系统，

两台不同型号通风机的特性曲线分别为图 4-47c 中的 F_1 和 F_2，各自单独工作的风网分别为 OA（风阻为 R_1）和 OB（风阻为 R_2），公共风路 OC（风阻为 R_0）。为了分析对角并联系统的工况点，先将两台通风机移至 O 点。方法是，按照等风量条件下把通风机 F_1 的风压与风路 OA 的阻力相减的原则，求通风机 F_1 为风路 OA 服务后的剩余特性曲线 F_1'，即作若干条等风量线，在等风量线上将通风机 F_1 的风压减去风路 OA 的阻力，得通风机 F_1 服务风路 OA 后的剩余风压点，将各剩余风压点连起来，即得剩余特性曲线 F_1'。按相同方法，在等风量条件下，把通风机 F_2 的风压与风路 OB 的阻力相减得到通风机 F_2 为风路 OB 服务后的剩余特性曲线 F'_2。这样就变成了等效通风机 F'_1 和 F'_2 集中并联于 O 点，为公共风路 OC 服务，如图 4-47b 所示。按照“风压相等、风量相加”原则求得等效通风机 F_1' 和 F_2' 集中并联的特性曲线 $F_1'+F_2'$，它与风路 OC 的风阻 R_0 曲线交点 M_0，由此可得 OC 风路的风量 Q_0。

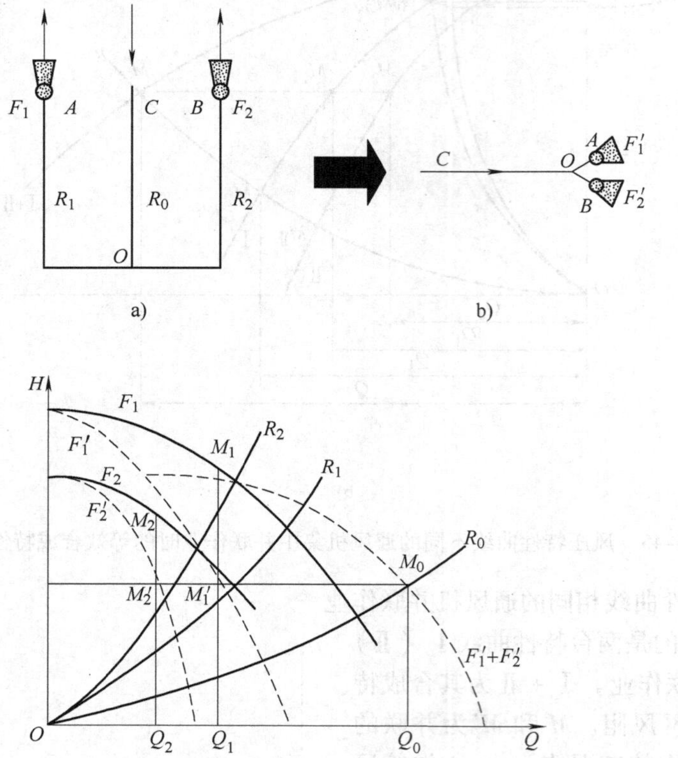

图 4-47 风压特性曲线不同的通风机对角并联作业时的工况分析

过 M_0 作 Q 轴平行线与特性曲线 F_1' 和 F_2' 分别相交于 M_1' 和 M_2' 点，再过 M_1' 和 M_2' 点作 Q 轴垂线与曲线 F_1 和 F_2 相交于 M_1 和 M_2，此即为两台通风机的工况点，其风量分别为 Q_1 和 Q_2，显然 $Q_0=Q_1+Q_2$。

由图 4-47 可见，每台通风机的实际工况点 M_1 和 M_2，既取决于各自风路的风阻，又取决于公共风路的风阻。当 R_1 和 R_2 一定时，R_0 增大，两台通风机的工况点上移；当 R_0 一定时，某一分支的风阻增大而另一分支的风阻不变，如 R_1 增大而 R_2 不变，则 F_1 通风机的工况点上移，而 F_2 通风机的工况点下移；反之亦然。这说明两台通风机的工况点是相互影响的。因此，采用轴流式通风机并联作业的矿井，要注意和防止一个通风机工作风阻的减小能导致另一个并联作业通风机工作风阻的增大，从而造成该并联作业通风机可能进入不稳定区域工作。

4.5.4　并联与串联作业的比较

如图 4-48 所示，两台型号相同的离心式通风机的风压特性曲线均为Ⅰ，两者串联和并联工作的特性曲线分别为Ⅱ和Ⅲ，$N-Q$ 为其功率特性曲线，R_1、R_2 和 R_3 为大小不同的三个风网的风阻特性曲线，且风阻 R_2 正好通过Ⅱ、Ⅲ两曲线的交点 B。当风网风阻为 R_2 时，若并联则通风机的实际工况点为 M_1，若串联则通风机的实际工况点为 M_2。显然在这种情况下，串联和并联工作增风效果相同；但从消耗能量（功率）的角度来看，并联的功率为 N_P 而串联的功率为 N_S，显然 $N_S > N_P$，故采用并联是合理的。当通风机的工作风阻为 R_1，并联运行时工况点 A 的风量比串联运行时工况点 F 的风量大，而每台通风机实际功率反而小，故采用并联较合理。当通风机的工作风阻为 R_3，并联运行时工况点为 E，串联运行时工况点为 C，则串联比并联增风效果好。

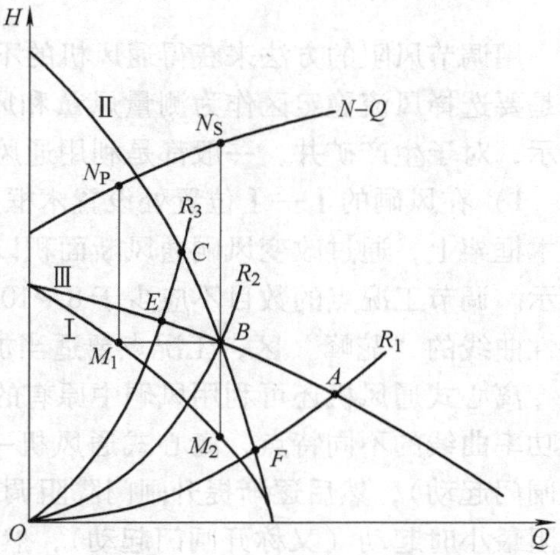

图 4-48　离心式通风机并联与串联作业的比较

对于轴流式通风机，也可根据其风压和功率特性曲线进行类似分析。

在选择通风机联合作业方案时，不仅要考虑风网风阻对工况点的影响，还要考虑运转效率和轴功率大小。在保证增风或按需供风后应选择能耗较小的联合作业方案。

综上所述，可得出如下结论：①并联适用于风网风阻较小，但因通风机能力小而导致风量不足的情况；②风压相同的通风机并联运行效果较好；③轴流式通风机并联作业时，若风阻过大则可能出现不稳定运行。所以，使用轴流式通风机并联工作时，除要考虑并联效果外，还要进行稳定性分析。

4.6　矿井主通风机的性能测定

制造厂提供的通风机特性曲线，是根据不带扩散器的模型测定获得的，而实际运行的通风机都带有扩散器。另外，由于安装质量和运转磨损等原因，通风机的实际运转性能往往与厂方提供的性能曲线不相符。因此，通风机在正式运转之前和运转几年后，必须测定其个体特性曲线，以便有效地使用和管理好通风机。通风机的测定有专门的国家标准，但在现场测定时通常需要因地制宜，以确定具体测定方案。

通风机性能测定的数据有：通风机转速 n、通风机风压 H、通风机风量 Q、电动机输入功率 N_m、电动机效率 η_m，测出在风网风阻不同条件下上述参数值，即可计算并绘制出通风机装置的 $H-Q$、$N-Q$ 和 $\eta-Q$ 曲线。

主要通风机的性能测定，一般在矿井停产检修时进行，其内容包括：①确定通风机工况调节的位置及方式；②确定风量、风压测定断面的位置及测定方法；③确定通风机与电动机功率的测定方法；④确定通风机与电动机转速的测定方法；⑤确定空气密度的测定方法；⑥安排测定前的准备工作与测定中的组织工作；⑦数据的记录、计算及特性曲线的绘制。

4.6.1 通风机工况调节的位置及方式

用调节风阻的方法来获得通风机的不同工况。测定前要制定合适的测试方案，其总的要求是要选择风流稳定区作为测量风量和风压的地点，以便测出的数据准确可靠。如图4-49所示，对于生产矿井，一般都是利用通风机风硐进行测定。

1）在风硐的Ⅰ—Ⅰ位置处设置木框架，在木框架上敷设木板并靠通风机吸力将其吸附在木框架上，通过改变风硐通风断面积以改变其通风阻力来调节通风机的工况，如图4-49b所示。调节工况点的数目不应少于8~10个，以获得完整的特性曲线。在轴流式通风机风压特性曲线的“驼峰”区，工况点要适当加密，在稳定区测点可疏些。

离心式通风机还可利用风硐中原有的闸门调节工况。考虑到离心式通风机与轴流式通风机功率曲线的不同特点，离心式通风机一般采用封闭起动，即风网风阻最大时起动（又称关闸门起动），然后逐渐提升闸门降阻调节工况；轴流式通风机一般采用开路起动，即风网风阻最小时起动（又称开闸门起动），然后逐渐放下闸门增阻调节工况。

2）在木框架后一定距离的风流稳定区中的Ⅱ—Ⅱ断面处，布置静压管测相对静压。

3）在通风机圆锥形扩散器的环形空间Ⅲ—Ⅲ断面，布置皮托管测定风速。

4）同时测定电动机的功率及转速。

4.6.2 通风机风量的测定

通风机风量根据式（4-70）测定。即

$$Q'_i = Sv_i \tag{4-70}$$

式中 Q'_i——第 i 工况点实测通风机的风量（m^3/s）；

S——测风地点实测断面积（m^2）；

v_i——第 i 工况点测风断面上的实测平均风速（m/s）。

在条件允许的情况下，应尽量将测风量断面选择在工况点调节处与通风机入口之间的风硐直线段风流稳定区，如图4-49a所示的Ⅱ—Ⅱ断面处，其布置如图4-49c所示；也可在通风机圆锥形扩散器的环形空间的Ⅲ—Ⅲ断面处测定风量，其布置如图4-49d所示；如果通风机扩散器出风断面的速度分布比较均匀，也可在该处测定风量。

1）用风表测定风速。条件允许时，可用风表直接测出测定断面的平均风速 v_i。

2）用皮托管和微压计测量风流动压，然后计算出平均风速 v_i。为了使测量数据准确可靠，在测量风速的断面上按等面积布置多根皮托管。安装时应将皮托管固定牢靠，使头部正对着风流方向。

① 若微压计台数充足时，每支皮托管可配一台微压计，此即各点分别测定法，如图4-49d所示。此时

$$v_i = \sqrt{\frac{2}{\rho_i}} \frac{\sum_{j=1}^{n} \sqrt{h_{vij}}}{n} \tag{4-71}$$

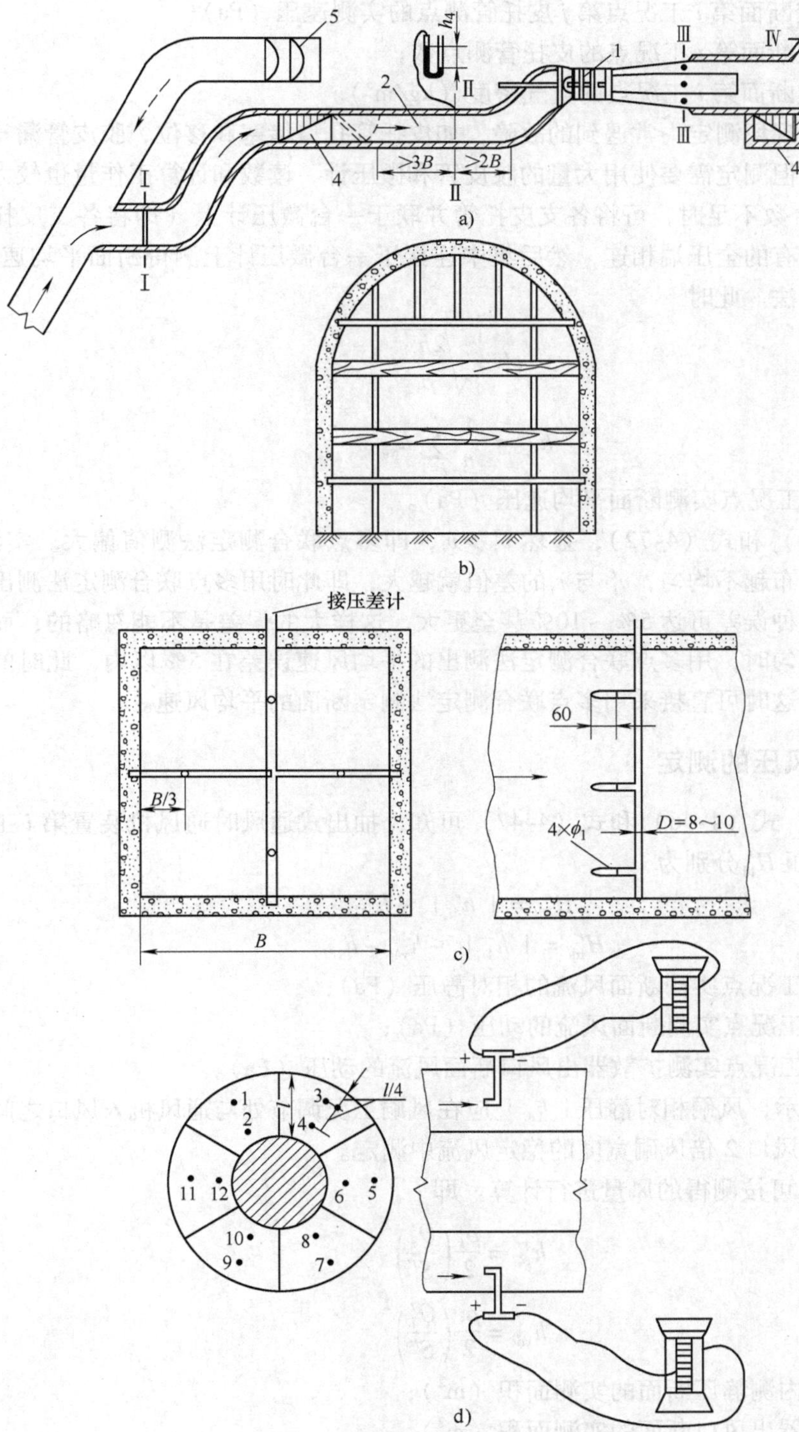

图4-49 通风机性能测定位置及其布置

a）测定位置及其布置 b）Ⅰ—Ⅰ断面工况调节框架 c）Ⅱ—Ⅱ断面静压管的布置 d）Ⅲ—Ⅲ断面测动压皮托管的布置

1—通风机 2—风硐 3—扩散器 4—反风道 5—防爆门

式中 h_{vij}——测定断面第 i 工况点第 j 皮托管测点的实测速压（Pa）；

n——测定断面第 i 工况点的皮托管测点数；

ρ_i——测定断面第 i 工况点的空气密度（kg/m^3）。

该法易于发现现场测定中常遇到的故障，如皮托管孔口堵塞和移位、胶皮管漏气或不通等，测定精度高。但测定需要使用大量的胶皮管和微压计，读数和计算工作量也较大。

② 若微压计台数不足时，可将各支皮托管并联于一台微压计上（即将各支皮托管所有的静压端相连，所有的全压端相连，然后集中连接于一台微压计上测得断面平均速压 h_{vi}），此即多点联合测定法。此时

$$v_i' = \sqrt{\frac{2h_{vi}}{\rho_i}} \tag{4-72}$$

$$h_{vi} = \frac{1}{n}\sum_{j=1}^{n} h_{vij} \tag{4-73}$$

式中 h_{vi}——第 i 工况点实测断面平均速压（Pa）。

比较式（4-71）和式（4-72），显然 $v_i' > v_i$，即多点联合测定法测值偏大。实测表明，测压断面上风速分布越不均匀，v_i' 与 v_i的差值就越大，即此时用多点联合测定法测出的平均风速误差越大，这种误差可达5% ~10% 甚至更大，这样大的误差是不能忽略的；而测压断面上风速分布较均匀时，用多点联合测定法测出的平均风速误差在 5% 以内，此时的误差一般在允许范围内，这时可直接采用多点联合测定法测定断面的平均风速。

4.6.3 通风机风压的测定

由式（4-31）、式（4-46）和式（4-47）可知，抽出式通风时通风机装置第 i 工况点的实测静压 H'_{sd}和全压 H'_{td}分别为

$$H'_{sdi} = |h_{4i}| - h_{v4i} \tag{4-74}$$

$$H'_{tdi} = |h_{4i}| - h_{v4i} + h_{vdi} \tag{4-75}$$

式中 h_{4i}——第 i 工况点实测断面风流的相对静压（Pa）；

h_{v4i}——第 i 工况点实测断面风流的动压（Pa）；

h_{vdi}——第 i 工况点实测扩散器出风口断面风流的动压（Pa）。

如图 4-49a 所示，风硐相对静压 $|h_{4i}|$ 应在风硐工况调节处与通风机入风口之间的直线段上、距通风机入风口 2 倍风硐宽度的稳定风流中测定。

动压 h_{v4i}和 h_{vdi}可按测得的风量进行计算。即

$$h_{v4i} = \frac{\rho_i}{2}\left(\frac{Q_i'}{S'}\right)^2 \tag{4-76}$$

$$h_{vdi} = \frac{\rho_i}{2}\left(\frac{Q_i'}{S''}\right)^2 \tag{4-77}$$

式中 S'——风硐内测静压断面的实测面积（m^2）；

S''——扩散器出风口断面的实测面积（m^2）。

4.6.4 通风机输入功率和静压输出功率的测算

通风机输入功率和静压输出功率按下式计算

$$N'_i = N'_{mi}\eta_m\eta_{tr} \tag{4-78}$$

$$N'_{si} = \frac{H'_{sdi}Q'_i}{1000} \tag{4-79}$$

式中 N'_i——通风机输入功率（kW）；

N'_{mi}——电动机输入功率（kW）；

N'_{si}——通风机静压输出功率（kW）。

1）电动机输入功率 N'_{mi} 的测量。可用两个单向瓦特表或一个三相瓦特表测量；还可以用专用仪器测定电动机的输入功率。也可以用电压表、电流表及功率因数表测出电动机的电流 I_i、电压 U_i 和功率因数 $\cos\varphi_i$，然后用式（4-80）计算出电动机的输入功率。主通风机机房通常有主通风机所配电动机的电流、电压监测装置，其电流、电压值可以直接从装置显示表中读取。电动机输入功率的计算式为

$$N'_{mi} = \sqrt{3} \times 10^{-3} I_i U_i \cos\varphi_i \tag{4-80}$$

2）电动机效率 η_m 的确定。可根据制造厂家的特性曲线选取。对使用时间过久或没有技术文件查询的电动机，可采用间接方法即损耗分析法测定。

4.6.5 通风机静压效率的计算

通风机静压效率按下式计算

$$\eta_{si} = \frac{N'_{si}}{N'_i} \times 100\% \tag{4-81}$$

4.6.6 通风机与电动机转速的测定

通风机与电动机直接连接传动时，应测定电动机的转速；如果用带轮传动，应分别测定通风机和电动机的转速。通风机与电动机的转速可用转速表或转速测量仪测定。用转速表测定时，用手平托转速表，将顶帽压紧在通风机或电动机的中心孔内，借助其摩擦力将机轴的转数传递到转速表上，直接记录转速的瞬时值。

近年来，我国生产的一种 JXY－3A 型激光转速测量仪，测量转速时在转动轮或轴上贴一个激光定向反射片，然后由激光器发射出亮度较高的激光束直接照射贴着激光定向反射片的转动轮或轴，当转动轮或轴旋转到使激光定向反射片正对着由激光器发射出的激光束时，就由激光定向反射片反射出一定量的激光信号，该激光信号经识别后就变成电信号。转动轮或轴旋转一次，该电信号就被识别记录一次。一定时间内记录的该电信号的出现次数，经数字电路处理后就变成单位时间内所测转动轮或轴的转数。该仪器精度为 0.1r/min，适合于测量通风机与电动机的转速。

4.6.7 空气密度的测定

用空盒气压计或数字式气压计测定风流的大气压力，用干湿球温度计测量风流的干温度和湿温度。根据风流的干温度和湿温度确定出风流的相对湿度，然后依据上述数据计算出空气的密度。

4.6.8 数据整理与通风机装置特性曲线的绘制

上述所得的各项数据，应换算为矿井空气密度平均值 ρ_0（对于平原矿井可取 ρ_0 =

1.2kg/m³）和某一固定转速 n_0 条件下的数值，即需进行以下换算。

（1）通风机转速校正系数

$$K_{ni}=\frac{n_0}{n_i} \tag{4-82}$$

式中 n_0——通风机额定转速（r/min）；

n_i——第 i 工况点实测的转速（r/min）。

（2）空气密度校正系数

$$K_{\rho i}=\frac{\rho_0}{\rho_i} \tag{4-83}$$

式中 ρ_0——井下标准空气密度，一般 $\rho_0=1.2\text{kg/m}^3$；

ρ_i——第 i 工况点实测的空气密度（kg/m³）。

（3）校正后的通风机风量

$$Q_i=K_{ni}Q_i' \tag{4-84}$$

（4）校正后的通风机装置静压

$$H_{sdi}=K_{ni}^2K_{\rho i}H_{sdi}' \tag{4-85}$$

（5）校正后的通风机输入功率 N 和通风机装置的静压输出功率 N_s

$$N_i=K_{ni}^3K_{\rho i}N_i' \tag{4-86}$$

$$N_{si}=K_{ni}^3K_{\rho i}N_{si}' \tag{4-87}$$

（6）由于静压效率为通风机的输出功率与输入功率之比，故校正前后静压效率相同。

（7）通风机装置特性曲线的绘制。根据校正后的数据，以 Q 为横坐标，H_{sd}、N 和 η_s 为纵坐标，将与 Q_i 相对应的点 H_{sdi}、N_i 和 η_{si} 描在图上，即可得出若干个点，然后用光滑的曲线将这些点连接起来，便是通风机装置在矿井标准状态下的实测个体特性曲线。

本章习题

1. 概念解释

机械通风　主要通风机　辅助通风机　局部通风机　通风机的集中串联作业　通风机的间隔串联作业　通风机的并联作业　矿井反风

2. 判断题（正确的打“√”，错误的打“×”）

（1）同型号的通风机，在平原地区输出的风流功率要高于高原地区输出的风流功率。（　）

（2）通风机并联作业时，等效合成特性曲线可按“风量相等、风压相加”的原则绘制。（　）

（3）巷道两端的通风总压差，远大于该巷道的通风阻力。（　）

（4）轴流式通风机的叶片安装角越大，效率越高。（　）

（5）通风机的风量与叶轮直径的平方成正比。（　）

（6）深度相同的进风井和回风井，冬季和夏季自然风压都不存在。（　）

（7）乡镇煤矿可以采用自然风压通风。（　）

（8）机械风压和自然风压都是矿井的通风动力，用以克服矿井的通风阻力。（　）

（9）扩散器的作用是降低通风机出风口动压损失。（　）

（10）通风机并联运行的目的是增加风压。（　）

（11）利用通风机反转的反风方法，对任何类型的通风机都是适用的。（　）

（12）煤矿必须采用机械通风。（　）

（13）必要时，备用主要通风机必须在 10 ~ 20min 内开动。（　）
（14）主要通风机工况点的改变可通过改变矿井风阻特性曲线实现。（　）
（15）通风机的风量与其转速的平方成正比。（　）
（16）通风机的风压与叶轮直径的平方成反比。（　）
（17）通风机的功率与转速的三次方成反比。（　）
（18）通风机的风压对自然风压的大小没有影响。（　）
（19）湿空气的密度一般小于 $1.293kg/m^3$。（　）
（20）一般冬季的平均大气压要比夏季的平均大气压低。（　）
（21）一般情况下，冬季自然风压帮助主要通风机工作。（　）
（22）一般情况下，夏季自然风压帮助主要通风机工作。（　）
（23）主要通风机实际工作风压，不得大于通风机最大风压的 0.9 倍。（　）
（24）离心式通风机应在闸门全开时起动，以免烧毁电动机。（　）
（25）抽出式通风机装置的全风压，就是扩散器出风口与通风机入风口的总能量差。（　）
（26）选择矿井主要通风机时，既要考虑全矿通风阻力，又要考虑自然风压。（　）
（27）通风机工况点是通风机个体风压特性曲线与井巷风阻特性曲线的交点。（　）
（28）轴流式通风机环形扩散器使环状气流过渡到柱状气流时的动压逐渐减小，以减少冲击能量损失，使得静压提高。（　）
（29）防爆井盖下端放入井口凹槽中的盛水深度压力，必须大于防爆井盖内外的压差。（　）
（30）风硐拐弯处用双曲线形导流叶片，其通风阻力最小。（　）
（31）反风道反风的反风率，一般低于反转通风机反风的反风率。（　）
（32）轴流式通风机功率特性曲线的实用段是随着风量增加逐渐下降的。（　）
（33）离心式通风机功率特性曲线是随着风量增加逐渐上升的。（　）
（34）轴流式通风机应打开闸门在风量最大时起动。（　）
（35）通风困难的矿井，其风流的功率必大、电耗必多。（　）
（36）通风机的风量和风压，随着转速的提高都增大。（　）
（37）无论压入式或抽出式，或通风机安装在井下，用于克服矿井通风阻力和造成回风井口动压损失的通风动力，均为通风机的风压与自然风压之总和。（　）

3. 单项选择题

（1）冬季，通风机提供的风压________用来克服矿井通风阻力。
A. 加上自然风压　B. 减去自然风压　C. 乘以自然风压　D. 除以自然风压
（2）通风机的风压与转数是________。
A. 一次方关系　B. 二次方关系　C. 三次方关系　D. 没有关系
（3）夏季，通风机提供的风压________用来克服矿井通风阻力。
A. 加上自然风压　B. 减去自然风压　C. 乘以自然风压　D. 除以自然风压
（4）矿井主要通风机的风量是________。
A. 矿井总进风量　B. 矿井总回风量　C. 通过回风井的总风量　D. 通过风硐的风量
（5）为使通风机运转经济，实际应用过程中通风机的效率不得低于________。
A. 0.90　B. 0.80　C. 0.70　D. 0.60
（6）通风机附属装置中，防爆门的作用是________。
A. 封闭回风井井口　B. 保护矿井主要通风机
C. 便于从此处进入风井　D. 矿井反风的需要
（7）采区通风过程中，在进风与回风平面相遇的地点，需设置________。
A. 风门　B. 风障　C. 风桥　D. 挡风墙

(8) 离心式和轴流式通风机的个体特性曲线中，区别最大的是________特性曲线。

A. 效率　　B. 风量　　C. 风压　　D. 功率

(9) 影响轴流式通风机个体风压特性曲线合理工作范围的参数是________。

A. 风压、风量和效率　　B. 风压、功率和效率

C. 风压、效率和叶片安装角　　D. 风压、风量和叶片安装角

(10) 增阻调节使矿井风网总风阻增加，如果主通风机特性曲线不变，总风量会________。

A. 减少　　B. 增加　　C. 不变　　D. 不一定

(11) 通风机工作的工况点是________。

A. 风压曲线与风阻特性曲线的交点　　B. 风压曲线与风量曲线的交点

C. 井巷风阻特性曲线与通风机的风压特性曲线的交点

D. 井巷风阻特性曲线与风量曲线的交点

(12) 扩散器的作用是________。

A. 减少通风机出风口的全压，提高通风机静压

B. 提高通风机出口的动压，减少通风机静压

C. 提高通风机出风口的全压，提高通风机静压

D. 降低通风机出口的动压，提高通风机静压

4. 问答题

(1) 自然风压的影响因素有哪些？

(2) 如何控制和利用自然风压？

(3) 矿井自然风压的测算方法有哪些？

(4) 按其构造和工作原理，矿用通风机可分为哪两大类？

(5) 主要通风机的附属装置有哪些？

(6) 主要通风机有哪些使用要求？

(7) 通风机并联作业，其等效合成特性曲线如何确定？在哪种情况下使用？

(8) 通风机串联作业，其等效合成特性曲线如何确定？在哪种情况下使用？

(9) 自然风压对主通风机作业有什么影响？

(10) 一台几何尺寸固定的通风机，其特性曲线是否固定不变？若可以改变时，用什么方法改变其特性曲线？

(11) 一台几何尺寸和转数固定的通风机在某通风网络中工作，其风量和风压是否固定不变？若不是固定不变的，用什么方法可以改变其风量和风压？改变时的变化趋势如何？

(12) 同一类型通风机，转数不同时，其风量、风压、功率和效率有何变化？

(13) 抽出式通风矿井主通风机为什么要安设外接扩散器？

5. 计算题

(1) 某矿为竖井平硐开拓方式，如图 4-50 所示。竖井口标高为 143m，大气压力为 $p_0=99528.3$Pa，平硐口标高为 53m；冬季地表平均气温 $t_0=-30$℃，井筒内平均气温 $t_1=5$℃。试求矿井自然风压及作用方向。如果矿井总风阻 $R=0.736\text{N}\cdot\text{s}^2/\text{m}^8$，其自然风量（不考虑出口动压损失）是多少？

(2) 某矿抽出式通风系统如图 4-51 所示，矿井最高水平的大气压力 $p_0=101325$Pa，地表平均气温 $t_0=25$℃，入风井井底气温 $t_1=20$℃，矿山所在地区年平均气温 $t=10$℃，恒温带深度为 30m，地温梯度为 2.5℃/100m。试求矿井自然风压及作用方向。

(3) 某自然通风矿井如图 4-52 所示。已知矿井风量 $Q_1=10\text{m}^3/\text{s}$，入风井筒风阻 $R_1=0.2\text{N}\cdot\text{s}^2/\text{m}^8$，回风井筒风阻 $R_2=0.3\text{N}\cdot\text{s}^2/\text{m}^8$。现利用静压管和压差计测得两井底 1 至 2 间的静压差 $\Delta h=100$Pa，求矿井自然风压（不计出口动压损失）。

(4) 某矿井通风系统如图 4-53 所示。已知 $R_1=0.4$，$R_2=0.6$，$R_3=0.4$，R 单位为 $\text{N}\cdot\text{s}^2/\text{m}^8$；并测得

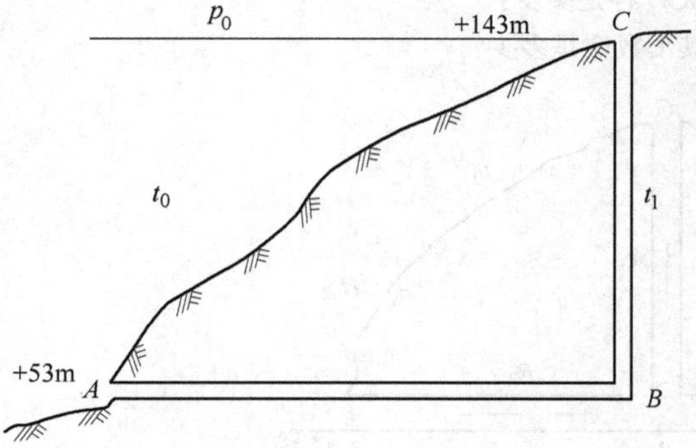

图4-50 习题（1）附图

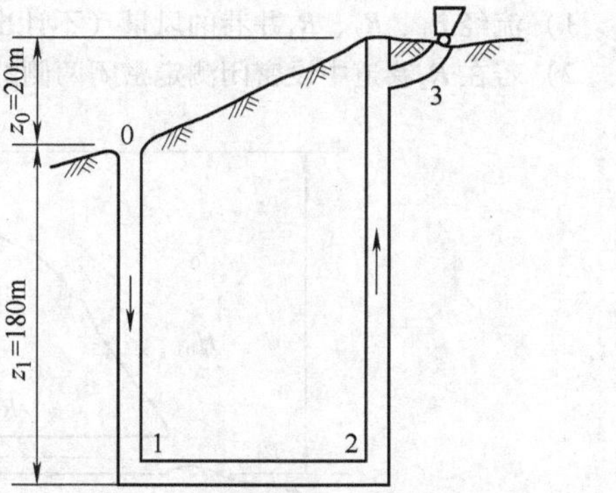

图4-51 习题（2）附图

$Q_1 = 5\mathrm{m}^3/\mathrm{s}$，$Q_2 = 10\mathrm{m}^3/\mathrm{s}$。问：

1）*CDA* 风路、*BDA* 风路及 *CDB* 风路的自然风压（不计出口动压损失）各为多少？

2）若在 *BD* 及 *AD* 两段巷道中同时设密闭隔断风流，这时测定各密闭两侧的静压差，其值分别为多少？

3）若单独在 *AD* 巷道中设密闭，并测定其两侧静压差，其值将是多少？

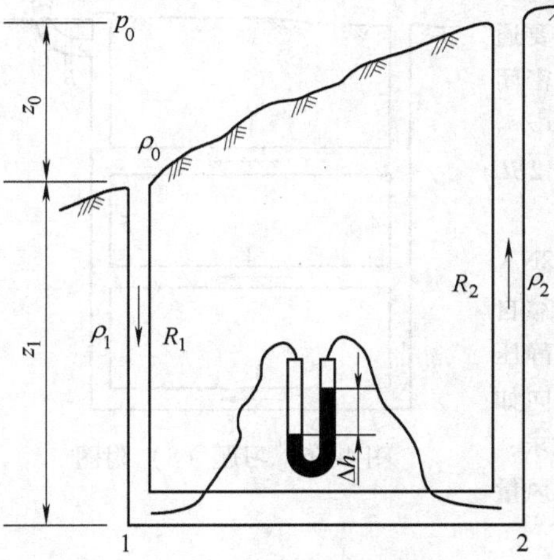

图4-52 习题（3）附图

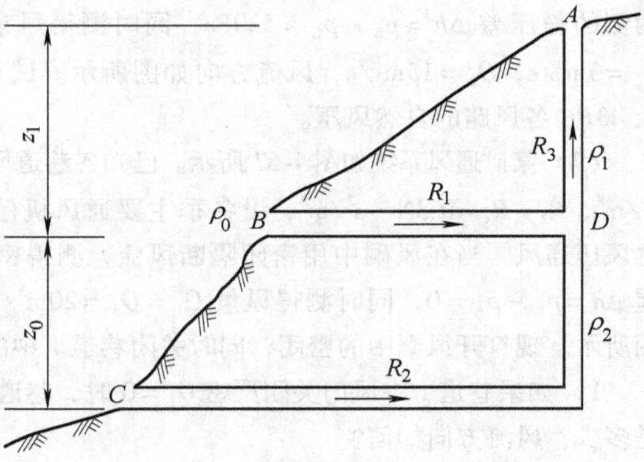

图4-53 习题（4）附图

（5）某矿井通风系统如图4-54所示。已知巷道风阻$R_5 = 0.2\mathrm{N\cdot s^2/m^8}$，$R_{364} = 0.4\mathrm{N\cdot s^2/m^8}$，*ABEFG* 风路的自然风压 $H_{n1} = (\rho_1 - \rho_2)gz_1 = 150\mathrm{Pa}$，*BCDE* 风路的自然风压 $H_{n2} = (\rho_3 - \rho_4)gz_2 = 60\mathrm{Pa}$。当主要通风机停止运转并立即在风硐中用密闭隔断风流，用压差计测定密闭两侧的压差，其读数应是多少？密闭两侧（*F*、*G*）哪一侧的压力高（分析时不计动压）？

（6）某自然通风矿井如图4-55所示。已知 $R_1 = R_2 = 0.8\mathrm{N\cdot s^2/m^8}$，$R_3 = 0.4\mathrm{N\cdot s^2/m^8}$，山坡两侧大气的平均温度 t_0相同，$t_0 = -13℃$；竖井空气平均温度 $t_3 = 5℃$，竖井口大气压力 $p_0 = 98060.7\mathrm{Pa}$；平硐口大气压力 $p_1 = 99394.9\mathrm{Pa}$，矿井深度 $z = 100\mathrm{m}$。问：

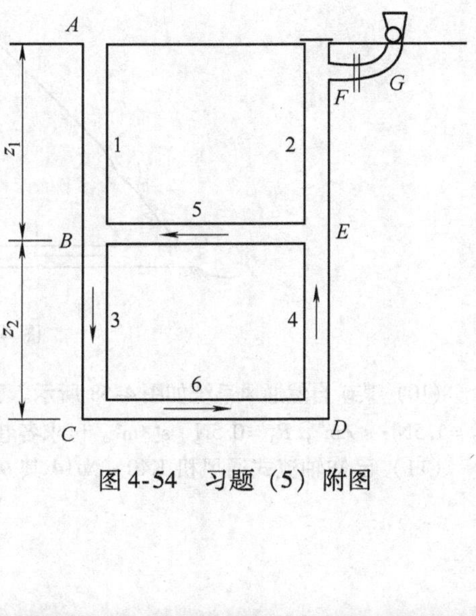

图4-54 习题（5）附图

1）流经R_1、R_2、R_3井巷的风量（不计出口动压损失）各是多少？

2）若在R_2巷道中设密闭测定密闭两侧的静压差，其读数应是多少？

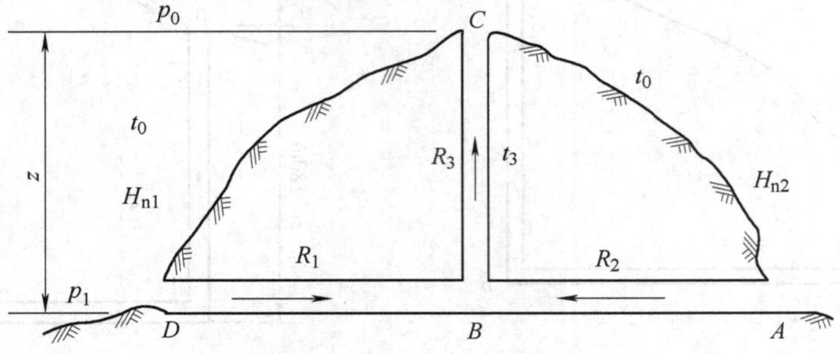

图 4-55 习题（6）附图

（7）某矿当主要通风机运转时，在风硐测得矿井总风量$Q=80m^3/s$，主要通风机有效静压$H_s=2000Pa$；在主要通风机停止运转后，测得矿井自然风量$Q_n=20m^3/s$，并与原风流方向相同，试求该矿井自然风压是多少？矿井总风阻是多少？

（8）某矿通风系统如图4-56所示。已知巷道风阻$R_1=R_2=0.2$，$R_3=0.36$，$R_4=R_5=0.1$，风阻单位为$N·s^2/m^8$。设主要通风机停止运转，并在风硐中用密闭隔断风流，用压差计测得密闭两侧的静压差$\Delta h=p_B-p_C=520Pa$，同时测得风量$Q_1=20m^3/s$，$Q_2=5m^3/s$，$Q_3=15m^3/s$，风流方向如图所示。试求$A1BC$、$A2BC$及$A3BC$各风路的自然风压。

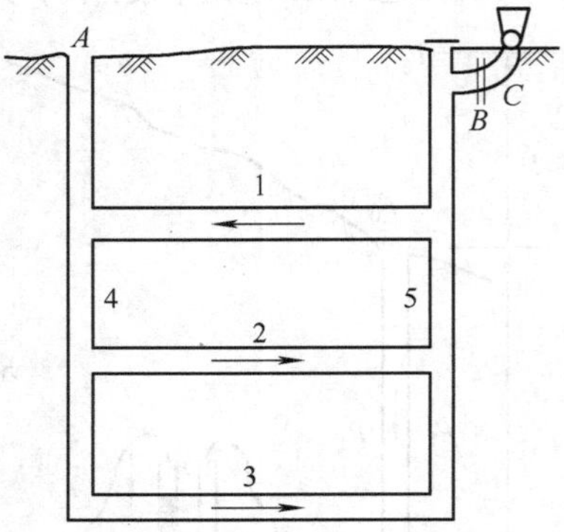

图 4-56 习题（8）附图

（9）某矿通风系统如图4-57所示。已知各巷道风阻$R_1=0.2N·s^2/m^8$，$R_2=R_3=0.3N·s^2/m^8$，设冬季主要通风机停止运转，靠自然风压通风，当在风硐中用密闭隔断风流，测得密闭两侧的静压差$\Delta h=p_B-p_A=0$，同时测得风量$Q_1=Q_3=20m^3/s$，风流方向如图所示。现打开风硐中的密闭，同时关闭巷道1中的风门。试求：

1）如果巷道1中风门关闭严密$Q_1=0$时，巷道2、3中的风量是多少？风流方向如何？

2）如果巷道1中风门有漏风$Q_1'=3m^3/s$时，巷道2、3中的风量是多少？

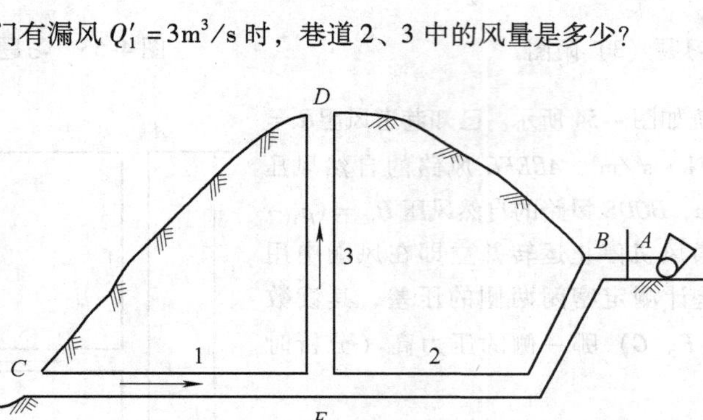

图 4-57 习题（9）附图

（10）某矿自然通风系统如图4-58所示。已知$z_1=z_2$，$\rho_1=\rho_2$，$(\rho_1gz_1-\rho_3gz_3)=200Pa$，$R_1=1N·s^2/m^8$，$R_2=1.5N·s^2/m^8$，$R_3=0.5N·s^2/m^8$。试求各巷道的风量是多少？

（11）已知轴流式通风机K40－№14其$\theta=32°$、$n=1450r/min$时的性能曲线如图4-59所示，试求该通

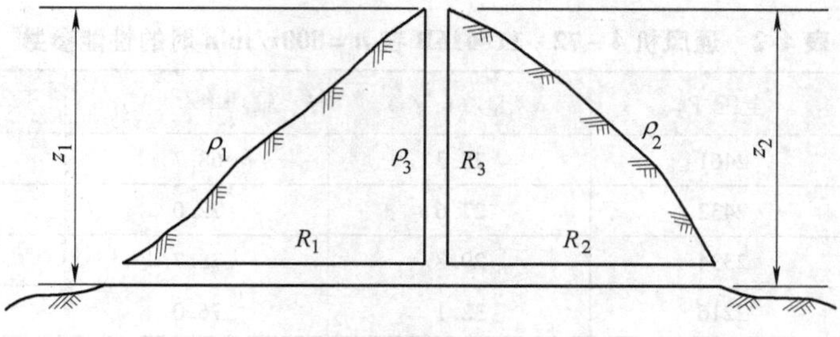

图4-58 习题（10）附图

风机转数 $n'=980\text{r/min}$、$\theta=32°$时的性能曲线（提示：$n=1450\text{r/min}$ 的性能参数可在其性能曲线上取五个点的数值）。

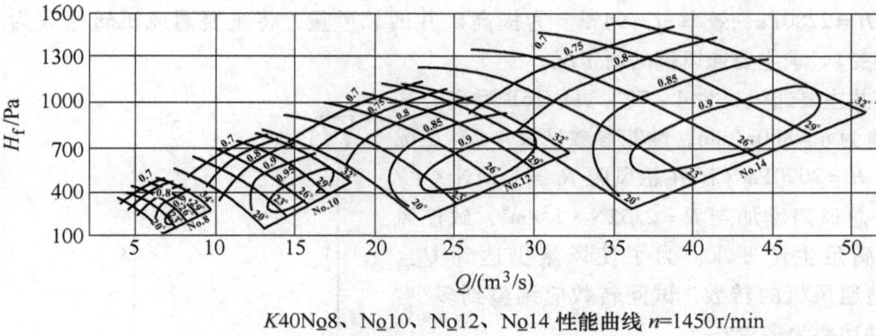

*K*40№8、№10、№12、№14 性能曲线 n=1450r/min

图4-59 习题（11）附图

（12）某矿井所用主通风机为62A14－11№24，$n=600\text{r/min}$，叶片数为16片、叶片角 $\theta=30°$，其个体性能曲线如图4-60所示，通风机的风量 $Q=80\text{m}^3/\text{s}$，风压 $H=770\text{Pa}$。由于矿井改造需要增加风量，采取转数不变，而叶片角调到 $\theta=40°$的措施。求通风机的新工况和轴功率各为多少？

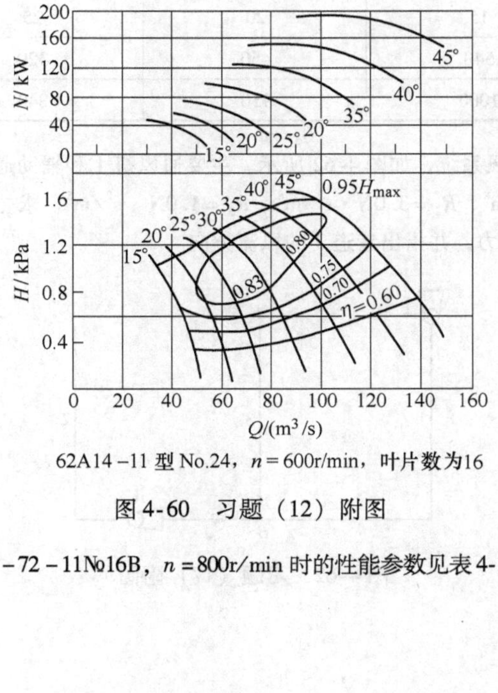

62A14－11型No.24，$n=600\text{r/min}$，叶片数为16

图4-60 习题（12）附图

（13）已知离心式通风机4－72－11№16B，$n=800\text{r/min}$ 时的性能参数见表4-2，求转数为 $n'=960\text{r/min}$ 时的

性能参数。

表 4-2 通风机 4 - 72 - 11№16B 在 $n=800$r/min 时的性能参数

序号	全压/Pa	风量/(m^3/s)	轴功率/(kW)	效率（%）
1	2461	25.3	68.7	90.7
2	2432	27.6	72.0	93.0
3	2334	29.8	73.7	94.3
4	2216	32.1	76.0	93.7
5	2089	34.3	78.8	91.0
6	1951	36.5	79.8	88.2

（14）已知某矿井现用主要通风机为 4 - 72 - 11№16B，$n=800$r/min 时的性能参数见表 4-2。现工况为 $Q=30.7\text{m}^3/\text{s}$、$H=2280\text{Pa}$、效率 $\eta=94\%$。为提高矿井的总风量，将主要通风机转速改为 $n'=960$r/min（矿井总风阻不变）。求主要通风机的新工况。

（15）某矿井主要通风机为 4 - 72 - 11№16B 型离心式通风机，其转速为 $n=800$r/min，性能参数见表 4-2；工况为 $Q=34\text{m}^3/\text{s}$、$H=2090\text{Pa}$（矿井总风阻 $R_0=1.81\text{N}\cdot\text{s}^2/\text{m}^8$）。后来矿井总风阻增加到 $R=2.52\text{N}\cdot\text{s}^2/\text{m}^8$，致使风量减少而不能满足生产要求。为了使风量仍达到 $Q=34\text{m}^3/\text{s}$，拟调整通风机的转数，试问转数应调整到多少？调整后通风机轴功率为多少？

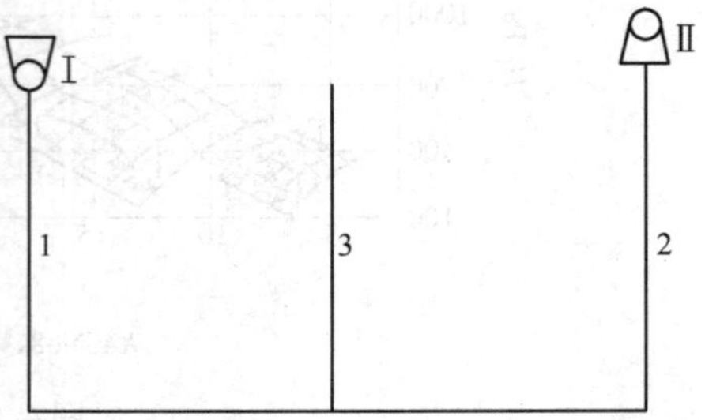

图 4-61 习题（16）附图

（16）某通风系统如图 4-61 所示。已知各巷道风阻 $R_1=0.5\text{N}\cdot\text{s}^2/\text{m}^8$，$R_2=1.0\text{N}\cdot\text{s}^2/\text{m}^8$，$R_3=0.13\text{N}\cdot\text{s}^2/\text{m}^8$，通风机Ⅰ、Ⅱ的特性见表 4-3，求通风机Ⅰ、Ⅱ的工况及各巷道的风量为多少？

表 4-3 通风机Ⅰ、Ⅱ的特性参数

Q/（m^3/s）	15	20	25	30
H_{I}/Pa	540	450	320	190
H_{II}/Pa	1000	950	840	670

（17）某矿井为三井口通风系统，如图 4-62 所示。主要通风机Ⅰ和辅助通风机Ⅱ的特性参数见表 4-4，各巷道的风阻 $R_1=0.5\text{N}\cdot\text{s}^2/\text{m}^8$、$R_2=3.0\text{N}\cdot\text{s}^2/\text{m}^8$、$R_3=1.0\text{N}\cdot\text{s}^2/\text{m}^8$。求主要通风机Ⅰ、辅助通风机Ⅱ的工况及各巷道的风量及其阻力，并指出巷道 3 的风流方向。

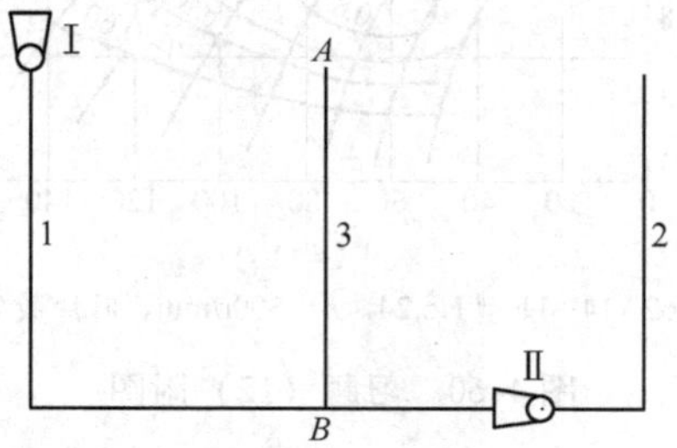

图 4-62 习题（17）附图

表 4-4 主要通风机 I 和辅助通风机 II 的特性参数

$Q/(m^3/s)$	10	15	20	25	30	35	42
H_{I}/Pa			1960	1920	1780	1540	900
H_{II}/Pa	1600	1500	1180	650			

（18）某矿井通风系统如图 4-63 所示。已知各巷道风阻 $R_1=1.5N\cdot s^2/m^8$、$R_3=0.2N\cdot s^2/m^8$；通风机 I 的特性参数见表 4-5，要求巷道 2 的风量 $Q_2=20m^3/s$。求通风机 I 的工况及巷道 2 的风阻应为多少？

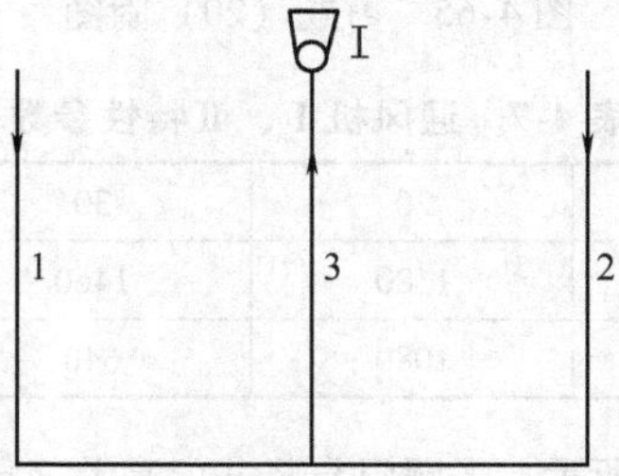

图 4-63 习题（18）附图

表 4-5 通风机 I 的特性参数

$Q/(m^3/s)$	30	40	50	60
H_{I}/Pa	1920	1720	1400	950

（19）某通风系统如图 4-64 所示。已知巷道 2、3 的风阻 $R_2=0.6N\cdot s^2/m^8$，$R_3=4.0N\cdot s^2/m^8$，通风机 I、II 的特性参数见表 4-6。求巷道 3 风量为零时，巷道 1 的风阻值应为多少？若巷道 3 排出的风量为 $10m^3/s$ 时，巷道 1 的风阻应为多少？

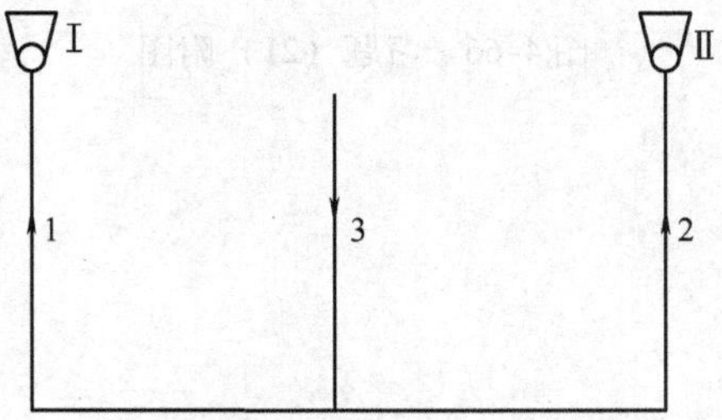

图 4-64 习题（19）附图

表 4-6 通风机 I、II 的特性参数

$Q/(m^3/s)$	30	35	40	50
H_{I}/Pa	1080	1020	910	600
H_{II}/Pa	2000	1880	1500	

（20）某矿井通风系统如图 4-65 所示。通风机 I、II 的特性参数见表 4-7，各巷道的风阻 $R_1=0.5N\cdot s^2/m^8$、$R_2=2.0N\cdot s^2/m^8$，$R_3=11.5N\cdot s^2/m^8$。问巷道 5 的风阻为多少时，巷道 4 的风量为零？并求通风机 I、II 的风量和风压以及巷道 1、2、3、5 的风量和阻力各为多少？

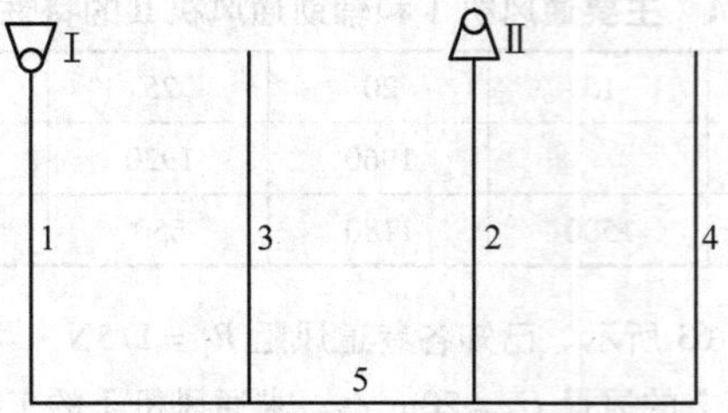

图 4-65　习题（20）附图

表 4-7　通风机 Ⅰ、Ⅱ 特性参数

$Q/\ (\mathrm{m^3/s})$	15	20	30	40	50
H_{I}/Pa	1700	1680	1460	1100	640
H_{II}/Pa	1200	1080	640		

（21）某自然通风矿井如图 4-66 所示，平硐门与竖井门高差 $Z=100\mathrm{m}$，当地地表空气平均密度 $\rho_1=1.25\mathrm{kg/m^3}$，井筒内空气平均密度 $\rho_2=1.20\mathrm{kg/m^3}$，回风井口处风速 $v_2=2\mathrm{m/s}$。计算矿井通风阻力。

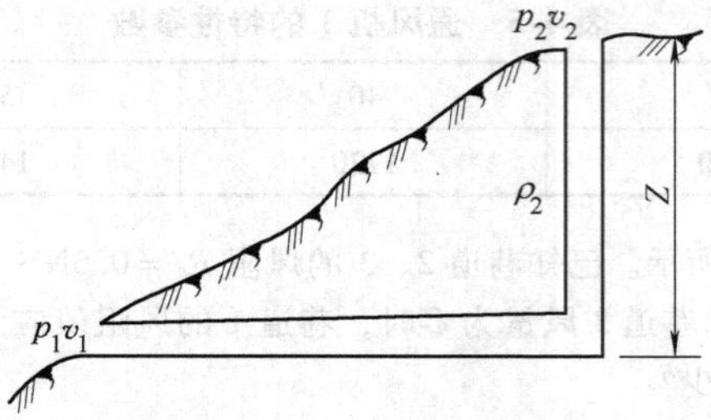

图 4-66　习题（21）附图

第 5 章

第 5 章　矿井通风网络中风量的自然分配

矿井中风流的引入、分配、汇集和排出是通过许多纵横交错、彼此连通的井巷网进行的，风流通过的井巷所构成的网路，称为通风网络。用图论的方法对通风网络进行抽象描述，把通风网络变成一个由线、点及其属性组成的系统，这就是通风网络图。矿井通风时，通风网络中各井巷风量大小和方向取决于通风网络中通风机风压和各井巷风阻的大小；当通风网络中通风机风压和各井巷风阻均是原始状态值（即未对其值的大小进行有目的的控制）时，此时通风网络各井巷中流动的一定方向和大小的风量通常称为自然分配的风量。

5.1　矿井通风网络中风流流动的基本定律

5.1.1　矿井通风网络与通风网络图

图 5-1a 所示的通风网络，其通风网络图如图 5-1b 所示。

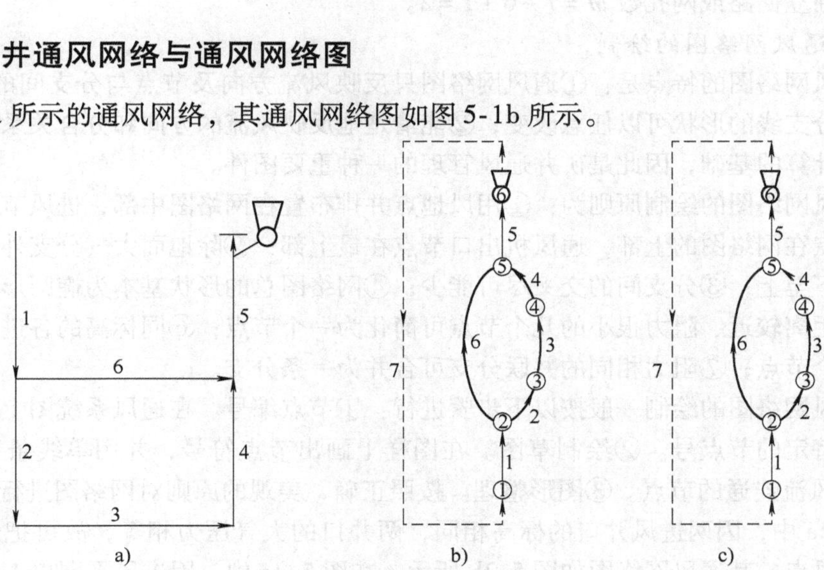

图 5-1　通风网络与通风网络图及其生成树

a）通风网络　b）通风网络图　c）通风网络图生成树

1. *矿井通风网络的基本术语*

（1）分支（边、弧）。为表示一段通风井巷的有向线段，线段的方向代表井巷中的风流方向。每条分支可有一个编号，称为分支号。图 5-1b 中的每一条线段就代表一条分支。

（2）假分支。假分支是指风阻为零的虚拟分支。如图 5-1b 所示，由通风机出风口到进风口的分支 7 就是假分支。

(3) 节点（结点、顶点）。节点是指两条或两条以上分支的交点。每个节点有唯一的编号，称为节点号。在通风网络图中用圆圈加节点号表示节点，图 5-1b 中的①～⑥均为节点。

(4) 路（通路、道路）。路是指由若干条方向相同的分支首尾相连而成的线路。如图 5-1b中，1－2－3、3－4－5 和 1－2－3－4 等均是通路。

(5) 回路和网孔。由两条或两条以上方向并不都相同的分支首尾相连形成的闭合线路，其中含有分支者称为回路，无分支者称为网孔。图 5-1b 中，1－2－3－4－5－7 是一个回路（因为其中含有分支6），2－3－4－6 是一个网孔（因为其中无分支）。

(6) 树。是指任意两节点间至少存在一条通路但不含有回路的一类特殊图。由于这类图的几何形状与树相似，故得名。树中的分支称为树枝。包含通风网络全部节点的树称其为生成树，简称树。每一个通风网络都可选出若干个生成树。图 5-1c 所示的实线图，就是通风网络图 5-1b 的若干个生成树中的一棵树。每棵树的节点数 J 减 1 就是树枝数，即每棵树的树枝数为 $J-1$。如图 5-1c 中所示的树枝数为 $6-1=5$。

(7) 弦。在任一通风网络的每棵生成树中，每增加一个分支就构成一个独立回路或网孔，这种分支就称为弦（又名余数枝）。因此，通风网络中的独立回路或网孔数与弦数相等。如图 5-1c 所示，增加弦 4 和 7，就分别构成了 2－3－4－6 和 1－6－5－7 两个网孔。

显然，通风网络生成树的弦数（即独立回路或网孔数）M 加上通风网络生成树的树枝数 $J-1$，就是通风网络的分支数 N，即 $N=M+J-1$，或 $M=N-J+1$。如图 5-1a 所示的通风网络，其独立回路或网孔数 $M=7-6+1=2$。

2. *矿井通风网络图的绘制*

矿井通风网络图的特点是：①通风网络图只反映风流方向及节点与分支间的相互关系，节点位置与分支线的形状可以任意改变；②能清楚地反映风流的方向和分合关系，并且是进行各种通风计算的基础，因此是矿井通风管理的一种重要图件。

矿井通风网络图的绘制原则为：①用风地点并排布置在网络图中部，进风节点位于其下边，回风节点在网络图的上部，通风机出口节点在最上部；②除地面大气分支外，分支方向基本都应由下至上；③分支间的交叉尽可能少；④网络图总的形状基本为椭圆形；⑤合并节点，即某些距离较近、阻力很小的几个节点可简化为一个节点；⑥同标高的各进风井与回风井可视为一个节点；⑦阻力相同的并联分支可合并为一条分支。

矿井通风网络图的绘制一般按以下步骤进行：①节点编号。在通风系统图上，给井巷的交汇点标上特定的节点号。②绘制草图。在图样上画出节点符号，并用单线条（直线或弧线）连接有风流连通的节点。③图形整理。按照正确、美观的原则对网络图进行修改。

在图 5-2a 中，因两进风井口的标高相同，两井口的大气压力相等，故可把这两井口看成是一个分风点，其通风网络图如图 5-2b 所示。在图 5-2c 中，因进风平硐口 1 和进风井口 2 的标高不同，大气压力不相等，1 和 2 两点就不能视为一个点。但若把 2 点和 1 两点之间的位压差作为通风动力加入计算，便可将 1 点和 2 点连起来，成为图 5-3d 所示的通风网络图。

5.1.2 矿井通风网络中风流流动的基本定律

1. *风量平衡定律*

风量平衡定律是指在稳态通风条件下，单位时间内流入某节点的空气质量等于流出该节

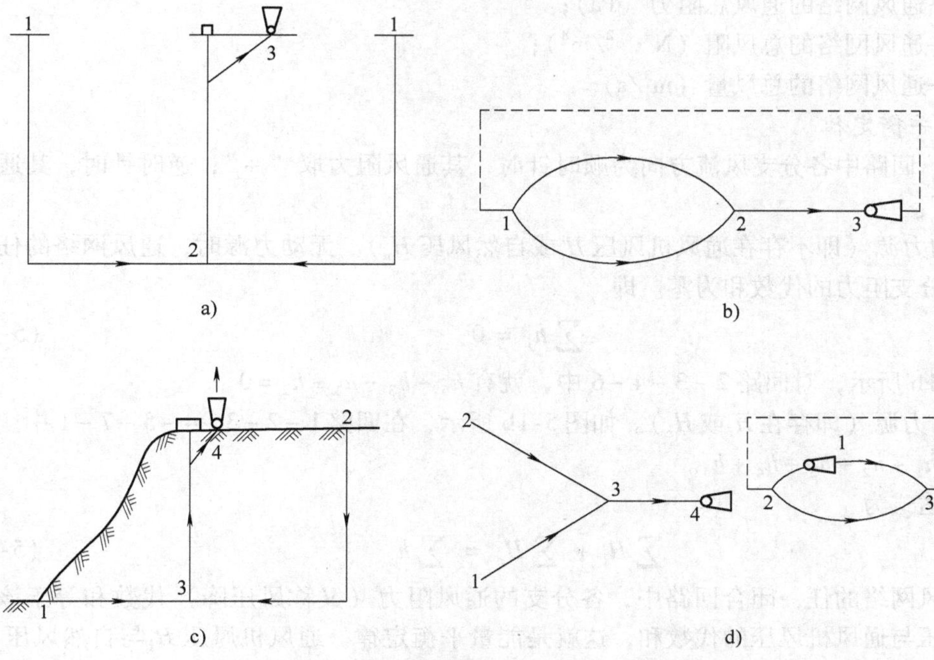

图 5-2　通风网络及其通风网络图

点的空气质量；或者说，流入与流出某节点的各分支空气质量流量代数和等于零。即

$$\sum M_i = 0 \tag{5-1}$$

式中　M_i——通风网络流入（取正号）或流出（取负号）第 i 节点的各分支空气质量流量（kg/s）。

若不考虑风流密度的变化，则流入与流出某节点的各分支体积流量（风量）代数和等于零。即

$$\sum Q_i = 0 \tag{5-2}$$

式中　Q_i——通风网络流入（取正号）或流出（取负号）第 i 节点的各分支体积流量（m^3/s）。

如图 5-3a 所示，节点 4 处的风量平衡方程为 $Q_{1-4} + Q_{2-4} + Q_{3-4} - Q_{4-5} - Q_{4-6} = 0$。

将节点扩展为回路，则式（5-1）和式（5-2）的风量平衡定律依然成立。

如图 5-3b 所示，回路 2－4－5－7－2 的各邻接分支的风量满足 $Q_{1-2} - Q_{4-3} - Q_{5-6} - Q_{7-8} = 0$。

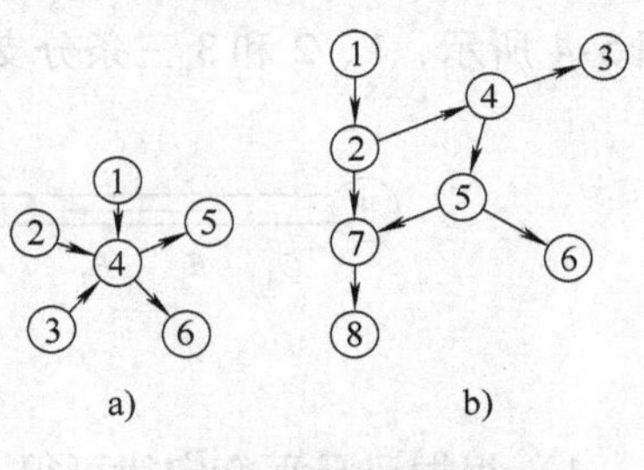

图 5-3　风流流经节点和回路

2. 阻力定律

矿井通风中的风流，绝大多数属于完全湍流状态。因此，对于任一分支或整个通风网络系统，均遵守

$$h_j = R_j Q_j^2,\ h = RQ^2 \tag{5-3}$$

式中　h_j——通风网络 j 分支的通风阻力（Pa）；

R_j——通风网络 j 分支的风阻（$N \cdot s^2/m^8$）；

Q_j——通风网络 j 分支的风量（m^3/s）；

h——通风网络的通风总阻力（Pa）；

R——通风网络的总风阻（$N \cdot s^2/m^8$）；

Q——通风网络的总风量（m^3/s）。

3. 能量平衡定律

一般地，回路中各分支风流方向为顺时针时，其通风阻力取“+”；逆时针时，其通风阻力取“-”。

1）无动力源（即不存在通风机风压H_f或自然风压H_n）。无动力源时，通风网络的任一回路中，各分支阻力的代数和为零。即

$$\sum h_j = 0 \tag{5-4}$$

如图5-1b所示，对回路2-3-4-6中，就有$h_6 - h_3 - h_4 - h_2 = 0$。

2）有动力源（即存在H_f或H_n）。如图5-1b所示，在回路1-2-3-4-5-7-1中，就有$H_f + H_n = h_1 + h_2 + h_3 + h_4 + h_5$。

一般表达式为

$$\sum H_f + \sum H_n = \sum h_j \tag{5-5}$$

即在通风网络的任一闭合回路中，各分支的通风阻力（又称风压降）代数和等于该回路中自然风压与通风机风压的代数和，这就是能量平衡定律。通风机风压H_f与自然风压H_n正负号的取法与分支通风阻力正负号的取法相同，即风压顺时针方向作用时取“+”，而逆时针方向作用时取“-”。

5.2 矿井简单通风网络

矿井通风网络中各分支的基本连接形式有串联、并联和角联。

5.2.1 串联风路及其特性

由两条或两条以上分支彼此首尾相连、中间没有风流分汇点的风路，称为串联风路。如图5-4所示，1、2和3三条分支就组成了串联风路。

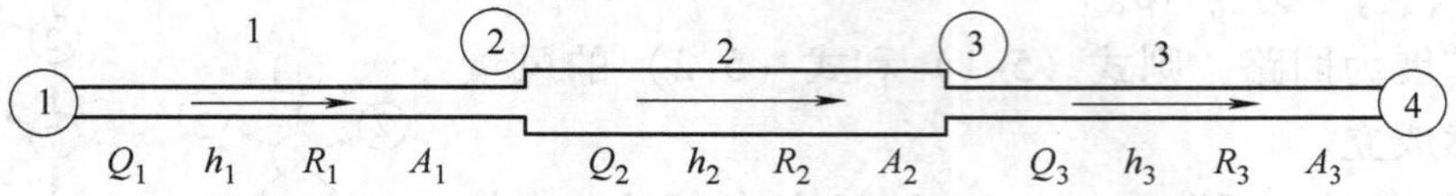

图5-4 串联风路

1）根据风量平衡定律可得，串联风路的总风量Q_c等于串联各分支的风量Q_j。即

$$Q_c = Q_1 = Q_2 = Q_3 = \cdots = Q_n \tag{5-6}$$

2）根据能量平衡方程可知，串联风路的总阻力h_c（即系统始、末两断面的总能量差），等于各串联分支始、末两断面总能量差的叠加，所以串联风路的总阻力h_c等于串联各分支的阻力h_j之和。即

$$h_c = h_1 + h_2 + h_3 + \cdots + h_n \tag{5-7}$$

3）根据阻力定律，式（5-7）可写为

$$R_c Q_c^2 = R_1 Q_1^2 + R_2 Q_2^2 + R_3 Q_3^2 + \cdots + R_n Q_n^2$$

式中　R_c——串联通风网络的总风阻（$N \cdot s^2/m^8$）。

因 $Q_c = Q_1 = Q_2 = Q_3 = \cdots = Q_n$，因而

$$R_c = R_1 + R_2 + R_3 + \cdots + R_n \tag{5-8}$$

所以，串联风路的总风阻等于串联各分支风阻之和。

4）由等积孔计算公式 $A = \dfrac{1.19}{\sqrt{R}}$，可得 $R = \dfrac{1.19^2}{A^2}$，将其代入式（5-8）整理得

$$\frac{1}{A_c^2} = \frac{1}{A_1^2} + \frac{1}{A_2^2} + \frac{1}{A_3^2} + \cdots + \frac{1}{A_n^2} \tag{5-9}$$

或

$$A_c = \frac{1}{\sqrt{\dfrac{1}{A_1^2} + \dfrac{1}{A_2^2} + \dfrac{1}{A_3^2} + \cdots + \dfrac{1}{A_n^2}}} \tag{5-10}$$

式（5-9）说明，串联风路的总等积孔 A_c 平方的倒数，等于串联各分支等积孔 A_j 平方倒数之和。

串联风路总风阻大，会导致通风困难；串联风路中各分支的风量不易调节，而且前面工作地点产生的污染物直接影响后面的工作场所。因此，应尽量避免串联通风。当条件不允许而又必须采用串联时，也应采取相应的风流净化措施。

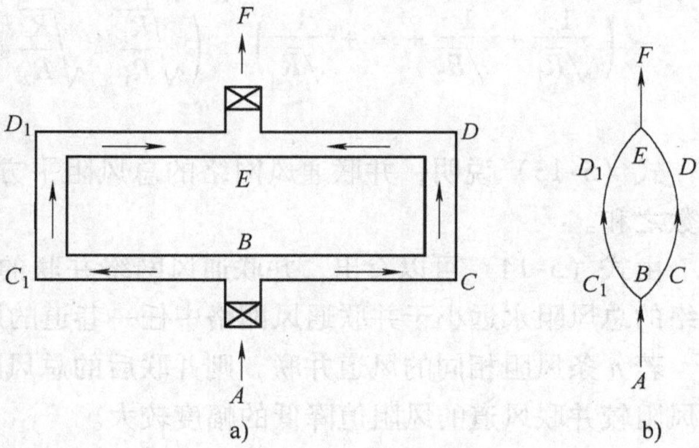

图 5-5　并联通风网络

5.2.2　并联通风网络及其特性

如图 5-5 所示，两条或两条以上的巷道在同一节点分开，然后又在另一节点汇集，其中没有交叉巷道，这种通风网络称为并联通风网络。若两巷道在同一地点分开后不再汇集在一起而是直接与大气连通（图 5-6），或者两巷道从两地进入地下后在一点合二为一并与大气连通（图 5-2），这种通风网络称为敞开式并联通风网络。

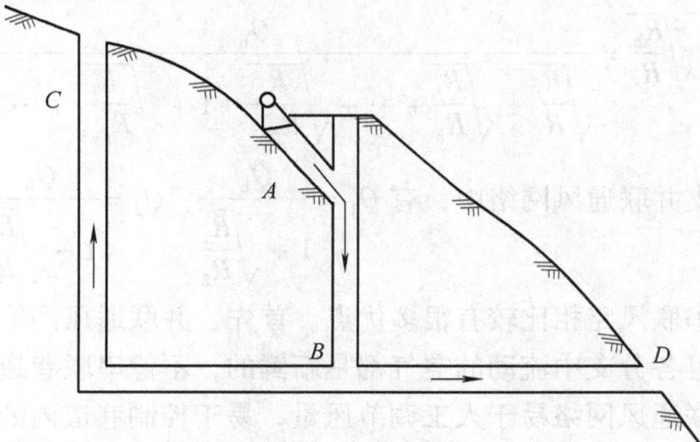

图 5-6　敞开式并联通风网络

1）根据风量平衡定律，并联通风网络总风量 Q_b 等于并联各分支风量 Q_j 之和。即

$$Q_b = Q_1 + Q_2 + Q_3 + \cdots + Q_n \tag{5-11}$$

2）根据能量平衡定律，并联通风网络的总阻力 h_b 与并联各分支的阻力 h_j 相等。即

$$h_b = h_1 = h_2 = \cdots = h_n \tag{5-12}$$

3）根据阻力定律 $h = RQ^2$，得 $Q = \frac{\sqrt{h}}{\sqrt{R}}$，将其代入式（5-11），有

$$\frac{\sqrt{h_b}}{\sqrt{R_b}} = \frac{\sqrt{h_1}}{\sqrt{R_1}} + \frac{\sqrt{h_2}}{\sqrt{R_2}} + \frac{\sqrt{h_3}}{\sqrt{R_3}} + \cdots + \frac{\sqrt{h_n}}{\sqrt{R_n}}$$

因 $h_b = h_1 = h_2 = \cdots = h_n$，故

$$\frac{1}{\sqrt{R_b}} = \frac{1}{\sqrt{R_1}} + \frac{1}{\sqrt{R_2}} + \frac{1}{\sqrt{R_3}} + \cdots + \frac{1}{\sqrt{R_n}} \tag{5-13}$$

或

$$R_b = \frac{1}{\left(\frac{1}{\sqrt{R_1}} + \frac{1}{\sqrt{R_2}} + \cdots + \frac{1}{\sqrt{R_n}}\right)^2} = \frac{R_j}{\left(\sqrt{\frac{R_i}{R_1}} + \sqrt{\frac{R_i}{R_2}} + \cdots + \sqrt{\frac{R_i}{R_{i-1}}} + 1 + \sqrt{\frac{R_i}{R_{i+1}}} + \cdots + \sqrt{\frac{R_i}{R_n}}\right)^2} \tag{5-14}$$

式（5-13）说明，并联通风网络的总风阻平方根的倒数，等于并联各分支风阻平方根倒数之和。

由式（5-14）可以看出，并联通风网络并联的风道越多，总风阻就越小，且并联通风网络的总风阻永远小于并联通风网络中任一巷道的风阻。

若 n 条风阻相同的风道并联，则并联后的总风阻为 $R_b = R_i/n^2$。可见，并联通风网络的总风阻较并联风道的风阻值降低的幅度较大。

4）由等积孔计算公式 $A = \frac{1.19}{\sqrt{R}}$，可得 $\frac{1}{\sqrt{R}} = \frac{A}{1.19}$，将其代入式（5-13），整理得

$$A_b = A_1 + A_2 + \cdots + A_n \tag{5-15}$$

式（5-15）说明，并联通风网络的总等积孔 A_b 等于并联各分支等积孔 A_j 之和。

5）并联通风网络风量的自然分配。因 $h_j = h_b$，即 $R_jQ_j^2 = R_bQ_b^2$，将式（5-14）代入，得

$$Q_j = Q_b\sqrt{\frac{R_b}{R_j}} = \frac{Q_b}{\sqrt{\frac{R_j}{R_1}} + \sqrt{\frac{R_j}{R_2}} + \cdots + \sqrt{\frac{R_j}{R_{j-1}}} + 1 + \sqrt{\frac{R_j}{R_{j+1}}} + \cdots + \sqrt{\frac{R_j}{R_n}}} \tag{5-16}$$

特别地，在两分支并联通风网络中，有 $Q_1 = \frac{Q_b}{1 + \sqrt{\frac{R_1}{R_2}}}$，$Q_2 = \frac{Q_b}{1 + \sqrt{\frac{R_2}{R_1}}}$。

并联通风网络与串联风路相比较有很多优点。首先，并联通风网络风流的总阻力比任意分支的阻力都小，而且各分支中流动的空气都是新鲜的，不像串联巷道中的风流，后面受前面的污染；其次，并联通风网络易于人工调节风量，易于控制巷道内的火灾事故。因此，实际工作中应尽量采用并联通风网络。

5.2.3　矿井简单通风网络

通风网络分为简单通风网络和复杂通风网络两种。仅由串联和并联组成的通风网络，称为简单通风网络，如图 5-7 所示。

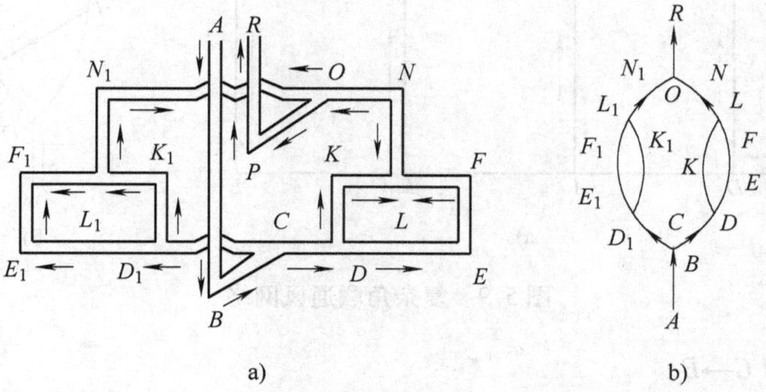

图 5-7　矿井简单通风网络

5.3　矿井复杂通风网络

通风网络中，若两条并联分支之间有一条使两并联分支相通的对角分支，这种通风网络就称为简单角联通风网络，如图 5-8 所示；连接于两条并联分支之间的对角分支，称为角联分支，如图 5-8 所示的分支 BC 即为角联分支。

有两条或两条以上对角分支的通风网络，称为复杂角联通风网络，如图 5-9 所示。

含有一条或多条角联分支的通风网络，统称为复杂通风网络。

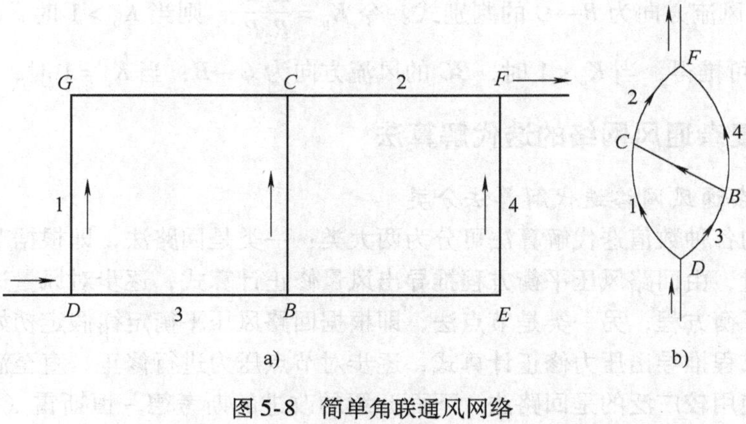

图 5-8　简单角联通风网络

5.3.1　简单角联通风网络角联巷道风向的判别

如图 5-8 所示的简单角联通风网络，分支 1、2、3 和 4 的风阻分别为 R_1、R_2、R_3 和 R_4。对角分支 BC 的风流方向是不稳定的，随着其他四条分支风阻的不同，BC 的风流方向可能

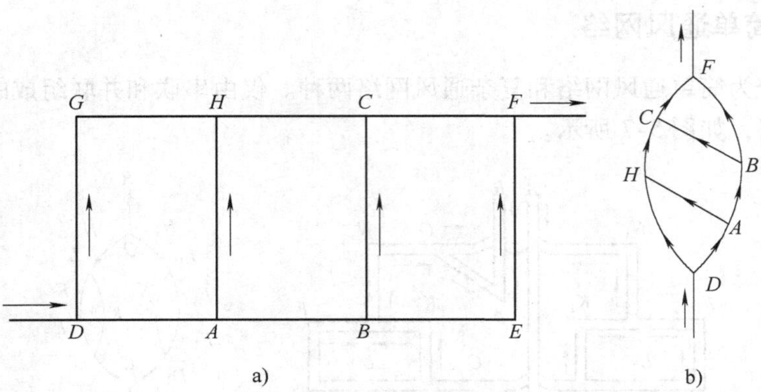

图 5-9 复杂角联通风网络

出现 $B \to C$、无风和 $C \to B$。

根据能量平衡方程可知，通风阻力 $h_1 = D$ 点总能量 $- C$ 点总能量、$h_3 = D$ 点总能量 $- B$ 点总能量、$h_2 = C$ 点总能量 $- F$ 点总能量、$h_4 = B$ 点总能量 $- F$ 点总能量。当 BC 的风流方向为 $B \to C$ 时，B 点总能量高于 C 点总能量，因此有 $h_1 > h_3$，$h_2 < h_4$；风量 $Q_1 < Q_2$，$Q_3 > Q_4$。即

$$R_1 Q_1^2 > R_3 Q_3^2 > R_3 Q_4^2 \tag{5-17}$$

$$R_2 Q_1^2 < R_2 Q_2^2 < R_4 Q_4^2 \tag{5-18}$$

式（5-17）与式（5-18）相比，得 $\frac{R_1}{R_2} > \frac{R_3}{R_4}$。即

$$\frac{R_1 R_4}{R_2 R_3} > 1 \tag{5-19}$$

这就是 BC 风流方向为 $B \to C$ 的判别式。令 $K_p = \frac{R_1 R_4}{R_2 R_3}$，则当 $K_p > 1$ 时，BC 的风流方向为 $B \to C$。同理可推得，当 $K_p < 1$ 时，BC 的风流方向为 $C \to B$；当 $K_p = 1$ 时，BC 中无风流。

5.3.2 矿井复杂通风网络的迭代解算法

1. *矿井复杂通风网络迭代解算法分类*

通风网络的各种数值迭代解算法可分为两大类：一类是回路法，即根据节点风量平衡定律假定初始风量，由回路风压平衡方程推导出风量修正计算式，逐步对风量进行修正，直至满足回路风压平衡方程；另一类是节点法，即根据回路风压平衡定律假定初始节点压力，由节点风量平衡方程推导出压力修正计算式，逐步对节点压力进行修正，直至满足节点风量平衡方程。目前使用较广泛的是回路法。下面介绍的改进的斯考德－恒斯雷（Scott－Hinsley）法就是一种回路法。

2. *改进的斯考德－恒斯雷（Scott－Hinsley）法解算步骤及数学模型*

（1）绘制矿井通风网络图

正确绘制矿井通风网络图，并在通风网络图中标注分支风阻和通风机型号，醒目绘出通风设备、通风设施及采掘面的位置。

（2）选择 M 个独立回路（或网孔）

$$M = N - J + 1 \tag{5-20}$$

式中　M——通风网络的独立回路（或网孔）数；

N、J——分别为通风网络的分支数和节点数。

（3）根据风量平衡定律初拟通风网络各分支的风量

根据风量平衡定律初拟的各分支风量越接近真实值，其迭代运算中的迭代次数就越少。当采用计算机求解时，可以选择一条通过 M 个独立回路（或网孔）的风路作为主风路，按主风路各个分支风量为一定值、其余分支风量为 0 进行选取，然后进行迭代运算。

（4）根据能量平衡定律计算独立回路（或网孔）风量的修正值

为了表达方便，引入分支风流流向参数 τ，并定义

$$\tau = \begin{cases} 1 & \text{回路（或网孔）中分支风流顺时针方向流动时} \\ -1 & \text{回路（或网孔）中分支风流逆时针方向流动时} \end{cases} \tag{5-21}$$

在矿井通风网络中，第 i 个独立回路（或网孔）中各分支的风量为 Q_i（$i=1, 2, \cdots, M$），其中第 i 个独立回路（或网孔）中所包括的 n（$n \leqslant N$）个分支记为 j（$j=1, 2, \cdots, n$），则该独立回路（或网孔）对应的能量平衡方程为

$$\sum_{j=1}^{n} h_{ij} \pm H_{\mathrm{f}} \pm H_{\mathrm{n}} = \sum_{j=1}^{n} (\tau \times R_{ij} Q_{ij}^2) \pm H_{\mathrm{f}} \pm H_{\mathrm{n}} = 0 \tag{5-22}$$

式中　h_{ij}——第 i 个独立回路（或网孔）中第 j 个分支的通风阻力，分支风流顺时针方向流动时为正值，分支风流逆时针方向流动时为负值（Pa）；

Q_{ij}——第 i 个独立回路（或网孔）中第 j 个分支风量精确解的值（m^3/s）；

R_{ij}——第 i 个独立回路（或网孔）中第 j 个分支的风阻（$N \cdot s^2/m^8$）；

H_{f}、H_{n}——分别为第 i 个独立回路（或网孔）中的通风机风压和自然风压，风压顺时针方向作用时取负值，风压逆时针方向作用时取正值。

对式（5-22）中的 $\sum_{j=1}^{n} (\tau \times R_{ij} Q_{ij}^2)$ 利用泰勒（Tailor）级数一级展开后得

$$\sum_{j=1}^{n} (\tau \times R_{ij} Q_{ij}^{(k-1)} Q_{ij}^{(k-1)}) + 2\Delta Q_i^{(k)} \sum_{j=1}^{n} R_{ij} Q_{ij}^{(k-1)} \pm H_{\mathrm{f}} \pm H_{\mathrm{n}} = 0 \tag{5-23}$$

$$Q_{ij} = Q_{ij}^{(k-1)} + \tau \times \Delta Q_i^{(k)} \tag{5-24}$$

式中　$Q_{ij}^{(k-1)}$——第 i 个独立回路（或网孔）中第 j 个分支第 k 轮迭代时的风量值，也即第（$k-1$）轮迭代修正后的风量值（m^3/s）；

$\Delta Q_i^{(k)}$——第 i 个独立回路（或网孔）第 k 轮迭代时各分支风量的精确解值与迭代值之差，也即第 k 轮迭代时各分支风量的修正值，其分支风流顺时针方向流动时加 $\Delta Q_i^{(k)}$，分支风流逆时针方向流动时减 $\Delta Q_i^{(k)}$（m^3/s）。

式（5-23）移项整理得风量的修正值 $\Delta Q_i^{(k)}$ 为

$$\Delta Q_i^{(k)} = -\frac{\sum_{j=1}^{n} (\tau \times R_{ij} Q_{ij}^{(k-1)} Q_{ij}^{(k-1)}) \pm H_{\mathrm{f}} \pm H_{\mathrm{n}}}{2\sum_{j=1}^{n} R_{ij} Q_{ij}^{(k-1)}} \quad (i=1, 2, \cdots, M) \tag{5-25}$$

由于风量不同通风机风压 H_{f} 也不同，因此 $\Delta Q_i^{(k)}$ 计算时通风机风压 H_{f} 一般采用通风机

风压特性曲线的拟合方程 $H=F(Q)$ 来计算，具体见第4章4.4.1内容。

（5）独立回路（或网孔）风量的修正

考虑到 $\sum_{j=1}^{n}(\tau \times R_{ij}Q_{ij}^{2})$ 利用泰勒（Tailor）级数一级展开的近似性，式（5-24）可表达为

$$Q_{ij}^{(k)}=Q_{ij}^{(k-1)}+\tau \times \Delta Q_{i}^{(k)} \tag{5-26}$$

式中 $Q_{ij}^{(k)}$——第 i 个独立回路（或网孔）中第 j 个分支第 k 轮迭代修正后的风量值（m^3/s）。

在迭代运算中，应及时更新初始风量数据，即①在每一轮的迭代运算中，每迭代运算完一个独立回路（或网孔）后在对下一个独立回路（或网孔）进行迭代运算时，应根据已迭代运算完的独立回路（或网孔）中的风量数据，对将要进行迭代的独立回路（或网孔）中的初始风量数据进行更新。②由于独立回路（或网孔）中各个分支的风量在迭代修正后可能出现负值，风量为负值表示分支实际风流方向与原来设定的风流方向相反，因此，在采用负风量数据更新独立回路（或网孔）中的初始风量数据时，应改变风流方向参数值以实现风流方向调整，风流方向参数值改变后，该分支的负风量就要调整为正风量。这样一来，独立回路（或网孔）中各个分支的风量在迭代修正后可能出现负值，但迭代所用的初始风量却均为正值。

（6）迭代计算精度检验

在对所有独立回路（或网孔）中的风量完成一轮的迭代运算后，需用下式进行迭代计算精度检验

$$\max \{|\Delta Q_{i}^{(k)}|, i=1, 2, \cdots, M\} \leqslant \varepsilon \tag{5-27}$$

式中 ε——给定的计算精度限值，一般取 $0.01m^3/s$。

若满足式（5-27）即可停止迭代，此时各分支风量就可作为分支风量的精确解值；若式（5-27）不成立，则应继续重复上述（4）、（5）和（6）步骤，直至式（5-27）成立。

5.3.3 矿井复杂通风网络迭代解算法实例

某矿井通风系统网络如图5-10所示，矿井所需总风量为 $Q=20m^3/s$，各巷道的风阻分别为 $R_0=0.25N \cdot s^2/m^8$、$R_1=0.15N \cdot s^2/m^8$、$R_2=0.14N \cdot s^2/m^8$、$R_3=0.42N \cdot s^2/m^8$、$R_4=0.12N \cdot s^2/m^8$、$R_5=0.08N \cdot s^2/m^8$、$R_6=0.10N \cdot s^2/m^8$、$R_7=0.90N \cdot s^2/m^8$、$R_8=0.06N \cdot s^2/m^8$、$R_9=0.18N \cdot s^2/m^8$，不考虑自然风压的影响，试计算各巷道自然分配的风量以及矿井总阻力和总风阻。

采用改进的斯考德－恒斯雷（Scott－Hinsley）法进行解算。

1）绘制矿井通风系统网络图，如图5-11所示。

2）选择 M 个独立回路（或网孔）。通风网络的分支数 $N=10$，节点数 $J=7$。根据式（5-20）可得 $M=10-7+1=4$。选择4个独立回路（或网孔）为 $R_2-R_4-R_1$、$R_3-R_5-R_4$、$R_6-R_5-R_8-R_7$ 和 $R_2-R_3-R_8-R_7-R_1$。

3）根据风量平衡定律初拟通风网络各分支的风量。由于 $G-A-B-E-F-P$ 风路通过了所选择的4个独立回路（或网孔），因而将其作为主风路，并初拟主风路上各个分支风量为 $20m^3/s$，其余分支风量为0。

4）根据能量平衡定律计算独立回路（或网孔）风量的修正，见表5-1～表5-5。

5）独立回路（或网孔）风量的修正及计算精度检验，见表5-1～表5-5。

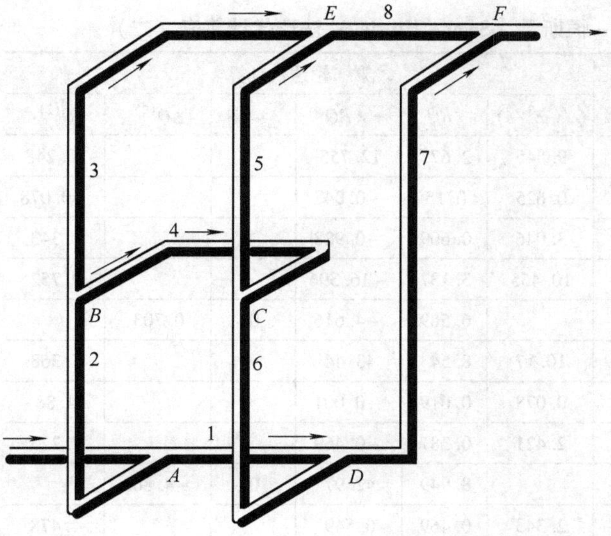

图5-10　某矿井通风系统图

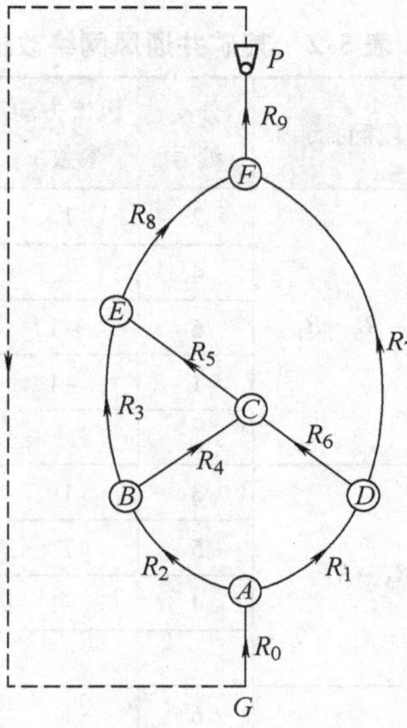

图5-11　某矿井通风系统网络图

表5-1　某矿井通风网络改进的斯考德－恒斯雷（Scott－Hinsley）法迭代计算表（一）

回路（或网孔）	分支编号	风流方向参数 τ	R/（N·s²/m⁸）	第一轮迭代计算					
				Q/（m³/s）	$2RQ$	$\tau\times RQ^2$	$\pm H_f$	$\Delta Q^{(1)}$	$Q^{(1)}$
$R_2-R_4-R_6-R_1$	2	1	0.14	20	5.6	56			10
	4	1	0.12	0	0	0			−10
	6	−1	0.1	0	0	0			10
	1	−1	0.15	0	0	0			10
					5.6	56	0	−10	
$R_3-R_5-R_4$	3	1	0.42	20	16.8	168			10.625
	5	1	0.12	10	2.4	12			0.625
	4	−1	0.08	0	0	0			9.375
					19.2	180	0	−9.375	
$R_6-R_5-R_8-R_7$	6	1	0.1	10	2	10			3.046
	5	1	0.08	9.375	1.5	7.031			2.421
	8	1	0.06	20	2.4	24			13.046
	7	−1	0.9	0	0	0			6.954
					5.9	41.031	0	−6.954	
$R_2-R_3-R_8-R_7-R_1$	2	1	0.14	10	2.8	14			9.545
	3	1	0.42	10.625	8.925	47.414			10.17
	8	1	0.06	13.046	1.566	10.212			12.591
	7	−1	0.9	6.954	12.517	−43.522			7.409
	1	−1	0.15	10	3	−15			10.455
					28.808	13.104	0	−0.455	
max$\{\mid\Delta Q_i^{(k)}\mid,\ i=1,2,\cdots,M\}$								10	

表 5-2 某矿井通风网络改进的斯考德－恒斯雷（Scott－Hinsley）法迭代计算表（二）

回路（或网孔）	分支编号	风流方向参数 τ	$R/$ $(\mathrm{N\cdot s^2/m^8})$	第二轮迭代计算					
				$Q/(\mathrm{m^3/s})$	$2RQ$	$\tau\times RQ^2$	$\pm H_f$	$\Delta Q^{(2)}$	$Q^{(2)}$
$R_2-R_4-R_6-R_1$	2	1	0.14	9.545	2.673	12.755			10.248
	4	1	0.12	0.625	0.15	−0.047			−0.078
	6	−1	0.1	3.046	0.609	−0.928			2.343
	1	−1	0.15	10.455	3.137	−16.396			9.752
					6.569	−4.616	0	0.703	
$R_3-R_5-R_4$	3	1	0.42	10.17	8.543	43.44			5.368
	5	1	0.12	0.078	0.019	−0.001			4.88
	4	−1	0.08	2.421	0.387	−0.469			7.223
					8.949	42.97	0	−4.802	
$R_6-R_5-R_8-R_7$	6	1	0.1	2.343	0.469	0.549			4.478
	5	1	0.08	7.223	1.156	4.174			9.358
	8	1	0.06	12.591	1.511	9.512			14.726
	7	−1	0.9	7.409	13.336	−49.404			5.274
					16.472	−35.169	0	2.135	
$R_2-R_3-R_8-R_7-R_1$	2	1	0.14	10.248	2.869	14.703			10.224
	3	1	0.42	5.368	4.509	12.102			5.344
	8	1	0.06	14.726	1.767	13.011			14.702
	7	−1	0.9	5.274	9.493	−25.034			5.298
	1	−1	0.15	9.752	2.926	−14.265			9.776
					21.564	0.517	0	−0.024	
$\max\{\mid\Delta Q_i^{(k)}\mid,\ i=1,2,\cdots,M\}$								4.802	

表 5-3 某矿井通风网络改进的斯考德－恒斯雷（Scott－Hinsley）法迭代计算表（三）

回路（或网孔）	分支编号	风流方向参数 τ	$R/$ $(\mathrm{N\cdot s^2/m^8})$	第三轮迭代计算					
				$Q/(\mathrm{m^3/s})$	$2RQ$	$\tau\times RQ^2$	$\pm H_f$	$\Delta Q^{(3)}$	$Q^{(3)}$
$R_2-R_4-R_6-R_1$	2	1	0.14	10.224	2.863	14.634			10.078
	4	1	0.12	4.88	1.171	2.858			4.734
	6	−1	0.1	4.478	0.896	−2.005			4.624
	1	−1	0.15	9.776	2.933	−14.336			9.922
					7.863	1.151	0	−0.146	
$R_3-R_5-R_4$	3	1	0.42	5.344	4.489	11.995			5.021
	5	1	0.12	4.734	1.136	−2.689			5.057
	4	−1	0.08	9.358	1.497	−7.006			9.681
					7.122	2.3	0	−0.323	

（续）

回路（或网孔）	分支编号	风流方向参数 τ	R/ $(\mathrm{N\cdot s^2/m^8})$	第三轮迭代计算 $Q/(\mathrm{m^3/s})$	$2RQ$	$\tau\times RQ^2$	$\pm H_f$	$\Delta Q^{(3)}$	$Q^{(3)}$
$R_6-R_5-R_8-R_7$	6	1	0.1	4.624	0.925	2.138			4.817
	5	1	0.08	9.681	1.549	7.498			9.874
	8	1	0.06	14.702	1.764	12.969			14.895
	7	−1	0.9	5.298	9.536	−25.262			5.105
					13.774	−2.657	0	0.193	
$R_2-R_3-R_8-R_7-R_1$	2	1	0.14	10.078	2.822	14.219			10.083
	3	1	0.42	5.021	4.218	10.588			5.026
	8	1	0.06	14.895	1.787	13.312			14.9
	7	−1	0.9	5.105	9.189	−23.455			5.1
	1	−1	0.15	9.922	2.977	−14.767			9.917
					20.993	−0.103	0	0.005	
$\max\{\lvert\Delta Q_i^{(k)}\rvert,\ i=1,2,\cdots,M\}$								0.323	

表 5-4　某矿井通风网络改进的斯考德—恒斯雷（Scott－Hinsley）法迭代计算表（四）

回路（或网孔）	分支编号	风流方向参数 τ	R/ $(\mathrm{N\cdot s^2/m^8})$	第四轮迭代计算 $Q/(\mathrm{m^3/s})$	$2RQ$	$\tau\times RQ^2$	$\pm H_f$	$\Delta Q^{(4)}$	$Q^{(4)}$
$R_2-R_4-R_6-R_1$	2	1	0.14	10.083	2.823	14.233			10.054
	4	1	0.12	5.057	1.214	3.069			5.028
	6	−1	0.1	4.817	0.963	−2.32			4.846
	1	−1	0.15	9.917	2.975	−14.752			9.946
					7.975	0.23	0	−0.029	
$R_3-R_5-R_4$	3	1	0.42	5.026	4.222	10.609			5.058
	5	1	0.12	5.028	1.207	−3.034			4.996
	4	−1	0.08	9.874	1.58	−7.8			9.842
					7.009	−0.225	0	0.032	
$R_6-R_5-R_8-R_7$	6	1	0.1	4.846	0.969	2.348			4.845
	5	1	0.08	9.842	1.575	7.749			9.841
	8	1	0.06	14.9	1.788	13.321			14.899
	7	−1	0.9	5.1	9.18	−23.409			5.101
					13.512	0.009	0	−0.001	
$R_2-R_3-R_8-R_7-R_1$	2	1	0.14	10.054	2.815	14.152			10.056
	3	1	0.42	5.058	4.249	10.745			5.06
	8	1	0.06	14.899	1.788	13.319			14.901
	7	−1	0.9	5.101	9.182	−23.418			5.099
	1	−1	0.15	9.946	2.984	−14.838			9.944
					21.018	−0.04	0	0.002	
$\max\{\lvert\Delta Q_i^{(k)}\rvert,\ i=1,2,\cdots,M\}$								0.032	

表 5-5　某矿井通风网络改进的斯考德—恒斯雷（Scott－Hinsley）法迭代计算表（五）

回路（或网孔）	分支编号	风流方向参数 τ	$R/$ $(\mathrm{N\cdot s^2/m^8})$	第五轮迭代计算					
				$Q/(\mathrm{m^3/s})$	$2RQ$	$\tau\times RQ^2$	$\pm H_f$	$\Delta Q^{(5)}$	$Q^{(5)}$
$R_2-R_4-R_6-R_1$	2	1	0.14	10.056	2.816	14.157			10.059
	4	1	0.12	4.996	1.199	2.995			4.999
	6	−1	0.1	4.845	0.969	−2.347			4.842
	1	−1	0.15	9.944	2.983	−14.832			9.941
					7.967	−0.027	0	0.003	
$R_3-R_5-R_4$	3	1	0.42	5.06	4.25	10.754			5.059
	5	1	0.12	4.999	1.2	−2.999			5
	4	−1	0.08	9.841	1.575	−7.748			9.842
					7.025	0.007	0	−0.001	
$R_6-R_5-R_8-R_7$	6	1	0.1	4.842	0.968	2.344			4.841
	5	1	0.08	9.842	1.575	7.749			9.841
	8	1	0.06	14.901	1.788	13.322			14.9
	7	−1	0.9	5.099	9.178	−23.4			5.1
					13.509	0.015	0	−0.001	
$R_2-R_3-R_8-R_7-R_1$	2	1	0.14	10.059	2.817	14.166			10.059
	3	1	0.42	5.059	4.25	10.749			5.059
	8	1	0.06	14.9	1.788	13.321			14.9
	7	−1	0.9	5.1	9.18	−23.409			5.1
	1	−1	0.15	9.941	2.982	−14.824			9.941
					21.017	0.003	0	0	
$\max\{\lvert\Delta Q_i^{(k)}\rvert,\ i=1,2,\cdots,M\}$								0.003	

第五轮迭代后，$\max\{\lvert\Delta Q_i^{(k)}\rvert,\ i=1,2,\cdots,M\}=0.003\mathrm{m^3/s}\leqslant\varepsilon=0.01\mathrm{m^3/s}$，迭代停止。据此求得 $Q_1=9.94\mathrm{m^3/s}$、$Q_2=10.06\mathrm{m^3/s}$、$Q_3=5.06\mathrm{m^3/s}$、$Q_4=5.00\mathrm{m^3/s}$、$Q_5=9.84\mathrm{m^3/s}$、$Q_6=4.84\mathrm{m^3/s}$、$Q_7=5.10\mathrm{m^3/s}$、$Q_8=14.90\mathrm{m^3/s}$、$Q_0=Q_9=20\mathrm{m^3/s}$，矿井总阻力为 $h=R_0Q_0^2+R_9Q_9^2+R_1Q_1^2+R_7Q_7^2=210.23\mathrm{Pa}$，矿井风阻为 $R_z=h/Q_0^2=210.23/20^2=0.53\mathrm{N\cdot s^2/m^8}$。

5.3.4　矿井复杂通风网络的计算机解算

矿井实际的通风网络绝大多数为复杂通风网络。复杂通风网络中风量的解算是矿井通风安全技术管理中的一项重要内容。在多数情况下，复杂通风网络参数的解算仅依靠手工计算是难以完成的。电子计算机的出现，使得复杂通风网络的解算步入一个新的阶段。即根据通风网络解算法的数学模型，可以开发通风网络计算机解算软件，并可作为商品出售。这种商品化的软件具有稳定可靠、使用方便等特点，其用户只需掌握软件的使用方法，就可用于解算各种具体的通风网络。

计算机解算通风网络经历了两个阶段。第一个阶段主要是纯数值计算时期，这一时期开发的通风网络解算软件仅仅满足数值计算的功能，数据的输入、输出多采用文本方式的数据文件，没有图形显示功能，多应用于 DOS 操作系统。由于通风网络系统的复杂性，对每一分支的查找、分析与处理就相当困难。复杂通风网络的解算往往需要处理类型繁杂的大量数据，其数据的输入、输出格式均以数据文件的格式存储，没有提示，用户难以弄清每个数据项所代表的具体含义，而且缺少数据的自动检错能力，容易出错。数据的修改更新也相当困难。这些不足极大地制约了第一阶段矿井通风网络解算软件的推广使用。第二个阶段就是通风网络可视化解算时期，这是在 Windows 视窗操作系统推出后，有关高等院校和科研机构在原通风网络数值解算软件的基础上，采用可视化编程技术，规范了通风网络参数的录入与输出，关联了通风网络参数与图形，使通风网络解算软件更加实用化。如矿井通风可视化仿真系统（VentGIS），该软件不仅具有通风网络解算的数据处理功能，而且实现了解算过程和解算结果的可视化以及通风网络图的自动绘制等功能。又如 MVENT 矿井通风网络解算软件，该软件运行于中文 Windows 操作系统环境，具有良好的用户操作界面，通风网络的各种原始数据采用表格式输入方式，使用方便。

本章习题

1. 概念解释

通风网络　通风网络图　自然分配的风量　串联风路　并联通风网络　角联分支　复杂通风网络

2. 判断题（正确的打“√”，错误的打“×”）

（1）单角联风网中角联分支的风向与本分支的风阻无关。（　）

（2）平行双角联风网中，角联分支风流流向的可能性为 9 种。（　）

（3）单通风机风网中，任意一条顺风向风路的总阻力都不相等。（　）

（4）风流的动压具有方向性，动压总是大于零。（　）

（5）通风机并联运行的目的是增加风压。（　）

（6）在风网中，风流流入节点的质量流量与流出节点的质量流量不相等。（　）

（7）在风网中，一个回路中通风阻力的代数和等于该回路中自然风压与通风机风压的代数和。（　）

（8）并联风路的总风阻，比其中任一分支的风阻都小。（　）

（9）串联风路的风阻越串越大，并联风路的风阻越并越小。（　）

（10）通风机串联作业只适用于风网阻力较大而风量不足的情况。（　）

（11）通风机并联作业只适用于风网阻力较小而风量不足的情况。（　）

（12）生成树包含风网中所有节点，但不包含网孔或回路。（　）

（13）每棵生成树的节点数与树枝数之差等于 1。（　）

（14）并联风网比串联风路的通风更经济。（　）

（15）角联分支越多的风网风流越不稳定。（　）

（16）从降低矿井通风阻力的角度看，井下角联分支越多越好。（　）

（17）采用迭代法解算通风网络时，风网中的自然风压对风量校正值无影响。（　）

3. 单项选择题

（1）由两条风阻相等的分支所构成的并联风网和串联风路，其并联风网的总风阻是串联风路总风阻的____倍。

A. 1/8　　B. 1/6　　C. 1/4　　D. 1/2

（2）以下各种叙述中，不属于并联风路中风流流动特殊规律的是____。

A. 总风量等于各分支风量之和　　B. 总阻力等于各分支阻力之和

C. 总等积孔等于各分支等积孔之和

D. 总风阻倒数的平方根等于各分支风阻倒数的平方根之和

（3）下列说法中，不满足串联风路中风流流动特殊规律的是____。

A. 总风量等于各分支风量　　B. 总阻力等于各分支阻力之和

C. 总风阻等于各分支风阻之和　　D. 总等积孔等于各分支等积孔之和

（4）为降低矿井的____，应尽可能使矿井的总进风早分开、总回风晚汇合。

A. 风硐阻力　　B. 局部阻力　　C. 摩擦阻力　　D. 风阻特性

（5）两条并联的巷道，风阻大的____。

A. 阻力大　　B. 风速大　　C. 风量小　　D. 风量大

4. 问答题

（1）并联通风网络与串联风路相比较有哪些优点？

（2）矿井通风网络图的绘制原则是什么？

5. 计算题

（1）某巷道 $ABCD$（图 5-12）各段的风阻为 $R_{AB}=0.4\text{N}\cdot\text{s}^2/\text{m}^8$、$R_{BC}=2.0\text{N}\cdot\text{s}^2/\text{m}^8$、$R_{CD}=0.6\text{N}\cdot\text{s}^2/\text{m}^8$，巷道风量为 $10\text{m}^3/\text{s}$，欲在 BC 间另开一辅助巷道，使总风量增到 $15\text{m}^3/\text{s}$。若 AD 间风压保持不变，求 BC 间辅助巷道的风阻及该巷道的风量。

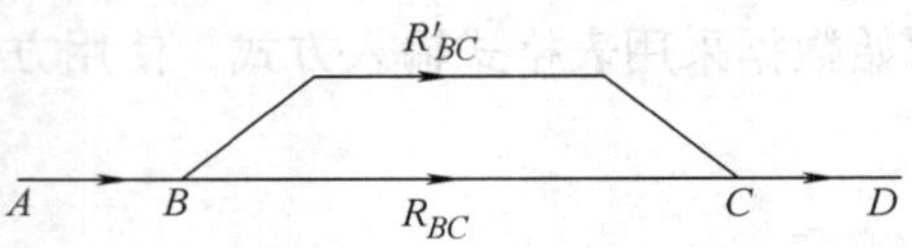

图 5-12　习题（1）附图

（2）某通风网络如图 5-13 所示。已知各巷道的风阻 $R_1=0.25\text{N}\cdot\text{s}^2/\text{m}^8$、$R_2=0.34\text{N}\cdot\text{s}^2/\text{m}^8$、$R_3=0.46\text{N}\cdot\text{s}^2/\text{m}^8$，巷道 1 的风量为 $Q_1=65\text{m}^3/\text{s}$。求 BC、BD 风路自然分配的风量及风路 ABC、ABD 的阻力为多少？

（3）某通风系统如图 5-14 所示。已知各巷道的风阻 $R_1=0.5\text{N}\cdot\text{s}^2/\text{m}^8$、$R_2=1.5\text{N}\cdot\text{s}^2/\text{m}^8$、$R_3=1.0\text{N}\cdot\text{s}^2/\text{m}^8$、$R_4=1.5\text{N}\cdot\text{s}^2/\text{m}^8$、$R_5=0.5\text{N}\cdot\text{s}^2/\text{m}^8$、$R_6=1.0\text{N}\cdot\text{s}^2/\text{m}^8$，该系统的风压为 $h=81\text{Pa}$。正常通风时风门 E 关闭，求此时各巷道的风量；若打开风门 E，而且系统的总风压保持不变，求该情况下系统的总风量及巷道 3 和 6 的风量。

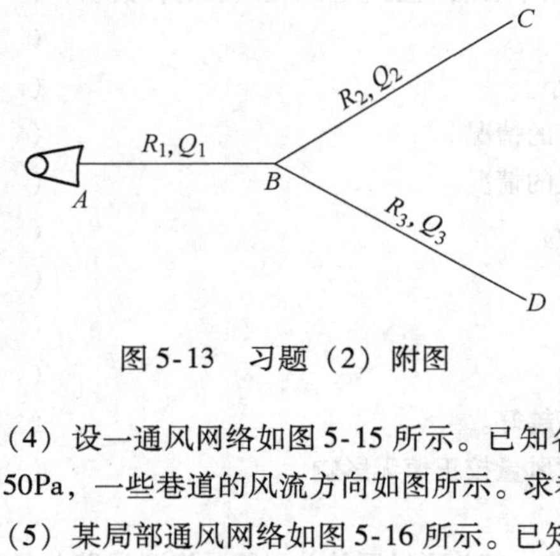

图 5-13　习题（2）附图

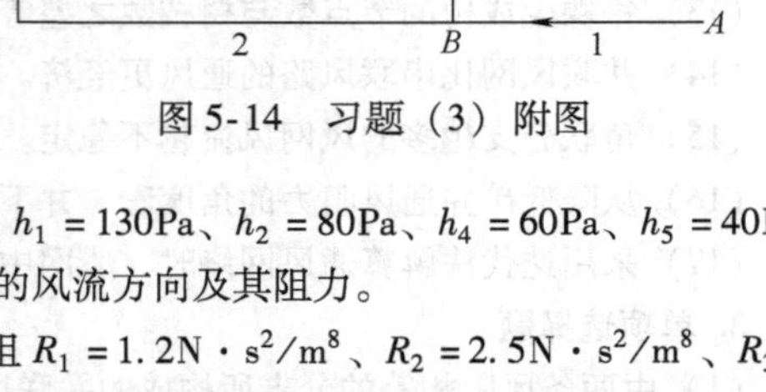

图 5-14　习题（3）附图

（4）设一通风网络如图 5-15 所示。已知各巷道的阻力 $h_1=130\text{Pa}$、$h_2=80\text{Pa}$、$h_4=60\text{Pa}$、$h_5=40\text{Pa}$、$h_6=50\text{Pa}$，一些巷道的风流方向如图所示。求巷道 3、7、8 的风流方向及其阻力。

（5）某局部通风网络如图 5-16 所示。已知各巷道的风阻 $R_1=1.2\text{N}\cdot\text{s}^2/\text{m}^8$、$R_2=2.5\text{N}\cdot\text{s}^2/\text{m}^8$、$R_3=3.0\text{N}\cdot\text{s}^2/\text{m}^8$、$R_4=0.6\text{N}\cdot\text{s}^2/\text{m}^8$，$AB$ 间的总风压为 500Pa。求各巷道的风量及 AB 间的总风阻为多少？

（6）某通风网络如图 5-17 所示。已知各巷道的风阻 $R_1=0.6\text{N}\cdot\text{s}^2/\text{m}^8$、$R_2=R_3=0.2\text{N}\cdot\text{s}^2/\text{m}^8$。当流进 A 点的总风量 $Q=60\text{m}^3/\text{s}$ 时，求风路 1 和风路 2、3 自然分配的风量为多少？若在 CB 间新开凿巷道 4，$R_4=0.8\text{N}\cdot\text{s}^2/\text{m}^8$，当保持流进 A 点的总风量 $Q=60\text{m}^3/\text{s}$ 不变时，求巷道 1、2、3、4 的风量各为多少？

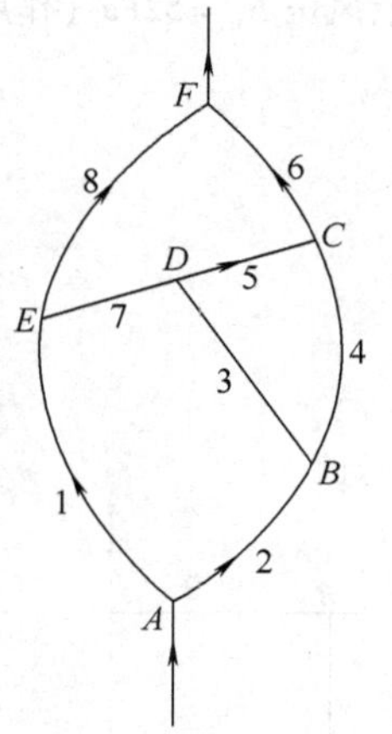

图5-15　习题（4）附图

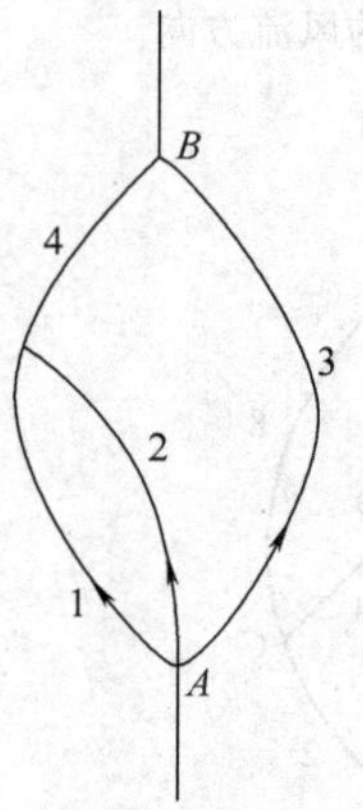

图5-16　习题（5）附图

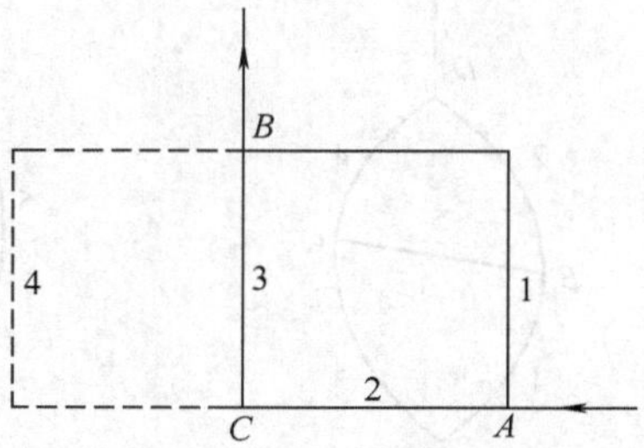

图5-17　习题（6）附图

（7）某通风网络如图5-18所示。已知各巷道的风阻 $R_1 = 1.6\text{N} \cdot \text{s}^2/\text{m}^8$、$R_2 = 0.1\text{N} \cdot \text{s}^2/\text{m}^8$、$R_3 = 0.2\text{N} \cdot \text{s}^2/\text{m}^8$，入风巷道的风量 $Q_A = 50\text{m}^3/\text{s}$、$Q_B = 30\text{m}^3/\text{s}$。求各巷道自然分配的风量及巷道1的风流方向。

（8）某压入式通风系统如图5-19所示。已知各巷道的风阻 $R_1 = 0.8\text{N} \cdot \text{s}^2/\text{m}^8$、$R_2 = 1.5\text{N} \cdot \text{s}^2/\text{m}^8$、$R_3 = 0.4\text{N} \cdot \text{s}^2/\text{m}^8$、$R_4 = 1.2\text{N} \cdot \text{s}^2/\text{m}^8$、$R_5 = 1.0\text{N} \cdot \text{s}^2/\text{m}^8$，巷道的风量 $Q_A = 60\text{m}^3/\text{s}$、$Q_C = 80\text{m}^3/\text{s}$。求各巷道自然分配的风量及其阻力为多少？并求巷道2、4的风流方向。

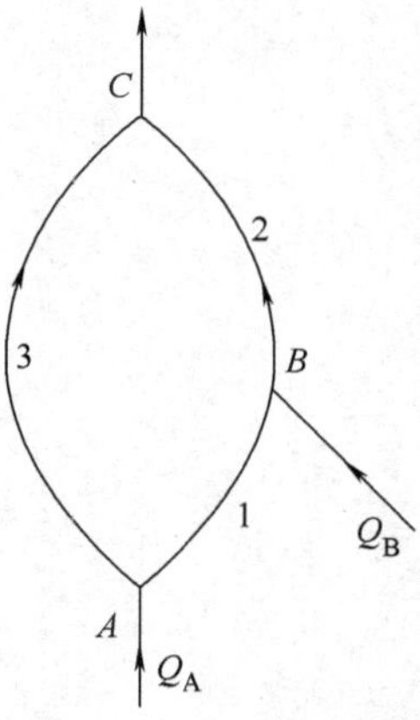

图5-18　习题（7）附图

图5-19　习题（8）附图

（9）某通风网络如图5-20所示。总风量 $Q_0 = 43\text{m}^3/\text{s}$，各巷道的风阻 $R_1 = 4.0\text{N} \cdot \text{s}^2/\text{m}^8$、$R_2 = 0.074\text{N} \cdot \text{s}^2/\text{m}^8$、$R_3 = 0.1\text{N} \cdot \text{s}^2/\text{m}^8$、$R_4 = 0.51\text{N} \cdot \text{s}^2/\text{m}^8$、$R_5 = 0.5\text{N} \cdot \text{s}^2/\text{m}^8$。求各巷道自然分配的风量及其阻力、巷道5的风流方向。若各巷道的风阻不变，总风量增加到 $Q'_0 = 86\text{m}^3/\text{s}$ 时，各巷道的风量及其阻力为多少？

（10）某通风网络如图5-21所示。已知总风量 $Q_0 = 50\text{m}^3/\text{s}$，各巷道的风阻 $R_1 = 1.42\text{N} \cdot \text{s}^2/\text{m}^8$、$R_2 = 1.09\text{N} \cdot \text{s}^2/\text{m}^8$、$R_3 = 2.13\text{N} \cdot \text{s}^2/\text{m}^8$、$R_4 = 3.18\text{N} \cdot \text{s}^2/\text{m}^8$、$R_5 = 1.54\text{N} \cdot \text{s}^2/\text{m}^8$、$R_6 = 4.05\text{N} \cdot \text{s}^2/\text{m}^8$、$R_7 = 2.31\text{N} \cdot \text{s}^2/\text{m}^8$、$R_8 = 4.4\text{N} \cdot \text{s}^2/\text{m}^8$。求各巷道自然分配的风量及其阻力为多少？

（11）某通风网络如图5-22所示。已知入风巷道的风量 $Q_A = 47\text{m}^3/\text{s}$、$Q_B = 30\text{m}^3/\text{s}$，各巷道的风阻 R_1

$=0.17N\cdot s^2/m^8$、$R_2=0.27N\cdot s^2/m^8$、$R_3=0.053N\cdot s^2/m^8$，回路 $ABCA$ 中有自然风压 $H_n=52Pa$（作用方向为顺时针）。求各巷道的风量及其阻力、巷道 1 的风流方向。

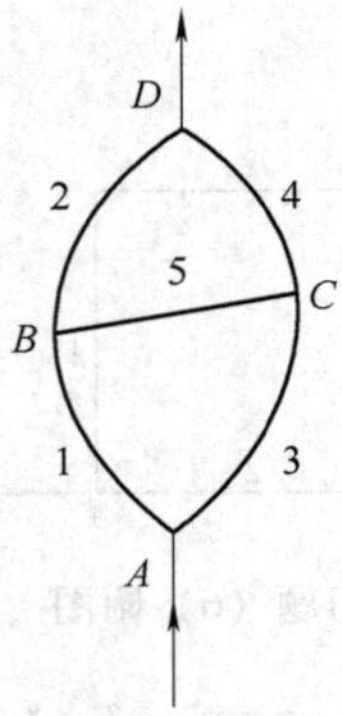

图 5-20　习题（9）附图

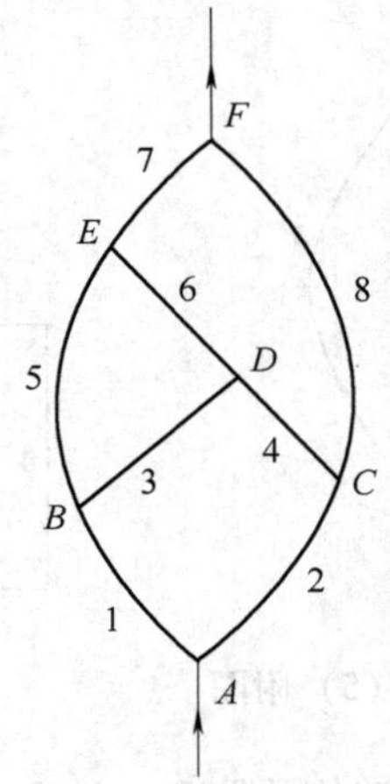

图 5-21　习题（10）附图

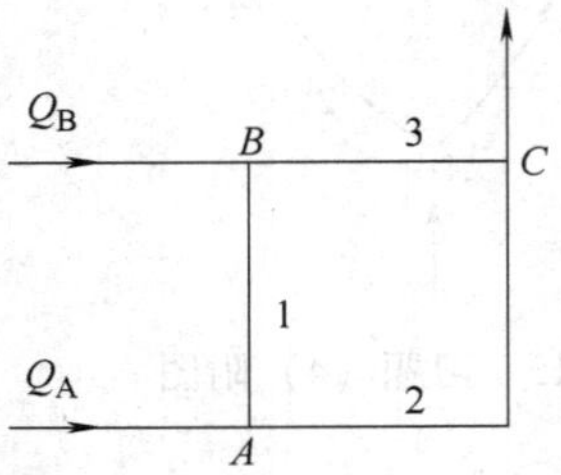

图 5-22　习题（11）附图

第6章 矿井风量按需调节

在矿井通风网络中，各用风地点自然分配的风量通常不符合矿井实际需要的风量，因而要对矿井自然分配的风量进行调节，以使各用风地点的供风量与需风量相等。在矿井生产过程中，随着巷道的延伸和工作面的推进，矿井的风阻、网络结构及所需要的风量等均在不断地发生变化，因此也要求及时地对各用风地点风量进行调节。

矿井风量调节是矿井通风技术管理中的一项经常性工作，它对矿井安全和节约通风能耗都有重大的影响。按其调节的范围，矿井风量调节可分为矿井局部风量调节与矿井总风量调节。

6.1 矿井并联通风网络局部风量的调节

在采区内部各工作面间、采区之间或生产水平之间的风量调节，称为矿井局部风量调节；其调节方法有增阻法（也称耗能调节法）、减阻法（也称节能调节法）及增能调节法。

6.1.1 增阻调节法

增阻调节法是通过在巷道中安设调节风窗等设施，增大巷道的局部阻力，从而降低该巷道及与该巷道处于同一通路中的风量，同时增大与其关联巷道及通路上的风量，以实现各风路的风量按需供给。增阻调节是一种耗能调节法，是目前使用最普遍的矿井通风网络局部风量调节方法。下面举例说明增阻调节法的基本原理。

1. 通风网络基本情况

在图6-1所示的并联通风网络中，分支1、2的风阻分别为R_1和R_2，风量分别为Q_1和Q_2，总风量为$Q = Q_1 + Q_2$。两分支的阻力分别为$h_1 = R_1 Q_1^2$，$h_2 = R_2 Q_2^2$，根据能量平衡定律可知$h_1 = h_2$。

2. 风量要按需分配

若由于生产等情况发生变化，风量Q_2要求增大到Q'_2，而分支1的风量Q_1又有富余，即Q_2增大到Q'_2时Q_1可以减小到Q'_1，此时总风量为$Q' = Q'_1 + Q'_2$。显然$h'_2 = R_2 Q'^2_2 > h'_1 = R_1 Q'^2_1$，这是不符合并联通风网络两并联分支通风阻力相等的能量平衡定律的。因此，必须对分支1增加阻力，使得调整风量后两并联分支的通风阻力相等。

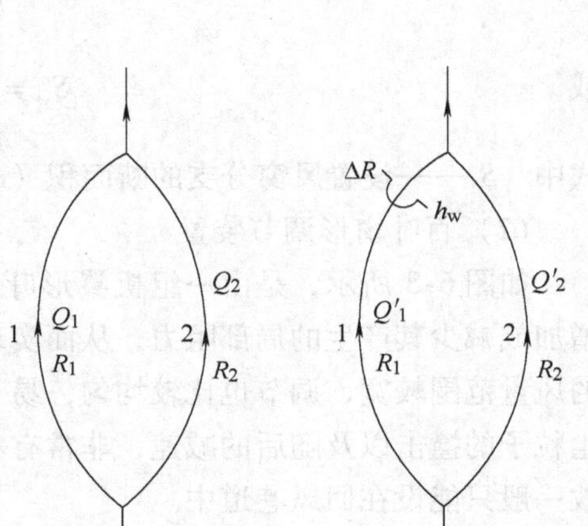

图6-1 增阻调节

3. 增阻调节

采用增阻调节法，就是以调整风量后阻力大的分支 2 的阻力 h'_2 为依据，在阻力小的分支 1 上增加一项局部阻力 h_w，从而使两并联分支的通风阻力相等（即 $h_w + h'_1 = h'_2$），这时进入两分支的风量即为需要的风量。显然

$$h_w = h'_2 - h'_1 \tag{6-1}$$

$$\Delta R = \frac{h_w}{Q'^2_1} \tag{6-2}$$

式中　ΔR——阻力小的分支 1 上增加的调节风阻（$N \cdot s^2/m^8$）。

增加局部阻力的方法中使用最多的是设置调节风窗。此外，根据不同的使用要求还有百叶窗形调节装置、气室形调节装置、风幕调节装置以及临时风帘调节装置等。

（1）调节风窗

如图 6-2 所示，调节风窗就是在风门或挡风墙上开一个面积可调节的小窗口（通常用可滑移的窗板来改变窗口的面积），风流流过窗口时，由于突然收缩和突然扩大而产生一个局部阻力 h_w。通过调节窗口面积的大小，可使此项局部阻力 h_w 和该分支所需增加的局部阻力值相等。要求增加的局部阻力值越大，风窗面积越小；反之越大。调节风窗的开口面积 S_w 计算公式为

图 6-2　调节风窗

当 $S_w/S_1 \leqslant 0.5$ 时

$$S_w = \frac{Q'_1 S_1}{0.65Q'_1 + 0.84S_1\sqrt{h_w}} \tag{6-3}$$

或

$$S_w = \frac{S_1}{0.65 + 0.84S_1\sqrt{\Delta R}} \tag{6-4}$$

当 $S_w/S_1 > 0.5$ 时

$$S_w = \frac{Q'_1 S_1}{Q'_1 + 0.759S_1\sqrt{h_w}} \tag{6-5}$$

或

$$S_w = \frac{S_1}{1 + 0.759S_1\sqrt{\Delta R}} \tag{6-6}$$

式中　S_1——设置风窗分支的断面积（m^2）。

（2）百叶窗形调节装置

如图 6-3 所示，是由一组机翼形叶片组成的百叶窗，利用改变叶片的角度（0°～80°）增加或减少其产生的局部阻力，从而实现风量的调节。该调节装置可连续平滑地调节，调节的风量范围较宽，调节也比较均匀，易于实现自动化控制。当含尘空气通过叶片时，由于粉尘粒子的撞击以及随后的减速，非常有利于降尘。但这种调节装置不利于人和设备的通行，故一般只能设在回风巷道中。

（3）气室形调节装置

气室形调节装置主要通过改变门扉的敞角实现风量调节，故可设在运输强度不太大的巷道中。为减少巷道断面堵塞，可将若干个串联为一组使用，如图 6-4 所示。

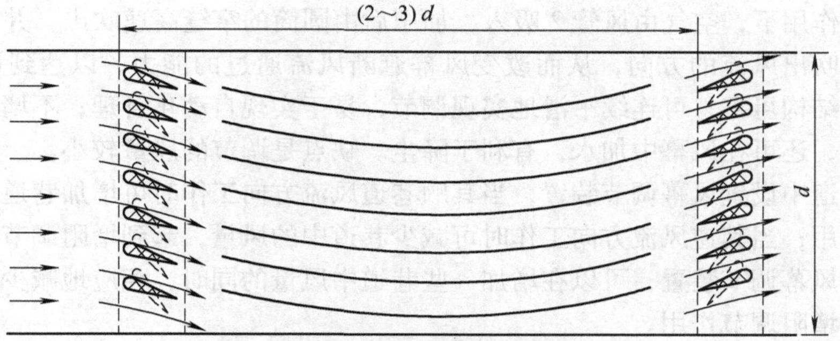

图 6-3　百叶窗形调节装置

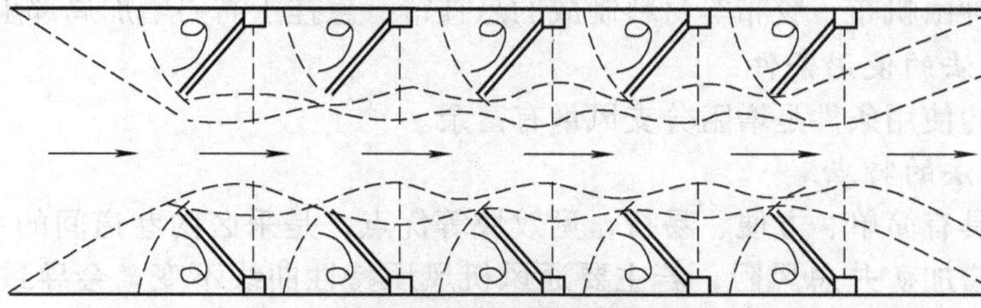

图 6-4　气室形调节装置

(4) 风幕调节装置

如图 6-5 所示，主要由通风机 1、风管 2 和带有窄缝的直立圆筒 3 组成。圆筒与巷道同

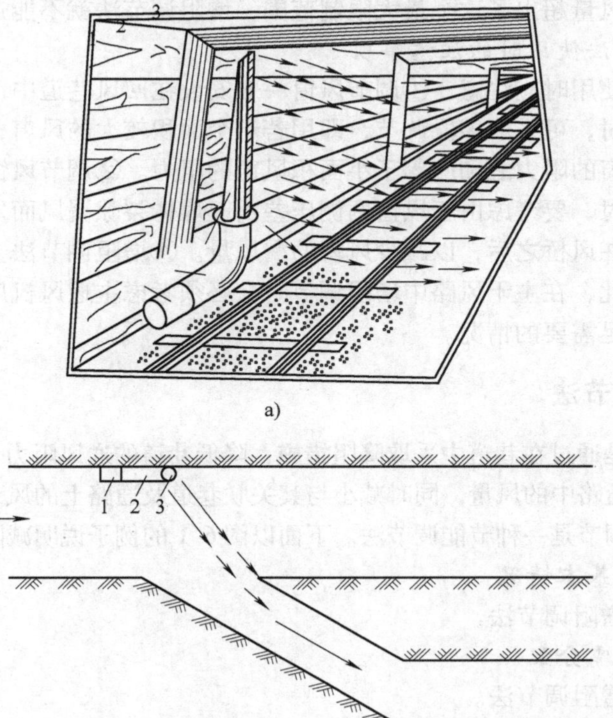

图 6-5　风幕调节装置

1—通风机　2—风管　3—带有窄缝的直立圆筒

高，在通风机作用下，空气由风管 2 吸入，加压后由圆筒的窄缝高速吹出，并可通过转动圆筒的角度调节吹出风流的方向，从而改变风幕遮断风流通过的能力，以达到调节风量的目的。该种装置结构可靠，可连续平滑地实现调节，易于实现自动化管理；不堵塞巷道，不影响行人和运输，还可在风幕中加水，有利于降尘。缺点是调节的风量较小。

在单一巷道中设置风幕调节装置，当其顺巷道风流方向工作时可增加巷道中的风量，起到增能调节作用；当其逆风流方向工作时可减少巷道中的风量，起到增阻调节作用。在巷道的岔口处设置风幕调节装置，可以在增加一些巷道中风量的同时，相应地减少另一些巷道中的风量，起到增阻调节作用。

（5）临时风帘调节装置

该装置是一种由帆布、胶布等材料制成的悬挂帘，悬挂于需要增加局部阻力的分支。

4. 增阻调节法的使用条件

增阻调节法的使用条件是增阻分支风量有富余。

5. 增阻调节法的特点

增阻调节法具有简单、方便、易行、见效快等优点，是采区内巷道间的主要调节措施。但增阻调节法会增加矿井总风阻，若主要通风机风压特性曲线不变，会导致矿井总风量减少。矿井总风量的减少值与主要通风机风压特性曲线的陡缓有关。若想保持矿井总风量不减少，就得改变主要通风机风压特性曲线来提高风压，这就增加了通风电费。此外，增阻调节法是通过减少一个风道的风量来增加另一个风道的风量，其调节的风量有一个最大限制范围，如果调节的风量超出了这个最大限制范围，增阻调节法就不能达到调节的目的。

6. 增阻调节法使用时的注意事项

增阻调节法使用时应注意：①调节风窗一般安设在回风巷道中，以免影响运输。当必须安设在运输巷道时，可采取多段调节，即用若干个面积较大的风窗，代替一个面积较小的风窗；但大面积风窗的阻力之和应等于小面积风窗的阻力。②调节风窗应设置在适宜地点。如果在煤巷中布置时，要考虑由于风窗两侧压差引起煤体裂隙漏风而发生自燃的危险性。③调节风窗一般安设在风桥之后，以减少风桥的漏风量。④增阻调节法会增加矿井总风阻，减少矿井总风量。因此，在主干风路中增阻调节时，必须考虑主通风机风量的变化，否则可能会出现风量不能满足需要的情况。

6.1.2 减阻调节法

减阻调节法是通过在巷道中采取降阻措施，降低巷道的通风阻力，从而增大该巷道及其与该巷道处于同一通路中的风量，同时减小与其关联巷道及通路上的风量，以实现各风路的风量按需供给。减阻调节是一种节能调节法。下面以图 6-1 的例子说明减阻调节法的基本原理。

1. 通风网络基本情况

同 6.1.1 节增阻调节法。

2. 风量要按需分配

同 6.1.1 节增阻调节法。

3. 减阻调节

采用减阻调节法，就是以调整风量后阻力最小的分支 1 的阻力 h'_1 为依据，在阻力大的分支 2 上通过采取降阻措施使其通风阻力由 h'_2 降低到 h'_1（即 $h'_2 = h'_1$），从而达到两并联分

支的通风阻力相等，这时进入两并联分支的风量即为需要的风量。显然

$$h'_2 = R'_2 Q'^2_2 = h'_1 \tag{6-7}$$

$$R'_2 = \frac{h_1}{Q'^2_2} \tag{6-8}$$

式中　R'_2——分支 2 采取降阻措施后的风阻（$N \cdot s^2/m^8$）。

减少阻力的主要措施有：①扩大巷道断面。因摩擦阻力与风道断面积的三次方成反比，因而扩大巷道断面可有效地降低风道的通风阻力。当所降通风阻力值较大时，可考虑采用这种措施。②降低风道的摩擦阻力系数。由于摩擦阻力与摩擦阻力系数成正比，因而可通过改变支架类型（即改变摩擦阻力系数）或风道壁面平滑程度来降低风道的通风阻力。例如用混凝土支护代替木支架，或在木支架的棚架间铺以木板等。③清除巷道中的局部阻力物。这种措施减少通风阻力的效果一般很小，但应首先使用，然后再考虑采用其他减少通风阻力的措施。④开掘并联风道。在通风阻力大的风道旁侧开掘并联风道（可利用废旧巷道），也可以起到减少通风阻力的作用。⑤缩短风流路线的总长度。因摩擦阻力与风流路线长度成正比，所以在条件允许时，可采用这种措施来减少风道的通风阻力。

通常，减少通风阻力采取的主要措施是扩大巷道断面和降低风道的摩擦阻力系数。

1）扩大巷道断面。若将分支 2 的断面扩大到 S'_2，根据摩擦风阻计算公式可知

$$R'_2 = \frac{\alpha'_2 L_2 U'_2}{S'^3_2} \tag{6-9}$$

式中　α'_2——分支 2 扩大断面后的摩擦阻力系数（$N \cdot s^2/m^4$）；

L_2——分支 2 的长度（m）；

U'_2——分支 2 扩大断面后的断面周长（m）。

U'_2 的表达式为

$$U'_2 = C\sqrt{S'_2} \tag{6-10}$$

式中　C——常数，梯形断面 $C=4.03 \sim 4.28$，一般取 4.16；三心拱断面 $C=3.80 \sim 4.06$，一般取 3.85；半圆拱断面 $C=3.78 \sim 4.11$，一般取 3.90；圆形断面 $C=3.54$。

将式（6-10）代入式（6-9），得扩大断面后分支 2 的断面积 S'_2 为

$$S'_2 = \left(\frac{\alpha'_2 C L_2}{R'_2}\right)^{\frac{2}{5}} \tag{6-11}$$

如果分支 2 扩大断面前的摩擦阻力系数 α_2 与扩大断面后的摩擦阻力系数 α'_2 相等（即 $\alpha_2 = \alpha'_2$），也可按下式计算分支 2 扩大断面后的断面积 S'_2

$$S'_2 = S_2\left(\frac{R_2}{R'_2}\right)^{\frac{2}{5}} \tag{6-12}$$

式中　S_2——分支 2 扩大断面前的断面积（m^2）；

R_2——分支 2 扩大断面前的风阻（$N \cdot s^2/m^8$）。

2）降低风道的摩擦阻力系数。如果采用降低摩擦阻力系数减少通风阻力时，降低后的摩擦阻力系数为

$$\alpha'_2 = \frac{R'_2 S^3_2}{L_2 U_2} = \frac{R'_2 S^{2.5}_2}{L_2 C} \tag{6-13}$$

或
$$\alpha'_2 = \alpha_2 \frac{R'_2}{R_2} \tag{6-14}$$

4. 减阻调节法的特点

减阻调节法的优点是使矿井总风阻减少，若通风机性能不变，将增加矿井总风量。它的缺点是工程量大、工期长、投资多，有时需要停产施工，所以一般在对矿井通风系统进行较大的改造时才采用。因此，在采取减阻调节措施之前，应根据具体情况，结合通风机特性曲线进行分析和计算，在确认有效及经济合理时，才能确定和采用降阻调节措施。

6.1.3 增能调节法

增能调节法主要是采用辅助通风机等增加能量的方法，增加局部地点的风量，以实现各风路的风量按需供给。增能的主要措施有：辅助通风机调节（又称增压调节）和利用自然风压调节。

1. 辅助通风机调节法

当通风网络中分支的风量调节幅度较大且用增阻或减阻调节都不可行或不经济时，可在风量不足的分支中安设辅助通风机，以达到增大该分支风量的目的，这就是辅助通风机调节法。可见，用辅助通风机调节通风网络的风量时，应将辅助通风机安设在风量不足的分支中。下面以图 6-1 的例子说明辅助通风机调节法的基本原理。

（1）通风网络基本情况

通风网络基本情况同 6.1.1 节增阻调节法。

（2）风量要按需分配

风量按需分配同 6.1.1 节增阻调节法。

（3）辅助通风机调节

在生产实际中，辅助通风机调节的方法有两种，即带风墙的辅助通风机调节法和无风墙的辅助通风机调节法。

1）带风墙的辅助通风机调节法。如图 6-6a 所示，带风墙的辅助通风机调节法，就是在安设辅助通风机的巷道断面上，除辅助通风机外其余断面均用风墙密闭，巷道内风流全部通过辅助通风机。为检查方便，通常在风墙上开一个小门，小门一定要严密。

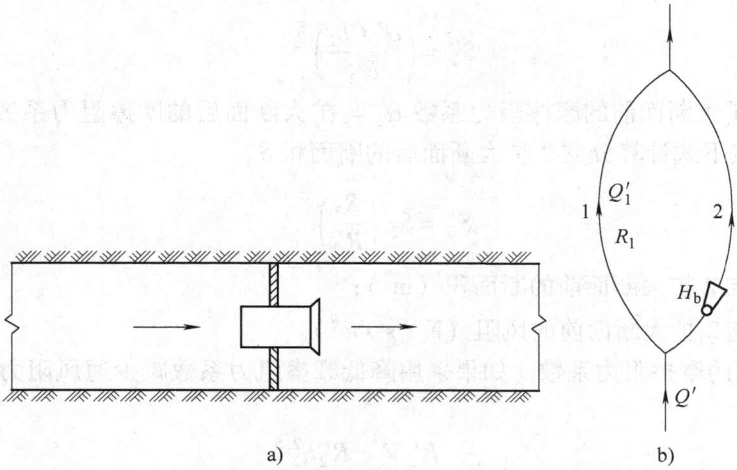

图 6-6　带风墙的辅助通风机布置图

如图 6-6b 所示，以调整风量后阻力最小的分支 1 的阻力 h'_1 为依据，在阻力大的分支 2 上安装辅助通风机，并使辅助通风机的风压 H_b 等于调整风量后两并联分支的通风阻力差（$h'_2-h'_1$）。即

$$H_b=h'_2-h'_1 \tag{6-15}$$

从而达到两并联分支的通风阻力相等，这时进入两并联分支的风量即为需要的风量。显然，辅助通风机风量 Q_b 为

$$Q_b=Q'_2 \tag{6-16}$$

若在运输巷道里安设辅助通风机时，为了不影响运输，必须在调节风道中掘一绕道，将辅助通风机安装在绕道中，并在运输巷道的绕道进风口与出风口之间至少要安装两道自动风门，自动风门的间距要大于一列车的长度，如图 6-7 所示。

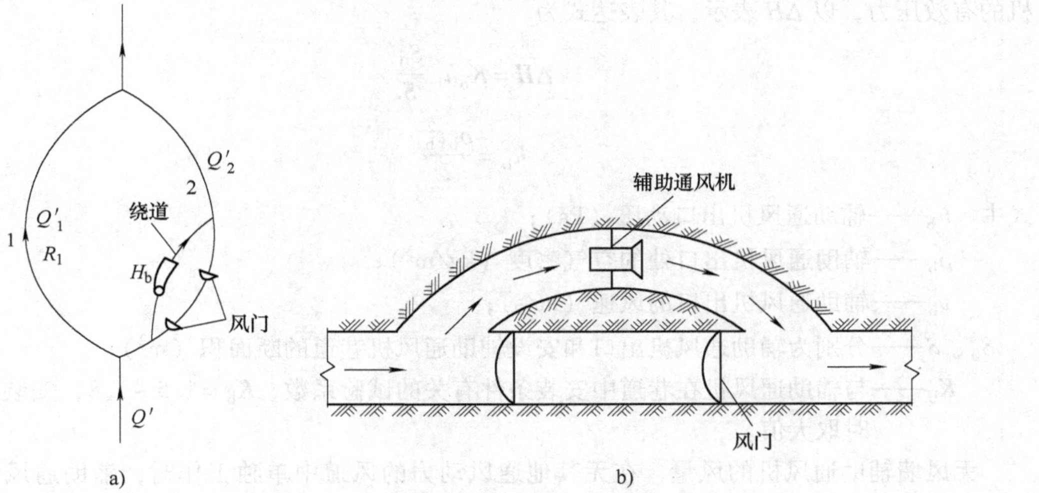

图 6-7　运输巷道里安设辅助通风机

带风墙的辅助通风机调节风量时，辅助通风机的能力必须选择适当才能达到预期效果。如果辅助通风机能力不足，则不能调节到所需要的风量值；若辅助通风机能力过大，可能造成与其关联风路风量的大量减少，甚至无风或风流大循环；若安设辅助通风机的风墙不严密，在辅助通风机周围会出现局部风流循环，将降低辅助通风机的局部风量调节效果。

辅助通风机可根据式（6-15）和式（6-16）计算出的辅助通风机风压 H_b 和风量 Q_b 进行选择。

带风墙的辅助通风机调节法是靠通风机的全压做功，能克服较大的通风阻力，可用于通风网络中分支的风量和通风阻力调节幅度较大的区域性风量调节中。

如果带风墙的辅助通风机停止运转，必须立即打开巷道的绕道进风口与出风口之间安装的两道自动风门，以免发生相邻区域的风流逆转，甚至产生循环风，此时应根据具体情况采取相应安全措施。重新起动辅助通风机之前，应检查附近 20m 内的瓦斯浓度，只有在瓦斯浓度不超过规定时，才允许起动辅助通风机。

2）无风墙的辅助通风机调节法。如图 6-8 所示，无风墙辅助通风机不带风墙，辅助通风机安装时无需绕道，也不装风门，它只在辅助通风机出风侧加装一段截头圆锥形的引射

器，由于引射器出风口的面积比较小（为辅助通风机出风口面积的0.2~0.5倍），则通过辅助通风机的风量从引射器出风口射出时速度较大，从而形成较大的引射器出口动压。引射器出口动压再引射出风侧的风流，同时带动一小部分风量从辅助通风机以外的风道中流过来，从而使该风道的风量有所提高。

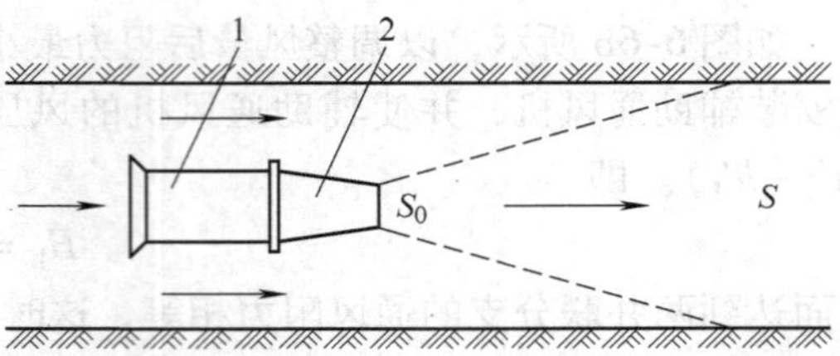

图6-8 无风墙辅助通风机的布置

1—通风机 2—引射器

无风墙辅助通风机在风道中工作时，其出口动压除去由辅助通风机出口到风道全断面突然扩大的能量损失和风流绕过通风机的能量损失外，所剩余的能量均用于克服风道阻力。单位体积流体的这部分能量称为无风墙辅助通风机的有效压力，以 ΔH 表示，其表达式为

$$\Delta H = K_b h_b \frac{S_0}{S} \tag{6-17}$$

$$h_b = \frac{\rho_b v_b^2}{2} \tag{6-18}$$

式中 h_b——辅助通风机出口动压（Pa）；

ρ_b——辅助通风机出口处的空气密度（kg/m^3）；

v_b——辅助通风机出口的风速（m/s）；

S_0、S——分别为辅助通风机出口和安设辅助通风机巷道的断面积（m^2）；

K_b——与辅助通风机在巷道中安装条件有关的试验系数，$K_b=1.5\sim1.8$，安装条件好时取大值。

无风墙辅助通风机的风量，在无其他通风动力的风道中单独工作时，辅助通风机风量 Q_b 与安设辅助通风机风道的风量 Q'_2 及风道风阻 R_2 的关系为

$$Q'_2 = \frac{0.102 Q_b}{\sqrt{R_2 S_0 S}} \tag{6-19}$$

由式（6-17）和式（6-19）可知，无风墙辅助通风机的有效风压与辅助通风机出口动压成正比，故采用大风量中低压通风机，可提高出风口的总动压，即提高通风效果。无风墙辅助通风机有效风压与安设辅助通风机巷道的断面成反比，故辅助通风机应安设在巷道平直、断面较小的地方，且为减少辅助通风机出口动压损失应尽量安设在巷道中央。

无风墙辅助通风机安装方便，对运输影响小。但无风墙辅助通风机只靠动压做功，风量调节能力较小，若巷道风阻较大时，辅助通风机附近可能出现循环风。因此，无风墙辅助通风机在通风网络分支的风量和通风阻力调节幅度较小时使用较为适宜。

3）辅助通风机安装时应注意的问题。辅助通风机安装时应注意：①如果把辅助通风机安设在回风流中，安设方法基本相同，但要设法（如利用大直径钻孔等方法）引入一股新鲜风流给通风机的电动机通风，使电动机在新鲜风流中运转。为此，安设电动机的硐室必须与回风流严密隔开。②采空区附近的巷道中安设辅助通风机时，要选择合适的位置；否则，有可能产生通过采空区的循环风或漏风，甚至引起采空区的煤炭自燃。③严禁在煤（或岩）与瓦斯（或二氧化碳）突出的矿井中安设辅助通风机。

2. 利用自然风压的调节法

由于通风网络的进风道和回风道不可能全部都分布在同一水平上，因而自然风压的作用在矿井中是普遍存在的。当需要增大一个风道中的风量时，在条件允许时可在进风道中设置水幕或利用井巷淋水冷却空气，以增大进风风流的空气密度；在回风道最低处可利用地面锅炉余热来提高回风流气温，以减小回风井风流的空气密度。这样一来，该风道中的自然风压就增大了，在自然风压帮助下，该风道的风量相应就会增大一些。

当然，自然风压调节风量的作用是很小的。但能在风道实施喷淋和设置水幕净化风流的同时提高该风道中的自然风压，从而提高通过该风道的风量，是值得优先考虑的。

3. 增能调节法特点

增能调节法的优点是使用简便、易行，并能降低矿井总阻力，从而增大了矿井总风量。但管理复杂，安全性差，尤其是使用不当时容易造成循环风流，在有爆炸性气体的矿山使用更加不安全。此外，还增加了辅助通风机的购置费、安装费和电费，带风墙的辅助通风机调节法还有绕道的开掘费等。因此，增能调节法只有在通风网络中分支的风量、通风阻力调节幅度较大且用增阻或减阻调节都不可行或不经济时才使用。

6.1.4 几种风量调节法调节效果的比较

图6-9所示为三种主要风量调节方法的风量变化情况。横坐标表示一条风路风量增加的百分数，纵坐标表示另一风路风量减少的百分数。图中曲线 b 为减阻调节，曲线 c 为辅助通风机调节，两曲线效果基本相同，其风量增加的百分数大于风量减少的百分数，总风量有所增加，但减阻调节有一定限度。曲线 a 为增阻（风窗）调节的效果，它表明一条风路风量增加得少，另一条风路风量减少得多，所以风窗调节的效果不如其他两种方法。

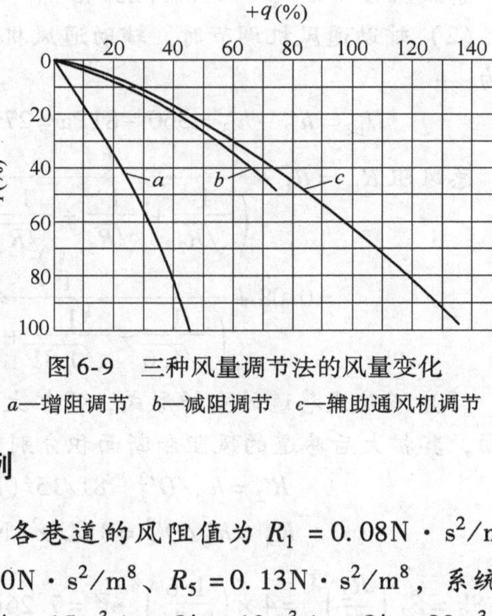

图6-9 三种风量调节法的风量变化

a—增阻调节 b—减阻调节 c—辅助通风机调节

6.1.5 矿井并联通风网络局部风量调节实例

例6-1 某通风系统网络图如图6-10所示。各巷道的风阻值为 $R_1=0.08\text{N}\cdot\text{s}^2/\text{m}^8$、$R_2=1.60\text{N}\cdot\text{s}^2/\text{m}^8$、$R_3=0.81\text{N}\cdot\text{s}^2/\text{m}^8$、$R_4=1.50\text{N}\cdot\text{s}^2/\text{m}^8$、$R_5=0.13\text{N}\cdot\text{s}^2/\text{m}^8$，系统的总风量 $Q'=45\text{m}^3/\text{s}$，各分支需要的风量分别为 $Q'_2=15\text{m}^3/\text{s}$、$Q'_3=10\text{m}^3/\text{s}$、$Q'_4=20\text{m}^3/\text{s}$，巷道断面均为 $S=4\text{m}^2$。

（1）若用风窗调节风量，求风窗的面积和位置；调节后全系统的总风阻为多少？

（2）若用辅助通风机调节风量，求辅助通风机的风压和位置；调节后全系统的总风阻为多少？

（3）若不改变巷道的支护形式，用扩大巷道断面的方法调节风量，应把巷道断面扩大到多少？

（4）若不扩大巷道断面，用改变巷道支护形式的措施调节风量，问是否可行？

解：$h'_2 = R_2 Q'^2_2 = 1.6 \times 15^2 \text{Pa} = 360\text{Pa}$，$h'_3 = R_3 Q'^2_3 = 0.81 \times 10^2 \text{Pa} = 81\text{Pa}$，$h'_4 = R_4 Q'^2_4 = 1.50 \times 20^2 \text{Pa} = 600\text{Pa}$

（1）风窗调节时。风窗应设置在 2 和 3 巷道上，其风窗的阻力分别为

$$h_{w2} = h'_4 - h'_2 = 600 - 360\text{Pa} = 240\text{Pa},$$

$$h_{w3} = h'_4 - h'_3 h_{w3} = h_4 - h_3 = 600 - 81\text{Pa} = 519\text{Pa}$$

假设 $S_w/S \leqslant 0.5$，则

$$S_{w2} = \frac{Q'_2 S}{0.65Q'_2 + 0.84S\sqrt{h_{w2}}} = \frac{15 \times 4}{0.65 \times 15 + 0.84 \times 4\sqrt{240}} \text{m}^2 = 0.97\text{m}^2,$$

假设正确。

$$S_{w3} = \frac{Q'_3 S}{0.65Q'_3 + 0.84S\sqrt{h_{w3}}} = \frac{10 \times 4}{0.65 \times 10 + 0.84 \times 4\sqrt{519}} \text{m}^2 = 0.48\text{m}^2$$，假设正确。

总阻力 $h' = h_1 + h'_4 + h_5 = R_1 Q_1^2 + 600 + R_5 Q_5^2 = 0.08 \times 45^2 + 600 + 0.13 \times 45^2 \text{Pa} = 1025.25\text{Pa}$

总风阻 $R' = h'/Q'^2 = 1025.25/45^2 \text{N} \cdot \text{s}^2/\text{m}^8 = 0.51\ (\text{N} \cdot \text{s}^2/\text{m}^8)$

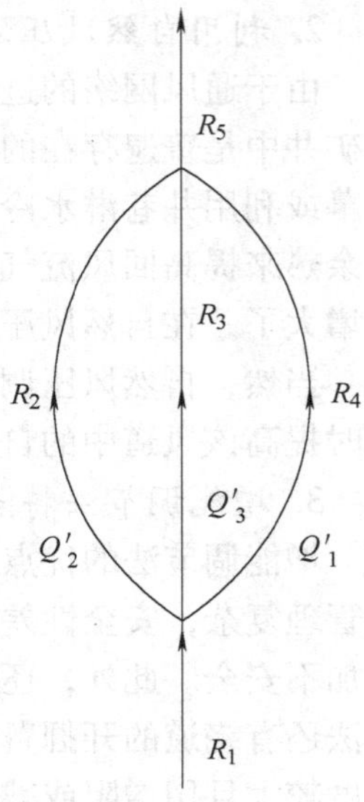

图 6-10 某通风系统网络图

（2）辅助通风机调节时。辅助通风机应设置在 2 和 4 巷道上，其辅助通风机的风压分别为

$$H_{b2} = h'_2 - h'_3 = 360 - 81\text{Pa} = 279\text{Pa},\quad H_{b4} = h_4 - h_3 = 600 - 81\text{Pa} = 519\text{Pa}$$

$$\text{总风阻 } R_b = R_1 + \frac{1}{\left(\frac{1}{\sqrt{R_2}} + \frac{1}{\sqrt{R_3}} + \frac{1}{\sqrt{R_4}}\right)^2} + R_5$$

$$= 0.08 + \frac{1}{\left(\frac{1}{\sqrt{1.6}} + \frac{1}{\sqrt{0.81}} + \frac{1}{\sqrt{1.5}}\right)^2} + 0.13\ (\text{N} \cdot \text{s}^2/\text{m}^8) = 0.345\ (\text{N} \cdot \text{s}^2/\text{m}^8)$$

（3）不改变巷道的支护形式，用扩大巷道断面的方法调节风量。应扩大 2 和 4 巷道的断面，其扩大后巷道的风阻和断面积分别为：

$$R'_2 = h'_3/Q'^2_2 = 81/15^2(\text{N} \cdot \text{s}^2/\text{m}^8) = 0.36(\text{N} \cdot \text{s}^2/\text{m}^8),$$

$$R'_4 = h'_3/Q'^2_4 = 81/20^2(\text{N} \cdot \text{s}^2/\text{m}^8) = 0.2025(\text{N} \cdot \text{s}^2/\text{m}^8)$$

$$S'_2 = S_2\left(\frac{R_2}{R'_2}\right)^{\frac{2}{5}} = 4 \times \left(\frac{1.6}{0.36}\right)^{\frac{2}{5}} \text{m}^2 = 7.26\text{m}^2,\ S'_4 = S_4\left(\frac{R_4}{R'_4}\right)^{\frac{2}{5}} = 4 \times \left(\frac{1.5}{0.2025}\right)^{\frac{2}{5}} \text{m}^2 = 8.91\text{m}^2$$

（4）若不扩大巷道断面，用改变巷道支护形式的措施调节风量。应改变 2 和 4 巷道的支护形式，以减小其摩擦阻力系数，其减小后巷道的摩擦阻力系数与原来的百分比分别为

$$\frac{\alpha'_2}{\alpha_2} \times 100\% = \frac{R'_2}{R_2} \times 100\% = \frac{0.36}{1.6} \times 100\% = 22.5\%,$$

$$\frac{\alpha'_4}{\alpha_4} \times 100\% = \frac{R'_4}{R_4} \times 100\% = \frac{0.2025}{1.5} \times 100\% = 13.5\%$$

若不扩大巷道断面，用改变巷道支护形式的措施调节风量，其摩擦阻力系数需降低到原来的 13.5% ~22.5%，降低幅度达 77.5% ~86.5%，在实际中一般是达不到的。因此，若

不扩大巷道断面，仅用改变巷道支护形式的措施调节风量是不可行的。

6.2　矿井复杂通风网络局部风量的调节

矿井复杂通风网络巷道繁多，结构复杂，往往某一风路的风量经过调节达到要求，但网络中其他风路的风量还不一定满足需要。所以，对于复杂通风网络，为满足各条风路的需风量，必须进行全面的风量调节。

与并联通风网络风量调节计算类似，在复杂通风网络风量调节计算中，首先是根据通风网络中各用风地点需要供给的风量，按照节点的风量平衡定律确定出通风网络中所有分支需要供给的风量；然后依据通风网络中各分支的风阻和需要供给的风量，应用通风阻力定律求出所有分支的通风阻力；再按照回路（或网孔）的能量平衡定律和风量调节措施，确定出合理的调节位置和参数。其常用的计算方法有回路法和通路法。

6.2.1　回路计算法及计算实例

由式（5-20）可知，通风网络有 $M=N-J+1$ 个独立回路（或网孔）。对于通风网络按各分支的风阻和需要供给的风量计算出的分支通风阻力，在 M 个独立回路（或网孔）中依次应用能量平衡定律确定出各种局部风量调节方法的合理调节位置和参数，这就是复杂通风网络风量调节的回路计算法。

1. 计算步骤及计算实例

1）依据通风网络中各分支的风阻和需要供给的风量，应用通风阻力定律求出所有分支的通风阻力，并将其标于通风网络图中，如图6-11所示括号中的数值（单位为Pa）。

2）按 $M=N-J+1$ 计算通风网络需调节的独立回路（或网孔）数 M，并在通风网络中选取 M 个独立回路（或网孔）。在图6-11所示的通风网络中，$M=12-8+1=5$，此5个独立回路（或网孔）分别取为 A、B、C、D 和 E。

3）选取局部风量调节方法和措施。例如选取增阻调节法中的风窗调节措施，对图6-11中的通风网络进行局部风量调节。

4）应按先内后外的顺序依次调节选定的回路（或网孔）。增阻调节法通过给回路（或网孔）中的分支增加通风阻力的方法最终使每个回路（或网孔）的通风阻力及通风机风压达到能量平衡；减阻调节法和增能调节法通过给回路（或网孔）中的分支降低通风阻力的方法最终使每个回路（或网孔）的通风阻力及通风机风压达到能量平衡。在图6-11中，合理的调节顺序应该按 $A \to B \to C \to D \to E$ 回路（或网孔），其风窗设置位置和风窗通风阻力分别为 ab 支路设置10Pa风窗、cd 支路设置20Pa风窗、ef 支路设置30Pa风窗。

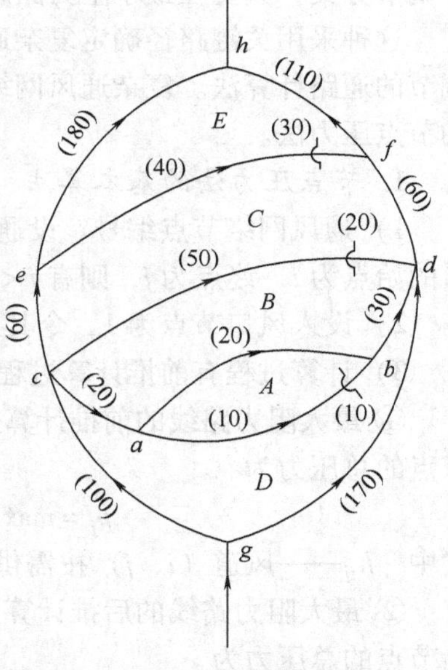

图6-11　某复杂通风网络风窗调节的回路计算法

2. 计算时的注意事项

1）应按先内后外的顺序依次选择和调节回路（或网孔），其数目应达到该通风网络的独立回路（或网孔）数 M。

2）要合理确定调节位置，避免重复设置调节设施，其调节设施的数目应不大于通风网络的独立回路（或网孔）数 M。

6.2.2 通路计算法及计算实例

复杂通风网络中，由入风口到出风口的诸多风路中，按各分支的风阻和需要供给的风量计算出的通风阻力值，必然存在一条阻力最大的路线，称为最大阻力路线（或称关键路径）。采用增阻调节法（如风窗调节措施）时，只要在这条路线的各巷道上不再增加通风阻力，仅在其余风路增加通风阻力，使回路（或网孔）的通风阻力及通风机风压达到能量平衡，即可达到优化调节的目的，也符合增阻调节法风量调节的最小功耗原则。同一通风网络，有多个调节方案，只要在最大阻力路线上不增加通风阻力，则这些方案在功耗上是等价的。

与最大阻力路线相对应，也必然存在一条最小阻力路线（也称关键路径）。采用增能调节法和减阻调节法时，仅在其余的风路上采取通风阻力降低措施，如设置辅助通风机或扩大巷道断面等，使回路（或网孔）的通风阻力及通风机风压达到能量平衡，即可达到优化调节的目的，也符合增能调节法和减阻调节法风量调节的最小功耗原则。同一通风网络，有多个调节方案，只要在最小阻力路线上不增加通风阻力，则这些方案在功耗上是等价的。

这种采用关键路径确定复杂通风网络局部风量调节方案的方法，称为复杂通风网络风量调节的通路计算法。复杂通风网络风量调节的通路计算法有许多种，本书介绍一种较为通用的节点压力法。

1. 节点压力法的基本算法

1）通风网络节点编号。设通风网络全部节点总数为 n，按风流方向顺序编号。即若风道的始点为 i，终点为 j，则有 $i<j$。

2）设入风口节点为1，令其总压力 $p_1=0$。

3）计算过程有前推计算过程和后推计算过程。

① 最大阻力路线的前推计算过程。从第1个节点开始计算，对所有终节点 j 的风道，终节点的总压力为

$$p_j=\max\ \{p_i+h_{ij}\}\qquad j=2,\ 3,\ \cdots,\ n \tag{6-20}$$

式中 h_{ij}——风道（i，j）按需供给风量时的通风阻力（Pa）；

② 最大阻力路线的后推计算过程。从最后1个节点开始计算，对所有始节点 i 的风道，始节点的总压力为

$$p_i=\max\ \{p_j-h_{ij}\}\qquad i=1,\ 2,\ 3,\ \cdots,\ (n-1) \tag{6-21}$$

4）计算全部风道（i，j）需要调节的通风阻力值

$$\Delta h_{ij}=p_j-p_i-h_{ij} \tag{6-22}$$

式中 Δh_{ij}—风道（i，j）的通风阻力调节值（Pa）。

① 当关键路径是最大阻力路线时，若 $\Delta h_{ij}>0$，用增阻调节法调节；若 $\Delta h_{ij}=0$，不调节。

② 当关键路径是最小阻力路线时，若 $\Delta h_{ij}>0$，用增能调节法或减阻调节法调节；若 $\Delta h_{ij}=0$，不调节。

5）主要通风机的风压 $H_f=p_n$，p_n为通风网络终节点的总压力。

2. 节点压力法风窗调节计算实例

如图6-12所示的通风网络，其网络需风量等参数见表6-1，试采用节点压力法进行风窗调节措施的调节计算。

表6-1 通风网络需风量及节点压力法网络风量调节计算结果

风道	通风网络需风量等参数				前推计算过程计算值		后推计算过程计算值	
(i,j)	需风量 Q_{ij}/(m^3/s)	风阻 R_{ij}/($N\cdot s^2/m^8$)	按需供风时通风阻力 h_{ij}/kPa	功率 N/kW	通风阻力增值 Δh_{ij}/kPa	增加功率/kW	通风阻力增值 Δh_{ij}/kPa	增加功率/kW
(1, 2)	50	0.052	0.13	6.50	0	0	0	0
(2, 3)	30	0.222	0.20	6.00	0	0	0	0
(3, 5)	17	0.830	0.24	4.08	0	0	0.15	2.55
(5, 7)	23	0.529	0.28	6.44	0.15	3.45	0	0
(4, 5)	6	2.222	0.08	0.48	0.12	0.72	0.17	1.02
(3, 6)	13	1.953	0.33	4.29	0	0	0	0
(2, 4)	20	0.600	0.24	4.80	0	0	0.10	1.00
(4, 6)	14	0.969	0.19	2.66	0.10	1.40	0	0
(6, 7)	27	0.466	0.34	9.18	0	0	0	0
(7, 8)	50	0.060	0.15	7.50	0	0	0	0
合计				51.93		5.57		5.57

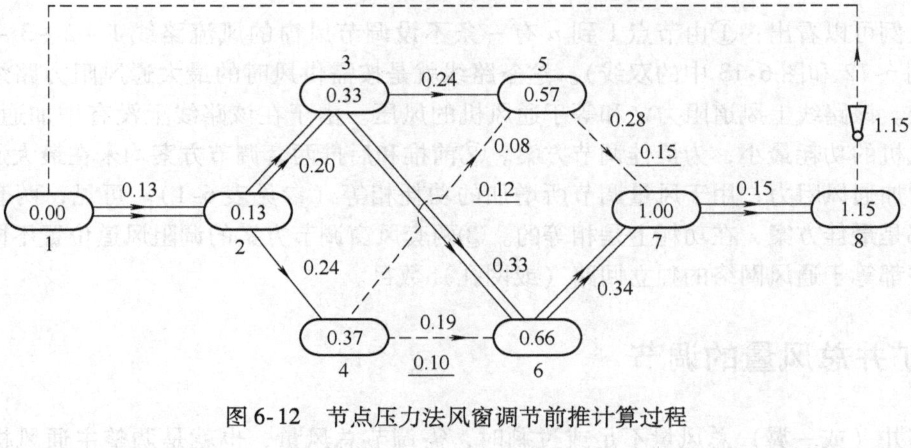

图6-12 节点压力法风窗调节前推计算过程

（1）前推计算过程

1）给通风网络各节点编号，如图6-12所示。

2）令 $p_1=0$。

3）$p_2=p_1+h_{12}=0+0.13=0.13$，$p_3=p_2+h_{23}=0.13+0.20=0.33$，$p_4=p_2+h_{24}=0.13+0.24=0.37$，

$p_5 = \max\ \{p_3 + h_{35},\ p_4 + h_{45}\} = \max\ \{0.33 + 0.24,\ 0.37 + 0.08\} = 0.57,$

$p_6 = \max\ \{p_3 + h_{36},\ p_4 + h_{46}\} = \max\ \{0.33 + 0.33,\ 0.37 + 0.19\} = 0.66,$

$p_7 = \max\ \{p_5 + h_{57},\ p_6 + h_{67}\} = \max\ \{0.57 + 0.284,\ 0.66 + 0.34\} = 1.00,$

$p_8 = p_7 + h_{78} = 1.00 + 0.15 = 1.15$。

4）$\Delta h_{12} = 0.13 - 0.00 - 0.13 = 0$，$\Delta h_{23} = 0.33 - 0.13 - 0.20 = 0$，$\Delta h_{35} = 0.57 - 0.33 - 0.24 = 0$，$\Delta h_{57} = 1.00 - 0.57 - 0.28 = 0.15$，$\Delta h_{45} = 0.57 - 0.37 - 0.08 = 0.12$，$\Delta h_{36} = 0.66 - 0.33 - 0.33 = 0$，$\Delta h_{24} = 0.37 - 0.13 - 0.24 = 0$，$\Delta h_{46} = 0.66 - 0.37 - 0.19 = 0.10$，$\Delta h_{67} = 1.00 - 0.66 - 0.34 = 0$，$\Delta h_{78} = 1.15 - 1.00 - 0.15 = 0$。

5）$p_n = p_8 = 1.15$，即主要通风机风压 $H_f = 1.15$。

（2）后推计算过程

在已知终点压力 p_n 或假定 $p_n = 0$ 的情况下，可采用与上述顺序相反的后推解算法。解算过程从略，其结果列于表 6-1，推算过程如图 6-13 所示。

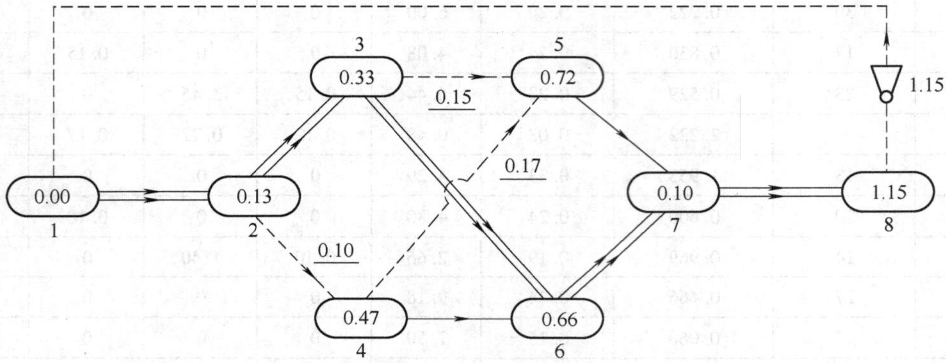

图 6-13　节点压力法风窗调节后推计算过程

由此例可以看出：①由节点 1 到 n 有一条不设调节风窗的风流路线 1－2－3－6－7－8－1（图 6-12 和图 6-13 中的双线）。这条路线就是按需供风时的最大通风阻力路线，或称关键路径。该路线上风道阻力之和等于通风机的风压。由于在该路线上没有增加通风阻力，因此通风机的功耗最小，为最佳调节方案。②前推和后推两套调节方案均未在最大通风阻力路线上增加通风阻力，用于风量调节所增加的功耗相等（参见表 6-1）。可见，两套风窗调节方案都是最佳方案，在功耗上是相等的。③两套风窗调节方案的调阻风道位置不同，但数目相同并都等于通风网络的独立回路（或网孔）数目。

6.3　矿井总风量的调节

当矿井（或一翼）总风量不足或过剩时，需调节总风量，也就是调整主通风机的工况点。这种对全矿总风量进行的调节，称为矿井总风量调节。采取的调节措施是改变主要通风机的工作特性或改变矿井通风系统的总风阻。

1. 改变主要通风机的工作特性

如图 6-14 所示，若主要通风机风压特性曲线为Ⅰ，矿井风阻特性曲线为 R，则主要通风机工况点为 M_1，其矿井总风量为 Q_{I}。若通过改变主要通风机的叶轮转速、轴流式通风机叶片安装角度和离心式风机前导器叶片角度等，将主要通风机的风压特性曲线改变为Ⅱ（或Ⅲ），在矿井风阻特性曲线不变的情况下，则主要通风机工况点改变为 M_2（或 M_3），其矿井总风量就增大为 $Q_{Ⅱ}$（或减少为 $Q_{Ⅲ}$），这就达到了调节主要通风机所在系统总风量的目的。

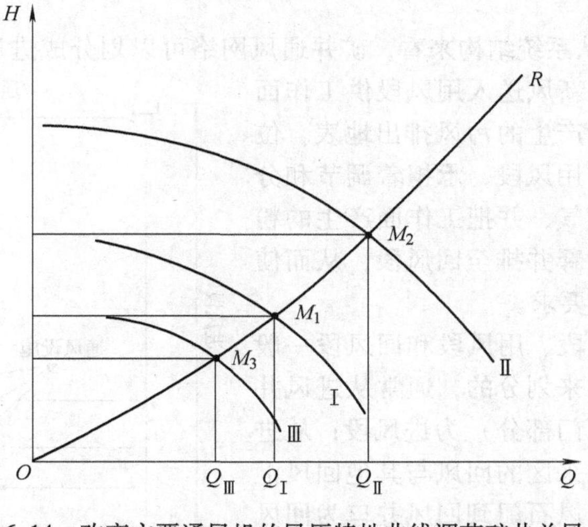

图6-14　改变主要通风机的风压特性曲线调节矿井总风量

2. 改变矿井总风阻

如图6-15所示，若主要通风机风压特性曲线为Ⅰ，矿井风阻特性曲线为 $R_{Ⅰ}$，则主要通风机工况点为 M_1，其矿井总风量为 $Q_{Ⅰ}$。若将矿井风阻特性曲线改变为 $R_{Ⅱ}$（或 $R_{Ⅲ}$），在主要通风机风压特性曲线不变的情况下，则主要通风机工况点就改变为 M_2（或 M_3），其矿井总风量就增大为 $Q_{Ⅱ}$（或减少为 $Q_{Ⅲ}$）。这就达到了调节矿井总风量的目的。

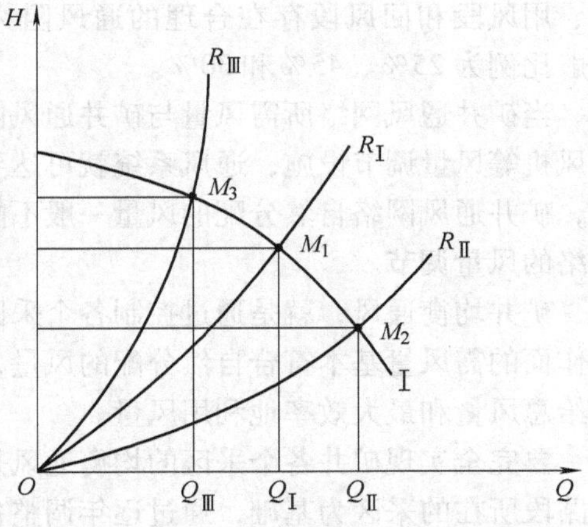

图6-15　改变矿井总风阻调节矿井总风量

（1）风硐闸门调节法

如果在通风机风硐内安设调节闸门，通过改变闸门的开口大小可以增大或降低矿井总风阻，从而可调节通风机的工作风量。

对于离心式通风机，当风量过剩时，用风硐闸门增加风阻以降低风量，可减少电耗。这是因为离心式通风机的功率特性曲线随风量减小而下降。但对于轴流式通风机，由于其功率特性曲线随风量减小而上升，因此一般不用增加风阻的方法来降低通风机的工作风量。

（2）降低矿井总风阻

当矿井总风量不足时，如果能降低矿井总风阻，则不仅可增大矿井总风量，而且可以降低矿井总阻力。矿井总风阻取决于通风网络中各分支的风阻及网络的结构，降低矿井总风阻一方面应降低关键风路的风阻，另一方面应改善通风网络的结构等。

6.4 基于均衡通风原理的矿井通风网络优化调节

6.4.1 均衡通风优化调节原理

如图6-16所示，从系统结构来看，矿井通风网络可以划分成进风段、用风段和回风段三部分。进风段把地表新风送入用风段供工作面使用，回风段把用风段产生的污风排出地表。位于通风网络核心部位的用风段，承担着调节和分配进风段送入的新鲜空气，并把工作面产生的粉尘等污染物质经风流稀释并排至回风段，从而使作业环境达到安全卫生要求。

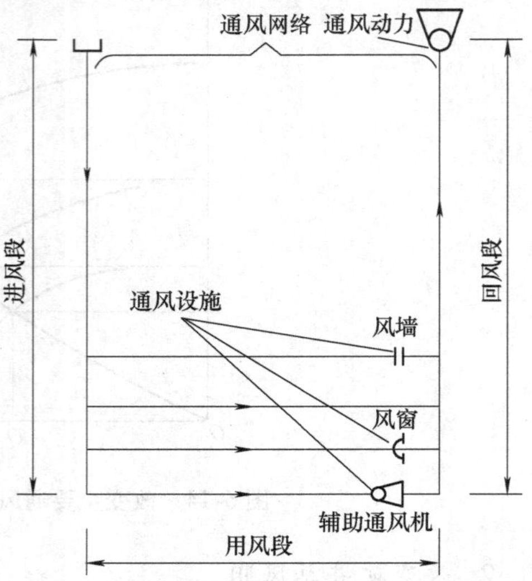

图6-16 矿井通风网络

矿井通风网络进风段、用风段和回风段一般是按风流在通风网络中来划分的，通常从进风井口到进风大巷（盘区石门部分）为进风段；从进风石门到回风石门（或采区的回风与其他回风汇合处）为用风段；从回风石门到回风井口为回风段。研究及统计结果表明，矿井通风网络中进风段、用风段和回风段存在合理的通风阻力分布，一般比例为25%、45%和30%。

当矿井通风网络所需风量与矿井通风网络自然分配的风量一致时，无需设置风窗或辅助通风机等风量调节设施，通风系统就可达到功耗最少、可控性最强和有效性最好。通常情况下，矿井通风网络自然分配的风量一般不能满足实际需要的风量，因而就必须进行矿井通风网络的风量调节。

矿井均衡通风，就是通过控制各个采区或掘进工作面的部署，确保矿井各个采区或掘进工作面的需风量基本符合自然分配的风量，从而获得矿井通风系统的最小通风总阻力、最大供给总风量和最大效率地利用风量。

要完全实现矿井各个采区的均衡通风是比较困难的。通常情况下，要以矿井通风阻力最大路段所在的采区为基础，通过逐年调整各个采区的采区产量和通风部署，使得通风阻力最大路段所在采区的风量或风阻减少，从而有效地降低矿井的通风阻力，也可确保矿井在通风距离增加时其通风阻力增长的最小化。

6.4.2 均衡通风优化调节方法

在实测矿井通风线路通风阻力分布的基础上，确定出矿井通风网络通风阻力最大路段。针对矿井通风网络通风阻力最大路段，采取以下降低通风阻力的方法：①对通风阻力最大路段所在的采区，通过逐年调整各个采区产量和通风部署，使通风阻力最大路段的风量减小；②减小通风阻力最大路段所在采区的漏风，提高有效风量率，从而可适当降低一些该路段的供风量；③降低通风阻力最大路段的摩擦阻力系数和局部阻力系数，或启用存在的并联巷道通风，或缩短其通风巷道的长度，以降低通风阻力最大路线的风阻。

矿井均衡通风优化调节是一项长期的系统工程，要借助于计算机通风网络风量解算软件，对矿井现有通风网络进行未来几年的均衡通风模拟解算，再据此提出合理的均衡通风优化调节方案。

例如，实测某煤矿井通风网络进风段、用风段和回风段的通风阻力分布见表6-2，由现场调查及实测数据分析可知，目前该矿通风网络存在问题及解决方法如下：

1）回风段阻力偏大。回风段的阻力占矿井通风网络总阻力的45.7%，巷道百米阻力为49.2Pa，回风段阻力明显偏大。由现场调查分析可知，主暗斜井、总回风巷以及回风井通风阻力都较大，同时也有部分巷道的摩擦阻力系数偏大。特别是风流从－725m东翼运输巷与－725m西翼运输巷汇合后，经小联络巷分岔进入运人斜巷与主暗斜井并联回风，该段小联络巷道断面仅有7.3m^2，风阻很大。

针对回风段阻力情况，对回风段部分巷道进行扩大巷道断面降阻优化是可行的，特别是总回风巷最西端120m及最东端50m应进行扩巷。

2）部分巷道漏风严重。首采区及六采区部分巷道封闭不好，向采空区漏风严重，采空区有潜在的自燃发火隐患。运人斜巷与－490m西翼运输大巷溜煤眼、综采机械设备库与8301轨道巷及－725m西翼运输大巷的2个溜煤眼闲置，漏风量多达100m^3/min。

为此，确定对短期内暂不使用的联络巷及其他巷道进行封闭，以提高风量的利用率；对封闭不好的联络巷、溜煤眼及与采空区连通的巷道进行充填封堵，并适当增加密闭墙的气密性，以限制漏风量。

3）通风设施多，使得矿井阻力和漏风都增大。特别是在主测通风线路上，风窗、风门达40处之多。通风设施的作用是风量调节，只有实施均衡通风，才能有效地减少通风设施。

4）各个采区供风不均衡。目前矿井开采七、八、九3个采区，采掘布置主要集中在八采区，使得八采区供风量大、通风阻力也随之增大，见表6-3。

可见，有必要实施均衡通风，以减少八采区的需风量，进而降低矿井通风阻力。

表6-2 某煤矿井通风阻力的分布情况

区段	长度/m	阻力/Pa	占总阻力比例（%）	百米阻力/(Pa/100m)
进风段	1556.35	502.3	27.4	32.3
用风段	2939.00	492.6	26.9	16.8
回风段	1703.00	837.7	45.7	49.2

表6-3 2012～2013年各采区分配的风量

年份	分配风量/(m^3/s)				总风量/(m^3/s)
	七采区	八采区	九采区	其他	
2012	15.26	52.27	12.26	10.21	90
2013	17.12	58.12	9.97	7.79	95

借助于计算机通风网络风量解算软件，对矿井2013～2016年不同采掘布置时的矿井通风状态进行了风量解算，并将均衡通风原理应用于通风网络风量的优化调节，得出了全矿井3年内各个时期的均衡通风，见表6-4。

表 6-4 2014～2016 年矿井通风网络及采区计划的均衡通风参数

年份	分配风量/(m^3/s)				总负压/Pa	总风阻/($N\cdot s^2/m^8$)	等积孔/m^2
	七采区	八采区	九采区	其他			
2013	17.12	58.12	9.97	9.79	2057	0.228	2.49
2014	26.75	36.67	21.97	9.61	1951	0.216	2.56
2015	25.82	37.39	22.13	9.66	1973	0.219	2.55
2016	35.28	36.43	13.61	9.68	2018	0.224	2.52

2014～2016 年采掘工作面计划分布在七采区、八采区和九采区，较 2012 年来说，采掘布局更为均衡，各个采区供风量较 2013 年更均衡；在总风量不变但通风距离增长的情况下，矿井通风阻力较 2012 年反而降低。由此可见，矿井均衡通风收到了很好的降阻效果。

2015～2016 年，各个采区在保持计划的均衡通风状态下，随着各个采区通风距离的增加，其矿井通风阻力应较 2014 年略有增大，较好地实现了矿井通风阻力增长的最小化。

6.4.3 矿井通风网络风量调节效果的评价指标

当忽略自然压差与通风机出风口动压损失时，由式（4-32）和式（4-42）可得

$$H_f = h = RQ^2 \tag{6-23}$$

式中 H_f——通风机风压（Pa）；

h——矿井通风阻力（Pa）；

R——矿井风阻（$N\cdot s^2/m^8$）；

Q——通风机风量（m^3/s）。

矿井通风能耗为

$$N_d = \frac{H_f Q}{1000\times\eta_m\eta_{tr}\eta} = \frac{RQ^3}{1000\times\eta_m\eta_{tr}\eta} \tag{6-24}$$

式中 N_d——矿井通风能耗（kW）；

η_m——电动机效率；

η_{tr}——传动效率；

η——通风机效率。

由式（6-23）和式（6-24）可以得出：

（1）矿井通风能耗与矿井通风阻力成正比，减少矿井通风阻力可以取得明显的节能效益。

（2）矿井通风能耗与矿井风阻成正比，减少矿井风阻可以降低矿井通风能耗，尤其是在矿井风量较大时，减少风阻的节能效果更为明显。

（3）矿井通风能耗与矿井风量的三次方成正比，因此，矿井风量在满足需要的条件下不宜有较多的富余风量。

矿井风量调节后不仅要满足各工作地点用风量的要求，而且应使调节后的通风能耗达到最小。即

$$W = \min\ \{R_i Q_i^3\} \tag{6-25}$$

式中 R_i——第 i 个矿井风量调节方案实施时的矿井风阻（$N\cdot s^2/m^8$）；

Q_i——第 i 个矿井风量调节方案实施时的通风机风量（m^3/s）。

在布置通风系统时，要注意使各系统（或采区）的自然分配风量应尽量接近所需要的风量，以便给风量调节创造条件。因此，可用风量按需分配时矿井通风网络总风阻 R 与风量自然分配时矿井通风网路总风阻 R_u 的比值，作为风量调节优劣的指标。但常用以下指标作为衡量风量调节优劣的指标。即

$$K=\frac{N_x-N_u}{N_x} \tag{6-26}$$

式中　K——矿井风量调节能耗增加系数；

N_x——风量按需分配时矿井通风网络的总能耗（kW）；

N_u——风量自然分配时矿井通风网络的总能耗（kW）。

K 值越接近0，说明矿井通风网络风量调节布置越合理，其风量调节后使矿井的能耗增加也越少。

本章习题

1. 概念解释

增阻调节法　减阻调节法　增能调节法　矿井总风量调节　矿井局部风量调节

2. 判断题（正确的打“√”，错误的打“×”）

（1）对于每组的两个风门，作用在每个风门两侧的总能量差一般是相等的。（　）

（2）局部增阻调节法使矿井的总风阻增大。（　）

（3）用增大外部漏风的办法也能实现井下的减风调节。（　）

（4）增阻调节有一定的范围，超出这个范围可能达不到调节的目的。（　）

（5）用调节风窗开口面积的大小来调节并联分支的风量是有限的。（　）

（6）采用减阻调节法能使矿井总风阻减小，总风量增大。（　）

（7）并联风网有利于风流的控制和风量的按需调节。（　）

（8）一般井下风门能靠自重关闭。（　）

（9）增阻调节法的实质是在风网阻力较大的分支中安装调节风窗增加风阻，以保证风量按需分配。（　）

（10）在并联风网中，为了按需分风，在某一分支中增加调节风窗后，两分支的风压不再平衡。（　）

（11）调节风窗应尽量安设在回风巷道中，以免妨碍运输。（　）

（12）井下大量使用调节风窗，会增大矿井主通风机的风压和电耗。（　）

（13）减阻调节法的唯一措施是扩大巷道断面。（　）

3. 单项选择题

（1）在人员和车辆可以通行、风流不能通过的巷道中，至少要建立____。

A. 两道挡风墙　B. 两道风障　C. 两道风桥　D. 两道风门

（2）如果矿井主通风机特性曲线不变，增阻调节法会使矿井总风量____。

A. 减少　B. 增加　C. 不变　D. 不一定

（3）如果矿井主通风机特性曲线不变，减阻调节法会使矿井总风量____。

A. 减少　B. 增加　C. 不变　D. 不一定

（4）如果矿井主通风机特性曲线不变，增能调节法会使矿井总风量____。

A. 减少　B. 增加　C. 不变　D. 不一定

4. 问答题

（1）为什么要对矿井通风网络进行风量调节？按其调节的范围分，有哪几种风量调节法？

（2）风窗调节在什么情况下使用？

（3）通风优化调节的原理是什么？

（4）矿井复杂通风网络局部风量调节的常用计算方法有哪些？

（5）如何调节矿井总风量？

5. 计算题

（1）某巷道全长为 L，当将其中长度为 l 的巷道段摩擦阻力系数降低到原来的 1/4 时，全巷道的通风阻力降低到原来的 1/2，求 l/L 等于多少？

（2）有一并联通风系统如图 6-17 所示。已知 $Q=40\text{m}^3/\text{s}$、$R_1=1.21\text{N}\cdot\text{s}^2/\text{m}^8$、$R_2=0.8\text{N}\cdot\text{s}^2/\text{m}^8$。问：

① 巷道 1、2 中自然分配的风量是多少？

② 若巷道 1、2 所需风量分别为 $10\text{m}^3/\text{s}$ 和 $30\text{m}^3/\text{s}$ 时，如何调节？

（3）在图 6-18 中，设 $R_1=0.23\text{N}\cdot\text{s}^2/\text{m}^8$、$R_2=2.80\text{N}\cdot\text{s}^2/\text{m}^8$、$R_3=1.80\text{N}\cdot\text{s}^2/\text{m}^8$、$R_4=0.41\text{N}\cdot\text{s}^2/\text{m}^8$。各巷道要求的风量是 $Q_2=14\text{m}^3/\text{s}$，$Q_3=12\text{m}^3/\text{s}$，拟以辅助通风机调节。求辅助通风机和主要通风机的风压及风量。

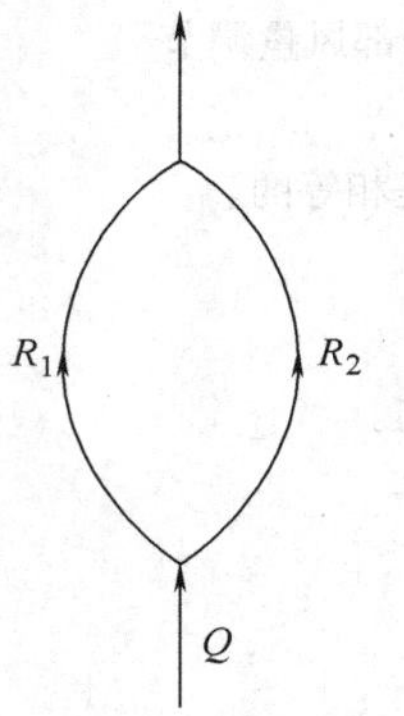

图 6-17 习题（2）附图

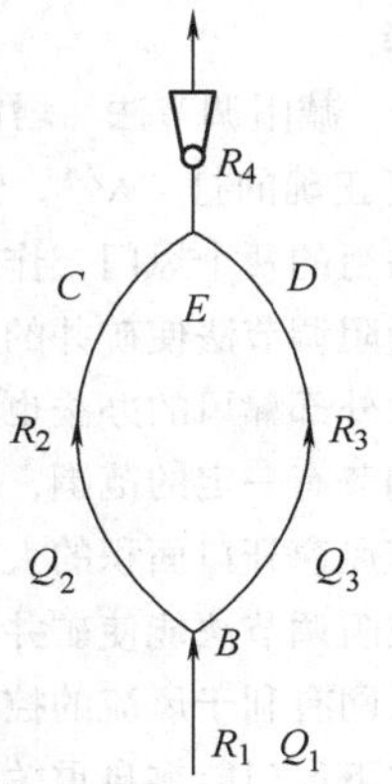

图 6-18 习题（3）附图

（4）有一自然通风的矿井，用无风墙辅助通风机加强通风。辅助通风机未开动前测得矿井风量为 $10\text{m}^3/\text{s}$；开动辅助通风机后，风量增加到 $16\text{m}^3/\text{s}$。无风墙辅助通风机的出口风速为 50m/s，出风口断面 $S_0=0.05\text{m}^2$，系数 $K_b=1.6$，巷道断面 $S=4\text{m}^2$，空气密度 $\rho=1.2\text{kg/m}^3$。求矿井总风阻和自然风压各为多少？

（5）某通风网络如图 6-19 所示。各风路的风阻值为 $R_{1-2}=0.5$、$R_{2-3}=0.6$、$R_{3-4}=1.0$、$R_{4-5}=R_{5-6}=R_{6-7}=R_{7-10}=R_{2-9}=R_{8-6}=0.1$、$R_{9-7}=1.6$、$R_{4-9}=0.15$、$R_{3-8}=0.16$、$R_{8-5}=0.15$（单位为 $\text{N}\cdot\text{s}^2/\text{m}^8$），各风路所需风量 $Q_{1-2}=30$、$Q_{2-3}=25$、$Q_{3-4}=15$，$Q_{4-5}=5$、$Q_{5-6}=13$、$Q_{6-7}=15$、$Q_{7-10}=30$、$Q_{2-9}=5$、$Q_{9-7}=15$、$Q_{4-9}=10$、$Q_{3-8}=10$、$Q_{8-5}=8$，$Q_{8-6}=2$（单位为 m^3/s）。问在哪些巷道上应加风窗调节？调节的阻力值应为多少（要求用节点压力法解算）？

（6）如图 6-20 所示并联风网，其中 $R_3=0.8\text{N}\cdot\text{s}^2/\text{m}^8$、$R_2=1.20\text{N}\cdot\text{s}^2/\text{m}^8$，巷道断面 $S_3=S_2=5\text{m}^2$。按生产要求，通过巷道 3 的风量 $Q_3=5\text{m}^3/\text{s}$，通过巷道 2 的风量 $Q_2=25\text{m}^3/\text{s}$。问若用降阻调节法，应把哪条巷道的断面扩大？断面扩大到多少才能满足生产要求？

（7）设某一通风网络及巷道中的风流方向如图 6-21 所示。已知 $R_1=0.6\text{N}\cdot\text{s}^2/\text{m}^8$、$R_2=0.60\text{N}\cdot\text{s}^2/\text{m}^8$、$R_3=1.05\text{N}\cdot\text{s}^2/\text{m}^8$、$R_4=0.30\text{N}\cdot\text{s}^2/\text{m}^8$、$R_5=1.05\text{N}\cdot\text{s}^2/\text{m}^8$，各巷道的需风量为 $Q_1=14\text{m}^3/\text{s}$、$Q_2=$

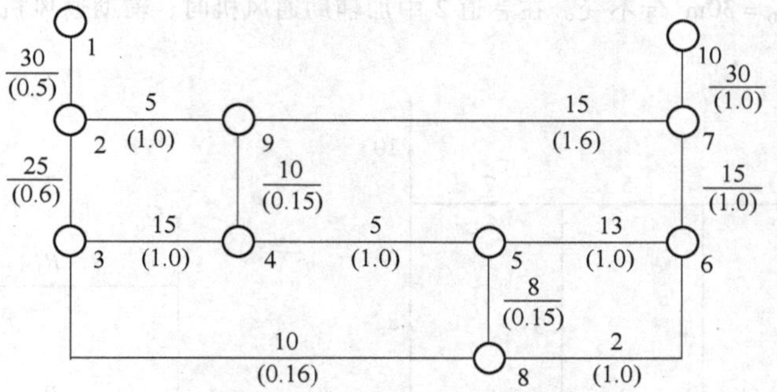

图6-19　习题（5）附图

$16m^3/s$、$Q_3=3.2m^3/s$、$Q_4=17.2m^3/s$、$Q_5=12.8m^3/s$，问该通风网络属于哪种类型的通风网络？若用风窗调节，应在何处安设风窗？风窗的阻力应为多少？

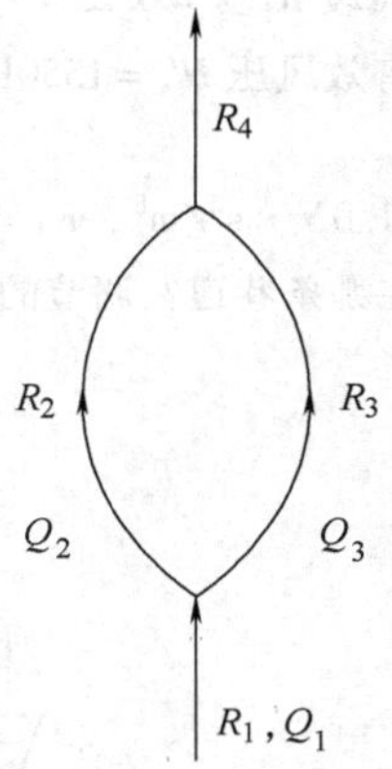

图6-20　习题（6）附图

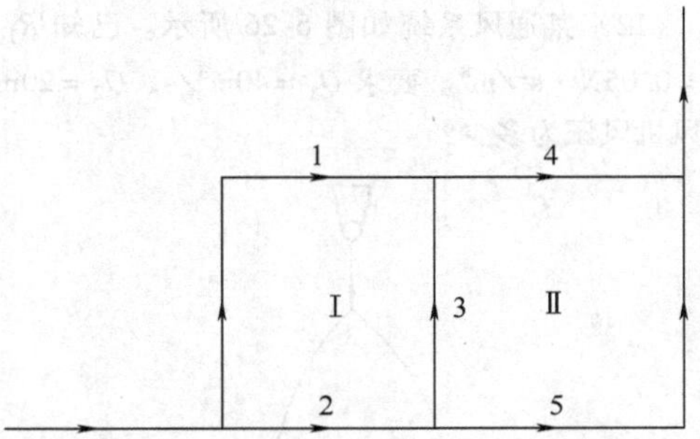

图6-21　习题（7）附图

（8）有一通风网络及其巷道中的风流方向如图6-22所示。已知 $R_1=0.25N\cdot s^2/m^8$、$R_2=0.10N\cdot s^2/m^8$、$R_3=0.30N\cdot s^2/m^8$，$Q_A=40m^3/s$、$Q_B=60m^3/s$。欲使 $Q_1=10m^3/s$、风流方向由 B 向 A，问应在哪条巷道中安设风窗？风窗的风阻值为多少？

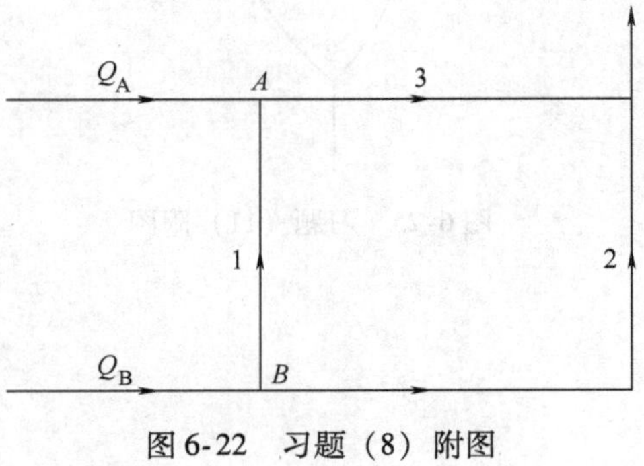

图6-22　习题（8）附图

（9）某通风系统如图6-23所示。各巷道的风阻为 $R_1=1.00N\cdot s^2/m^8$、$R_2=0.04N\cdot s^2/m^8$、$R_3=1.20N\cdot s^2/m^8$、$R_4=1.00N\cdot s^2/m^8$、$R_5=0.10N\cdot s^2/m^8$、$R_6=0.037N\cdot s^2/m^8$、$R_7=0.10N\cdot s^2/m^8$、$R_8=0.60N\cdot s^2/m^8$、$R_9=0.10N\cdot s^2/m^8$、$R_{10}=0.14N\cdot s^2/m^8$，各巷道需要的风量为 $Q_1=8m^3/s$、$Q_2=20m^3/s$、$Q_3=4m^3/s$、$Q_4=12m^3/s$、$Q_5=28m^3/s$、$Q_6=36m^3/s$、$Q_7=32m^3/s$、$Q_8=16m^3/s$、$Q_9=Q_{10}=44m^3/s$。试问：

1）该通风系统属何种通风网络结构？

2）欲采用风窗调节，应把风窗安设在哪条巷道中？需要调节的阻力为多少？

3）调节后的总风阻为多少？

（10）某通风网络如图6-24所示。已知 $R_1=0.16N\cdot s^2/m^8$、$R_2=0.60N\cdot s^2/m^8$。要求巷道2的风量

$Q_2 \geqslant 20m^3/s$，总风量 $Q_0 = 30m^3/s$ 不变。在巷道 2 中加辅助通风机时，辅助通风机的风压最小应为多少？最大不能超过多少？

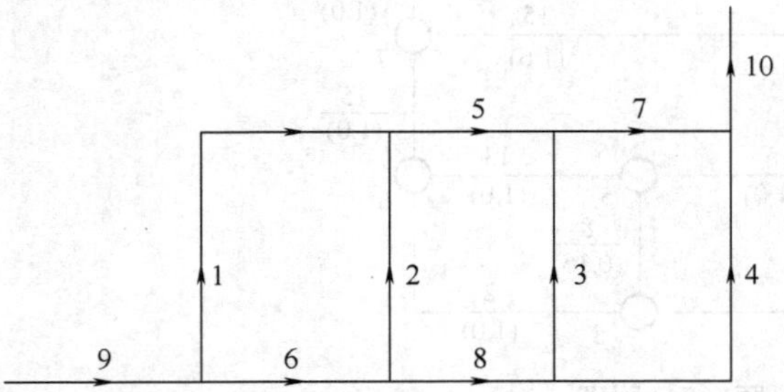

图 6-23　习题（9）附图

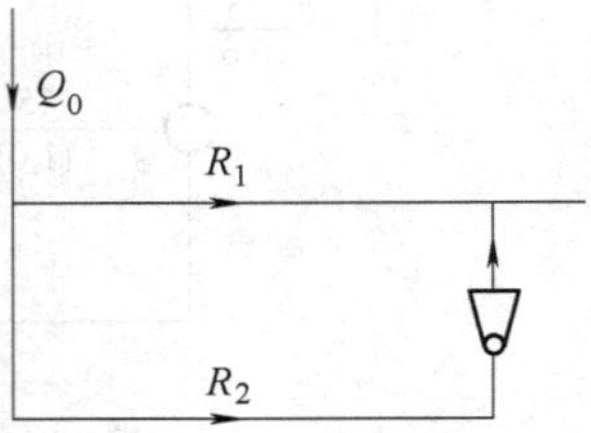

图 6-24　习题（10）附图

（11）设一通风网络及巷道中的风流方向如图 6-25 所示。风路 a、b 所需风量 $Q_a = 27m^3/s$、$Q_b = 34.7m^3/s$，其风阻值为 $R_a = 0.70N \cdot s^2/m^8$、$R_b = 1.30N \cdot s^2/m^8$；总进风段 $R_{1-2} = 0.23N \cdot s^2/m^8$，总回风段 $R_{3-4} = 0.02N \cdot s^2/m^8$，通过主要通风机的风量为 $61.7m^3/s$，通风机有效风压 $H'_s = 1550Pa$。求在不调整主要通风机工况点的情况下，如何对 a、b 风路进行风量调节。

（12）某通风系统如图 6-26 所示。已知 $R_1 = 0.5N \cdot s^2/m^8$，$R_2 = 1.0N \cdot s^2/m^8$、$R_3 = 0.2N \cdot s^2/m^8$、$R_r = 0.05N \cdot s^2/m^8$。要求 $Q_1 = 40m^3/s$、$Q_2 = 20m^3/s$，问调节风窗应设在哪条巷道？调节的风阻值为多少？通风机风压为多少？

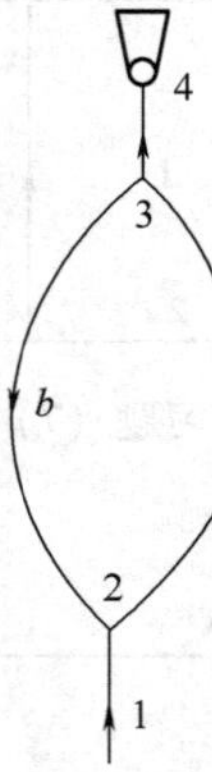

图 6-25　习题（11）附图

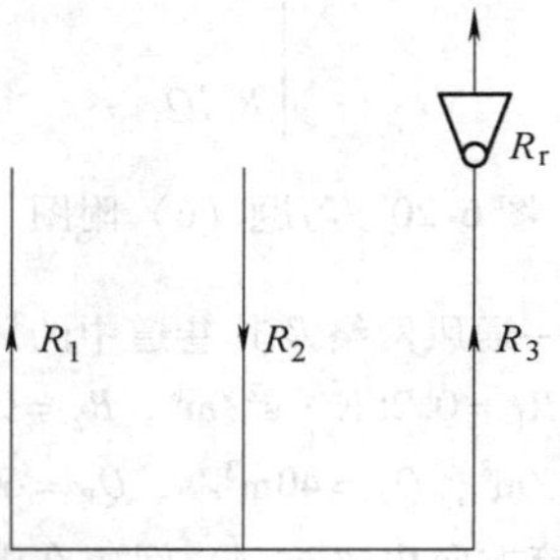

图 6-26　习题（12）附图

第 7 章

第 7 章　矿井通风系统

风流由进风井进入矿井后，经过井下各用风场所，然后从回风井排至地表，风流经过的整个路线及其配套的通风设施，称为矿井通风系统。矿井必须有完整独立的通风系统，必须按需要风量供风。矿井通风系统是否合理，对整个矿井通风状况的好坏和能否保障矿井安全生产起着重要的作用，同时还应在保证安全生产的前提下，尽量减少通风工程量，以降低通风费用，力求经济合理。

从系统组成来看，矿井通风系统由通风网络、通风动力和通风控制设施三大部分有机构成。通风网络就是由风流流经的所有井巷构成的、相互关联的、复杂的、网络状的井巷集合体。通风动力即为矿井风流流动提供能量的主要通风机、辅助通风机、自然压差等动力源组成的动力结构体系。通风控制设施就是控制有害漏风，并使供入井下的风流按生产需求进行分配的风门、风窗、风墙、风桥、局部通风机、空气幕、导风板等一系列调节控制设施。其中，局部通风机具有双重功能，其既属于通风动力，又属于调控设施。每个通风系统至少要有一个可靠的进风井和一个可靠的回风井。

7.1　矿井通风系统的类型

根据通风系统结构，矿井通风系统可分为统一通风和分区通风两种类型。

7.1.1　统一通风

一个矿井构建成一个整体通风系统的格局，称为统一通风，如图 7-1 所示。统一通风具有进风井和回风井数量少、投资少、使用的主通风机少、便于管理等优点，比较适合于难以增加进、回风井的矿井采用。特别是深矿井，因开拓风井的工程量较大，采用全矿统一通风比较合理。

按进、回风井在井田内的位置不同，统一通风系统可分为中央式、对角式和混合式。

1. 中央式

中央式是进、回风井均位于井田走向的中央。按进、回风井沿井田倾斜方向相对位置的不同，又可分为中央并列式和中央边界式两种，如图 7-2 所示。

（1）中央并列式

进、回风井均并列布置在井田走向和倾斜方向的中央，两井底可以开掘到第一水平，如图 7-2a 中的（1）所示。也可以将回风井只掘至回风水平，如图 7-2a 中的（2）所示。后者只适用于较小型矿井。

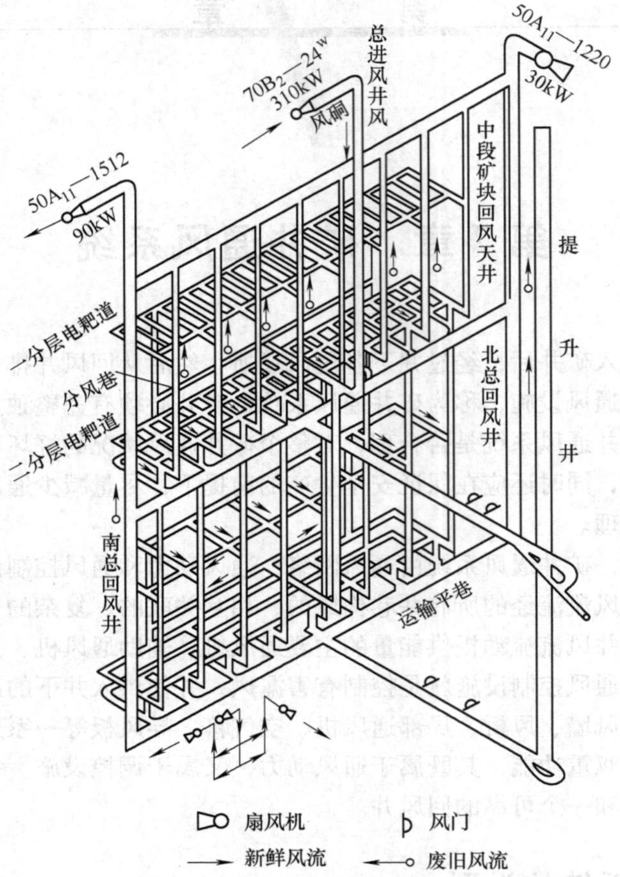

图 7-1　易门铜矿狮山坑统一通风系统

1）优点。初期开拓工程量小，投资少，投产快；地面建筑集中，便于管理；两个井筒集中，便于开掘和井筒延深；井筒安全煤柱少，易于实现矿井反风。

2）缺点。矿井通风路线是折返式，风路较长，通风阻力较大，特别是当井田走向很长时，边远采区与中央采区风阻相差悬殊，边远采区可能因此风量不足；由于进、回风井距离近，井底漏风较大，容易造成风流短路；安全出口少，只有 2 个；工业广场受主要通风机噪声的影响和回风风流的污染。

3）适用条件。井田走向长度小于 $4km$，煤层倾角大，埋藏深，瓦斯与自燃发火都不严重的矿井。

（2）中央边界式（又名中央分列式）

如图 7-2*b* 所示，进风井仍布置在井田走向和倾斜方向的中央，回风井大致布置在井田上部边界沿走向的中央，回风井的井底标高高于进风井底标高。

1）优点。安全性好；通风阻力比中央并列式小，矿井内部漏风小，有利于矿井瓦斯和自燃发火的管理；工业广场不受主要通风机噪声的影响和回风流的污染。

2）缺点。增加一个风井场地，占地和压煤较多；风流在井下的流动路线为折返式，风流路线长，通风阻力大。

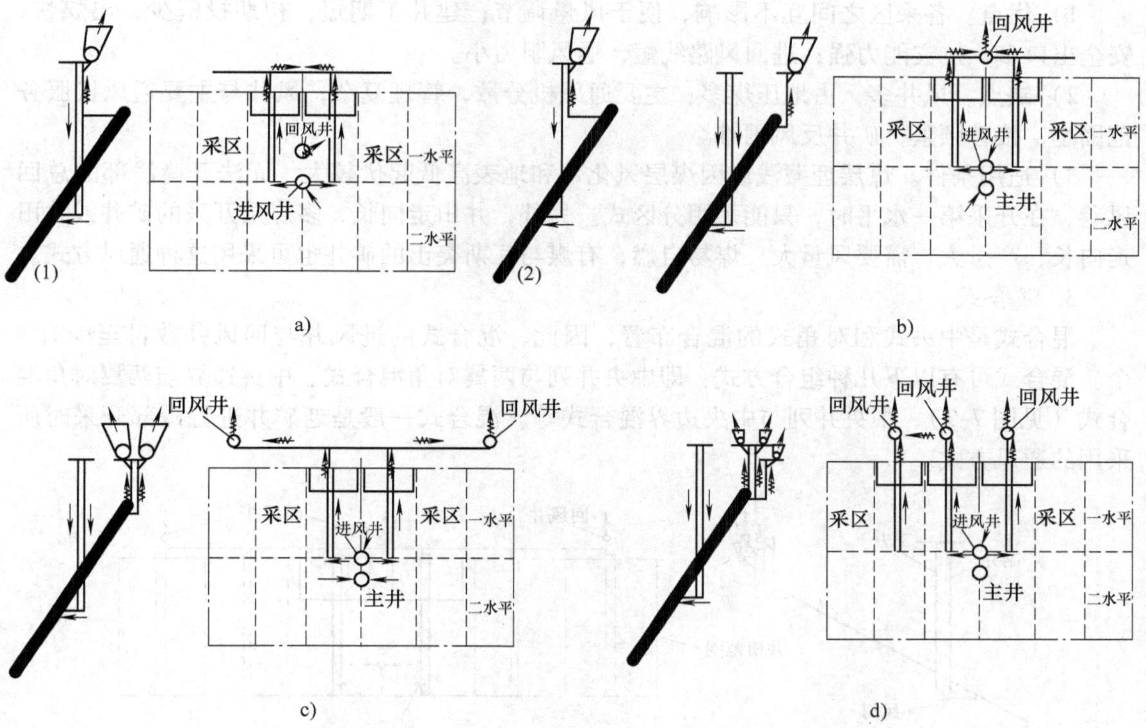

图 7-2 矿井通风方式

a）中央并列式 *b*）中央分列式 *c*）两翼对角式 *d*）分区对角式

3）适用条件。井田走向长度小于 4*km*，煤层倾角较小，埋藏浅，瓦斯与自燃发火都比较严重的矿井。

2. 对角式

进风井大致布置于井田的中央，回风井分别布置在井田上部边界沿走向的两翼上。根据回风井沿走向的位置不同，又分为两翼对角式和分区对角式两种。

（1）两翼对角式

如图 7-2*c* 所示，进风井大致位于井田走向的中央，在井田上部沿走向的两翼边界附近或两翼边界采区的中央各开掘一个回风井。

1）优点。风流在井下的流动路线为直向式，风流路线短，通风阻力小；矿井内部漏风小；各采区间的风阻比较均衡，便于按需分风；矿井总风压稳定，主要通风机的负载较稳定；安全出口多，抗灾能力强；工业广场不受回风污染和主要通风机噪声的危害。

2）缺点。初期投资大，建井期长；管理分散；井筒安全煤柱压煤较多。

3）适用条件。井田走向长度大于 4*km*，需要风量大，煤易自燃，有煤与瓦斯突出的矿井。

如果只有一个回风井，且进、回风井分别位于井田的两翼，称为单翼对角式。

（2）分区对角式

进风井位于井田走向的中央，在每个采区的上部边界各掘进一个回风井，无总回风巷，如图 7-2*d* 所示。

1）优点。各采区之间互不影响，便于风量调节；建井工期短；初期投资少，出煤快；安全出口多，抗灾能力强；进回风路线短，通风阻力小。

2）缺点。风井多，占地压煤多；主要通风机分散，管理复杂；风井与主要通风机服务范围小，接替频繁；矿井反风困难。

3）适用条件。煤层埋藏浅或因煤层风化带和地表高低起伏较大，无法开凿浅部的总回风巷，在开采第一水平时，只能采用分区式。另外，井田走向长，多煤层开采的矿井或井田走向长、产量大、需要风量大、煤易自燃，有煤与瓦斯突出的矿井也可采用这种通风方式。

3. 混合式

混合式是中央式和对角式的混合布置，因此，混合式的进风井与回风井数目至少有3个。混合式可有以下几种组合方式，即中央并列与两翼对角混合式、中央边界与两翼对角混合式（见图7-3）、中央并列与中央边界混合式等。混合式一般是老矿井进行深部开采时所采用的通风方式。

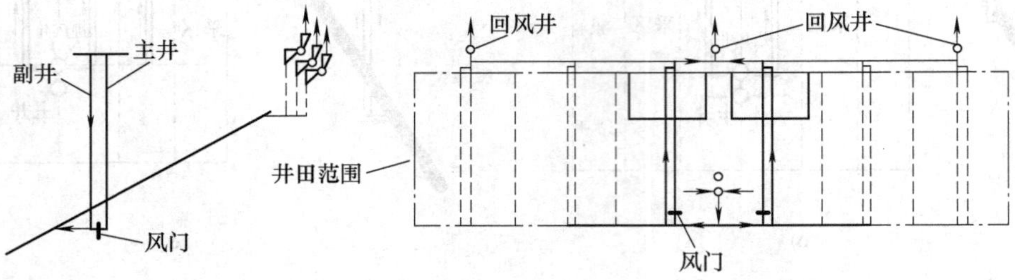

图7-3 中央边界与两翼对角混合式通风

1）优点。有利于矿井的分区分期建设，投资省，出煤快，效率高；回风井数目多，通风能力大；布置灵活，适应性强。

2）缺点。多台通风机联合工作，通风网络复杂，管理难度大。

3）适用条件。井田走向长度大，老矿井的改扩建和深部开采；多煤层多井筒的矿井；井田面积大、产量大、需要风量大或采用分区开拓的大型矿井。

矿井的通风方式，应根据矿井的设计生产能力、煤层或矿体赋存条件、地形条件、井田面积、走向长度及矿井瓦斯等级、煤层或矿石的自燃倾向性等情况，从技术、经济和安全等方面加以分析，通过方案比较确定。

7.1.2 分区通风

1. 分区通风的原理、特点及适用条件

一个矿井分别建立若干个通风网络、通风动力及调控设施均绝对独立的、风流互不连通的通风系统的格局，称为分区通风，也称为区域式通风。具体地说，就是将一个矿井划分成若干个区域，每个分区均独自构建专用的进风、用风和回风井巷，拥有一套专为本分区服务的通风动力与调控设施，使得各分区独立进风、独立回风、独立用风，各分区之间风流互不联通，避免相互干扰。

分区通风与统一通风相比，其优点为：①网络结构简单，风流易于调节控制，通风效果容易得到保障；②进、回风口增多，风路长度缩短，通风阻力减小，通风电耗随之减少；

③风阻减小，风压降低，漏风减少，有效风量增多。

分区通风的缺点为需要较多的进风和回风井，因而它的使用受到了一定的限制。

分区通风在一些矿体埋藏浅而分散的矿山得到了应用。是否适合采用分区通风，主要看开凿通达地表的通风井巷工程量大小，或者有无现成的井巷可以利用。一般来说，在下述条件下，采用分区通风比较有利：①矿体埋藏较浅而分散，有现成的井巷可供利用，或者开凿通达地表的通风井巷工程量较小；②矿体埋藏浅，走向长，产量大，若构建一个统一通风系统，风路长，漏风大，网络复杂，管理困难。

2. 分区方法

（1）按矿体分区

当一个矿井只有几个大矿体或有几个矿量比较集中的矿群时，将邻近的矿体或矿群划为一个通风区，全矿划分为若干个通风区，如图7-4所示。

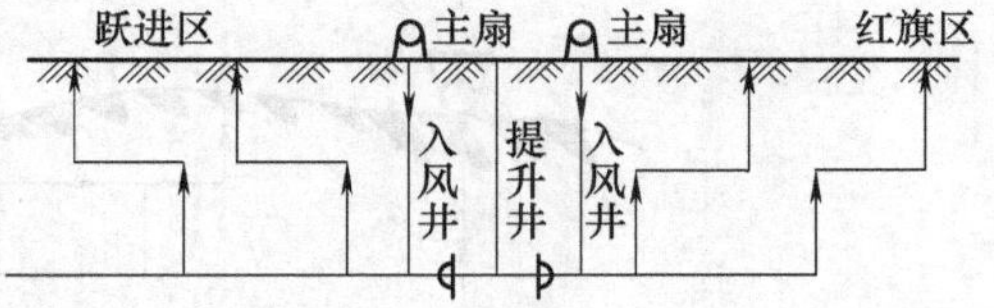

图7-4　柴河铅锌矿基于两个矿体构建的分区通风系统

（2）按阶段分区

沿山坡分布的平行密集脉状矿床，一般距地表较近，开采时常有旧巷或采空区与地表贯通。若上下阶段之间联系较少，可按阶段划分通风区域，如图7-5所示。

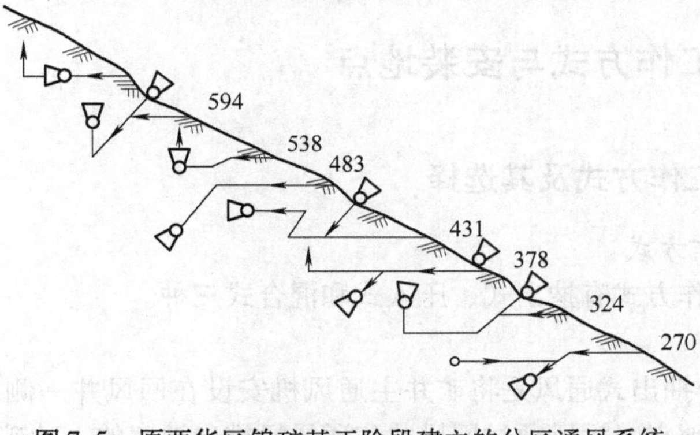

图7-5　原西华区钨矿基于阶段建立的分区通风系统

（3）按采区分区

矿体走向特长，开采范围很大的矿井，可沿走向划分成若干个采区，每个采区建立一个独立的通风系统，如图7-6所示。

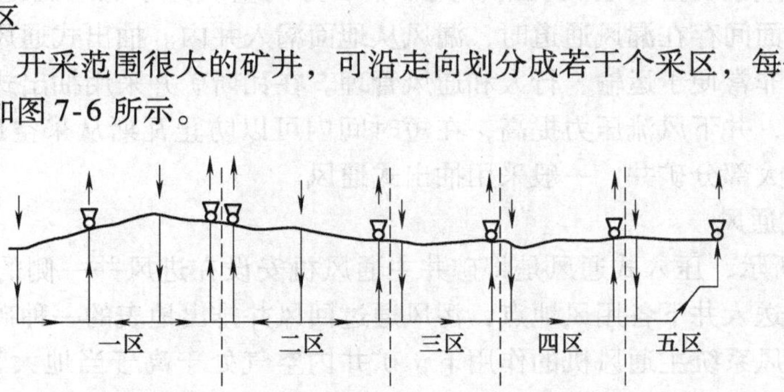

图7-6　原庞家堡铁矿基于采区构建的分区通风系统

（4）基于通风方法分区

依据采掘工作面通风规划布局，按照采用的通风方法不同，将用风部分划分和建设成若干个相互独立的区域，各区域有独立的工作面通风网络和独立的通风系统。

例如某些生产矿井，当靠近地表的浅部矿体已基本上采空，并形成大量采空区和旧巷与地表相通，如果将其纳入主通风机通风系统有困难时，可将该部分从主通风机通风系统中隔离出来，单独构成一个以自然通风为主的通风区（安设临时辅助通风机加强通风）。这样，不仅可使浅部残采区形成一定的风流系统，而且使深部主通风机通风系统更为完善，如图7-7所示。

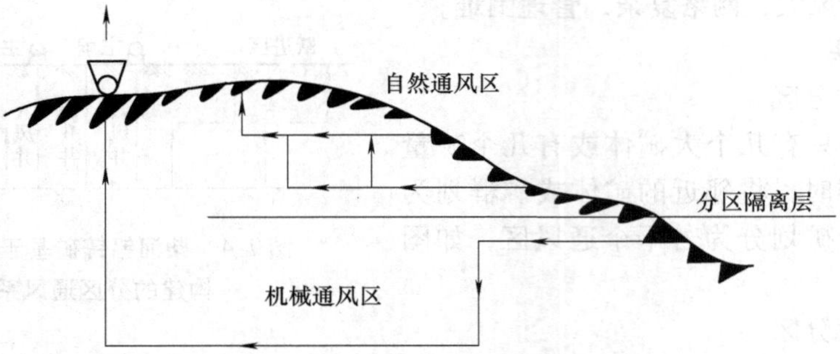

图7-7 基子自然通风与机械通风分区

7.2 主通风机工作方式与安装地点

7.2.1 主通风机工作方式及其选择

1. 主通风机工作方式

主要通风机的工作方式有抽出式、压入式和混合式三种。

(1) 抽出式通风

如图7-8a所示，抽出式通风是将矿井主通风机安设在回风井一侧的地面上，新风经进风井流到井下各用风地点，污风通过回风井和通风机排出地表的一种矿井通风方法。

在抽出式通风系统主要通风机的作用下，矿井内空气处于低于当地大气压力的负压状态，当矿井与地面间存在漏风通道时，漏风从地面漏入井内。抽出式通风矿井在主要进风巷无需安设风门，非常便于运输、行人和通风管理。在瓦斯矿井采用抽出式通风，若主要通风机因故停止运转，井下风流压力提高，在短时间内可以防止瓦斯从采空区涌出，比较安全。因此，目前我国大部分矿井，一般采用抽出式通风。

(2) 压入式通风

如图7-8b所示，压入式通风是将矿井主通风机安设在进风井一侧的地面上，新风经主要通风机加压后送入井下各用风地点，污风通过回风井排出地表的一种矿井通风方法。

在压入式通风系统主通风机的作用下，矿井内空气处于高于当地大气压力的正压状态，当矿井与地面间存在漏风通道时，漏风从井内漏向地面。压入式通风矿井中，由于要在矿井的主要进风巷中安装风门，使运输、行人不便，漏风较大，通风管理工作较困难。同时，当矿井主通风机因故停止运转时，井下风流压力降低，有可能使采空区瓦斯涌出量增加，造成瓦斯积聚，对安全不利。因此，在瓦斯矿井中一般很少采用压入式通风。

矿井浅部开采时，由于地表塌陷出现裂缝与井下沟通，为避免用抽出式通风将塌陷区内的有害气体吸入井下，可在矿井开采第一水平时采用压入式通风，当开采下水平时再改为抽出式通风。此外，当矿井煤炭自燃发火比较严重时，为避免将火区内的有毒有害气体抽到巷道中，有时也可采用压入式通风。

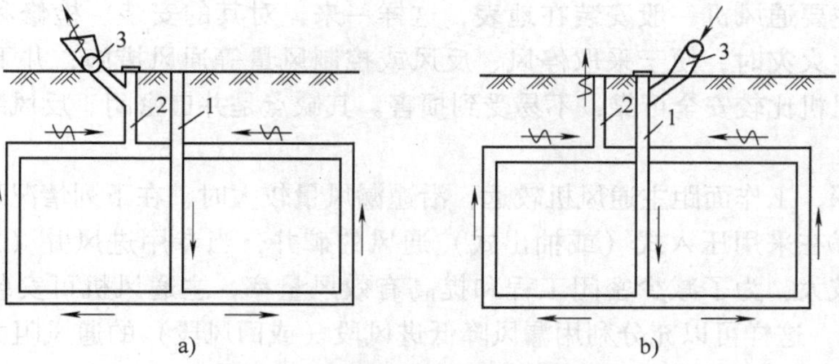

图 7-8　主通风机工作方式

a）抽出式通风　b）压入式通风

1—进风井　2—回风井　3—主要通风机

（3）混合式通风

混合式通风是在进风井和回风井一侧都安设矿井主要通风机，新风经压入式主要通风机送入井下，污风通过回风井和抽出式主要通风机排出井外的一种矿井通风方法。

混合式通风时进风段和回风段都安装主通风机，能产生较大的通风压力，通风系统的进风段处于正压，回风段处于负压，工作面大致处于中间状态（其正压或负压均不大），矿井的内部漏风少，风流流动方向稳定，排烟快，也不易受自然风流干扰而造成风流反向。但因使用的通风机设备多，动力消耗大，通风管理复杂，一般很少采用。

2. 主通风机工作方式的选择

主通风机工作方式不同，一方面使矿井空气处于不同的受压状态，另一方面在整个通风路线上形成了不同形式的压力分布状态，从而在进风和回风量、漏风量、风质和受自然风流干扰程度等方面也就出现了不同的通风效果。所以在确定主通风机工作方式时，应根据矿床赋存条件和开采特点而定。若进风井沟通地面老硐的裂缝多时，则宜采用抽出式，这样既减少了密闭工程量，又自然形成多井口进风，从而增加了矿井的总进风量；反之，若回风井位于沟通地面老硐的多裂缝区域时，或矿岩氡析出量较大的矿井，则宜采用压入式。

在一般情况下，抽出式通风应用广泛，其优点主要是无需在主要进风道安设控制风流的通风构筑物，便于运输、行人和通风管理工作，采场也易于排出炮烟。

在下列情况下适于采用压入式通风：①在回采过程中，回风系统易受破坏难于维护；②矿井有专用进风井巷，能将新鲜风流直接送往工作面；③当用崩落法采矿而覆盖岩层透气性很强，抽出式通风时造成大量漏风，从而减少了工作面有效风量时；④岩石裂隙及采空区中的氡对抽出式通风时的进风段造成污染。

在下列情况下适于采用压抽混合式通风：①采场距地表近，漏风大，采用压抽混合可平衡井内外压差，控制漏风量；②具有自燃危险的矿井，为了防止大量风流漏入采空区引起自燃；③开采具有放射性气体危害的矿井时，若采用压入式主通风机的正压控制进风和整个作业区段，可以控制氡的渗流方向，有利于减少氡的析出；若采用抽出式主通风机控制回风段，可以使污风迅速排出地表；④利用地层的调温作用解决提升井防冻的矿井，可在预热区安设压入式通风机送风，与抽出式主通风机相配合，形成压抽混合式。

7.2.2 主通风机安装地点

矿井大型主要通风机一般安装在地表，这样一来，对其的安装、检修和管理都比较方便；当井下发生火灾时，便于采取停风、反风或控制风量等通风措施；井下发生灾变事故时，地面主通风机比较安全可靠，不易受到损害。其缺点是井口密闭、反风装置和风硐的短路漏风较大。

当矿井较深，工作面距主通风机较远，沿途漏风量较大时，在下列情况下，主通风机可安装于井下：①在采用压入式（或抽出式）通风的矿井，当专用进风井（或专用回风井）地表附近漏风较大，为了减少密闭工程和提高有效风量率，主通风机可安装在井下进风段（或回风段）内，这样可以充分利用漏风降低进风段（或回风段）的通风阻力，增大矿井进风量（或回风量），也将原来有害漏风转变成了有益漏风；②在某些情况下，当在井内建筑主通风机房比在地表经济时，特别是小型矿井或分区通风风量较小时，所需主通风机较小，可以将主通风机放在巷道中而不需开凿硐室；③风井布置在有山崩、滚石、雪崩危险的地区，地表无适当位置或地基不宜建筑主通风机房时。

有自燃发火危险或进行大爆破的矿井，在井下安装主通风机时，应有可靠的安全措施并经主管部门批准。

主要通风机无论安设在地面或井下，在安全和不受地压及其他灾害威胁的条件下，其主通风机的安装位置应尽可能地靠近矿体，以提高有效风量率。此外，在井下安设时，还应考虑到主通风机的噪声不致影响井底车场工作人员的工作。

7.3 阶段通风网络布局及采场通风（非煤矿井）

非煤矿井如金属矿山通常将矿体划分为若干阶段开采，多阶段同时作业。为了使各阶段工作面都能从矿井总进风道中得到新鲜风流，并将工作面所排出的污风送到矿井总回风道，使得各工作面之间的风流互不干扰、串联和循环，就必须对各阶段的进、回风巷道统一布局，合理规划，即构建一定形式的阶段通风网络。

7.3.1 阶段通风网络布局

阶段通风网络是由阶段进风道、阶段回风道和工作面巷道构成的通风网络，它的作用是从矿井总进风道中得到新鲜风流然后将其送到工作面，再将工作面污风送至矿井总回风道。每个阶段至少要有一条可靠的阶段进风道和一条可靠的阶段回风道。

1. 进风道与回风道

阶段进风道与阶段回风道是联结矿井总进风道与总回风道的通风干线。

(1) 阶段进风道

它的作用是连通阶段生产作业区与矿井总进风道，使本阶段工作面都能从矿井总进风道得到新鲜风流。为节省通风井巷工程量，通常以阶段人行运输道兼作阶段进风道。但是，下列情况下应设计开凿合适的专用进风道：①阶段尚无与矿井总进风道相连的、可用的、可靠的进风巷道；②当阶段人行运输道与矿井总进风道不连通，或因相距太远而使通风阻力太大；③用人行运输道进风结构不合理，影响工作面风量按需分配；④需采用通风机来控制阶段进风，为避免通风机与人行运输的矛盾时；⑤利用运输道给阶段作压入式供风出现漏风严重难以控制时；⑥运输道中因装卸矿作业的产尘量大而影响风源质量时。

（2）阶段回风道

它的作用是连通阶段生产作业区与矿井总回风道，把本阶段工作面所产生的污风送到矿井总回风道排出地表。专用回风道可一个阶段设立一条，或两个阶段共用一条。由于在回风风流中含有大量有毒有害物质，所以阶段回风道一般都是专用的，不能兼作人行及运输道。为减少通风井巷工程量，阶段回风道通常利用上阶段已结束作业的运输道作下阶段的回风道。如果没有可供利用的巷道作回风道之用，则每个阶段至少应开凿一条可靠的专用回风道。

在多阶段开采的矿井，如果每一阶段都构建直接连通矿井总回风道的阶段回风道，可能工程量比较大。为节省工程量，可多个阶段共用一条回风道，即在多个阶段的最上部，维护或开凿一条公用回风道，并在回风侧开凿一条公用回风天井，用来汇集各阶段作业面所排出的污风，并将其送到上部公用回风道，此公用回风道称为采区或矿体回风道。

2. 阶段通风网络布局示范

为避免多阶段同时作业时风流的串联，阶段通风网络常用的典型布局有阶梯式、平行双巷式、棋盘式、上下阶段间隔式和梳式等。

（1）多阶段阶梯式进回风

当矿体由边界回风井向中央进风井方向后退回采时，可利用上阶段已结束作业的运输道作下阶段的回风道，使各阶段的风流呈阶梯式互相错开，新风与污风互不串联，如图7-9所示。这种通风网络结构简单，工程量最少，风流稳定，适用于能严格遵守回采顺序、矿体规整的脉状矿床。其缺点是对开采顺序限制较大，常因不能维持所要求的开采顺序而造成风流污染。

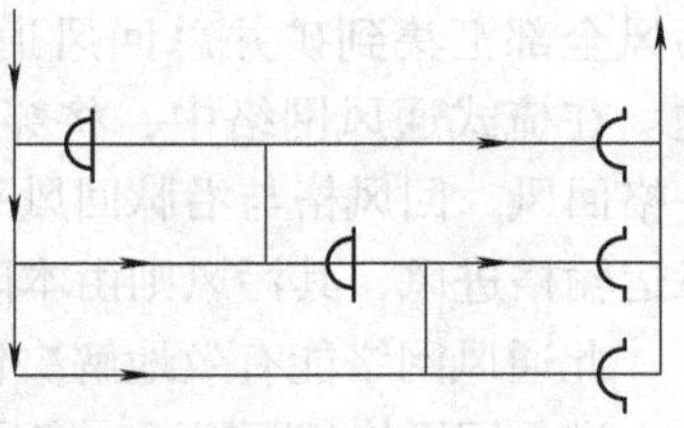
图7-9　多阶段阶梯式进回风

（2）本阶段平行双巷式进回风

每个阶段开凿两条沿走向互相平行的巷道，其中一条进风，另一条回风，构成平行双巷通风网。各阶段采场均由本阶段进风道得到新鲜风流，其污风可经本阶段的回风道排走，如图7-10所示。平行双巷阶段通风网络结构简单，能有效地解决风流串联污染。但是开凿工程量较大，适于在矿体较厚，开采强度较大的矿山使用。有些矿山结合探矿工程，只需开凿少量专用通风巷道即可形成平行双巷时，也可使用此种通风网络。

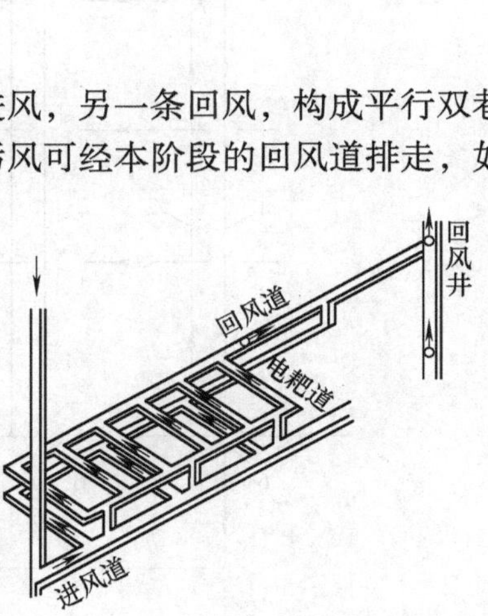

图7-10　本阶段平行双巷式进回风

（3）跨阶段棋盘式进回风

由阶段进风道、公用回风天井和公用回风道所构成。通常，在上部已采阶段维护或开凿一条各阶段公用回风道，然后沿矿体走向每隔一定距离（60~120m），保留一条贯通上下各阶段的公用回风天井。各公用回风天井与阶段运输道交叉处用风桥或绕道跨过。另有一分支巷道与采场回风道相沟通。各公用回风天井均与上部各阶段公用回风道相连。新鲜风流由阶段运输平巷进入采场，污浊风流通过采场回风道和分支联络巷道引进公用回风天井，直接进入上部的各阶段公用回风道，其网络结构如图 7-11 所示。棋盘式通风网络能有效地消除多阶段作业时，回采作业面间的风流串联。但需开凿一定数量的公用回风天井，通风构筑物也较多，通风成本较高。

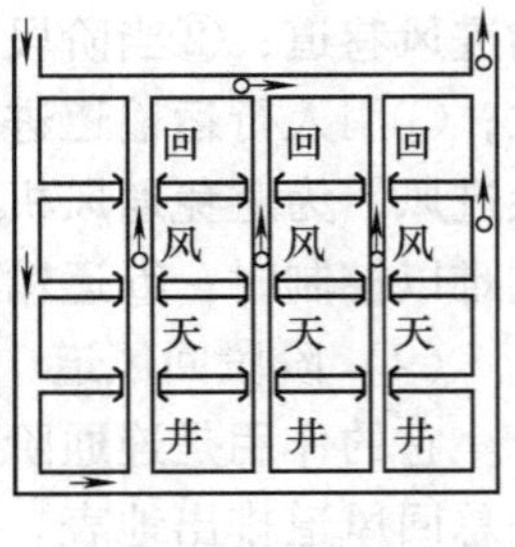

图 7-11　跨阶段棋盘式通风

(4) 上、下阶段间隔式回风

每隔一个阶段建立一条脉外集中回风平巷，用来汇集上、下两个阶段的污风，然后排到回风井。在回风阶段上部的作业面，由上阶段运输道进风，风流下行，污风由下部集中回风平巷排走；在回风阶段下部的作业面，由下阶段运输道进风，风流上行，污风也汇集于回风平巷排走，其网络结构如图 7-12 所示。上、下阶段间隔式通风网络能有效地解决多阶段作业时，作业面的风流串联。开凿工程量比平行双巷网络少，适于在开采强度较大的矿山使用。但回风平巷必须专用，并加强风量调节和主通风机对回风系统的控制，以防止出现风流反向。

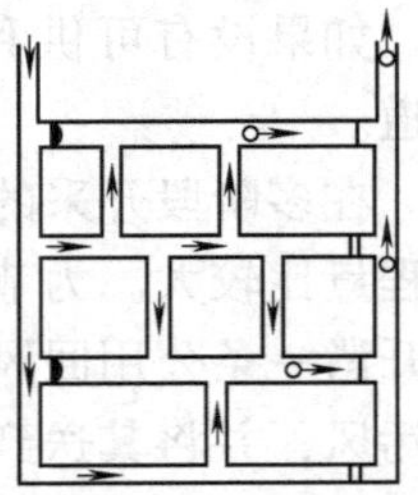
图 7-12　上、下阶段间隔式回风

(5) 梳式通风网络

当开采平行密集脉状矿床时，每一中段建立一条脉外集中回风道，还不能将各层矿脉的污风全部汇集到矿井总回风道中来。梳式通风网络结构，能较好地解决各层矿脉的回风问题。在梳式通风网络中，将穿脉巷道断面扩大，然后用风障隔成两格，一格运输兼进风，另一格回风。回风格与沿脉回风平巷相连，构成了形如梳状的回风系统。各采场均由本阶段的穿脉运输格进风，其污风则由本阶段或上阶段的回风格排入沿脉集中回风平巷，如图 7-13 所示。

此通风网络能有效地解决作业面间风流串联。但扩大穿脉巷道断面和修建风障的工程量较大；进、回风格相距很近，容易漏风。这种阶段通风网络适用于开采多层密集脉状矿体的矿井。

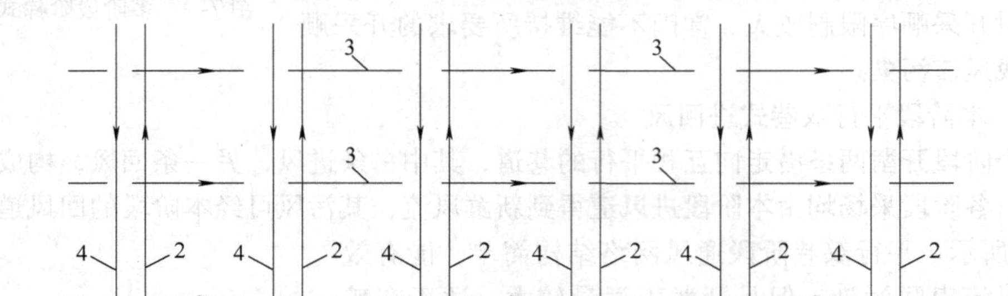
图 7-13　梳式通风网络

1—阶段运输平巷　2—穿脉巷运输格　3—沿脉运输平巷　4—穿脉巷回风格　5—阶段脉外回风巷　6—风桥

7.3.2 采场通风

合理的采场通风网络和通风方法，是保证整个通风系统发挥有效通风作用的最终环节，是整个通风系统的重要组成部分。金属矿床开采情况复杂，采矿方法多种多样，采场通风网络类型繁多，采场内工作面多，保证各工作面不产生污风串联和无烟尘停滞是采场通风的主要任务。

采场应构建进风、回风通道，形成贯穿风流。利用矿井总压差通风，这是最有效的采场通风方式。按各种采矿方法的结构特点，回采作业面的通风可归纳为无专用出矿水平的巷道型或硐室型采场的通风、有专用出矿水平采场的通风和无底柱分段崩落采矿法采场的通风三种类型。

1. 无专用出矿水平的巷道型或硐室型采场的通风

浅孔留矿法、充填法、房柱法和壁式崩落法的采场，均属于无专用出矿水平的巷道型或硐室型采场。这类采场的特点是凿岩、充填和出矿作业都在采场内进行，风路简单，通风较容易，通常均采用主通风机的总风压形成贯穿风流通风。

对于作业面较短的采场，可在一端用一条人行天井兼作进风井，另一端设置一条贯通上阶段回风道的回风天井，如图 7-14a 所示。对于作业面较长或开采强度较大的采场，可在两端各设置一条人行进风井，在中部开凿贯通上阶段回风道的回风天井，如图 7-14b 所示。这样布置采场进、回风道之后，即可利用主通风机的总风压来通风。一般情况下，位于主风路附近的采场都能够获得比较好的通风效果。在远离主风路的边远地区，由于总风压微弱而风量不足时，可在阶段回风道中增设辅助通风机加强通风。

对于采场空间较大，同时作业机械台数较多的硐室型采场，除合理布置进风井与回风井位置、使采场内风流畅通、不产生风流停滞区以外，还应采取喷雾洒水及其他除尘净化措施。

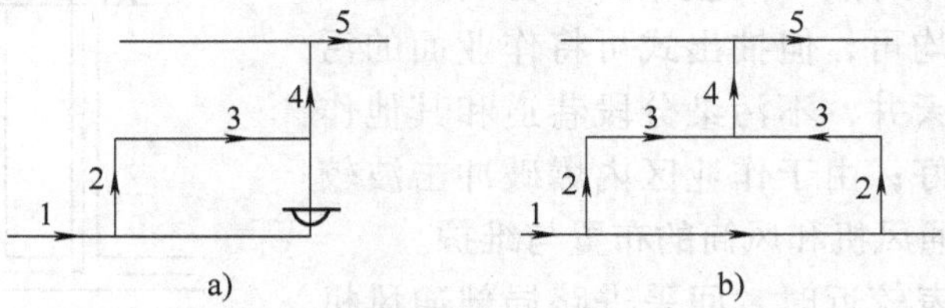

图 7-14 无专用出矿水平的巷道型或硐室型采场通风

1—进风平巷 2—进风天井 3—作业面 4—回风天井 5—回风道

2. 有专用出矿水平采场的通风

在崩落法、分段法、阶段矿房法及留矿法等采矿方法中，在专用出矿水平上广泛使用出矿底部结构。这类采场出矿能力大，效率高，生产安全。采场有专用出矿水平时，其采场工作面分为两部分，一部分是出矿工作面，另一部分是凿岩工作面。这两部分各有独立的通风路线，风流互不串联，均应利用贯通风流通风，如图 7-15 所示。各出矿巷道之间构成并联风网，并要保持风流方向稳定和风量分配均匀；出矿巷道中的作业人员应处于上风侧。

3. *无底柱分段崩落采矿法采场的通风*

无底柱分段崩落采矿法的采准和回采工作多在独头巷道内进行，通风比较困难。无底柱分段崩落采矿法的采场可采用回采进路的局部通风机通风。

在一般情况下，分段巷道可布置在下盘脉外，各回采进路垂直矿体走向布置，沿走向每隔一定距离（40～50m）设一个回风天井，回风天井通过支巷与各分段巷道和上中段回风平巷相连。新鲜风流由运输巷和设备井送入各分段巷道，污风由各回风天井排至上中段回风平巷，从而使各分段巷道内形成较强的贯通风流，如图7-16所示。

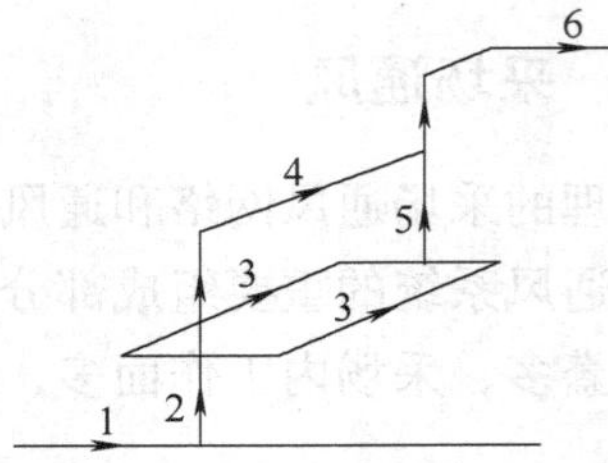

图7-15 有专用出矿水平采场的通风

1—进风平巷 2—人行天井 3—出矿巷道 4—凿岩作业面 5—回风天井 6—回风平巷

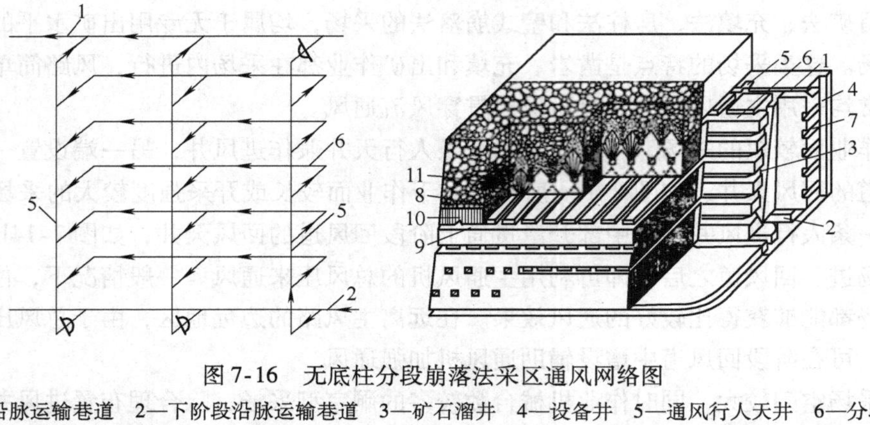

图7-16 无底柱分段崩落法采区通风网络图

1—上阶段沿脉运输巷道 2—下阶段沿脉运输巷道 3—矿石溜井 4—设备井 5—通风行人天井 6—分段运输平巷 7—设备井联络道 8—回采巷道 9—分段切割平巷 10—切割天井 11—上向扇形炮孔

如图7-17所示，采用回采进路局部通风机通风时，抽出式或压入式均可，但抽出式可将作业面的污风通过风筒排至回风天井，不污染分段巷道和其他作业面，其通风效果较好；由于作业区内爆破冲击波较强，应特别注意局部通风机和风筒的布置与维护。

当阶段巷道距地表较近时，回采进路局部通风机通风时常采用爆堆回风的方法。爆堆回风，就是利用较高风压的局部通风机，使各新鲜风流经各回采进路到达工作面后强行通过已崩落矿岩的空隙，由上部空区排走，从而使各分段巷道和回采进路形成贯通风流。

图7-17 回采进路局部通风机通风

1—局部通风机 2—回采进路 3—回风天井 4—分段巷道 5—风筒

7.4 采区通风（煤矿井）

每个矿井一般都有几个采区同时生产。每个采区内有采煤工作面、备用工作面、掘进工作面、硐室（采区变电所和绞车房）及其他用风地点，是矿井通风的主要对象。同时，采区又是井下人员最集中的地点。因此，搞好采区通风是保证矿井安全生产的基础。

采区通风系统是指矿井风流经主要进风道进入采区，流经有关巷道、采掘工作面、硐室和其他用风地点后，沿采区回风巷排至矿井主要回风巷的整个通风网络，是采区生产系统的重要组成部分。它具体包括采区主要进、回风道和工作面进、回风巷道的布置方式，采区通风路线的连接形式，工作面通风方式，以及采区内的通风设施等。

7.4.1 采区通风系统的基本要求

采区通风系统主要取决于采区巷道布置和采煤方法，同时又要满足通风的特殊要求（如瓦斯大或地温高，有时这是决定通风系统的主要条件）。在确定采区通风系统时，应遵守安全、经济、技术先进和合理的原则，并满足下列基本要求。

1）采区必须实行分区通风。即：①准备采区，必须在采区构成通风系统以后，方可开掘其他巷道；②采煤工作面必须在采区构成完整的通风、排水系统后，方可回采；③高瓦斯矿井、有煤（岩）与瓦斯（二氧化碳）突出危险矿井的每个采区和开采容易自燃煤层的采区，必须设置至少1条专用回风巷；④低瓦斯矿井开采煤层群和分层开采采用联合布置的采区，必须设置1条专用回风巷；⑤采区的进、回风巷必须贯穿整个采区，严禁一段为进风巷、一段为回风巷。

2）采煤工作面和掘进工作面都应采用独立通风。有特殊困难必须串联通风时，《规程》作了如下规定：①同一采区内，同一煤层上下相连的2个同一风路中的采煤工作面、采煤工作面与其相连接的掘进工作面、相邻的2个掘进工作面，布置独立通风有困难时，在制定措施后，可采用串联通风，但串联通风的次数不得超过1次；②采区内为构成新区段通风系统的掘进巷道或采煤工作面遇地质构造而重新掘进的巷道，布置独立通风确有困难时，其回风可以串入采煤工作面，但必须制定安全措施，且串联通风的次数不得超过1次；构成独立通风系统后，必须立即改成独立通风；③以上规定的串联通风，必须在进入被串联工作面的风流中安设甲烷断电仪，且瓦斯和二氧化碳浓度都不得超过0.5%，其他有害气体浓度都应符合《规程》第一百条的规定；④开采有瓦斯喷出或有煤（岩）与瓦斯（二氧化碳）突出危险的煤层时，严禁任何两个工作面之间串联通风。

3）采煤工作面和掘进工作面的进风和回风，都不得经过采空区或冒落区。无煤柱开采沿空送巷和沿空留巷时，应采取防止从巷道两帮和顶部向采空区漏风的措施。

水采工作面由采空区和冒落区回风时，必须使水采工作面有足够的新鲜风流，要保证水采工作面及其回风巷风流中的瓦斯和二氧化碳浓度都必须符合《规程》规定。

4）要求通风系统阻力较小，通风能力大，通风畅通，尽量减少漏风；力求通风系统简单，以便在发生事故时，易于控制风流和撤出人员；要保证采区内风流的稳定性，尽可能避免对角风路和复杂的通风网络。

5）有利于采空区瓦斯的合理排放及防止采空区的浮煤自燃。

6）要求较强的抗灾能力和防灾能力，为此要设置防尘管路、避灾线路、避难硐室和灾变时风流控制设施，必要时还要建立瓦斯抽放、防火灌浆和降温设施。

7）井下机电设备硐室应当设在进风风流中。如果机电设备硐室深度不超过6m、入口宽度不小于1.5m且无瓦斯涌出时，该硐室可以采用扩散通风。井下个别机电设备硐室，经矿总工程师批准，可设在回风流中，但瓦斯浓度不得超过0.5%，并应安装瓦斯自动检测报警断电装置。

8）采空区必须及时封闭。从巷道通至采空区的联络巷，必须随着采煤工作面的推进逐个封闭。采区开采结束后45天内，必须在所有与已采区相连通的巷道中设置防火墙，以全部封闭采区。

9）采区变电所必须有独立的通风系统。

7.4.2 采区一进一回的通风方式

一个采区通常布置两条上山，一条是运输机上山，另一条是轨道上山。采区布置两条上山时，可以采用轨道上山进风、运输机上山回风；也可以采用运输机上山进风、轨道上山回风。

1. 轨道上山进风、运输机上山回风

如图7-18所示，这种采区通风方式的好处是新鲜风流不受煤炭释放的瓦斯、煤尘污染及放热的影响，工作面卫生条件好；轨道上山的绞车房易于通风；下部车场不设风门。但轨道上山的上部和中部车场凡与回风巷相连处，均要设风门与回风隔开，为此车场巷道要有适当的长度，以保证两道风门之间有一定的间距，从而有效地解决通风与运输的问题。

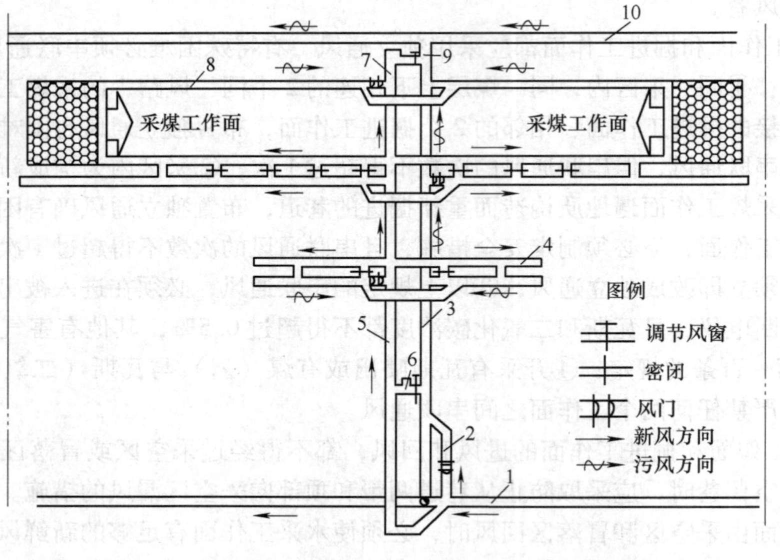

图7-18 轨道上山进风、运输机上山回风的采区通风系统

1—进风大巷 2—进风联络巷 3—运输机上山 4—运输机平巷 5—轨道上山 6—采区变电所 7—绞车房 8—回风巷 9—回风石门 10—总回巷

2. 运输机上山进风、轨道上山回风

如图7-19所示，这种采区通风方式的特点是运煤设备处在新风中，比较安全。但由于风流方向与运煤方向相反，容易引起煤尘飞扬，煤炭在运输过程中释放的瓦斯，会使进风流的瓦斯和煤尘浓度增大，影响工作面的安全卫生条件；运输机设备所散发的热量，使进风流温度升高。此外，须在轨道上山的下部车场内安设风门，易造成风流短路，同时影响材料的运输。

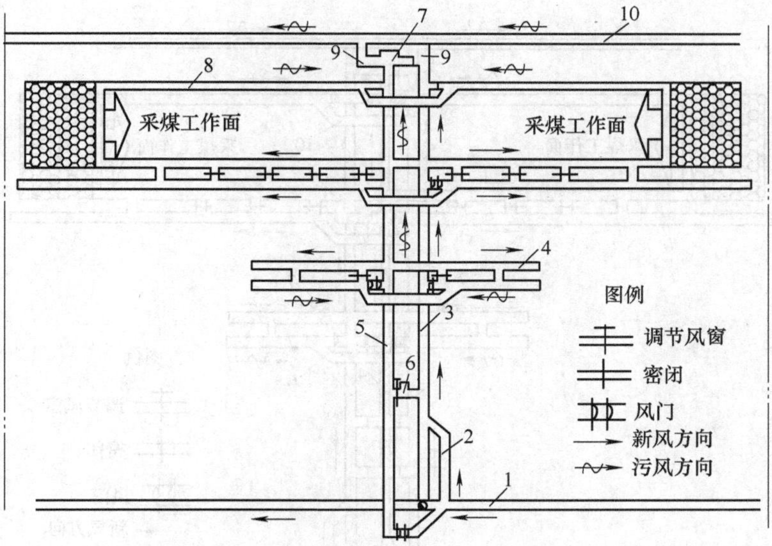

图7-19　运输机上山进风、轨道上山回风的采区通风系统

1—进风大巷　2—进风联络巷　3—运输机上山　4—运输机平巷　5—轨道上山　6—采区变电所　7—绞车房　8—回风巷　9—回风石门　10—总回巷

7.4.3　采区两进一回的通风方式

当采区生产能力大、产量集中、瓦斯涌出量大时，可增设专用的回风巷，形成三条上山的采区通风系统，如图7-20所示。上山均布置在煤层中，其中一条为运输机上山，另一条为轨道上山，第三条为专用回风上山。

这种采区通风系统，是采用运输机上山与轨道上山作采区主要进风巷，回风上山作采区专用回风巷。这样可使专用回风上山中没有机械和电器设备，而且绞车运输与胶带运输又互不干扰，比较安全，采区通风系统简单，通风管理容易。

7.4.4　采煤工作面通风方式

长壁工作面在我国煤矿应用最为广泛，其产煤量占全国采煤总量的85%以上。其通风方式视瓦斯涌出量、开采条件和开采技术而异，按工作面进、回风巷的数量和位置，可分为U形、Y形、U+L形、E形、W形、Z形、双Z形和H形等通风方式，其中U形、Y形、U+L形通风方式应用较为普遍。

1. U形通风

U形通风方式是指采煤工作面有两条巷道，一条为进风道，另一条为回风道。上行通风时，其下平巷为进风道，上平巷为回风道；下行通风时则相反。

(1) 后退式U形通风方式

图7-21a所示为后退式U形通风方式布置，此种通风方式对了解煤层赋存情况，掌握瓦斯、火灾的发生发展规律较为有利。由于巷道均维护在煤体中，因而巷道的漏风率较少。但存在下列缺点：

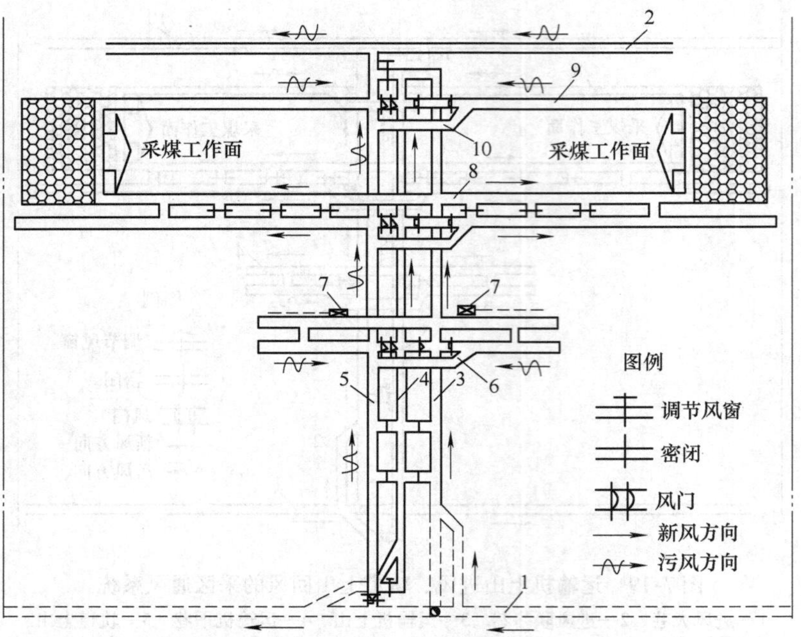

图 7-20　两进一回的采区通风系统

1—进风大巷　2—回风大巷　3—运输机上山　4—轨道上山　5—专用回风上山　6—中部车场　7—局部通风机　8—区段进风巷　9—区段回风巷　10—上部车场

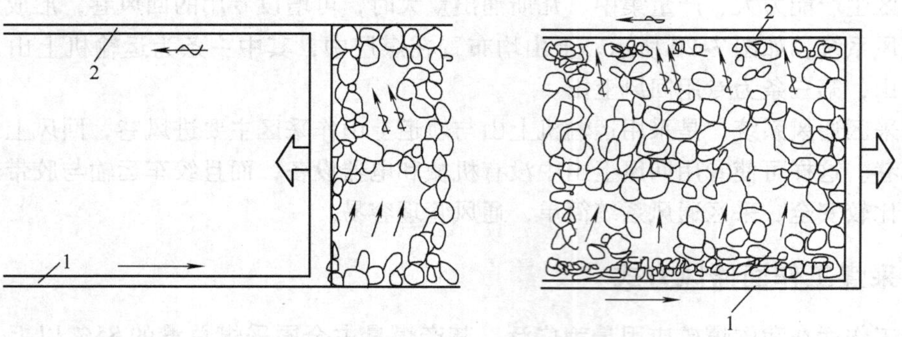

a)　　　　b)

图 7-21　U 形通风方式

a）后退式 U 形通风方式　b）前进式 U 形通风方式

1—进风巷　2—回风巷

1）煤炭自燃威胁较大。当厚煤层分层开采时（图 7-22），采煤工作面的风流由区段集中平巷 2 经联络眼 3、煤层分层平巷 4 进入采煤工作面；采空区的漏风风路，则由区段集中平巷 2 经已封闭的联络眼密闭进入采空区内。当采空区内的联络眼封闭后，AB 段的风量明显下降，B 点的风压接近 A 点的风压，因此，漏风风路与通风风路构成并联网络形式。由并联网络的基本性质可知，位于采空区的联络眼虽已封闭，但其漏风方向是向采空区的，从而出现了漏风源。此时，采空区的空气流动状态如图 7-23 所示。由漏风源流入采空区的气体其渗流速度会不断下降，随采煤工作面的推进，采空区面积增大，漏风源的漏风量则会相应下降，而由于联络眼密闭日久失修，漏风也会增加，加之漏风源处在巷道交叉点，又是生产期间的出煤口，浮煤多，因此容易发生浮煤自燃。

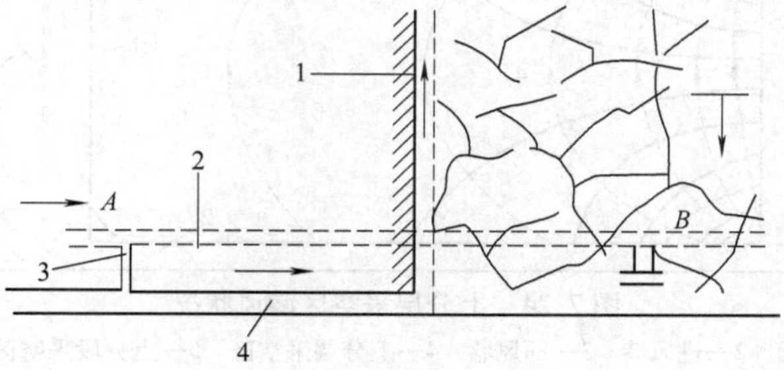

图7-22　联络眼漏风路线

1—采煤工作面　2—区段集中平巷　3—联络眼　4—煤层分层平巷

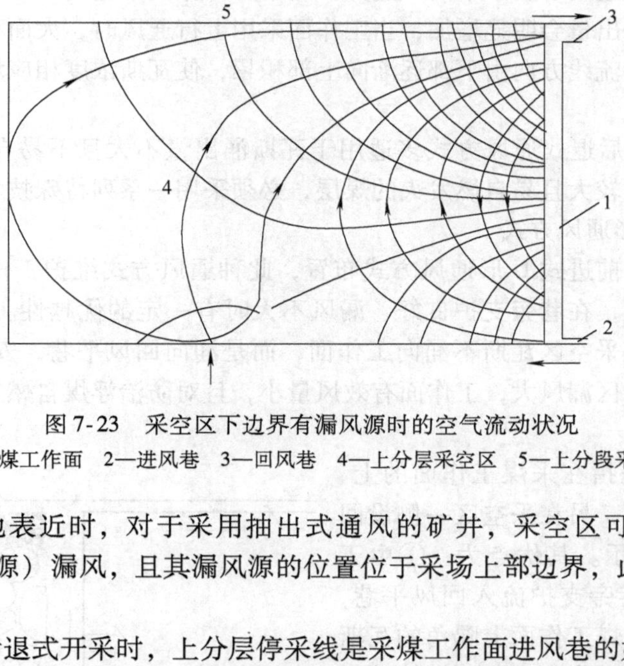

图7-23　采空区下边界有漏风源时的空气流动状况

1—采煤工作面　2—进风巷　3—回风巷　4—上分层采空区　5—上分段采空区

若开采标高距地表近时，对于采用抽出式通风的矿井，采空区可能通过地表的裂隙（均属采空区的漏风源）漏风，且其漏风源的位置位于采场上部边界，此时也容易引起采空区浮煤自燃发火。

当厚煤层分层后退式开采时，上分层停采线是采煤工作面进风巷的始端与回风巷末端的漏风通道，且风压差最大，持续漏风时间最长。加之停采线煤壁在采场支撑压力作用下，容易片帮、压裂，或各分层停采线出现的重叠、交错，导致煤壁垮塌、压裂现象甚为严重，因此，停采线又是浮煤积存最集中的地方，故在停采线附近最易出现煤炭自燃现象。

当采煤工作面的进风巷在上分层采空区下掘进时，入风巷假顶会向上分层采空区产生连续漏风。沿风流前进的方向，风流逐渐增加，在采煤工作面进、回风巷的范围内，上分层采空区漏风如图7-24所示，靠停采线一侧的流线密度大，表示漏风量多，漏风压差大。在该区域内，两流线的间距是变化的，流线始末两端密，表示渗流速度高；中段疏则表示渗流速度低。当漏风适度时，停采线附近的浮煤带是风速连续变化的条带，必然存在容易引起煤炭自燃的风速区。

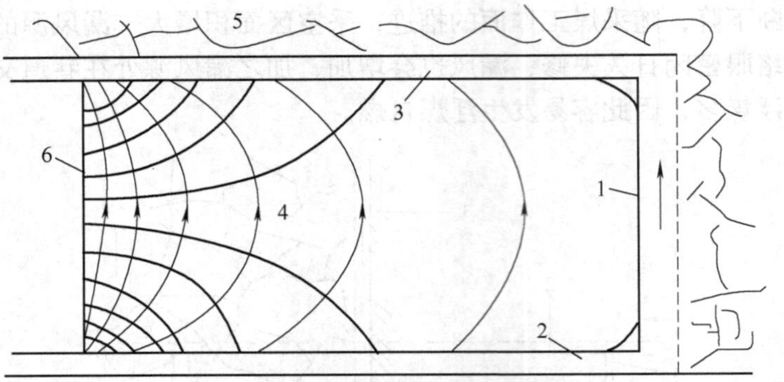

图 7-24　上分层采空区漏风状况

1—采煤工作面　2—进风巷　3—回风巷　4—上分层采空区　5—上分段采空区　6—停采线

2）上隅角瓦斯浓度高。由于 U 形通风方式的采场边界通常是封闭的，当采煤区段采用由上向下（沿倾斜）接续时，其上部边界是区段煤柱，下部边界为未采动的煤体，靠开切眼一侧为采区煤柱，这些均属于不漏风边界。当采煤工作面推进到一定距离，出现初次来压之后，采空区瓦斯涌出量会明显增加，当工作面采用上行通风时，大面积采空区释放的瓦斯会混入空气中，并沿流线方向由下部逐渐向上部积累，使瓦斯浓度相应增高，造成上隅角瓦斯积聚。

综上所述，U 形后退式通风方式多适用于瓦斯涌出量不大且不易自燃发火的煤层开采中；对于瓦斯涌出量较大且易自燃发火的煤层，必须采用一系列特殊技术措施才可应用。

（2）前进式 U 形通风方式

图 7-21b 所示为前进式 U 形通风方式布置，此种通风方式维护工作量小，不存在采掘工作面串联通风问题，在巷旁支护良好、漏风不大时有一定的优越性。采用前进式 U 形通风方式的工作面，其采空区瓦斯不涌向工作面，而是涌向回风平巷，安全性较好。但 U 形前进式比后退式采空区漏风大，工作面有效风量小，且对防治浮煤自燃发火不利。

2. Y 形通风

Y 形通风方式是指在采煤工作面的上、下端各设一条进风道，另在采空区一侧设回风道，如图 7-25 所示。其优点为：①由于采空区的瓦斯通过巷旁支护流入回风平巷，所以较好地解决了采煤工作面上隅角的瓦斯超限的隐患；②由于工作面上、下端均处于进风流中，故改善了作业环境；③实行沿空留巷，节约了大量煤炭资源，并提高了采区回采率；④可减少施工巷道，节约成本，且所留设的巷道可以替代高低煤层的瓦斯抽放巷并能对邻近的煤层进行瓦斯抽采，而且可缩短通风路线，降低通风负压。

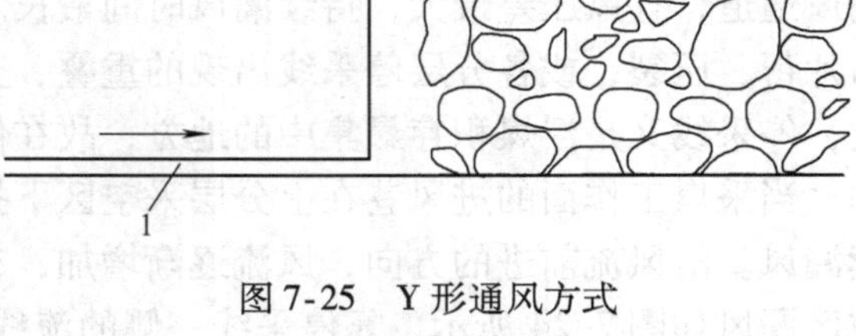

图 7-25　Y 形通风方式

1、2—进风巷　3—回风巷

3. U + L 形通风

如图 7-26 所示，U + L 形通风方式是一进两回的通风系统，其中靠近工作面的一条回风巷，瓦斯浓度按《煤矿安全规程》规定管理（1%），另一条经联络巷与采空区相连的称为专用排瓦斯巷（尾巷），其瓦斯浓度控制在某一批准限值内，并附加另外一些防爆安全条件方可使用。联络巷之间的距离一般为60～100m。这种系统不仅增加了工作面的通风排出瓦斯量，而且由于瓦斯浓度分布的改变，大大改善了U形工作面上隅角瓦斯超限问题。该系统用风量少而排放瓦斯量大，安全可靠性高，在高瓦斯矿井工作面得到了广泛应用。

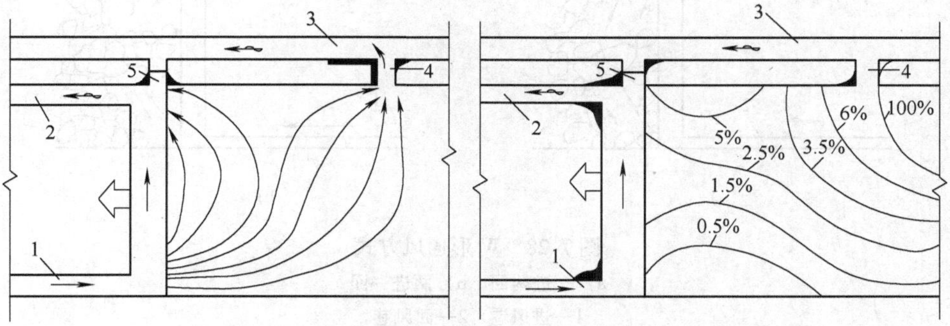

图7-26　U+L形通风采空区流场及瓦斯浓度等值线
1—进风巷　2—回风巷　3—瓦斯尾巷　4—第一联络巷　5—第二联络巷

4. 其他通风方式

（1）E形通风

E形通风方式具有3条通风巷道，其上平巷为回风巷，而下平巷及中间平巷为进风巷，如图7-27所示。由于下平巷和下部工作面回风速度降低，故可抑制煤尘的产生。与U形通风方式相比，可使上部工作面气温降低。但采空区的空气流动相应发生了变化，迫使采空区的瓦斯较集中地从上部采煤工作面的上隅角涌出，使该处时常处于瓦斯超限状态，故仅适用于低瓦斯矿井。

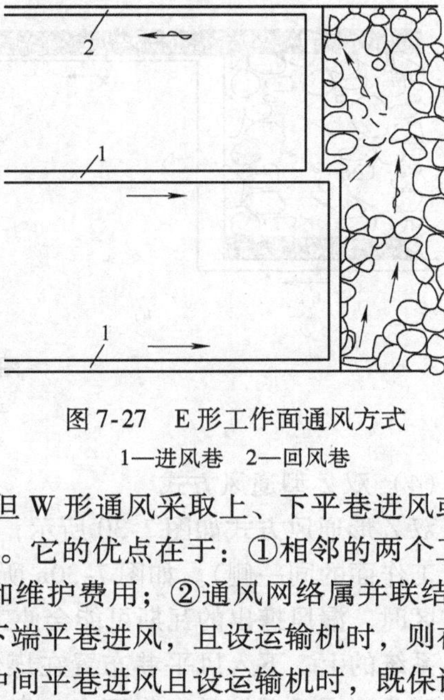

图7-27　E形工作面通风方式
1—进风巷　2—回风巷

（2）W形通风

W形通风方式和E形通风方式一样有3条平巷，但W形通风采取上、下平巷进风或回风，中间平巷回风或进风的布置形式，如图7-28所示。它的优点在于：①相邻的两个工作面共用一条进风或回风巷道，从而减少了巷道的开掘和维护费用；②通风网络属并联结构，因而风阻小，风量大，漏风量小，利于防火；③当上下端平巷进风，且设运输机时，则在该巷中有回收、安装和维修采煤设备的良好环境；④当中间平巷进风且设运输机时，既保证了运输设备处于新鲜风流中，又保证了进、回风巷的总断面比较接近。

综上所述，W形通风方式在近水平煤层的综采工作面中应用较广。

（3）Z形通风

Z形通风方式是U形通风方式的改进。如图7-29a所示为前进式Z形通风方式，其进风巷随采煤工作面推进而形成，回风平巷则为沿空留下的或预留的巷道。其优点为：①与前进式U形相比，巷道的采掘工程量较少；②进、回风巷只需在一侧采空的条件下维护；③采区内进、回风巷的总长度近似不变，有利于稳定风阻、改善通风效果。

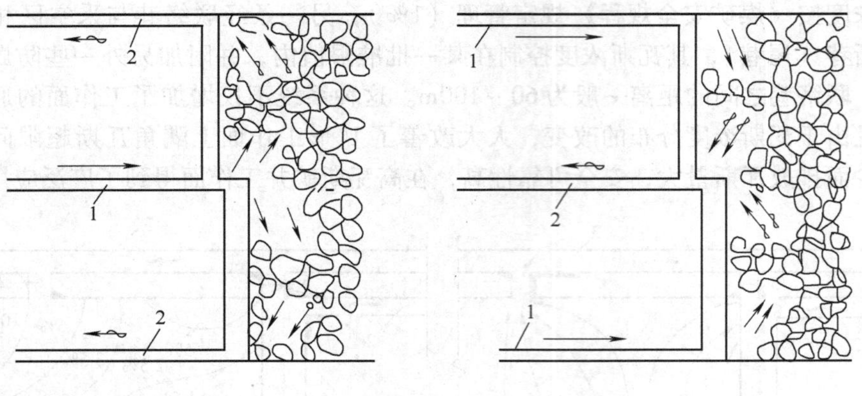

图 7-28 W 形通风方式

a）一进两回 b）两进一回

1—进风巷 2—回风巷

为改善前进式 Z 形通风上隅角瓦斯积聚之患，可应用图 7-29b 所示的后退式 Z 形通风方式。但当采空区涌出的瓦斯量及漏风量较大时，其回风巷常易出现瓦斯超限现象。

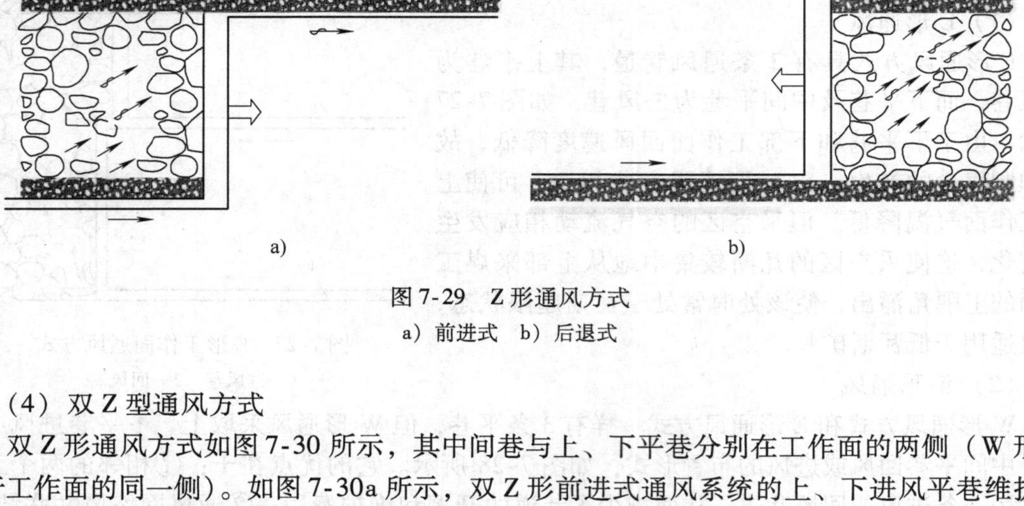

图 7-29 Z 形通风方式

a）前进式 b）后退式

（4）双 Z 型通风方式

双 Z 形通风方式如图 7-30 所示，其中间巷与上、下平巷分别在工作面的两侧（W 形则位于工作面的同一侧）。如图 7-30a 所示，双 Z 形前进式通风系统的上、下进风平巷维护在采空区时，漏风携出的瓦斯可能会使工作面瓦斯浓度超限。如图 7-30b 所示，双 Z 形后退式通风系统的上、下入风平巷布置在煤体中，漏风携出的瓦斯不进入工作面，工作面比较安全。双 Z 形通风系统的工作面有一段是下行通风，并且需设边界上山，维护在采空区的巷道在支护上还要防止漏风，这些特点在采用时应予以注意。

（5）H 形通风方式

在 H 形通风方式中，有两进两回通风系统和三进一回通风系统，如图 7-31 所示。其特点是：工作面风量大，采空区瓦斯不涌向工作面，环境条件好，增加了工作面的安全出口，工作面机电设备都在新鲜风流巷道中，通风阻力小，在采空区的回风巷道中可以抽放瓦斯，易于控制上隅角的瓦斯。但沿空护巷困难；由于有附加巷道，可能影响通风的稳定性，管理

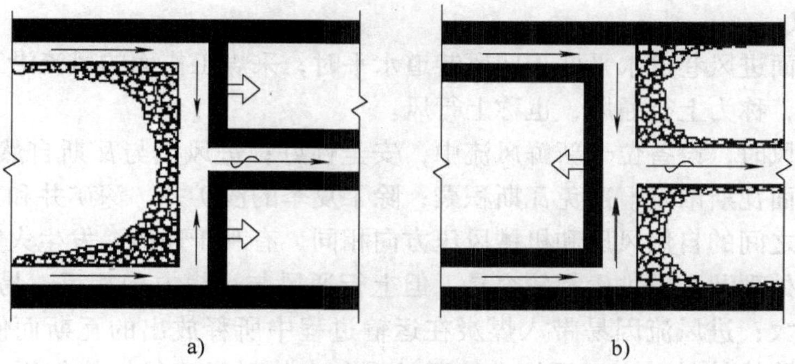

图 7-30　双 Z 型通风方式

a）前进式　b）后退式

也比较复杂。

当工作面和采空区的瓦斯涌出量都较大，在进风侧和回风侧都需增加风量稀释工作面瓦斯时，可考虑采用 H 形通风方式。

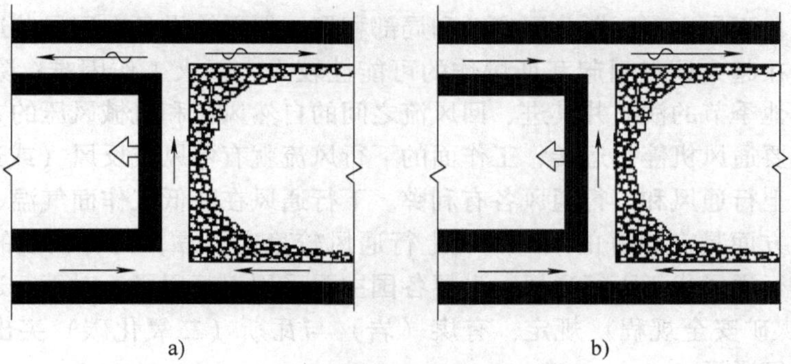

图 7-31　H 形通风方式

a）两进两回式　b）三进一回式

7.4.5　采煤工作面风向分析

在走向长壁工作面中，按工作面风流方向与煤层倾向的关系，可分为上行风和下行风，如图 7-32 所示。

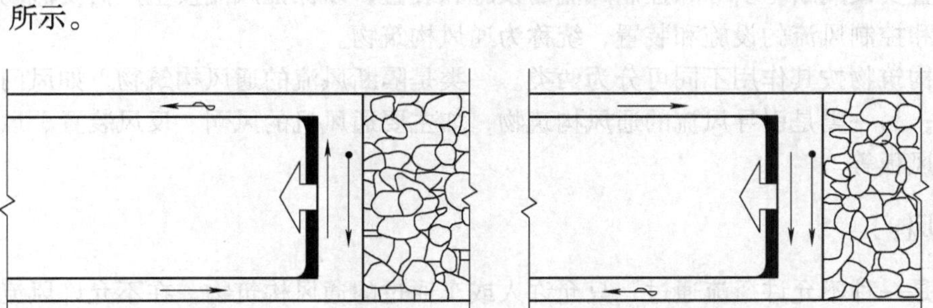

图 7-32　采煤工作面上行风和下行风

a）上行风　b）下行风

1. 上行通风

当采煤工作面进风巷道水平低于回风巷道水平时，采煤工作面的风流沿工作面的倾斜方向由下向上流动，称为上行通风，也称上行风。

采用上行通风时，设备位于新鲜风流中，安全性好；进风流与瓦斯自然流动方向一致，可较快降低工作面瓦斯浓度，避免瓦斯积聚；除了夏季的浅矿井，深矿井和其他季节的浅矿井其进、回风流之间的自然风压和机械风压方向相同，有利于通风；发生火灾时不易发生风流紊乱，灾变的处理及人员逃生都较容易。但上行通风与运煤方向相反，易引起煤尘飞扬，进风流煤尘浓度大；进风流因易带入煤炭在运输过程中所释放出的瓦斯而使其瓦斯浓度升高；风流流经的路线较长，由于压缩、地温及设备产热对风流的加热作用，进风流气温也较高。

2. 下行通风

当采煤工作面进风巷道水平高于回风巷道水平时，采煤工作面的风流沿工作面的倾斜方向由上向下流动，称为下行通风，也称下行风。

采用下行通风时，进风流中的煤尘、瓦斯浓度相对较小，气温较低；下行风流方向与瓦斯自然流向相反，不易出现瓦斯分层流动和局部积聚。但运输设备在回风巷道中运转，安全性较差；起火时在起火地点引起瓦斯爆炸的可能性较大，灭火工作困难；除了夏季的浅矿井，深矿井和其他季节的浅矿井其进、回风流之间的自然风压和机械风压的方向相反，不利于通风，一旦主要通风机停止运转，工作面的下行风流就有停风或反风（或逆转）的可能。

综上所述，上行通风和下行通风各有利弊。下行通风在降低工作面气温、减少工作面的瓦斯和煤尘浓度方面具有较好的效果；但上行通风较稳定可靠，具有较强的抗灾能力。因此，一般认为上行通风优于下行通风。世界各国主要采用上行通风，对下行通风的使用都采取谨慎态度。《煤矿安全规程》规定：有煤（岩）与瓦斯（二氧化碳）突出危险的采煤工作面不得采用下行通风。

7.5 矿井通风构筑物

矿井通风系统，除了有结构合理的通风网络和能力适当的通风机外，还要在通风网络中的适当位置安设隔断、引导和控制风流的设施和装置，以保证风流按生产需要流动。这些隔断、引导和控制风流的设施和装置，统称为通风构筑物。

通风构筑物按其作用不同可分为两类。一类是隔断风流的通风构筑物，如风门、挡风帘和密闭等；另一类是引导风流的通风构筑物，如主要通风机的风硐、反风装置、风桥、调节风窗和导风板等。

7.5.1 风门

风门是一种不允许风流通过、只允许人或车通过的通风构筑物。在不允许风流通过但需行人或行车的巷道内，必须设置风门。风门的门扇安设在挡风墙墙垛的门框上，墙垛可用砖、石、木段和水泥砌筑。

按其材料的不同，风门的建筑材料有木材、金属材料以及混合材料三种。

按其结构的不同，风门可分为普通风门和自动风门两种。在行人或通车不多的地方，可设置普通风门；而在行人通车比较频繁的主要运输巷道上，则应安设自动风门。

1. 普通风门

用人力开启，一般多用木板或铁皮制成。图7-33所示为单扇木质沿口普通风门。这种风门的结构特点是门扇与门框呈斜面沿口接触，接触处有可缩性衬垫，比较严密、坚固，一般可使用1.5~2年。门扇开启方向要迎着风流，使门扇关上后在风压作用下保持风门关闭严密。门框和门扇都要顺风流方向倾斜，与水平面成80°~85°倾角。门框下设门坎，过车的门坎要留有轨道通过的槽缝，门扇下部要设挡风帘。

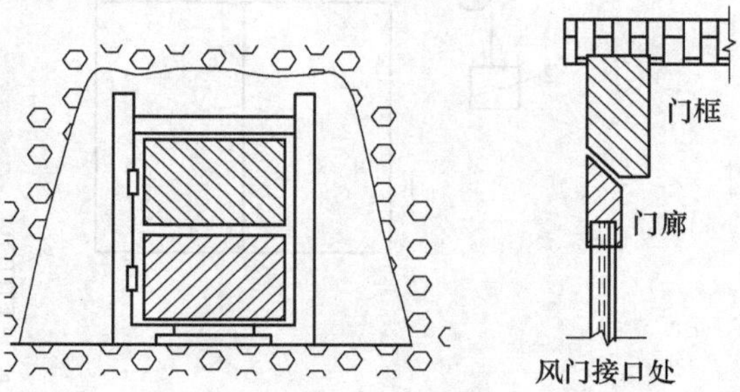

图7-33　木质普通风门

2. 自动风门

自动风门是借助各种动力来开启与关闭的一种风门，按其动力不同可分为碰撞式、电动式、气动式和水动式等。

（1）碰撞式自动风门

由木板、推门杠杆、门耳、缓冲弹簧、推门弓和铰链等组成，如图7-34所示。门框和门扇倾斜80°~85°。风门是靠矿车碰撞门板上的门弓和推门杠杆而自动打开、借风门自重而关闭的。这种风门具有结构简单、易于制作和经济实用等优点；缺点是撞击部件容易损坏，需经常维修。碰撞式自动风门多用于行车不太频繁的巷道中。

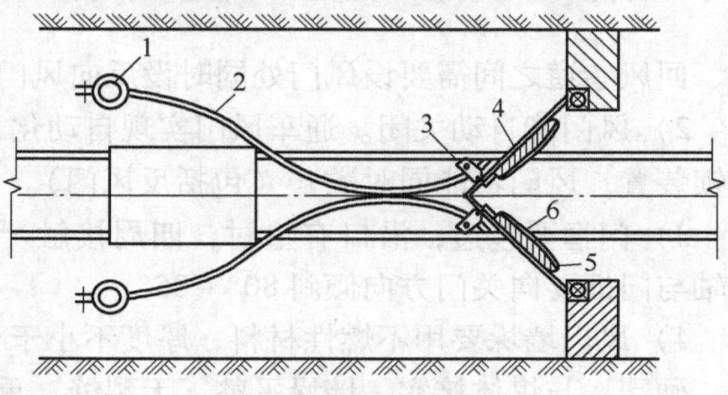

图7-34　碰撞式自动风门

1—杠杆回转轴　2—碰撞风门杠杆　3—风耳　4—门板　5—推门弓　6—缓冲弹簧

（2）电动风门

电动风门是以电动机为动力，经过减速带动联动机构，使风门开闭。电动机的起动和停止可由车辆触及开关或光电控制器自动控制。电动风门应用广泛，适用性强，只是减速和传动机构稍微复杂些。电动风门样式较多，图7-35所示为其中的一种。

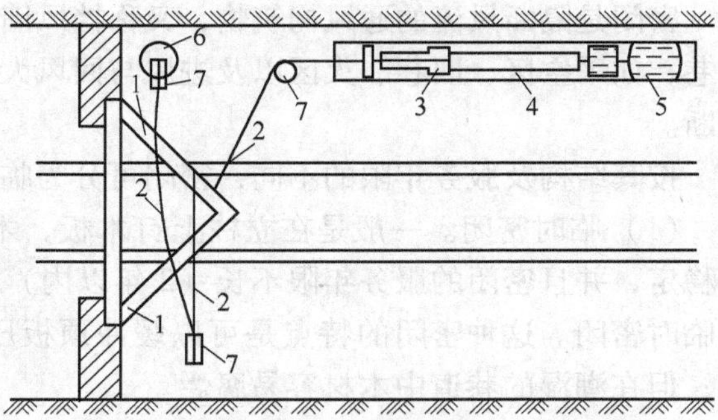

图7-35　电动风门

1—门扇　2—牵引绳　3—滑块　4—螺杆　5—电动机　6—配重　7—导向滑轮

（3）气动或水动风门

这种风门的动力来源是压缩空气或高压水。它是由电气触点控制电磁阀，电磁阀控制气缸或水缸的阀门，使气缸或水缸中的活塞做往复运动，再通过联动机构控制风门的开闭，如图7-36所示。这种风门简单可靠，但只能用于有压缩空气和高压水源的地方。北方矿井严寒易冻的地方不能使用。

3. 永久风门的质量标准

1）每组风门不少于两道。通车风门间距不小于一列车长度，行人风门间距不少于5m。

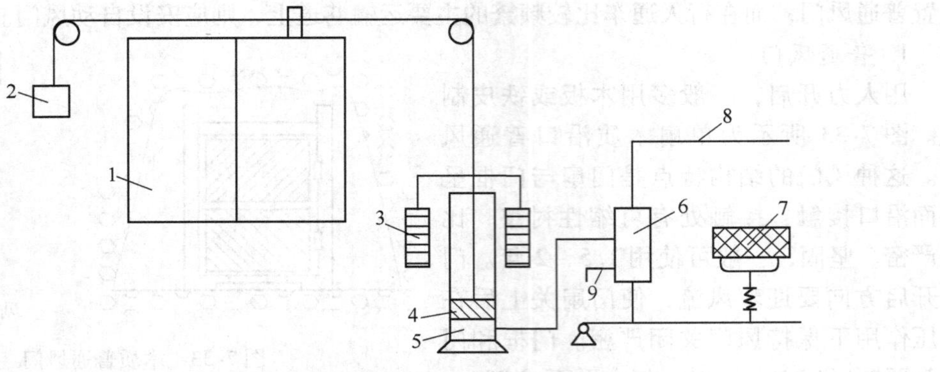

图 7-36　水力配重自动风门示意图

1—门扇　2—平衡锤　3—重锤　4—活塞　5—水缸　6—三通水阀　7—电磁铁　8—高压水管　9—放水管

进、回风巷道之间需要设风门处同时设反向风门，其数量不少于两道。

2）风门能自动关闭。通车风门实现自动化，矿井总回风和采区回风系统的风门要安装闭锁装置；风门不能同时敞开（包括反风门）。

3）门框要包边，沿口有垫衬，四周接触严密。门扇平整不漏风，门扇与门框不歪扭；门轴与门框要向关门方向倾斜 80°～85°。

4）风门墙垛要用不燃性材料，厚度不小于 0.5m，严密不漏风。墙垛周边要掏槽，见硬顶、硬帮，与煤体接实。墙垛平整，无裂缝、重缝和空缝。

5）风门水沟要设反水池或挡风帘，通车风门要设底坎，电管路孔要堵严。风门前后各 5m 内巷道支护良好，无杂物、积水和淤泥。

7.5.2　密闭

密闭是隔断风流的通风构筑物，又称挡风墙。在不允许风流通过，也不允许行人行车的井巷，如采空区、旧巷、火区以及进风与回风大巷之间的联络巷道，都必须设置密闭将风流隔断。

按其结构及服务年限的不同，密闭可分为临时密闭和永久密闭两类。

（1）临时密闭。一般是在立柱上钉木板，木板上抹黄泥建成临时密闭。但当巷道压力不稳定，并且密闭的服务年限不长（2 年以内）时，可用长度约为 1m 的圆木段和黄泥砌筑成临时密闭。这种密闭的特点是可以缓冲顶板压力，使密闭不产生大量裂缝，从而减少漏风；但在潮湿的巷道中木材容易腐烂。

（2）永久密闭。在服务年限较长（2 年以上）时使用。永久密闭材料常用砖、石、水泥等不燃性材料修筑，其结构如图 7-37 所示。为了便于检查密闭区内的气体成分及密闭区内发火时便于灌浆灭火，永久密闭上应设观测孔和注浆孔，密闭区内如有水时，应设放水管或反水沟以排出积水。为了防止放水管在无水时漏风，放水管一端应制成 U 形，以利用水封防止放水管漏风。

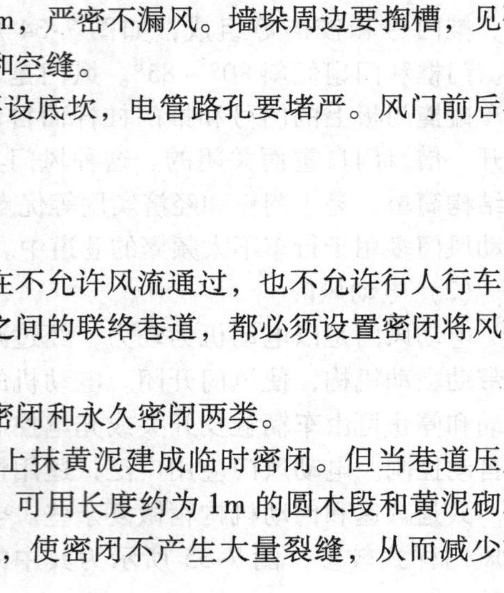

图 7-37　永久密闭

永久密闭的质量标准为：①用不燃性材料建筑，严密不漏风，墙体厚度不小于0.5m；②密闭前无瓦斯积聚，5m内巷道支架完好，无片帮、冒顶，无杂物、积水和淤泥；③密闭周边要掏槽，见硬底、硬帮，与煤岩接实，并抹有不少于0.1m的裙边；④密闭内有水时要设反水池与反水管；有自燃发火的采空区密闭要设观测孔、灌浆孔，孔口要堵严密；⑤密闭前要设栅栏、警标、说明牌板和检查箱；⑥墙面要平整、无裂缝、重缝和空缝。

7.5.3 风桥

当通风系统中进风道与回风道在同一水平交叉时，为使进风与回风互相隔开，需要构筑风桥，以使一种风流从桥上通过，另一种风流从桥下通过。按其结构不同，风桥可分为绕道式风桥、混凝土风桥和铁筒风桥三种，如图7-38所示。

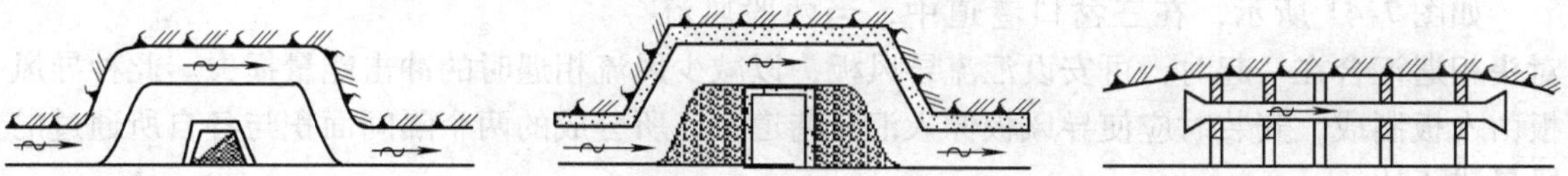

a) b) c)

图7-38 风桥

a）绕道式风桥 b）混凝土风桥 c）铁筒风桥

1. 绕道式风桥

如图7-38a所示，该风桥一般开凿在岩石中，坚固耐用，漏风小，但工程量较大。主要用于服务年限很长，通过风量在$20m^3/s$以上的主要风路中。

2. 混凝土风桥

如图7-38b所示，该风桥结构紧凑，比较坚固。当服务年限较长，通过风量为$10 \sim 20m^3/s$时，可以采用。

3. 铁筒风桥

如图7-38c所示，该风桥由铁筒与风门组成。铁筒可制成圆形或矩形。圆形铁筒直径不小于0.8～1m，风筒壁厚不小于5mm，每侧应设两道以上风门。一般用于服务年限短、通过风量为$10m^3/s$的次要风路中。

4. 风桥的质量标准

风桥的质量标准为：①用不燃材料建筑，砌成流线型，坡度不大于25°，断面积不小于原巷道断面的80%，砌墙厚度不小于0.45m，掏槽深度与主要风门相同；②桥面平整不漏风，风桥两端接口严密，四周实帮、实底，要填实；③风桥前后各5m范围内巷道支护良好，无杂物，无积水和淤泥；④风桥上下不准设风门。

7.5.4 导风板

矿井中常用的导风板有三种，即引风导风板、降阻导风板和汇流导风板。

1. 引风导风板

压入式通风的矿井中，为防止井底车场漏风，在进风石门与巷道交叉处，需安设引导风流的导风板，以利用风流流动的方向性，改变风流的分配状况，提高矿井的有效风量率，如图7-39所示。导风板可用木板、铁板或混凝土板制成。导风板要做成圆弧形与巷道光滑连接，其长度应超过巷道交叉口一定距离，一般为0.5 ~1m。

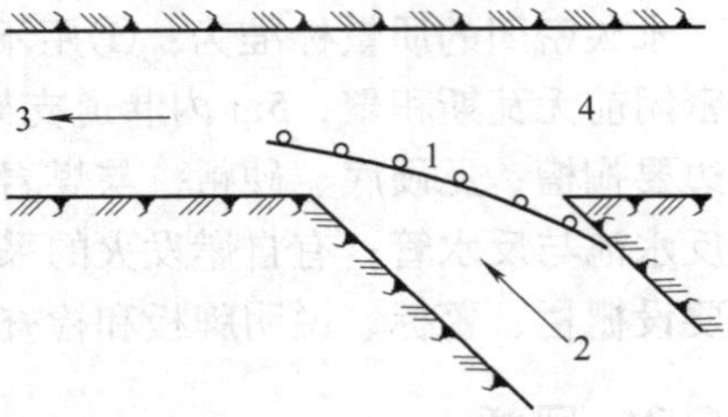

图7-39 引风导风板

1—导风板 2—进风石门

3—采区巷道 4—井底车场绕道

2. 降阻导风板

通过风量较大的巷道直角转弯时，为降低通风阻力，可用铁板制成机翼形或普通弧形导风板，以减少风流冲击的能量损失，如图7-40所示。导风板的敞角$\alpha=100°$，导风板的安装角$\beta=45°\sim50°$。安设此种导风板后，可使直角导转弯的局部阻力系数由原来的1.4降低到0.3~0.4。

3. 汇流导风板

如图7-41所示，在三岔口巷道中，当两股风流对头相遇汇合在一起时，可安设汇流导风板，以减少风流相遇时的冲击能量损失。此种导风板由木板制成，安装时应使导风板伸入汇流巷道中，所分成的两个隔间面积与各自所通过的风量成正比。

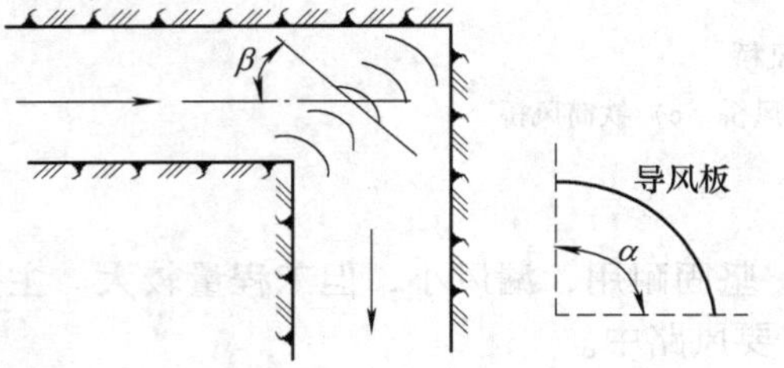

图7-40 直角转弯处的导风板

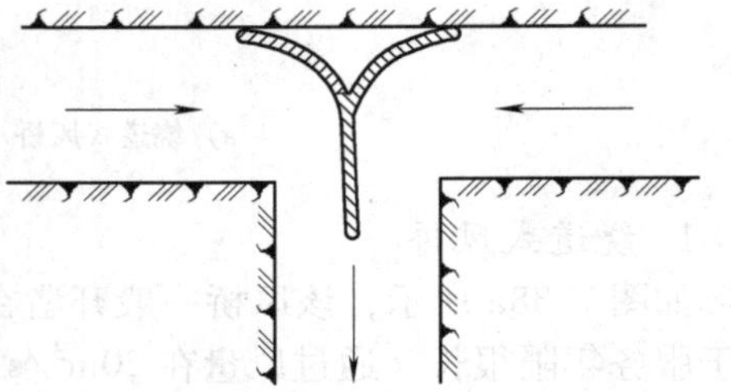

图7-41 汇流导风板

7.6 矿井漏风及其控制

7.6.1 矿井漏风及其分类

风流凡未经用风地点而经过采空区、地表塌陷区、通风构筑物和煤柱裂隙等通道直接流（渗）入回风道或排出地表的现象，称为矿井漏风。矿井漏风按其地点可分为：

1）外部漏风（或称为井口漏风）。外部漏风是指地表与矿井之间的漏风，如箕斗井井口、地面主要通风机装置及其风井附近地表等处的漏风（地表裂隙、井口风门、风硐闸门、反风装置、井口密闭、防爆门等处）。外部漏风的风量总和，称为矿井外部漏风量。

2）内部漏风（或称为井下漏风）。内部漏风是指从进风部分直接漏入回风部分的漏风，如井下各种通风构筑物、采空区、碎裂煤柱等的漏风。内部漏风的风量总和，称为矿井内部漏风量。

7.6.2 矿井漏风的危害

矿井漏风的主要危害有：①会使工作面有效风量减少，造成瓦斯积聚，粉尘不能被带走，气温升高，形成不良的气候条件，不仅使生产效率降低，而且影响工人的身体健康；

②漏风量大的通风网络，必然使通风系统复杂化，其通风系统的稳定性和可靠性将受到一定程度的影响，也不利于风量调节；③采空区、留有浮煤的封闭巷道以及被压碎煤柱等的漏风，可能促使煤炭自燃发火。地表塌陷区风量的漏入，会将采空区的有害气体带入井下，直接威胁着采掘工作面的安全生产；④大量有害漏风会引起电能的无益消耗，造成通风机设备能力的不足。如果离心式通风机漏风严重时，会使电动机产生过负荷现象。

7.6.3 矿井的漏风地点及漏风原因

只要漏风区两端存在压差和漏风通道，就会产生漏风。

1）对于抽出式通风的矿井，由地表塌陷区及采空区直接漏入回风道的外部漏风量有时可达很高的数值。造成这种外部漏风的原因，首先是由于开采上缺乏统筹安排，过早地形成地表塌陷区；在回风道的上部没有保留必要的隔离矿柱；未及时对地表塌陷区和采空区进行充填或隔离。

2）对于压入式通风的矿井，由井底车场直接漏出的外部漏风量也很高。这种外部漏风常常是由于井底车场风门不严密或风门完全失效所致。

3）作业面分散、废旧巷道及不作业的采场不能及时封闭，也会造成较大的内部漏风。

4）井上、井下控制风流的通风构筑物（如井口密闭、反风装置、风门、风桥、风墙等）不严密，采空区顶板岩石冒落后未被压实，煤柱被压坏，地表有裂隙通道，都会造成较大的矿井漏风。

7.6.4 矿井漏风参数

矿井漏风参数是反映矿井通风状况的重要指标，是表示矿井漏风程度、衡量矿井通风管理工作质量的标准，测定、计算矿井漏风参数，能够有针对性地解决矿井漏风问题，有利于提高矿井的有效风量。

1. *矿井有效风量与有效风量率*

矿井各独立用风地点（包括独立通风的回采工作面、备用工作面、掘进工作面、硐室和其他用风地点）的风量之和，称为矿井有效风量。即

$$Q_c = \Sigma Q_w + \Sigma Q'_w + \Sigma Q_h + \Sigma Q_r + \Sigma Q_b \tag{7-1}$$

式中 Q_c——矿井有效风量（m^3/s）；

ΣQ_w——回采工作面风量之和（m^3/s）；

$\Sigma Q'_w$——备用工作面风量之和（m^3/s）；

ΣQ_h——掘进工作面风量之和（m^3/s）；

ΣQ_r——独立通风硐室风量之和（m^3/s）；

ΣQ_b——除了回采工作面、备采工作面、掘进工作面和独立通风硐室以外其他井巷需风量之和（m^3/s）。

矿井有效风量与各台主要通风机工作风量总和之比，称为矿井有效风量率。其表达式为

$$P_c = \frac{Q_c}{\Sigma Q_f} \times 100\% \tag{7-2}$$

式中 P_c——矿井有效风量率；

ΣQ_f——各台主要通风机工作风量之和（m^3/s）。

《规程》要求矿井有效风量率不低于85%。

例7-1 某矿有效风量是540m^3/min，主通风机风硐面积为4m^2，风速为3m/s，矿井有效风量率符合《规程》规定吗?

解：$P_c=\dfrac{Q_c}{\Sigma Q_f}\times100\%=\dfrac{540}{4\times3\times60}\times100\%=75\%$，不符合《规程》不低于85%的规定。

2. *矿井外部漏风量与外部漏风率*

矿井外部漏风量可由各台主要通风机风量的总和减去矿井总进风量（抽出式通风）或总回风量（压入式通风）求得。即

$$Q_a=\Sigma Q_f-\Sigma Q_t \tag{7-3}$$

式中 Q_a——矿井外部漏风量（m^3/s）；

ΣQ_t——矿井总进风量（抽出式通风）或总回风量（压入式通风）（m^3/s）。

矿井外部漏风量与各台主要通风机工作风量总和之比，称为矿井外部漏风率。《规程》规定，通风机装置外部漏风率在无提升设备时不得超过5%，有提升设备时不得超过15%，其表达式为

$$P_a=\frac{Q_a}{\Sigma Q_f}\times100\% \tag{7-4}$$

式中 P_a——矿井外部漏风率。

3. *矿井的内部漏风量与内部漏风率*

矿井内部漏风量可由矿井总进风量（抽出式通风）或总回风量（压入式通风）减去矿井有效风量求得。即

$$Q_n=\Sigma Q_t-Q_c \tag{7-5}$$

式中 Q_n——矿井内部漏风量（m^3/s）。

矿井内部漏风量与各台主要通风机工作风量总和之比，称为矿井内部漏风率，其表达式为

$$P_n=\frac{Q_n}{\Sigma Q_f}\times100\% \tag{7-6}$$

式中 P_n——矿井内部漏风率。

4. *矿井的漏风系数*

矿井总进风量（抽出式通风）或总回风量（压入式通风）与矿井有效风量之比，称为矿井漏风系数，其表达式为

$$K=\frac{\Sigma Q_t}{Q_c}\times100\% \tag{7-7}$$

5. *漏风参数之间的关系*

由式（7-2）~式（7-6）可得

$$Q_a+Q_n+Q_c=\Sigma Q_f \tag{7-8}$$

$$P_a+P_n+P_c=1 \tag{7-9}$$

7.6.5　提高矿井有效风量的途径

通常来讲，漏风是有害的。在实际生产和通风管理中，要严格执行《规程》对漏风的要求，并要采取必要的措施来减少漏风，以提高矿井有效风量。

1）矿井的开拓方式、通风方式与开采方法对漏风有较大影响。在进风井与回风井的布置方式上，对角式的漏风比中央式的小，中央分列式的漏风又比中央并列式的小；在中央并列式中，用竖井开拓的漏风比斜井开拓的漏风小，主要通风机采用抽出式时其风流流动路线上的漏风比采用压入式时的小；在采区开采顺序和工作面的回采顺序方面，后退式的漏风比前进式的小；充填采煤（矿）法的漏风比冒落式采煤（矿）法的小，留煤柱开采的漏风比无煤柱开采的小，采区进风与回风道布置在岩层中的漏风比布置在煤层中的小。经验证明，对于自燃发火严重的矿井，选用漏风少的开拓方式和开采方法是十分重要的。

2）在采用中央并列式通风系统时，进、回风井间应保持一定间距，并尽量减少进、回风井间的联络巷，必须行人或通车的联络巷则要保持足够的长度，以便在其中安设两道以上高质量的正向风门及两道反向风门。

3）矿井或一翼（或分区）的进、回风巷的岩柱或煤柱要保持足够的尺寸，以不致被压裂而漏风，进、回风巷间必须保留的少量联络巷必须设置两道以上高质量的风门及两道反向风门。

4）提高通风构筑物的质量，加强通风构筑物的严密性是防止矿井漏风的基本措施。同时，要正确选择通风构筑物的安设位置。例如，在图 7-42a 所示的前进式回采中，当风窗设在 A 处时，其压力分布线如图 7-42b 中折线 $1-2-3-4-A'-A-5-B'-6$ 所示，2、5 两点间的压差为 h_{25}。如把风窗移设到位置 B，其余条件不变，则点 4 到点 6 的压力分布线变为折线 $4-A'-5'-B-B'-6$，这时巷道点 2 与点 5 间的压差减少为 h'_{25}。由图可见 $h'_{25}<h_{25}$，其差值等于风窗阻力 Δh，这样可相应减少采空区的漏风量。所以这时风窗应设在 B 处而不应设在 A 处。

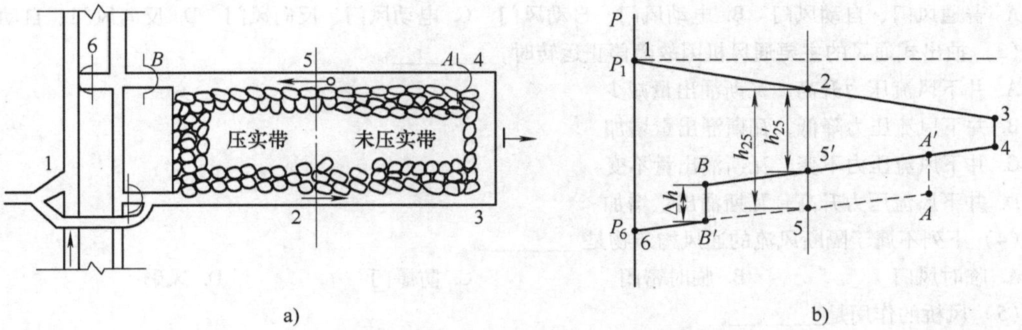

图 7-42　前进式回采中风窗的设置位置

5）对采空区进行注浆、洒浆和洒水等，可提高其压实程度，有利于减少漏风。

6）在利用箕斗井回风时，箕斗井井底煤仓必须留贮足够的煤量以防止漏风。为此应设置有效的煤位测量与控制装置，其井塔及井上、井下的装卸处均应有完善的密封措施。

7）采空区和不用的风眼必须及时封闭，各种风门、风桥和密闭必须规范化、系列化，并要保证构筑质量；地表附近的小煤窑和古窑必须查明并标在巷道图上，有关的通道必须修筑可靠的密闭，必要时要填砂、填土或注浆；有关的裂隙也必须填堵或注浆，以防止漏风、漏水而引起重大事故。

本章习题

1. 填空题

（1）风流由________进入矿井后，经过井下各用风场所，然后从________排至地表，风流经过的整个路线及其配套的通风设施，称为矿井通风系统。

（2）矿井通风构筑物按其作用不同可分为________和________。

（3）________通风使井下风流处于负压状态。

（4）主要通风机的工作方式有________、________和________三种。

（5）矿井漏风分为________和________两类。

2. 判断题（正确的打“√”，错误的打“×”）

（1）矿井反风能够起到防止灾害扩大，所以，矿井要经常进行反风操作。（　）

（2）混合式通风方式即指中央式和对角式的混合布置。（　）

（3）风流总是从压力大的地点流向压力小的地点。（　）

（4）为切断风流又不准行人和通车或封闭已采区和盲巷等设置的通风构筑物称为挡风墙。（　）

（5）机械通风矿井不存在自然风压。（　）

（6）对于抽出式矿井，其他条件不变，通风动力增大，瓦斯涌出量增大。（　）

（7）抽出式通风机使井下风流处于负压状态。（　）

（8）应保持密闭前5m内巷道支护完好，无片帮、冒顶。（　）

（9）采煤工作面通风时，上行风比下行风的气温要高。（　）

3. 单项选择题

（1）我国矿井主通风机的工作方式主要是________。

A. 压入式　B. 混合式　C. 抽出式

（2）井下风门种类有________。

A. 普通风门、自动风门　B. 电动风门、自动风门　C. 电动风门、反向风门　D. 反向风门、自动风门

（3）抽出式通风的主要通风机因故障停止运转时，________。

A. 井下风流压力升高，瓦斯涌出量减少

B. 井下风流压力降低，瓦斯涌出量增加

C. 井下风流压力不变，瓦斯涌出量不变

D. 井下风流压力升高，瓦斯涌出量增加

（4）下列不属于隔断风流的通风构筑物是________。

A. 临时风门　B. 临时密闭　C. 防爆门　D. 风硐

（5）风桥的作用是________。

A. 把同一水平相交的两条进风巷的风流隔开　B. 把同一水平相交的两条回风巷的风流隔开

C. 把同一水平相交的一条进风巷和一条回风巷的风流隔开

D. 把同一水平相交的一条进风巷和一条回风巷的风流相连

（6）进、回风井之间和主要进、回风巷之间的每个联络巷中，必须砌筑________。

A. 两道风门　B. 三道风门　C. 临时挡风墙　D. 永久挡风墙

4. 问答题

（1）目前我国大部分矿井的主要通风机为什么都采用抽出式通风?

（2）矿井漏风有哪些危害？

（3）矿井主要有哪些通风构筑物？

（4）采区通风系统的基本要求有哪些？

（5）采煤工作面上行通风与下行通风各自优缺点有哪些？

（6）矿井通风系统由哪几部分构成？

（7）矿井通风系统的主要类型有哪些？

（8）矿井通风构筑物有哪些？各起什么作用？

（9）矿井的漏风地点及漏风原因有哪些？

（10）试分析矿井采用压入式通风与抽出式通风的优缺点。

5. 计算题

（1）已知某半圆拱通风行人巷道，净宽为2.7m，拱墙高1.4m。该巷道的风速为1.5m/s，求通过该巷道的风量。

（2）抽出式矿井中，井下某一点巷道空气中测得空气的静压为96840Pa，速压为360Pa，地面同一标高的大气压力为98760Pa。求该点空气的绝对全压和相对全压。

（3）某抽出式矿井井下有3个采煤工作面、4个掘进工作面、4个硐室，全部是独立通风。测得每一采煤工作面的风量均为500m^3/min，每一掘进工作面的风量均为240m^3/min，每一硐室的风量均为80m^3/min，矿井的总进风量为3200m^3/min，矿井主通风机的风量为3400m^3/min。不计备用工作面和其他井巷的风量，求矿井有效风量及矿井的外部漏风率和内部漏风率。

第 8 章

第 8 章　掘 进 通 风

掘进井巷时，这些井巷一般只有一个出口，称为独头巷道。对独头巷道的通风称为掘进通风或局部通风。掘进工作面通风是矿井作业面通风的重点和难点，搞好掘进面通风对保障掘进面作业人员的安全和健康具有特别重要的意义。

8.1 掘进通风方法

按通风动力形式的不同，掘进通风方法可分为局部通风机通风、矿井总风压通风和引射器通风三种。其中，局部通风机通风是最为常用的一种掘进通风方法。

《煤矿安全规程》规定，掘进巷道必须采用矿井总风压通风或局部通风机通风。

8.1.1 局部通风机通风

利用局部通风机作动力，通过风筒把新鲜风流送入掘进工作面的通风方法称为局部通风机通风。局部通风机通风按其工作方式不同又分为压入式、抽出式和混合式三种。

1. 压入式局部通风

如图 8-1 所示，局部通风机和起动装置安设在离掘进巷道口不小于 10m 的进风侧巷道中，局部通风机把新鲜风流经风筒压送到工作面，而污浊空气沿巷道排出。通风时，气流贴着巷道壁从风筒出口射出后形成的射流属于有限贴壁射流（图 8-2）。离开风筒出口后的有限贴壁射流，由于卷吸作用，其射流断面逐渐扩张，直至射流的断面达到最大值，此段称为扩张段；然后，射流的断面就逐渐减小，直至为零，此段称为收缩段。显然，有限贴壁射流的有效射程为

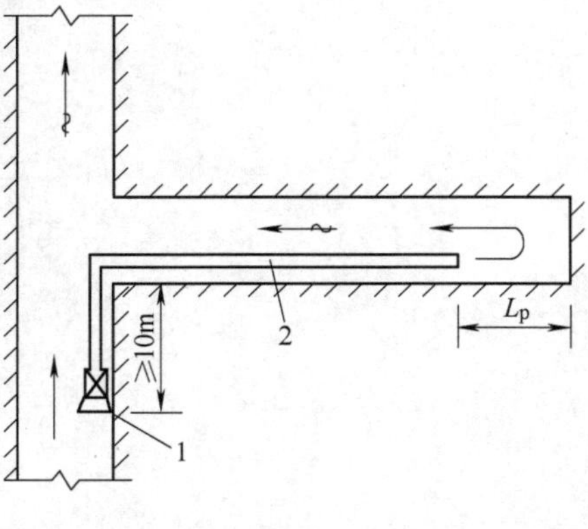

图 8-1　压入式局部通风
1—局部通风机　2—风筒

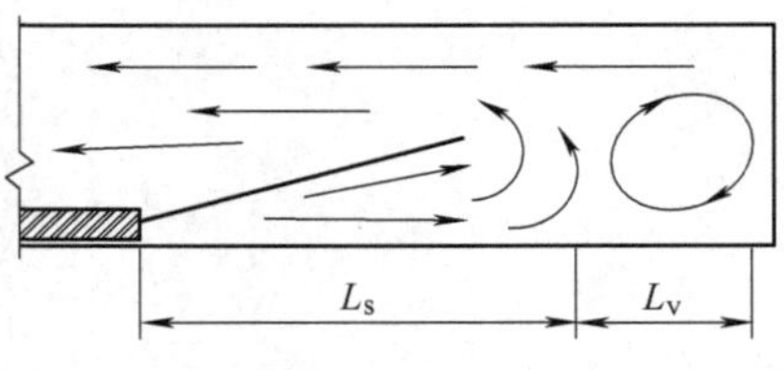

图 8-2　有限贴壁射流的有效射程和涡旋扰动区

$$L_s = L_b + L_a \tag{8-1}$$

式中 L_s——射流的有效射程，即从风筒出口至射流反向的最远距离（m）；

L_b——射流的扩张段距离（m）；

L_a——射流的收缩段距离（m）。

在巷道边界条件下，L_s一般为

$$L_s = (4 \sim 5)\sqrt{S} \tag{8-2}$$

式中 S——掘进巷道的净断面积（m^2）。

在射流的有效射程L_s以外，还存在着一个由射流反向流动引起的循环涡流区（图8-2），以L_v表示其长度。在此区域内，大部分空气沿巷道周壁流动，在光滑巷道中其范围为$L_v = 2.5\sqrt{S}$。如果风筒口距工作面更远，还可出现第二个循环涡流区。循环涡流区的空气不能被排出。

因此，压入式局部通风的技术要求为：

1）为了有效地排出掘进工作面的粉尘和炮烟等，风筒出风口到掘进工作面的距离$L_p < L_s$。

2）为了避免产生循环风流，要求$Q_{局} \leqslant 0.7Q_{巷}$，其中$Q_{局}$、$Q_{巷}$分别为局部通风机和局部通风机所在巷道的风量。

3）巷道中的风流速度$v \geqslant v_{min}$。其中v_{min}为巷道允许的最低风速，岩石巷道v_{min}为0.15 m/s，半煤岩巷或煤巷v_{min}为0.25m/s。

2. *抽出式局部通风*

如图8-3所示，局部通风机和起动装置安设在离掘进巷道口不小于10m的回风侧，新鲜风流沿掘进巷道流入工作面，而污风经风筒由局部通风机抽出。通风时，在风筒吸风口附近形成一股流入风筒的风流，离风筒口越远其风速越小。所以，只有在距风筒口一定距离以内才有吸入炮烟的作用，此段距离称为有效吸程，如图8-4所示。

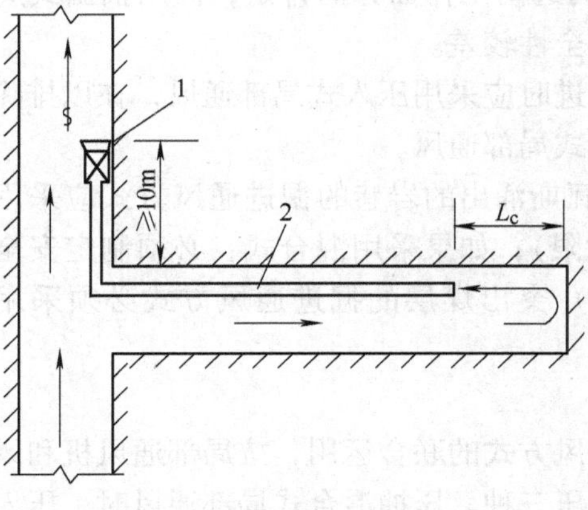

图8-3 抽出式局部通风

1—局部通风机 2—风筒

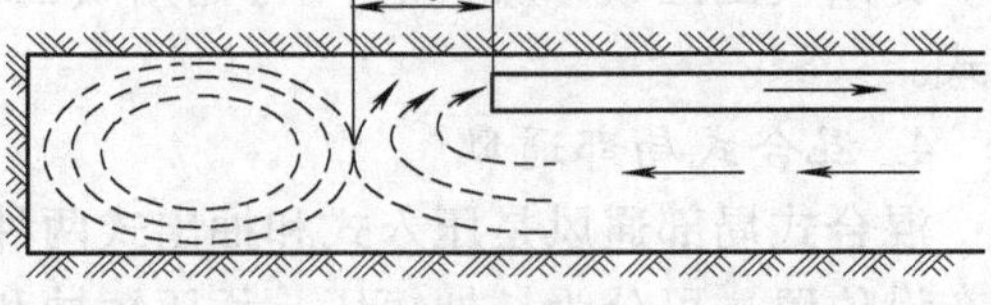

图8-4 抽出式局部通风的有效吸程

在巷道边界条件下，有效吸程L_e一般为

$$L_e = 1.5\sqrt{S} \tag{8-3}$$

在有效吸程L_e以外的区域，空气作循环涡旋（图8-4）。循环涡流区的空气不能被排出。

因此，抽出式局部通风的技术要求为：

1）为了有效地排出掘进工作面的粉尘和炮烟等，风筒吸风口到掘进工作面的距离 $L_c < L_e$。

2）为了避免产生循环风流，要求 $Q_{局} \leqslant 0.7Q_{巷}$。

3）巷道中的风速度 $v \geqslant v_{min}$。其中 v_{min} 为巷道允许的最低风速，岩石巷道 v_{min} 为0.15m/s，半煤岩巷或煤巷 v_{min} 为0.25m/s。

3. 压入式与抽出式局部通风的比较及其使用条件

1）压入式局部通风时，局部通风机及其附属电气设备均布置在新鲜风流中，污风不通过局部通风机，安全性好。而抽出式局部通风时，对于煤矿含瓦斯的污风通过局部通风机，若局部通风机不具备防爆性能，则是非常危险的。非煤矿山没有瓦斯问题，应用抽出式局部通风方式非常普遍，局部通风机也不需要具备防爆性能。

2）压入式局部通风时，风筒出口风速大，有效射程远，排烟效果好，工作面排污所需的通风时间短，且因风速较大排热效果也较好。但污风沿整个巷道缓慢排出，污染范围广，劳动条件差，巷道排污所需的通风时间长。

3）抽出式局部通风时，风筒吸风口有效吸程小，掘进施工中难以保证风筒吸风口到工作面的距离在有效吸程之内；与压入式通风相比，抽出式风量小，工作面排污所需的时间长。然而，抽出式局部通风时新鲜风流沿巷道进入工作面，整个巷道空气清新，劳动环境好，且受污风污染的巷道长度仅为工作面至风筒吸风口的长度，污风污染巷道长度短，巷道排污所需的通风时间短。

4）压入式局部通风可使用柔性风筒，其成本低、重量轻、安装与运输也方便，且由于 $p_{内} > p_{外}$（$p_{内}$、$p_{外}$分别为风筒内和外的绝对静压），风筒漏风对巷道也有一定的排污作用。而抽出式局部通风的风筒承受负压作用，必须使用刚性或带刚性骨架的可伸缩风筒，成本高，重量大，安装与运输也不方便。

5）压入式局部通风时，掘进巷道涌出的瓦斯向远离工作面方向排走；而用抽出式局部通风时，巷道壁面涌出的瓦斯随风流向工作面，安全性较差。

因此，在以排除瓦斯为主的煤巷、半煤岩巷掘进时应采用压入式局部通风，在以排除粉尘为主的井筒掘进或使用引射器通风时宜采用抽出式局部通风。

《煤矿安全规程》规定，煤巷、半煤岩巷和有瓦斯涌出的岩巷的掘进通风方式应采用压入式，不得采用抽出式（压气、水力引射器不受此限）；如果采用混合式，必须制定安全措施。瓦斯喷出区域和煤（岩）与瓦斯（二氧化碳）突出煤层的掘进通风方式必须采用压入式。

4. 混合式局部通风

混合式局部通风是压入式和抽出式两种局部通风方式的联合运用，按局部通风机和风筒的布设位置，可分为长抽短压、长压短抽和长抽长压三种。压抽混合式局部通风时，压入式向工作面供新风，抽出式从工作面排出污风，兼有压入式局部通风及抽出式局部通风的优点。

（1）长压短抽式（前抽后压）

如图8-5所示，压入式通风机设于新鲜风流中，压入式风筒沿巷道全长布置，抽出式风筒与局部通风机定期随工作面延伸而前移，抽出式风筒一般长50~60m，压入式风筒末端距工作面10~15m。压入式风筒出风口应超前抽出式风筒吸风口不小于10m，抽出式风筒吸风口应超前压入风筒出风口且距工作面3~5m。该种布置方式工作面风量由压入式通风机提供，抽出式通风机起着吸出污风的作用。

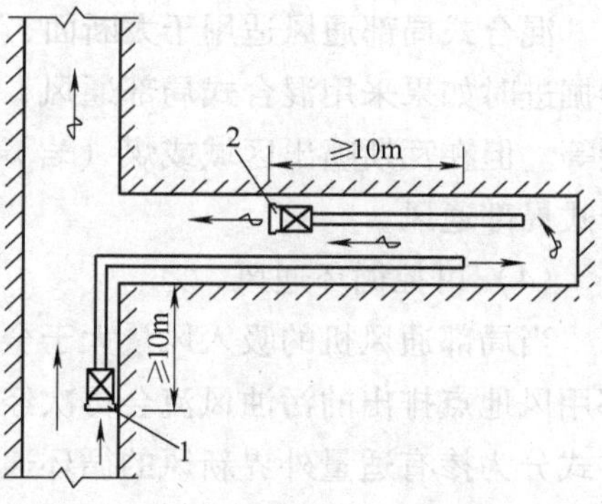

图8-5 长压短抽局部通风
1—压入式局部通风机 2—抽出式局部通风机

（2）长抽短压式（前压后抽）

如图8-6a所示，抽出式风筒从位于回风道内的通风机开始接至工作面，工作面风量由抽出式通风机来满足；压入式通风机只作为辅助通风设备安装于掘进巷道内，其吸风口与抽出式通风机的吸风口距离不小于10m，压入式风筒出风口应超前抽出式风筒吸风口。压入风流只起吹散及稀释顶板瓦斯、工作面瓦斯、提高工作面风速以及加速粉尘与炮烟排出的作用。

采用图8-6a所示的长抽短压式通风时，其中抽出式风筒必须用刚性风筒或带刚性骨架的可伸缩风筒。若将抽出式局部通风机移至风筒入风口，改为压入式由里向外排出污风，此时就可采用柔性风筒，如图8-6b所示。

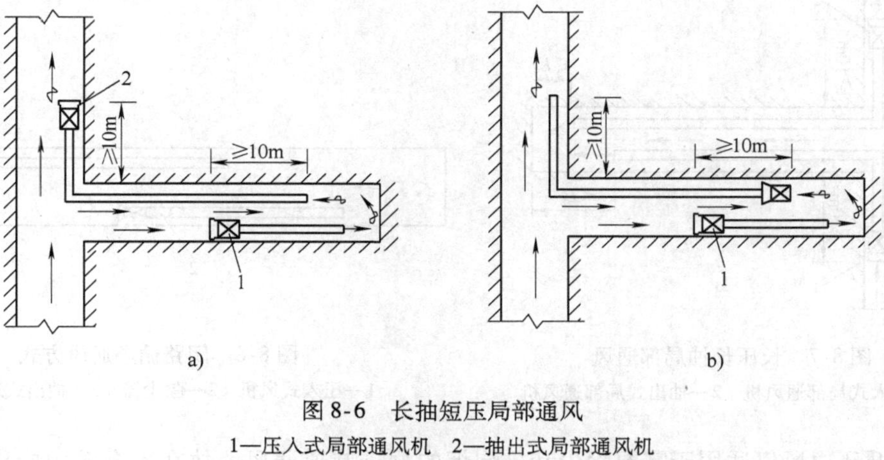

图8-6 长抽短压局部通风
1—压入式局部通风机 2—抽出式局部通风机

（3）长压长抽式

如图8-7所示，压入式和抽出式通风机分别安设在掘进巷道的入风侧和回风侧，沿巷道的全长布置两趟风筒。抽出式风筒采用带骨架的可伸缩风筒，风筒末端接近工作面迎头，压入式通风机风筒出风口距掘进工作面的距离小于其风流的有效射程，抽出式通风机风筒吸风口距掘进工作面的距离小于有效吸程。

混合式局部通风兼具压入式和抽出式两者的优点，通风效果好。它的主要缺点是增加了一套通风设备，电耗增大，管理也较复杂；还降低了压入式与抽出式两列风筒重叠段巷道内的风量，当掘进巷道断面大时，风速就更小，则此段巷道顶板附近易形成瓦斯层状积聚。因此，两台通风机之间的风量要合理匹配，以避免发生循环风，并确保风筒重叠段内风速大于巷道最低要求风速。

混合式局部通风适用于大断面、长距离、无瓦斯的掘进巷道中局部通风。煤巷、半煤岩巷掘进时如果采用混合式局部通风，必须采取安全措施，如安装"风－电－瓦斯"闭锁装置等。但在瓦斯喷出区域或煤（岩）与瓦斯突出煤层、岩层中，掘进通风方式不得使用混合式局部通风。

（4）可控循环通风

当局部通风机的吸入风量大于全风压供给设置该局部通风机巷道的风量时，则部分由局部用风地点排出的污浊风流会再次经局部通风机送往用风地点，故称其为循环风。循环通风方式分为掺有适量外界新风的循环通风和不掺有外界新风的循环通风，前者即为可控循环通风（也称为开路循环通风），后者称为闭路循环通风。

1）闭路循环通风。如图 8-8 所示，除尘器出风口送出的新鲜风流经风筒到达工作面并清洗工作面粉尘之后，通风机又把含尘的污浊风流吸入到除尘器中，经除尘器净化后，再送到掘进工作面重复使用。这样，在保证工作面粉尘浓度达到卫生标准的条件下，可以降低矿井总风量，节约通风电费。

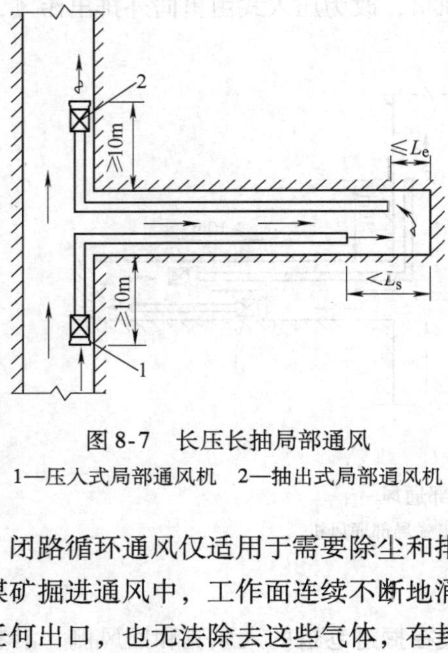

图 8-7 长压长抽局部通风

1—压入式局部通风机 2—抽出式局部通风机

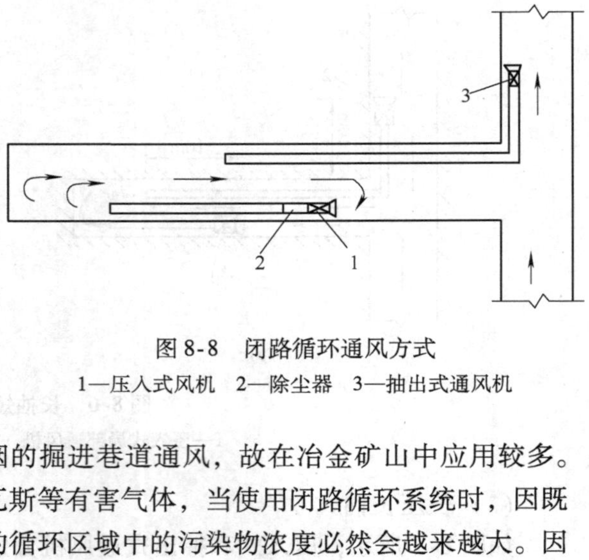

图 8-8 闭路循环通风方式

1—压入式风机 2—除尘器 3—抽出式通风机

闭路循环通风仅适用于需要除尘和排炮烟的掘进巷道通风，故在冶金矿山中应用较多。在煤矿掘进通风中，工作面连续不断地涌出瓦斯等有害气体，当使用闭路循环系统时，因既无任何出口，也无法除去这些气体，在封闭的循环区域中的污染物浓度必然会越来越大。因此，《规程》严禁采用循环通风。

如果在冶金矿山掘进中，采用图 8-8 所示的闭路循环通风方式，既可以在很短的时间把炮烟排走，又可以节约电能。

2）开路循环通风。在低瓦斯矿井中，当采掘工作面位于矿井的边远地区，原有通风系统不能保证按需供风，而该地区的回风风质又比较好时，可以在局部通风系统的进、回风之间安置通风设备、设施和监控设备，采用开路循环通风方式对回风进行合理的循环控制并加以再利用，以增加用风地点的实际风量，如图 8-9 所示。

① 循环率。联络巷循环风量 Q_c 与工作面风量 Q_h 之比，称为循环通风的循环率。其表达

式为

$$\xi = \frac{Q_c}{Q_h} \tag{8-4}$$

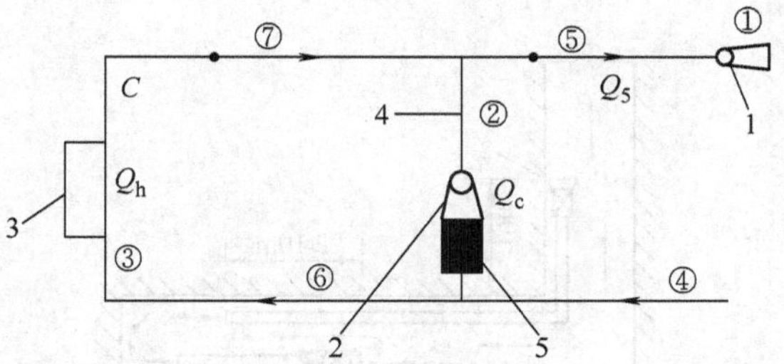

图 8-9 开路循环通风方式

1—主要通风机 2—循环通风机（也可设于⑥或⑦分支） 3—工作面 4—风量、瓦斯浓度监测点 5—除尘器

式中 ξ——循环通风的循环率；

Q_c——循环风量（m^3/s）；

Q_h——工作面风量（m^3/s）。

② 循环瓦斯量。忽略进风巷瓦斯浓度，设工作面瓦斯涌出量为 q，则实际循环瓦斯量 q_2 为

$$q_2 = \frac{\xi}{1-\xi}q \tag{8-5}$$

式中 q_2——循环瓦斯量（m^3/s）；

q——瓦斯涌出量（m^3/s）。

③ 工作面回风巷⑦的瓦斯量及其浓度。其表达式为

$$q_3 = q + q_2 = \frac{q}{1-\xi} \tag{8-6}$$

$$C_3 = \frac{q_3}{Q_h} \tag{8-7}$$

式中 q_3——工作面回风巷瓦斯量（m^3/s）；

C_3——工作面回风巷瓦斯的体积浓度。

④ 采区回风巷⑤的瓦斯浓度。其表达式为

$$C_5 = \frac{q_3 - q_2}{Q_5} = \frac{q}{Q_5} \tag{8-8}$$

式中 C_5——采区回风巷瓦斯的体积浓度；

Q_5——采区回风巷的风量（m^3/s）。

式（8-6）~式（8-8）表明，开路循环通风时，采区回风流中瓦斯浓度大小与循环率无关，它仅取决于该区内的瓦斯涌出量和采区的新鲜风量，而且与同等入风量的常规通风时相等。工作面及其回风巷中的瓦斯浓度大小与循环通风次数无关，它仅取决于该区内的瓦斯涌出量、循环通风的循环率以及通过采区的风量，即开路循环通风系统中循环区域中任何地点的污染物浓度都不会无限制地增大，而是经循环一定次数后趋于某一限值。

开路循环通风在长距离巷道掘进的混合式局部通风中也有应用。如图 8-10a 所示的长抽短压式通风中，先起动抽出式通风机 2，后起动压入式通风机 1，外部进入的新风先清洗掘进头，其中一部分污风经风筒由抽出式通风机 2 排出，另一部分污风在压入式局部通风机 1 的作用下，流过两列风筒重叠段巷道，再次与外部新风混合经通风机及其前置除尘器过滤后，由局部通风机压入掘进工作面循环使用，从而形成开路循环通风。

如图 8-10b 所示的长压短抽式局部通风中，当抽出式通风机 2 的风量大于压入式通风机 1 的风量时，也形成了开路循环通风。先起动压入式通风机 1，后起动抽出式通风机，新风由压入式通风机 1 和风筒送入掘进头，污风全部通过抽出式风筒、经前置除尘器过滤后由抽出式通风机排出，其中一部分风流（其风量等于压入式通风机风量）沿掘进巷道排入外部

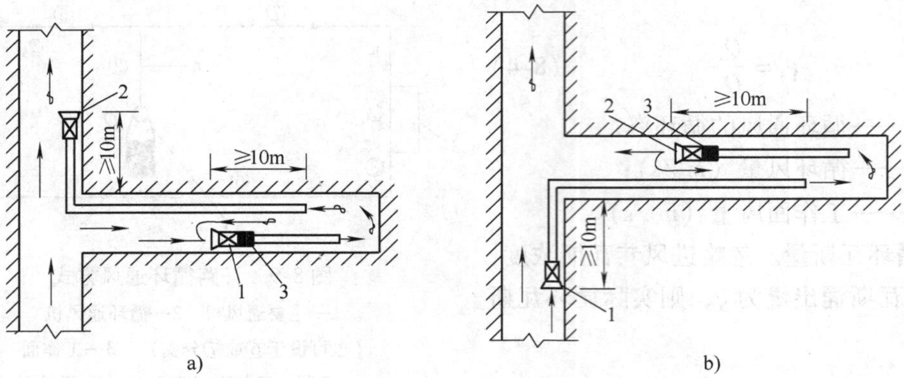

图 8-10 开路循环通风方式的应用
a）在长抽短压式局部通风中的应用 b）在长压短抽式局部通风中的应用
1—压入式风机 2—抽出式通风机 3—除尘器

贯穿风流中，另一部分风流（其数量等于两通风机风量差）在抽出式通风机 2 的作用下通过两列风筒重叠段巷道，再次与压入式风筒流出的新风混合进入掘进工作面循环使用，从而形成开路循环通风。

可控循环局部通风具有如下的优点：①采用混合式可控循环通风时，掘进巷道风流循环区（即从后置风筒口至掘进工作面）的风速较高，避免了瓦斯层状积聚，同时也降低了工作面等效温度，改善了掘进巷道中的气候条件；②当在局部通风机前配置除尘器时，可降低矿尘浓度；③在供给掘进工作面相同风量条件下，可降低通风能耗。

可控循环局部通风的缺点是：①对于煤矿，由于流经局部通风机的风流中含有一定浓度的瓦斯和粉尘，因此必须应用防爆除尘局部通风机；②循环风流通过运转的局部通风机后得到了不同程度的加热，再返回到掘进工作面，使工作面温度上升；③当工作面附近发生火灾时，烟流会返回掘进工作面，故安全性差，抗灾能力弱，因此，要求有循环风流通过的局部通风机在掘进工作面灾变时，必须能立即进行控制，以停止循环通风，恢复常规通风。

因此，为了保证可控循环局部通风系统的安全，可控循环局部通风应满足下列要求：①在可控循环通风系统中，必须装有瓦斯、风量、粉尘等自动监测装置及可靠的报警装置，同时还必须进行常规环境检测分析；②对循环通风机实现自动开关和风量控制。对使用可控循环风的混合式通风，抽出式与压入式的两台局部通风机间必须设置闭锁装置，保证主要的局部通风机起动后，有循环风通过的局部通风机再起动，以免形成闭路循环风流。同时，必须适当地控制抽出式与压入式两台局部通风机的风量比，以获得可控循环通风的最佳除尘和降温效果。

8.1.2 矿井总风压通风

利用矿井全风压进行掘进巷道通风，具有通风连续可靠、安全性好、管理方便等优点，但必须有足够的总风压。仅适用于使用局部通风机不方便、通风距离不长的巷道掘进中。掘进巷道采用矿井总风压通风时，按其导风设施的不同，主要有风筒导风、平行巷道导风、钻孔导风和风障导风等形式。

1. 风筒导风

如图 8-11 所示，风筒导风是将硬质风筒设置在进风巷道中，利用风筒把新鲜空气送到掘进工作面。在风筒入风口可挂风帘、砌筑风墙或设置风门，使新鲜空气和乏风分别流动。风筒导风辅助工程量小，风筒安装、拆卸比较方便。适用于需风量不大的短距离掘进巷道通风中。

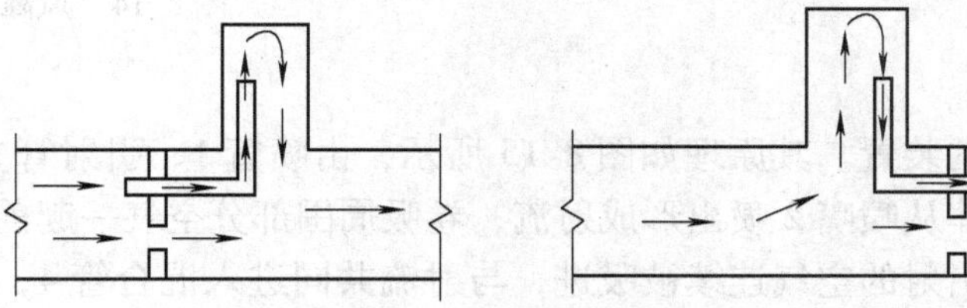

a)　　b)

图 8-11　风筒导风

2. 平行巷道导风

如图 8-12 所示，在掘进主巷的同时，在主巷附近平行地另掘一条副巷，主、副巷道之间每隔一定距离开掘一条联络巷。利用矿井总风压使风流由一条巷道进入，从另一条巷道排出。在前方联络巷掘通后，后方联络巷立即密封。两条巷道的独头部分可采用风筒或风幛通风。

平行巷道导风局部通风方式主要适用于双巷掘进中的局部通风。

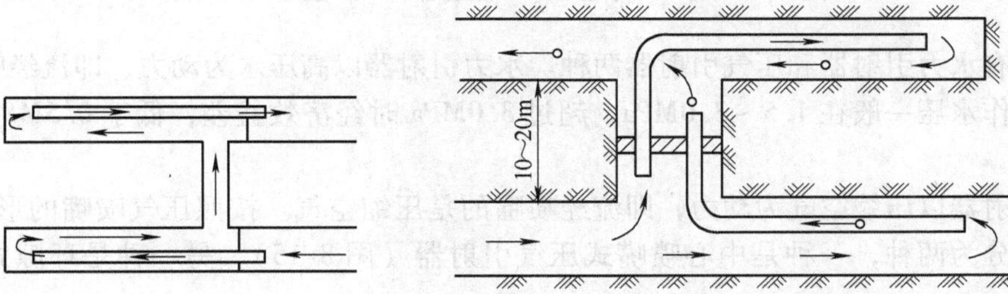

a)　　b)

图 8-12　平行巷道导风

3. 钻孔导风

离地表或邻近水平巷道较近处掘进长距离巷道时，可用钻孔提前将掘进巷道与地表或邻近水平巷道沟通，以便形成贯穿风流，这种局部通风方式称为钻孔导风。为增大风量，可利用大直径钻孔（300~400mm）或在钻孔口安装局部通风机，如图 8-13 所示。

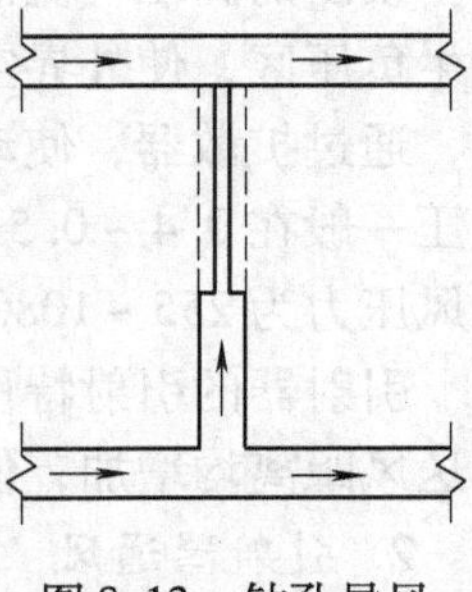

图 8-13　钻孔导风

4. 风障导风

如图 8-14 所示，在掘进巷道中安设纵向风障，将巷道分隔成两部分，一侧进风，另一侧回风。风障漏风应该较小、经久耐用、便于取材。短巷道掘进时可用木板、帆布等材料，长巷道掘进时用砖、石料和混凝土等材料。

由于纵向风障在矿山压力作用下将变形破坏，容易产生漏风。因此，只适用于地质构造稳定、矿山压力较小、巷道长度较短、使用通风设备不安全或技术上不可行的局部地点巷道掘进通风中；而且，矿井主要通风机必须正常运转，并有足够的全风压克服导风设施的通风阻力。

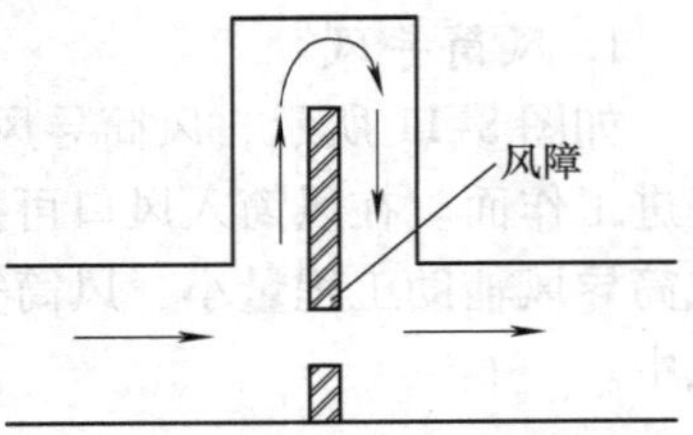

图 8-14　风障导风

8.1.3　引射器通风

1. 引射器通风原理

引射器是一种输送流体的装置。其原理如图 8-15 所示，由喷管 1、引射管 3、混合管 4 及扩散器 5 等组成。高压流体从喷嘴 2 喷出形成射流，卷吸周围部分空气一起前进，在引射管内形成一个低压区，使被引射的空气连续被吸进，与射流共同进入混合管 4，再经扩散器 5 流出，此过程称为引射作用。显然，引射作用的实质是高压射流将自身的部分能量传递给被引射的流体。

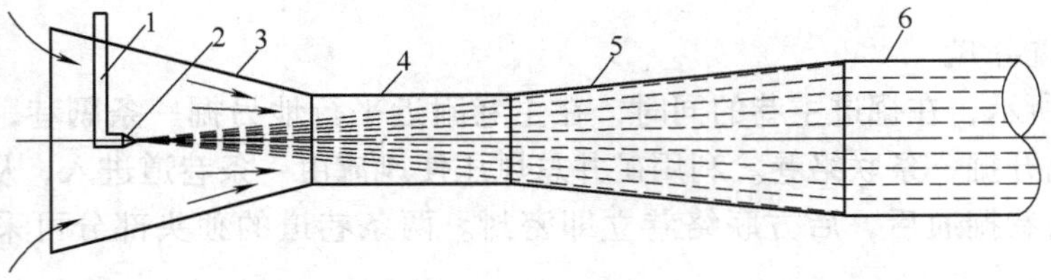

图 8-15　引射器通风原理

1—喷管　2—喷嘴　3—引射管　4—混合管　5—扩散器　6—风筒

引射器有水力引射器和压气引射器两种。水力引射器以高压水为动力，即流经喷嘴的是高压水。工作水压一般在 1.5 ~ 3.0MPa，超过 3.0MPa 时经济效益差，低于 0.5MPa 时引射效果差。

压气引射器以压缩空气为动力，即流经喷嘴的是压缩空气。按照压气喷嘴的形式不同，压气引射器分为两种，一种是中心喷嘴式压气引射器（图 8-15），另一种是环隙式压气引射器。

环隙式压气引射器的喷头是一个环缝间隙。在结构上，环隙式压气引射器有一个环形气室，在环形气室上留有环缝间隙，压气经过滤后，由进气管进入环形气室，从环隙喷头喷出。喷出的高压气流沿凸缘表面（相当于压气引射器的混合管）流动，并在凸缘表面附近产生负压区，使外界空气沿集风器（相当于压气引射器的引射管）流入，与高速射流混合后，通过扩散器，使动能大部分转化为压能，用以克服风筒通风阻力。环隙式引射器的工作气压一般在 0.4 ~ 0.5MPa，环缝间隙宽度为 0.09 ~ 0.15mm，引射风量为 40 ~ 140m^3/min，通风压力为 255 ~ 1080Pa，耗气量为 3 ~ 6m^3/min。

引射器的引射特性与射流的压力及喷口的结构和大小有关。射流压力升高，引射的风量和送风距离均增加，但耗水（气）量也增加。

2. 引射器通风

利用引射器产生的通风负压，通过风筒导风的通风方法，称为引射器通风。引射器通风一般采用压入式，如图 8-16 所示。为了加大供风量和送风距离，除了提高引射器的射流压力外，还可采取多台引射器分散串联作业。分散串联时两台引射器串联间距至少应大于其引射流场的影响长度。

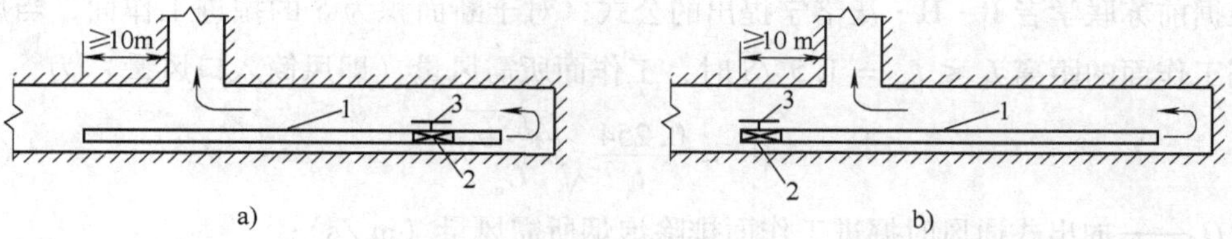

图 8-16 引射器通风
1—风筒 2—引射器 3—水管（或风管）

引射器通风的优点是：无电气设备，无噪声；还具有降温、降尘作用；在煤矿瓦斯突出严重的煤层掘进时，用它代替局部通风机通风，设备简单，安全性较高。其缺点是：风压低，风量小，效率低，水力引射器还存在巷道积水问题。

8.2 掘进工作面需风量计算

每个掘进工作面实际需要风量，应按 CH_4 涌出量、CO_2 涌出量、工作人员数量和爆破后的有害气体产生量以及局部通风机的吸风量等规定分别进行计算，然后取其中最大值，再按风速要求进行验算。

8.2.1 按排除炮烟计算所需风量

1. 压入式通风

根据前苏联学者 B · H · 沃洛宁提出的公式，对于断面积为 S 的掘进工作面，当风筒出风口到工作面的距离 $L_p \leqslant L_s = (4-5)\sqrt{S}$ 时，工作面所需风量（即风筒出风口风量）为

$$Q_p = \frac{0.465}{t}\left(\frac{AbS^2L^2}{\psi^2 C_q}\right)^{1/3} \tag{8-9}$$

式中 Q_p——压入式通风时掘进工作面排除炮烟所需风量（m^3/s）；

t——通风时间，一般取 1200～1800s，如果巷道断面积比较大，炸药量比较大，可适当延长通风时间（s）；

A——同时爆破炸药量（kg）；

b——每千克炸药产生的 CO 量，煤巷爆破时取 100L/kg，岩巷爆破时取 40L/kg；

L——巷道通风长度（m）；

ψ——风筒始端（风筒与通风机连接端）与末端（风筒靠近工作面的一端）的风量比，即风筒漏风备用系数；

C_q——通风所要达到的 CO 体积浓度允许值的 100 倍，常取 0.02 作为通风的初步要求以计算风量。

若取 $b=100$L/kg，$\psi=1$，$C_q=0.02$，由式（8-9）可得

$$Q_p = \frac{7.8}{t}\sqrt[3]{AS^2L^2} \tag{8-10}$$

2. 抽出式通风

根据前苏联学者B·H·沃洛宁提出的公式，对于断面积为S的掘进工作面，当风筒吸风口到工作面的距离$L_c \leqslant L_e = 1.5\sqrt{S}$时，工作面所需风量（即风筒入口风量）为

$$Q_e = \frac{0.254}{t}\sqrt{\frac{AbSL_t}{C_q}} \tag{8-11}$$

式中 Q_e——抽出式通风时掘进工作面排除炮烟所需风量（m^3/s）；

L_t——炮烟抛掷长度，其大小取决于爆破方式及炸药消耗量，电雷管起爆且爆破后立即开始通风时$L_t = 15 + \frac{A}{5}$，火雷管起爆且爆破后立即开始通风时$L_t = 15 + A$（m）。

若取$b = 100L/kg$，$C_q = 0.02$，由式（8-11）可得

$$Q_e = \frac{18}{t}\sqrt{ASL_t} \tag{8-12}$$

3. 混合式通风

在长抽短压混合式布置时，压入式通风机风筒出风口风量Q_p按式（8-9）计算，计算中L取抽出式风筒吸风口或压入式局部通风机入风口到掘进工作面的距离，并且因压入式风筒较短可取$\psi \approx 1$。为了防止循环风和维持风筒重叠段巷道内具有最低的排尘或稀释瓦斯风速，则抽出式风筒吸风口风量Q_e应大于压入式风筒出风口风量Q_p。即

$$Q_e = (1.2 \sim 1.25)Q_p \tag{8-13}$$

或

$$Q_e = Q_p + vS_1 \tag{8-14}$$

式中 v——风筒重叠段巷道的最低排尘风速，岩石巷道为0.15m/s，半煤岩巷或煤巷为0.25m/s，瓦斯涌出量较大的巷道v取稀释瓦斯的最低风速0.5m/s；

S_1——风筒重叠段的巷道断面积（m^2）。

在长压短抽混合式布置时，抽出式通风机风筒入风口风量Q_e按式（8-11）计算。为了防止循环风和维持风筒重叠段巷道内具有最低的排尘或稀释瓦斯风速，则压入式风筒的出风口风量Q_p应大于抽出式风筒吸风口风量Q_e。即

$$Q_p = (1.2 \sim 1.25)Q_e \tag{8-15}$$

或

$$Q_p = Q_e + vS_1 \tag{8-16}$$

4. 矿井通风设计时常用的计算式

矿井通风设计时，常按使用1kg炸药供风25m^3/min的标准计算掘进工作面排除炮烟所需的风量。即

$$Q_{pe} = \frac{25A}{60} = \frac{5A}{12} \tag{8-17}$$

式中 Q_{pe}——掘进工作面排除炮烟所需风量（m^3/s）。

8.2.2 按排出CH_4或CO_2计算所需风量

按排出CH_4或CO_2计算所需风量，其表达式为

$$Q_w = \frac{100K_qQ_q}{C_p - C_i} \tag{8-18}$$

式中 Q_w——排出掘进工作面 CH_4 或 CO_2 所需风量（m^3/s）；

Q_q——掘进巷道 CH_4 或 CO_2 平均绝对涌出量（m^3/s）；

K_q——CH_4 或 CO_2 涌出不均衡系数（正常生产条件下，连续观测 1 个月，日最大绝对 CH_4 或者 CO_2 涌出量与月平均日 CH_4 或者 CO_2 绝对涌出量的比值），一般为 1.5 ~2.0；

C_p——掘进井巷回风流中 CH_4 或 CO_2 体积浓度最高允许值的 100 倍，对于 CH_4 取 1，对于 CO_2 取 1.5；

C_i——掘进井巷进风流中的 CH_4 或 CO_2 浓度，该值取入风流中基底 CH_4 或者 CO_2 体积浓度的 100 倍，在矿井通风设计计算中该值常取值为 0。

8.2.3 按矿尘浓度不超过允许浓度计算所需风量

按矿尘浓度不超过允许浓度计算所需风量的计算式为

$$Q_d = \frac{E}{G_p - G_i} \tag{8-19}$$

式中 Q_d——稀释掘进工作面粉尘不超过允许浓度所需风量（m^3/s）；

E——掘进巷道的产尘量（mg/s）；

G_p——最高允许含尘量，当矿尘中含游离 SiO_2 达到或超过 10% 时为 $2mg/m^3$，当矿尘中含游离 SiO_2 小于 10% 时为 $10mg/m^3$；

G_i——进风流中含尘量，一般要求不超过 $0.5mg/m^3$，在矿井通风设计计算中该值常取 0（mg/m^3）。

当采用配有湿式除尘器的长压短抽混合式可控循环通风时，湿式除尘通风机的吸风量 Q_{he} 满足

$$(Q_{he} - Q_{hp}) \geqslant \frac{Q_{hp} G_i (1 - \eta_d) - G_p Q_{hp}}{G_p \eta_d} \tag{8-20}$$

式中 Q_{he}——抽出式风筒入风口风量（m^3/s）；

Q_{hp}——压入式风筒出风口风量（m^3/s）；

G_p——除尘通风机出风口风流最高允许含尘量（mg/m^3）；

η_d——湿式除尘通风机的除尘效率。

8.2.4 按排出柴油设备废气中的有害成分和热量计算所需风量

柴油设备具有生产能力大、效率高和机动灵活等优点，在金属矿山得到了广泛的应用。由于柴油设备排出大量的废气和热量，因此矿井通风风量应能满足将柴油设备所排出的废气中有害成分稀释至允许浓度以下、将柴油设备所排出的热量全部带走的要求。

1. 按稀释柴油设备排出的有害成分不超过允许浓度计算所需风量

柴油设备所排放的废气成分很复杂，所包含的有害成分有氮氧化合物、含氧碳氢化合物、低碳化合物、硫的化合物、碳氧化合物、油烟等，其主要成分是一氧化碳和氮氧化合物。按照风流的稀释作用，风流中保证柴油设备所排出的有害成分不超过允许浓度的风量为

$$Q_c = \frac{E_c}{G_c} \tag{8-21}$$

式中 Q_c——稀释掘进工作面柴油设备所排放的有害成分不超过允许浓度所需的风量(m^3/s);

E_c——柴油设备有害成分的平均排放量 (mg/s);

G_c——有害成分的最高允许浓度，一氧化碳的 $G_c = 30mg/m^3$，氮氧化合物的 $G_c = 5mg/m^3$。

2. 按带走柴油设备所排出的热量计算所需风量

有柴油设备运行时按同时作业机台数每千瓦供风量 $4m^3/min$ 标准计算。即

$$Q_r = 4N_r/60 = N_r/15 \tag{8-22}$$

$$N_r = N_1K_1 + N_2K_2 + \cdots + N_nK_n \tag{8-23}$$

式中 Q_r——带走掘进工作面柴油设备所排放的热量所需的风量 (m^3/s);

N_r——所有柴油设备的总功率 (kW);

N_1、N_2、…、N_n——各种柴油设备的额定功率 (kW);

K_1、K_2、…、K_n——各种柴油设备实际运转时间占总工作时间的比例。

8.2.5 按工作人员数量计算所需风量

《规程》规定，井下人员每人每分钟供风量不低于 $4m^3$。即

$$Q_n \geqslant 240N \tag{8-24}$$

式中 Q_n——掘进工作面作业人员需风量 (m^3/s);

N——掘进工作面同时工作的最多人数 (人)。

8.2.6 按掘进巷道中布置的局部通风机吸风量计算所需风量

在长抽短压或长压短抽混合式局部通风中，需在掘进巷道中布置局部通风机，为了避免掘进巷道中布置的局部通风机吸循环风，要求

$$Q_t = \sum_{i=1}^{m}(Q_{fi}K_{fi}) \tag{8-25}$$

式中 Q_t——掘进巷道中避免局部通风机吸循环风所需的风量 (m^3/s);

Q_{fi}——掘进巷道中布置的第 i 台局部通风机额定风量，常用的局部通风机额定风量见表 8-1 (m^3/s);

K_{fi}——防止掘进巷道中布置的局部通风机吸循环风的风量备用系数，进风巷道中无瓦斯涌出时取 1.2，有瓦斯涌出时取 1.3，一般为 1.2～1.3;

m——掘进巷道中布置的局部通风机台数。

表 8-1 常用的局部通风机额定风量

通风机型号	额定风量/(m^3/min)
JBT－51 (5.5kW)	150
JBT－52 (11kW)	200
JBT－61 (14kW)	250
JBT－61 (28kW)	300

8.2.7 按巷道最低和最高风速进行验算

在上述各式分别计算出来的 Q_p（或 Q_e、Q_{pe}）、Q_w、Q_d、Q_c、Q_r、Q_n和 Q_t中，选择其中的一个最大者 Q_{max}进行巷道最低和最高风速验算。

岩石巷道按最低风速 $v_1=0.15\text{m/s}$、最高风速 $v_2=4\text{m/s}$ 进行验算，半煤岩巷或煤巷按最低风速 $v_1=0.25\text{m/s}$、最高风速 $v_2=4\text{m/s}$ 进行验算。即

1）当 $v_1S<Q_{max}<v_2S$ 时，该 Q_{max}就是井巷掘进工作面的合理需风量。

2）当 $Q_{max}<v_1S$ 时，则取 v_1S 为井巷掘进工作面的合理需风量。

3）当 $Q_{max}>v_2S$ 时，则需要采取措施，降低该工作面的 CH_4 涌出量和各种有害气体浓度，或者扩大巷道断面，以确保巷道风速符合《规程》要求。

8.3 局部通风装备

局部通风装备是由局部通风动力设备（包括局部通风机和引射器）、风筒及其附属装置组成。

8.3.1 风筒

风筒是最常见的导风装置。对风筒的基本要求是漏风小、风阻小、重量轻、拆装简便。

1. 风筒的种类

风筒按其材质分为刚性风筒、柔性风筒和带刚性骨架的可伸缩性风筒三类。

（1）刚性风筒。刚性风筒是用金属板或玻璃钢制成。常用的铁风筒规格见表8-2，其优点是坚固耐用，使用时间长，适用于各种通风方式；缺点是成本高，易腐蚀，笨重，拆、装、运不方便，在弯曲巷道中使用比较困难。玻璃钢风筒比金属风筒轻便、对酸与碱的耐蚀性强以及通风的摩擦阻力系数小，但其制造成本比铁风筒高。

表8-2 铁风筒规格参数表

风筒直径/mm	风筒节长/m	壁厚/mm	垫圈厚/mm	风筒质量/(kg/m)
400	2，2.5	2	8	23.4
500	2.5，3	2	8	28.3
600	2.5，3	2	8	34.8
700	2.5，3	2.5	8	46.1
800	3	2.5	8	54.5
900	3	2.5	8	60.8
1000	3	2.5	8	68.0

（2）柔性风筒。柔性风筒是应用更广泛的一种风筒，通常用橡胶、塑料制成，主要有帆布风筒、胶布风筒和人造革风筒三类。常用的胶布风筒规格见表8-3。柔性风筒的优点是轻便，可伸缩，折、装、运、搬方便，接头少；缺点是强度低，易损坏，使用时间短，且只能用于压入式通风中。目前矿井压入式局部通风时均采用柔性风筒。

表 8-3 胶布风筒规格参数表

直径/mm	节长/m	壁厚/mm	风筒质量/(kg/m)	风筒断面/m^2
300	10	1.2	1.3	0.071
400	10	1.2	1.6	0.126
500	10	1.2	1.9	0.196
600	10	1.2	2.3	0.283
800	10	1.2	3.2	0.503
1000	10	1.2	4.0	0.785

（3）带刚性骨架的可伸缩性风筒。

带刚性骨架的可伸缩性风筒就是在柔性风筒内每隔一定距离加一个钢丝圈或螺旋弹簧钢丝圈。目前，随着大断面巷道机械化掘进的增多，混合式局部通风除尘技术得到了广泛应用，为了满足其抽出式局部通风的要求，带刚性骨架的可伸缩性风筒使用不断增多，它既可承受一定的负压，又具有可伸缩的特点，比铁风筒质量轻，使用方便。风筒直径有300mm、400mm、500mm、600mm 和800mm 等规格。KSS 系列可伸缩风筒由用聚氯乙烯制成的柔性风筒和用于支撑风筒的螺旋弹簧钢丝圈组成，如图8-17a所示。图 8-17b 所示为其快速接头软带。

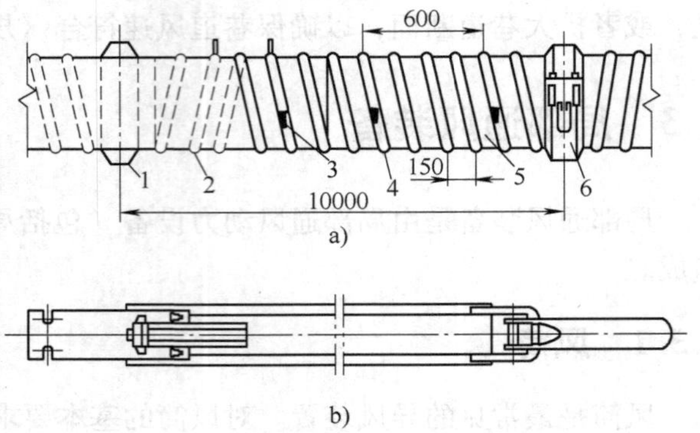

图 8-17 可伸缩风筒

a）可伸缩风筒 b）快速接头软带

1—圈头 2—螺旋弹簧 3—吊钩

4—塑料压条 5—风筒布 6—快速弹簧接头

（4）新型的矿用组合式负压风筒。

新型的矿用组合式负压风筒吸取了刚性风筒和柔性风筒的长处，实现了通风阻力小、易于拆装和运输、可多次重复使用的目的，完全可以代替刚性和柔性这两种风筒。

矿用组合式风筒是由风筒体、风筒接头、风筒布、连接螺栓、吊挂装置、风筒布接头等几个部件组成。风筒内径为600mm，内部骨架每一截长为1500mm。

矿用组合式负压风筒的内部骨架如图 8-18 所示，风筒体由三片相同的不锈钢片组成，这三片风筒体可组成一个完整的圆筒，每片风筒体的两端都有钻孔，可用螺栓固定在风筒接头上，为增加其强度可以在它上面制出加强筋。风筒接头的两端均钻有安装螺栓的孔，一端用螺栓固定一个风筒体，另外一端再用螺栓固定另外一个风筒体，这样一直循环下去，直到达到了所需要的长度为止。然后用直径也为 600mm 的柔性风筒布套到连接成的风筒体上。如果柔性风筒不够长，则可用柔性风筒的快速接头进行连接。最后用吊

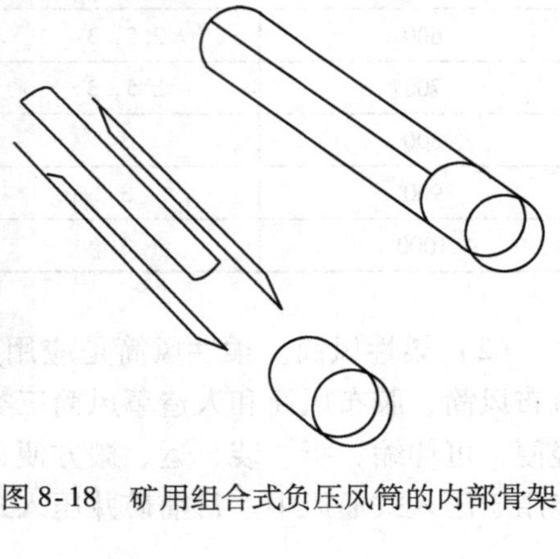

图 8-18 矿用组合式负压风筒的内部骨架

挂装置将风筒体吊挂在巷道壁上。为防止风筒骨架在吊挂中变形，可在风筒骨架的接头处吊挂，这样就组成了一个组合式的负压风筒。当风筒内部传递负压时，在大气压力作用下风筒布紧箍的风筒体上，能够防止漏风现象发生，气流则在风筒骨架内部流动。

矿用组合式负压风筒可进行完全的分解和组装，所以在井下运输非常方便。由于在风筒体外部罩上了完整的风筒布，所以漏风量很小。而且其内部完全由组装成的钢质圆风筒组成，内壁光滑，风阻很小。

2. 风筒的接头

刚性风筒一般采用法兰盘连接方式。柔性风筒的接头方式有插接（图8-17b）、单反边接头（图8-19）、双反边接头（图8-20）、活三环多反边接头（图8-21）、螺圈接头等多种形式。插接方式最简单，但漏风大；反边接头漏风较小，不易胀开，但局部风阻较大；后两种接头漏风小、风阻小，但易胀开，拆装比较麻烦，通常在长距离掘进通风时采用。

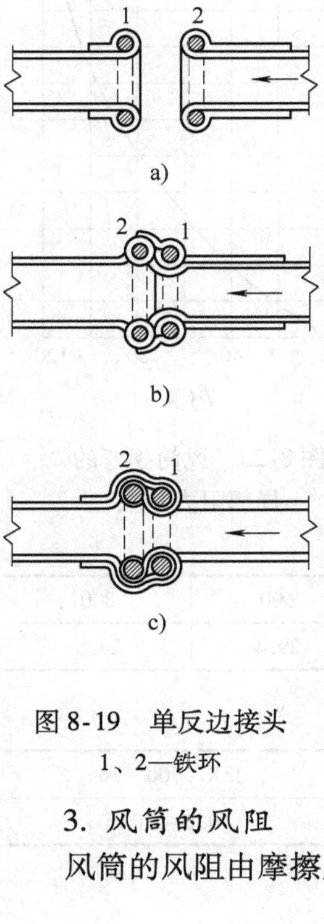

图8-19　单反边接头

1、2—铁环

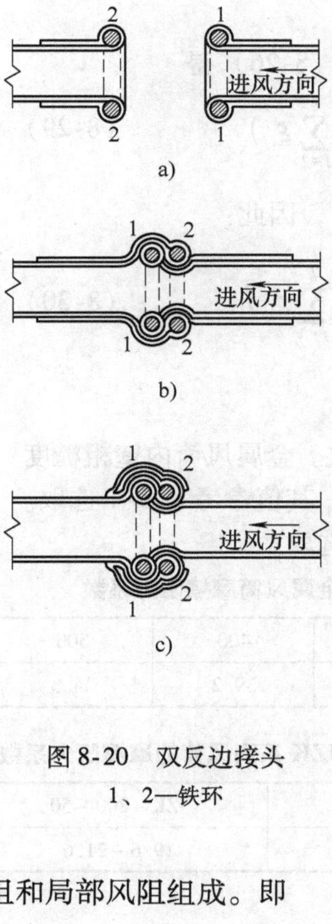

图8-20　双反边接头

1、2—铁环

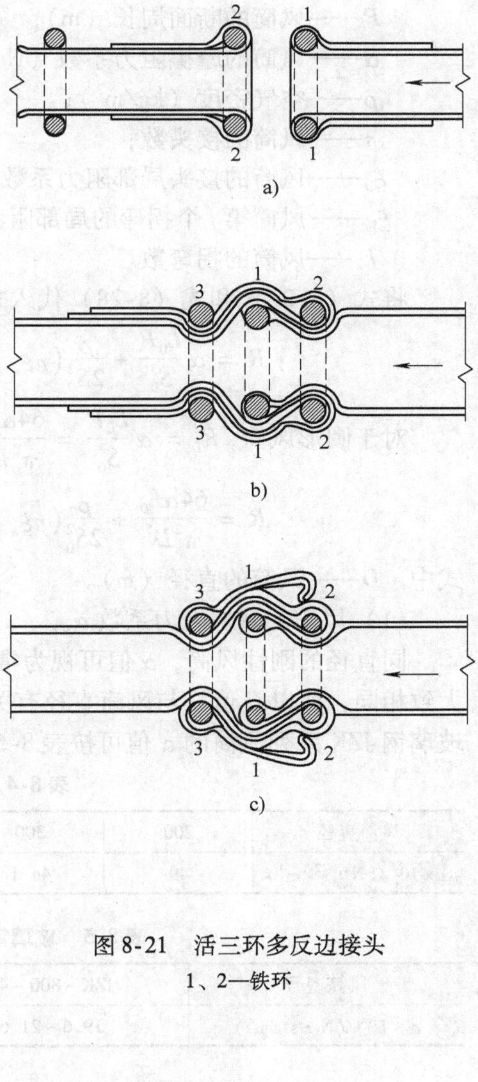

图8-21　活三环多反边接头

1、2—铁环

3. 风筒的风阻

风筒的风阻由摩擦风阻和局部风阻组成。即

$$R = R_f + R_e \tag{8-26}$$

$$R_f = \alpha \frac{L_0 P}{S_0^3} \tag{8-27}$$

$$R_e = R_a + R_b = \frac{\rho}{2S_0^2}\left(n\xi_a + \sum_{j=1}^{k}\xi_{bj}\right) \tag{8-28}$$

式中　R——风筒的风阻（$N \cdot s^2/m^8$）；

R_f——风筒的摩擦风阻（$N \cdot s^2/m^8$）；

R_e——风筒的局部风阻（$N \cdot s^2/m^8$）；

R_a——风筒所有接头的局部风阻（$N \cdot s^2/m^8$）；

R_b——风筒所有拐弯的局部风阻（$N \cdot s^2/m^8$）；

L_0——风筒的长度（m）；

S_0——风筒的断面积（m^2）；

P——风筒的断面周长（m）；

α——风筒的摩擦阻力系数（$N \cdot s^2/m^4$）；

ρ——空气密度（kg/m^3）；

n——风筒的接头数；

ξ_a——风筒的接头局部阻力系数；

ξ_{bj}——风筒第 j 个拐弯的局部阻力系数，可按拐弯角度 β 从图 8-22 中查出；

k——风筒的拐弯数。

将式（8-27）和式（8-28）代入式（8-26）得

$$R = \alpha \frac{L_0 P}{S_0^3} + \frac{\rho}{2S_0^2}\left(n\xi_a + \sum_{j=1}^{k}\xi_{bj}\right) \tag{8-29}$$

对于圆形风筒，$R_f = \alpha \frac{L_0 P}{S_0^3} = \frac{64\alpha L_0}{\pi^2 D^5}$，因此：

$$R = \frac{64\alpha L_0}{\pi^2 D^5} + \frac{\rho}{2S_0^2}\left(n\xi_a + \sum_{j=1}^{k}\xi_{bj}\right) \tag{8-30}$$

式中　D——风筒的直径（m）。

（1）风筒的摩擦阻力系数 α。

同直径的刚性风筒，α 值可视为常数。金属风筒内壁粗糙度大致相同，所以 α 值只与风筒直径有关，其值参考表 8-4 选取。玻璃钢 JZK 系列风筒的 α 值可按表 8-5 选取。

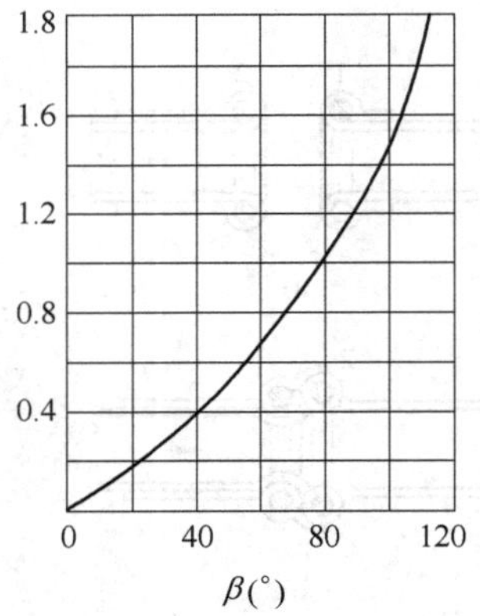

图 8-22　风筒拐弯的局部阻力系数

表 8-4　金属风筒摩擦阻力系数

风筒直径	200	300	400	500	600	800
$\alpha \times 10^4/(N \cdot s^2/m^4)$	49	44.1	39.2	34.3	29.4	24.5

表 8-5　玻璃钢 JZK 系列风筒的摩擦阻力系数

风筒型号	JZK－800－42	JZK－800－50	JZK－700－36
$\alpha \times 10^4/(N \cdot s^2/m^4)$	19.6~21.6	19.6~21.6	19.6~21.6

由于风压的大小影响到柔性风筒和带刚性骨架柔性风筒筒壁的绷紧程度，而壁面的绷紧程度可导致风筒内壁粗糙度的改变，因而柔性风筒和带刚性骨架柔性风筒的摩擦阻力系数皆与其壁面承受的风压有关。图 8-23 所示曲线Ⅰ是开滦赵各庄矿对柔性压入式 ϕ460mm 橡胶风筒测定的风筒 α 值随风压增大而减少的情况，表明随着压入式通风风压的提高，由于柔性风筒壁面进一步鼓胀其 α 值略有减小；对 KSS600 - X 型带刚性骨架的柔性风筒的抽出式通风测定表明，带刚性骨架的柔性风筒的 α 值随抽出式通风负压的增大而略有增大，如图 8-23 中曲线Ⅱ所示。

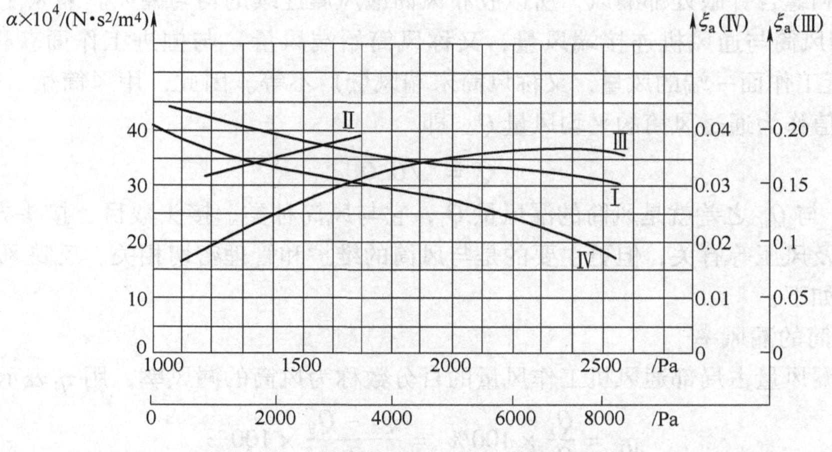

图 8-23　风筒摩擦及接头阻力系数曲线

（2）风筒的接头局部阻力系数 ξ_a。

当金属风筒用法兰盘连接其内壁较光滑时，ξ_a 可以忽略不计。但柔性风筒的接头套圈向内凸出，风压大，风筒壁鼓胀，则套圈向内凸出就越多，其 ξ_a 也就越大，如图 8-23 中的曲线Ⅲ所示。带刚性骨架的柔性风筒采用图 8-17b 所示的快速接头软带时，其 ξ_a 随压力增大而略有减少，如图 8-23 中的曲线Ⅳ所示。

在实际应用中，整列风筒风阻除与长度和接头等有关外，还与风筒的吊挂、维护等管理质量密切相关，很难用式（8-29）或式（8-30）进行精确计算，一般都根据实测风筒百米风阻（包括摩擦风阻和局部风阻）作为衡量风筒管理质量和设计的数据。表 8-6 是开滦某矿和重庆煤科分院实测的风筒百米风阻值。

表 8-6　开滦某矿和重庆煤科分院实测的风筒百米风阻值

风筒类型	风筒直径/mm	接头方法	百米风阻/（$N\cdot s^2/m^8$）	备注
胶布风筒	400	单反边	131.32	10m 节长
	400	双反边	121.72	10m 节长
	500	多反边	54.20	50m 节长
	600	双反边	23.33	10m 节长
	600	双反边	15.88	30m 节长

当缺少实测资料时，胶布风筒的摩擦阻力系数 α 与百米风阻（吊挂质量一般）R_{100} 可参照表 8-7 所列数据选取。

表 8-7 胶布风筒的摩擦阻力系数与百米风阻值

风筒直径/mm	300	400	500	600	700	800	900	1000
$\alpha\times10^4/(\mathrm{N\cdot s^2/m^4})$	53	49	45	41	38	32	30	29
$R_{100}/(\mathrm{N\cdot s^2/m^8})$	412	314	94	34	14.7	6.5	3.3	2.0

4. 风筒的漏风

正常情况下，金属和玻璃钢风筒的漏风，主要发生在接头处，胶布风筒不仅接头而且在全长的壁面和缝合针眼处都漏风，所以胶布风筒漏风属连续的均匀漏风。漏风使局部通风机风量 Q_a（即风筒与通风机连接端风量，又称风筒始端风量）与掘进工作面获得的风量 Q_h（即风筒靠近工作面一端的风量，又称风筒末端风量）不等。因此，用风筒始、末两端风量的几何平均值作为通过风筒的平均风量 Q。即

$$Q = \sqrt{Q_a Q_h} \tag{8-31}$$

显然 Q_a 与 Q_h 之差就是风筒的漏风量 Q_l，它与风筒种类、接头数目、接头方法和质量、风筒直径以及风压等有关，但更主要的是与风筒的维护和管理密切相关。反映风筒漏风程度的指标参数如下：

（1）风筒的漏风率

风筒的漏风量占局部通风机工作风量的百分数称为风筒的漏风率，用 η_l 表示。即

$$\eta_l = \frac{Q_l}{Q_a}\times 100\% = \frac{Q_a - Q_h}{Q_a}\times 100\% \tag{8-32}$$

η_l 虽能反映风筒的漏风情况，但不能作为对比指标。故常用的是风筒的百米漏风率 η_{l100} 这个指标。即

$$\eta_{l100} = \frac{\eta_l}{L_0}\times 100 \tag{8-33}$$

一般柔性风筒的百米漏风率可从表 8-8 的现场实测数据中查取。使用中，一般柔性风筒的百米漏风率应符合表 8-9 要求的标准。

表 8-8 柔性风筒百米漏风率

风筒接头类型	η_{l100}（%）
胶接	0.1 ~ 0.4
双反边	0.6 ~ 4.4
多层反边	3.05
插接	12.8

表 8-9 柔性风筒的百米漏风率应符合的标准

通风距离/m	<200	200 ~ 500	500 ~ 1000	1000 ~ 2000	>2000
η_{l100}（%）	<15	<10	<3	<2	<1.5

（2）风筒的有效风量率

掘进工作面获得的风量 Q_h 占局部通风机工作风量 Q_a 的百分数，称为风筒的有效风量率 p_e。其表达式为

$$p_e = \frac{Q_h}{Q_a} \times 100\% = \frac{Q_a - Q_l}{Q_s} \times 100\% = (1 - \eta_l) \times 100\% \tag{8-34}$$

(3) 风筒漏风的备用系数 ψ

风筒有效风量率的倒数，称为风筒漏风的备用系数。即

$$\psi = \frac{Q_a}{Q_h} = \frac{1}{p_e} \tag{8-35}$$

风筒漏风的备用系数 ψ 是大于 1 的系数，它越大表明风筒漏风越严重。

金属风筒的漏风主要发生在连接处。若把风筒的漏风看成是连续的，且漏风状态是紊流，金属风筒的漏风备用系数 ψ 值为

$$\psi = \left(1 + \frac{1}{3}KDn\sqrt{R_1 L_0}\right)^2 \tag{8-36}$$

式中 K——相当于直径为 1m 的金属风筒每个接头的漏风率，与风筒的连接质量和方式有关，如插接时 $\psi = 0.0026 \sim 0.0032\mathrm{m^3/(s \cdot Pa^{1/2})}$，法兰盘连接用草绳垫圈时 $\psi = 0.002 \sim 0.0026\mathrm{m^3/(s \cdot Pa^{1/2})}$，法兰盘连接用胶质垫圈时 $\psi = 0.003 \sim 0.0016\mathrm{m^3/(s \cdot Pa^{1/2})}$；

n——风筒的接头数；

R_1——每米风筒的风阻（$\mathrm{N \cdot s^2/m^8}$）。

柔性风筒不仅接头漏风，在风筒全长上都有漏风，而漏风量随风筒内风压增大而增大。将式（8-33）和式（8-34）代入式（8-35），得柔性风筒的 ψ 值计算公式为

$$\psi = \frac{1}{1 - \eta_l} = \frac{1}{1 - \eta_{l100} \times \dfrac{L_0}{100}} \tag{8-37}$$

柔性风筒的漏风若仅考虑接头漏风而忽略在风筒全长其他各处的漏风，则 $\eta_l \approx n\eta_j$，将其代入式（8-37），得柔性风筒 ψ 值的近似计算公式为

$$\psi \approx \frac{1}{1 - n\eta_j} \tag{8-38}$$

式中 η_j——柔性风筒每个接头的漏风率，插接时 $\eta_j = 0.01 \sim 0.02$；螺圈反边接头时 $\eta_j = 0.005$。

8.3.2 局部通风机

井下局部地点通风所用的通风机称为局部通风机。掘进工作面通风要求局部通风机体积小、风压高、效率高、噪声低、性能可靠、坚固防爆。

局部通风机按其通风方式可分为压入式和抽出式两种；按其结构可分为离心式和轴流式两大类，其中轴流式又分为普通轴流式和对旋轴流式两种。其中，以压入式对旋轴流局部通风机最为常用。按其动力驱动方式可分为电动、水力和压气局部通风机，其中以电动机驱动最为常用。按其防爆性能可分为防爆型和非防爆型局部通风机。

1. *JBT 系列局部通风机*

JBT 系列局部通风机是 20 世纪 60 年代研制的，这种通风机全风压效率只有 60% ~ 70%，风量、风压偏低，尤其噪声高达 103 ~ 108dB（A），目前在矿井局部通风中还占有相当的比例。该系列通风机还有部分的单级和双级局部通风机，因具有价格优势占领了部分市

场。但由于综合效率低，噪声大，已经不能满足生产需要，亟待进一步更新换代。

2. BKJ66－11 系列局部通风机

BKJ66－11 系列矿用局部通风机是由沈阳鼓风机厂生产的，其结构如图 8-24 所示。该系列通风机有 №3.6、№4.0、№4.5、№5.0、№5.6、№6.3 六种规格。其性能见表 8-10，性能曲线如图 8-25 所示。

BKJ66－11 型局部通风机效率高，其最高效率可达 90%，与 JBT 型局部通风机相比，效率提高了 15% ~ 30%，如用 BKJ66－11 型№4.5 代替 JBT52－2 型，电动机可由 11kW 降至 8kW；常用工作区的噪声为 98 ~ 99dB（A），比 JBT 型局部通风机降低 6 ~ 8dB（A）。

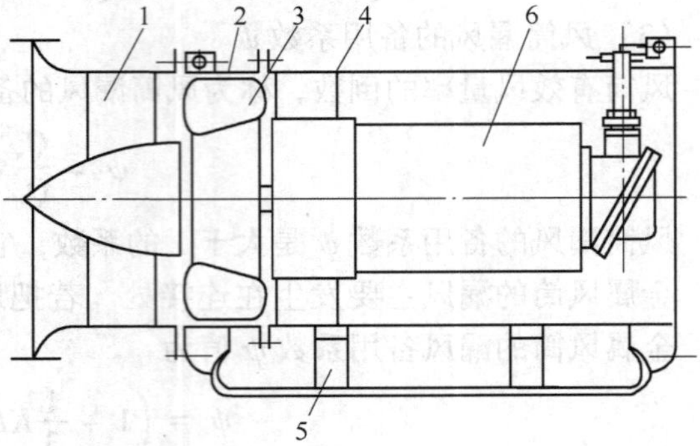

图 8-24　BKJ 系列局部通风机结构图

1—前风筒　2—主风筒　3—叶轮
4—后风筒　5—滑架　6—电动机

表 8-10　BKJ66－11 型局部通风机性能参数表

型号	风量/(m³/min)	全风压/Pa	功率/kW	转速/(r/min)	动轮直径/m
BKJ66－11№3.6	80 ~ 150	600 ~ 1200	2.5	2950	0.36
BKJ66－11№4.0	120 ~ 210	800 ~ 1500	5.0	2950	0.40
BKJ66－11№4.5	170 ~ 300	1000 ~ 1900	8.0	2950	0.45
BKJ66－11№5.0	240 ~ 420	1200 ~ 2300	15	2950	0.50
BKJ66－11№5.6	330 ~ 570	1500 ~ 2900	22	2950	0.56
BKJ66－11№6.3	470 ~ 800	2000 ~ 3700	42	2950	0.63

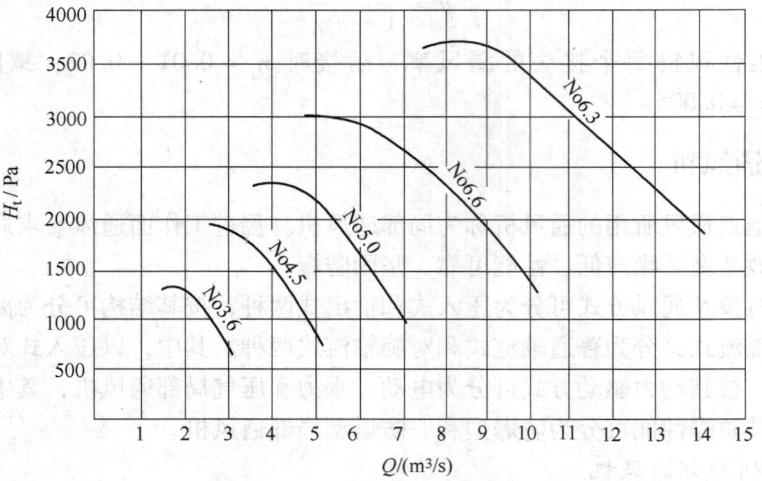

图 8-25　BKJ66－11 型局部通风机全压性能曲线

3. FDⅡ型对旋式局部通风机

FDⅡ型对旋式局部通风机适用于压入式通风（图8-26），功率为（2×4）~（2×55）kW，叶轮直径为400~800mm，额定风量为150~800m³/min，额定风压为2400~7100Pa，最高效率为0.8~0.85，送风距离为1000~4500m，运行效率为0.5~0.82，综合效率较单级和双级通风机高20%，噪声小，具体技术指标见表8-11。

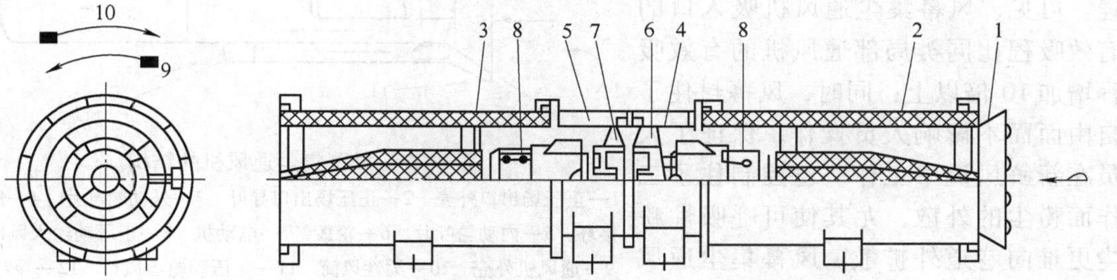

图8-26 FDⅡ型对旋式局部通风机结构图

1—吸风口 2—吸风侧吸声罩 3—出风侧吸声罩 4—1号电动机 5—2号电动机 6—一级叶轮 7—二级叶轮 8—电动机 9——级叶轮旋转方向 10—二级叶轮旋转方向

表8-11 FDⅡ系列局部通风机技术指标

机号	动轮直径/mm	风量/（m³/min）	风压/Pa	效率（%）	比A声级/dB	电机功率/kW	推荐使用风筒直径/m
№4	400	120~260	2600~300	80	<10	2×4	450（400）
№5	500	150~280	3000~350	82	<10	2×5.5	500（450）
		170~300	3550~400	82	<10	2×7.5	
№5.6	560	220~380	4000~450	83	<10	2×11	600（500）
		235~390	5000~550	85.7	<12	2×15	600
№6	600	285~465	5700~650	83.2	<12	2×18.5	600
№6.3	630	300~465	5600~700	80.5	<12	2×22	700（600）
№6.7	670	420~600	6300~1000	83	<12	2×30	800
		420~600	6700~1000	83	<12	2×37	
№7.5	750	540~800	7000~1500	83	<15	2×45	1000
№8	800	660~950	7100~1500	80.5	<16	2×55	1200（000）

4. 风幕集尘通风机

如图8-27所示，电动机带动内外动轮同时运转产生正压锥形风幕压向尘源，在附壁效应作用下沿巷周壁面继续向前延伸并包围尘源。外动轮的进风口由巷道单独供给新风，内动轮叶片在内动轮进风口产生负压，将尘源区内的混合风流抽出并经通风机压至排风筒。这种在风幕集尘通风机运转时，掘进工作面尘源区内风流流线所呈现的状态，称为短路流场。短路流场排尘作用原理为：由外动轮产生的风幕为正压流场，此时体现了通风机压入式时有效射程长的优势，所产生的射流在向前运动中与内动轮产生的负压流场不断地“短路”，即正压流场的风流不断回转，并充分混扰粉尘，将含尘风流带入内动轮吸风口，再经通风机压至排风筒。

实测表明，吸入口增加的有效吸程可达吸入口动轮直径的 12 ~ 13 倍，距吸入口最远处的最低风速均在 0.3m/s 以上，大于巷道的最低排尘风速。可见，风幕集尘通风机吸入口的有效吸程比同类局部通风机的有效吸程增加 10 倍以上；同时，风幕封住了自由面而不影响人员操作，保证了人员在新鲜风流中工作，也控制住了工作面粉尘的外散，尤其使可呼吸性粉尘更难向巷道外扩散。风幕集尘通风机在矿业中比较典型的应用是在巷道掘进中与综掘机配合使用，其布置方式如图 8-28 所示。

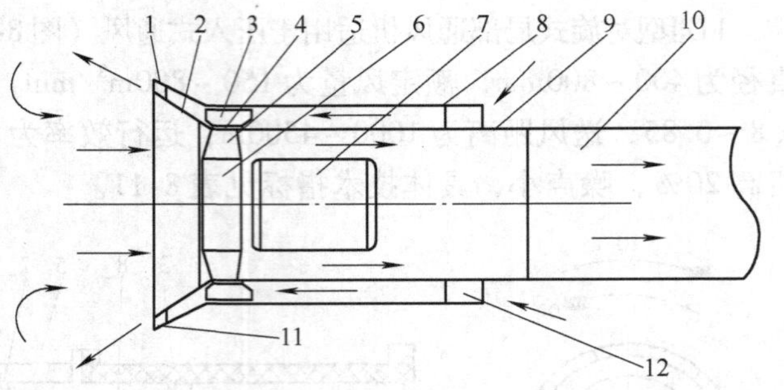

图 8-27 风幕集尘通风机的结构

1—正压场出口外壳 2—正压场出口导叶 3—外动轮叶片 4—连接环 5—内动轮叶片 6—轮毂 7—电动机 8—正压动轮入风口 9—通风机外壳 10—柔性风筒 11—正压动轮出风口 12—导叶

调查表明，煤矿综掘工作面会产生大量粉尘，如在一般煤巷综掘工作面其粉尘浓度可达 1000mg/m^3。常规的喷水、洒水降尘，除恶化工作面、耗费大量水资源外，对可呼吸性粉尘的治理也很难奏效，对于缺水矿区则难度更大。煤矿中的呼吸性粉尘危害严重，治理难度较大，因此综掘工作面的除尘系统必须是高效集尘与高效除尘的系统，该系统最重要的是集尘效率问题。由风幕集尘通风机造成的通风集尘短路流场比传统的通风系统通风集尘流场在集尘方面有了很大的改进，除可应用于巷道综掘工作面、公路隧道掘进工作面和锚喷支护工作面的通风、集尘和排尘外，也可应用于有毒有害气体车间的通风以及汇集并排出有毒有害气体和排尘。

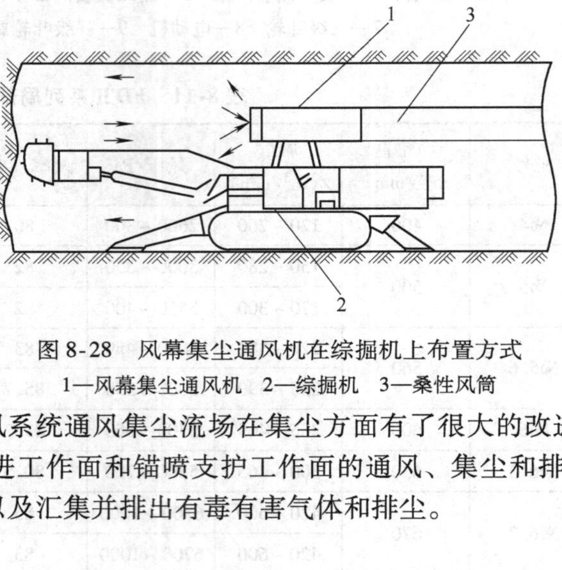

图 8-28 风幕集尘通风机在综掘机上布置方式

1—风幕集尘通风机 2—综掘机 3—桑性风筒

8.4 局部通风设计

局部通风设计是根据开拓、开采巷道布置，掘进区的自然条件以及掘进工艺，确定合理的局部通风方法及其布置方式，选择合适的风筒与局部通风机。

8.4.1 局部通风的设计原则

局部通风是矿井通风系统的一个重要组成部分，其新风取自矿井主风流，污风又排入矿井主风流。局部通风的设计原则为：①矿井和采区通风系统设计应为局部通风创造条件；②局部通风系统要安全可靠、经济合理和技术先进；③尽量采用技术先进的低噪声、高效型局部通风机；④压入式通风宜用柔性风筒，抽出式通风宜用带刚性骨架的可伸缩风筒或完全刚性的风筒，风筒材质应选择阻燃、抗静电型；⑤当一台局部通风机不能满足通风要求时，可考虑选用两台或多台局部通风机联合运行。

8.4.2 局部通风的设计步骤

局部通风的设计步骤是：①确定局部通风系统，绘制掘进巷道局部通风系统布置图；②按通风方法和最大通风距离，选择风筒类型与直径；③计算局部通风机风量和风筒出口风量；④按掘进巷道通风长度变化，分阶段计算局部通风系统总阻力；⑤计算所用局部通风机设计风量和风压，选择局部通风机；⑥按矿井灾害特点，选择配套的安全技术装备。

1. *风筒的选择*

风筒选择要与局部通风机选型一并考虑，其原则是：①风筒直径能保证最大通风长度时局部通风机的供风量能满足掘进工作面通风的要求；②在巷道断面允许的条件下，尽可能选择直径较大的风筒，以降低风阻，减少漏风，节约通风电耗；一般来说，竖井凿进时，选用600~1000mm 的铁风筒或玻璃钢风筒；通风长度在200m 以内，宜选用直径为400mm 的风筒；通风长度为200~500m 时，宜选用直径500mm 的风筒；通风长度为500~1000m 时，宜选用直径800~1000mm 的风筒。

2. *局部通风机的选型*

根据井巷掘进工作面所需风量和所选用的风筒，即可计算出局部通风机的风量和风压，据此就可以选择出合适的局部通风机。

（1）确定局部通风机的工作参数

根据掘进工作面所需风量 Q_h 和风筒的漏风情况，用式（8-35）计算局部通风机的工作风量 Q_a。即

$$Q_a = \psi Q_h \tag{8-39}$$

1）压入式通风时，设风筒出风口的局部阻力和局部阻力系数分别为 h_{vo} 和 ξ_p，则

$$h_{vo} = \xi_p \frac{\rho Q_h^2}{2S^2} \tag{8-40}$$

根据通风机全压与通风阻力的关系可得

$$H_t = RQ^2 + h_{vo} = RQ_aQ_h + \xi_p \frac{\rho Q_h^2}{2S^2} \tag{8-41}$$

式中　H_t——局部通风机全风压（Pa）。

对于圆形风筒，$S = \frac{\pi D^2}{4}$；压入式通风时风筒的出风口可认为是突然扩散到大气的，其局部阻力系数 $\xi_p = 1$。所以 $h_{vo} = \xi_p \frac{\rho Q_h^2}{2S^2} = \frac{0.811\rho Q_h^2}{D^4}$，将其代入式（8-41）得

$$H_t = RQ_aQ_h + \frac{0.811\rho Q_h^2}{D^4} \tag{8-42}$$

2）抽出式通风时，设风筒入风口的局部阻力和局部阻力系数分别为 h_{ei} 和 ξ_e，则

$$h_{ei} = \xi_e \frac{\rho Q_h^2}{2S^2} \tag{8-43}$$

根据通风机静压与通风阻力的关系可得

$$H_s = RQ^2 + h_{ei} = R_eQ_aQ_h + \xi_e \frac{\rho Q_h^2}{2S^2} \tag{8-44}$$

式中 H_s——局部通风机静风压（Pa）。

对于圆形风筒，$S = \frac{\pi D^2}{4}$；抽出式通风时，风筒完全修圆的入风口 $\xi_e = 0.1$，风筒不加修圆的直角入风口 $\xi_e = 0.5 \sim 0.6$。假设风筒入风口 $\xi_e = 0.5$，则 $h_{ei} = \xi_e \frac{\rho Q_h^2}{2S^2} = \frac{0.406 \rho Q_h^2}{D^4}$，将其代入式（8-44）得

$$H_s = RQ_a Q_h + \frac{0.406 \rho Q_h^2}{D^4} \tag{8-45}$$

（2）选择局部通风机

根据需要的 Q_a、H_t（或 H_s）的值，在各类局部通风机特性曲线的合理工作范围内，选择出长期运行效率较高的局部通风机。

在实际生产中，通常根据经验选取局部通风机。表 8-12 所示为开滦、鸡西、淮南等矿区炮掘工作面局部通风机与风筒配套使用的经验数据。

表 8-12 局部通风机和风筒配套使用的经验数据

通风距离/m	掘进工作面有效风量/(m^3/min)	选用风筒/mm	选用局部通风机				备注
			BKJ 型	JBT 型	功率/kW	台数	
<200	60～70	385	BKJ60－No4	JBT－41	2	1	
300	60～70	385	BKJ60－No4	JBT－42	4	1	
<300	120	460～485	BKJ60－No5	JBT－51	5.5	1	
300～500	60～70	460～485	BKJ60－No5	JBT－51	5.5	1	
	120	460～485	BKJ60－No5	JBT－52	11	1	
	120	600	BKJ60－No5	JBT－51	5.5	1	
500～1000	60～70	460～485	BKJ60－No5	JBT－51	11	1	
	60～70	600	BKJ60－No5	JBT－52	5.5	1	
	120	600	BKJ60－No5	JBT－51	11	1	
>1000	60～70	600	BKJ60－No5		11	1	节长50m
1500	250	800	BKJ60－No5	JBT－52	28	1	
2000	500	1000	BKJ60－No5		28	1	

8.4.3 局部通风机联合作业

如果通风距离较长或工作面需风量较大时，常出现一台局部通风机工作风压或工作风量不能满足要求的情况，此时可选用两台或两台以上的局部通风机进行联合作业。局部通风机联合作业的方式有串联和并联两种。但无论局部通风机采用哪种联合作业方式，都存在局部通风机效率低的缺点，所以在一般情况下应力求提高风筒制造和安装质量，加强管理，减少漏风，以使单台局部通风机尽量满足通风要求，从而避免局部通风机串联或并联通风。

1. *局部通风机串联作业*

当通风距离长，风筒风阻大，选择不到高风压的局部通风机，而一台局部通风机的工作风压又不能保证掘进工作面的需风量时，可以采用两台或多台局部通风机串联作业。串联的

方式有集中串联和间隔串联。若两台或多台局部通风机之间仅用较短（1~2m）的铁风筒连接，称为集中串联，如图8-29a所示；若局部通风机分别布置在风筒的端部和中部，则称为间隔串联，如图8-29b所示。

局部通风机串联的布置方式不同，沿风筒的压力分布也不同。使用柔性风筒时，只有采用压入式通风才能使风筒全长均处于正压状态，才能避免柔性风筒被抽瘪，此时若采用集中串联，靠近通风机侧的柔性风筒承压较高容易使其胀裂，且漏风较大。但若采用间隔串联，柔性风筒承压较低且风筒漏风也较少。当两台局部通风机相距过远时，其连接风筒可能出现负压段，使柔性风筒抽瘪而不能正常通风，如图8-22c所示。因此，两台局部通风机间隔串联时，为保证不出现负压区，两台局部通风机的串联间距不应超过风筒全长的三分之一，以保证整列风筒均呈图8-29b所示的正压状态。

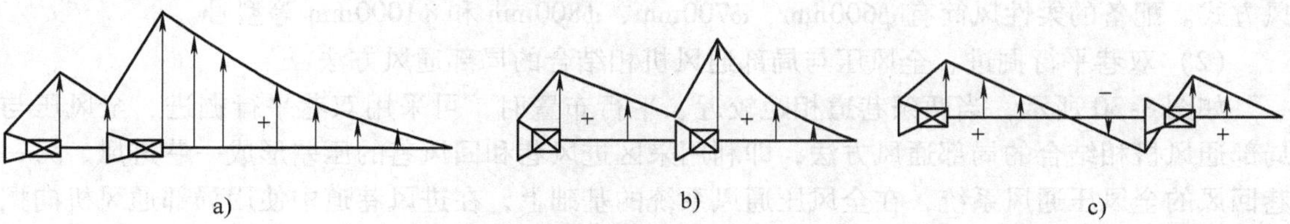

图8-29 局部通风机的串联布置
a）集中串联 b）间隔串联 c）风机间距过远

2. *局部通风机并联作业*

当风筒风阻不大，选择不到大风量的局部通风机，而用一台局部通风机又供风不足时，可采用两台或多台局部通风机进行集中并联作业。

8.5 长巷道、天井及竖井掘进时的局部通风

8.5.1 长巷道掘进时的局部通风

1. *长巷道局部通风的基本原则*

1）通风方式要选择得当。长距离巷道掘进时，采用压入式通风，污风在巷道内流动时间长，受污染的范围大。在安全允许的条件下，应尽量采用混合式通风。

2）采用局部通风机联合作业。为了克服风筒的风阻过大，可采用局部通风机串联作业。当风筒风阻不大而需风量较大时，也可采用局部通风机并联通风。局部通风机联合作业应根据风筒和通风机的具体条件合理地使用。

3）条件许可时，尽量选用大直径的风筒，以降低风筒风阻，从而提高有效风量。也可采用单机双风筒并联通风。

4）增加风筒的节长，改进接头方式，保证风筒的接头质量。减少接头数可减少接头风阻，改进接头方式和保证风筒的接头质量可减少风筒接头处的漏风。

5）风筒悬吊力求“平、直、紧”，以减小局部阻力。通风机与风筒应尽量安装在一条直线上，转弯时应避免转急弯；风筒与通风机直径应相同，不一致时应采用缓变直径的大小接头。

6）减少风筒漏风。金属风筒接头处要加胶垫，其螺栓要齐全并要拧紧。柔性风筒要黏补所有针眼（吊环鼻、缝线）和破口。

7）风筒应设放水孔，以便及时放出风筒中凝集的积水。

8）加强局部通风机和风筒的维修和管理，实行定期巡回检查风筒状况的制度。

2. 长巷道局部通风方法

（1）单风机大直径柔性风筒压入式局部通风方法

一般认为，当掘进距离小于3000m时，采用大功率局部通风机（2×30kW及以上）和大直径风筒（ϕ1000mm）配合使用即可解决掘进通风问题。由于压入式通风具有通风机及电气设备都布置在新鲜风流中、污风不通过通风机的特点，风筒内压力高于风筒外压力，漏风对排除污风有一定的作用，因此，长距离局部通风一般选用大直径柔性风筒压入式局部通风方式。配备的柔性风筒有ϕ600mm、ϕ700mm、ϕ800mm和ϕ1000mm等型号。

（2）双巷平行掘进、全风压与局部通风机相结合的局部通风方法

如图8-30所示，当两条巷道相距较近、平行布置时，可采用双巷平行掘进、全风压与局部通风机相结合的局部通风方法，即利用采区进风巷和回风巷的压差形成一巷进风、另一巷回风的全风压通风系统，在全风压通风系统的基础上，在进风巷道中使用局部通风机向掘进工作面供风，从而使掘进通风不受掘进距离的限制。

在平行双巷掘进过程中，随着两条巷道之间新联络巷的贯通，要将局部通风机的风流路线由旧联络巷变更为新联络巷，同时建立永久密闭封闭旧联络巷。

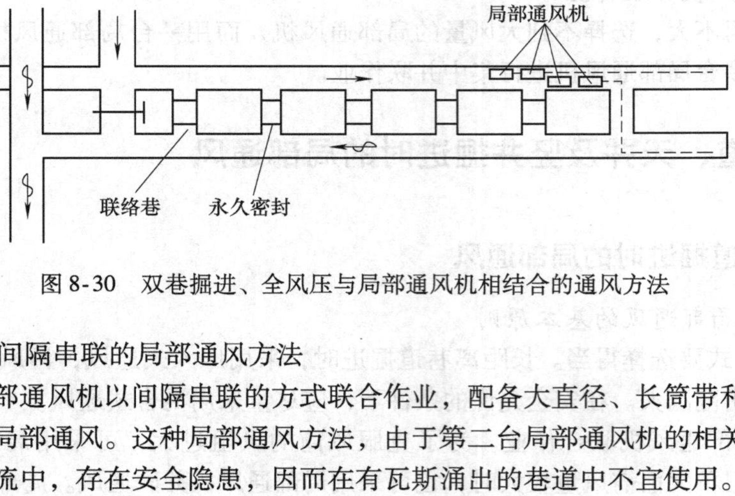

图8-30 双巷掘进、全风压与局部通风机相结合的通风方法

（3）通风机间隔串联的局部通风方法

将大功率局部通风机以间隔串联的方式联合作业，配备大直径、长筒带和双反边柔性风筒，进行长巷道局部通风。这种局部通风方法，由于第二台局部通风机的相关供电装置处于掘进巷道的回风流中，存在安全隐患，因而在有瓦斯涌出的巷道中不宜使用。

（4）构筑风库的局部通风方法

在巷道掘进到一定长度后，在巷道内构筑一个风库，用一台或两台局部通风机通过风筒同时向风库内供风，在风库内安设一台局部通风机，将风库内的新鲜风流通过风筒供给工作面，工作面的污风经巷道排至地面。要求向风库内的供风量要大于由风库向掘进工作面的供风量。

在实际生产过程中，可以根据巷道的规格、局部通风机特性、通风距离、瓦斯涌出量等条件灵活应用。这种局部通风方法可以将向掘进工作面供风的局部通风机供电装置安置在风库中，因而较为安全。

（5）通风机并联的局部通风方法

由于单台局部通风机长距离供风时风筒承受的风压较高，不仅增大了风筒的漏风率，而且风筒破裂损坏严重，此时极易引起瓦斯事故。为此，有时采用两台局部通风机同时经两条风筒直接向工作面并联供风，既减小了风筒的漏风率，又避免了风筒由于承受风压过高而引起的破裂，具有较好的技术和经济效益。

（6）钻孔导风的局部通风方法

如图 8-31 所示，当掘进距离地表或其他巷道较近的长巷道时，可以从掘进巷道向地表或其他巷道实施钻孔通风，其新鲜风流由掘进巷道进入，污风由安装在钻孔上的局部通风机抽至地面或其他巷道。这种通风方法适用于距地表或其他巷道比较近的井下长巷道掘进通风。

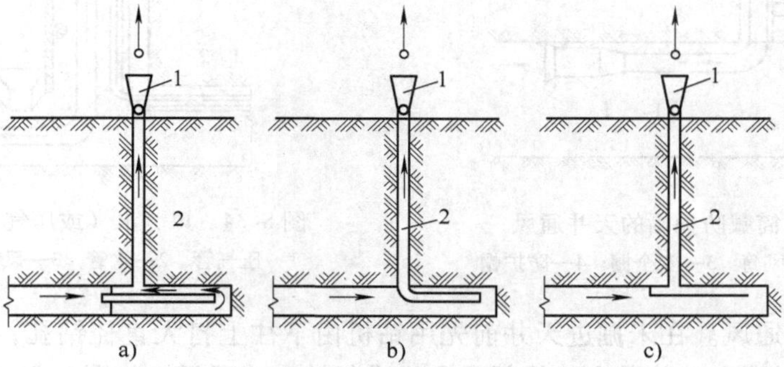

图 8-31　钻孔导风的三种局部通风方法

1—局部通风机　2—钻孔

8.5.2　天井掘进时的局部通风

由于天井断面较小，中间又布置放矿格间、梯子、风水管等，梯子上又有安全棚子，放炮后炮烟多集中在天井最上部，这些都给通风带来困难。

1）掘进高度不大的天井通风。如图 8-32 所示，压入式风筒出风口设置在安全棚之下进行通风。

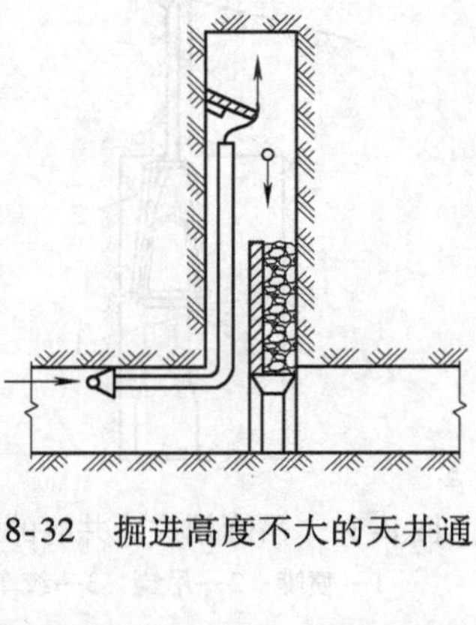

图 8-32　掘进高度不大的天井通风

2）风筒戴防护帽。如图 8-33 所示，由于风筒末端在安全棚之上，所以能够有效地排出炮烟。

3）风、水（或压气）混合式通风。如图 8-34 所示，在安全棚上部设风水喷雾器，在安全棚下部设抽出式风筒，构成混合式通风方式。

4）用吊罐掘进天井时的通风。如图 8-35 所示，局部通风机安装在上部阶段水平巷道里，利用吊罐的大眼作抽出式通风，同时在吊罐底座下，面向天井四壁安装数个水喷雾器，以冲洗井壁。

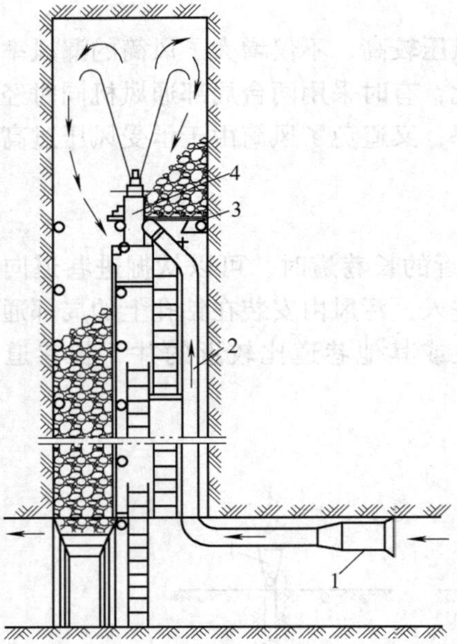

图 8-33 风筒戴防护帽的天井通风

1—通风机 2—风筒 3—安全棚 4—防护帽

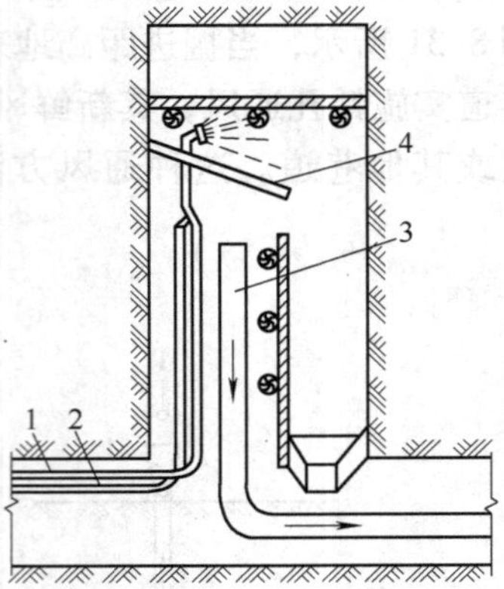

图 8-34 风、水（或压气）混合式通风

1—压气管 2—水管 3—风筒 4—安全棚

5）天井钻孔通风。在未掘进天井前先用钻机由下往上打大直径钻孔，将上下阶段巷道贯通。掘进天井时可在上阶段安装局部通风机进行抽出式通风，如图 8-36 所示。

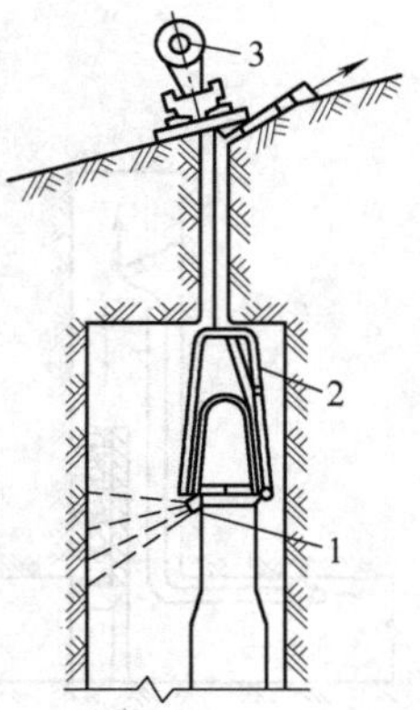

图 8-35 吊罐掘进天井时的通风

1—喷嘴 2—吊罐 3—绞车

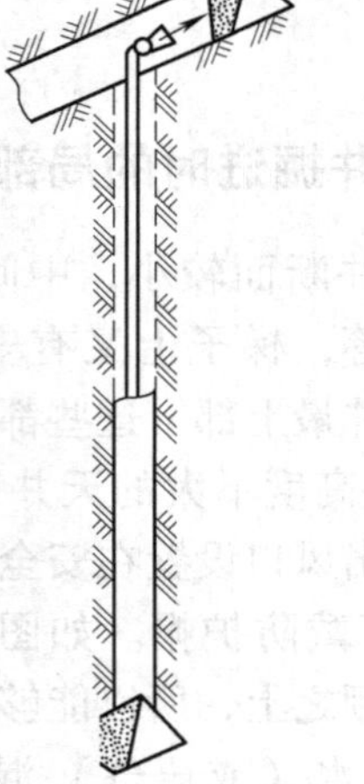

图 8-36 天井钻孔通风

6）小直径 PVC 风筒通风。如果天井断面较小且不很高，可以用强度较大的小直径 PVC 管作为风筒。将 PVC 管放到天井中，下端接小型通风机压入式通风到天井中，以排除天井中的污风。由于小直径 PVC 管几乎不占天井断面、强度较大且较轻便、不易损坏、移动方便，所以应用较多。

目前一些矿山采用天井钻机，从根本上改变了传统天井掘进的工艺，因而从根本上改变了天井掘进的通风方式。

8.5.3　竖井掘进时的局部通风

1. 竖井掘进时的通风特点

竖井掘进时的通风特点为：①井筒内可能产生自然风流，而自然风流与地表温度、井筒围岩温度等因素有关，风流的方向随季节会发生改变；②井筒内淋水，能起到带动风流的作用；③由于井筒断面较大，每次爆破的炸药量也较大，所以要求的风量也较大。

2. 通风方式

井筒掘进多采用压入式通风，如图 8-37a 所示。当掘进井筒较深时（300m 以上），可采用混合式通风，如图 8-37b 所示。一般不采用抽出式通风，因为爆破后形成的炮烟会很快散布到全井筒内，而抽出式通风风筒末端的有效吸程很短，所以不易将炮烟迅速抽出。

当两个井筒相隔不远而又同时掘进时，可以在联络巷安装局部通风机进行通风，如图 8-38所示。

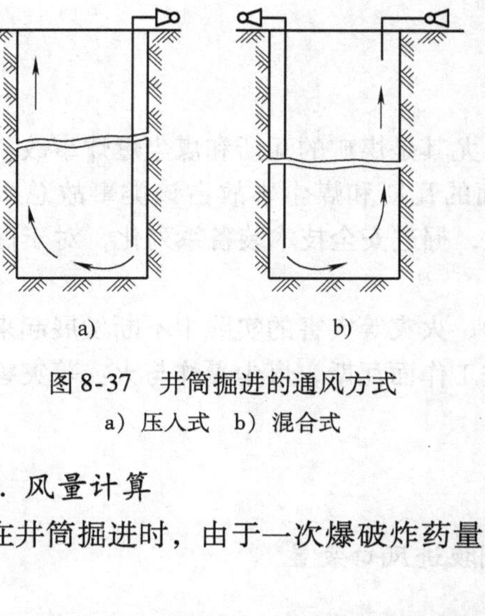

图 8-37　井筒掘进的通风方式
a）压入式　b）混合式

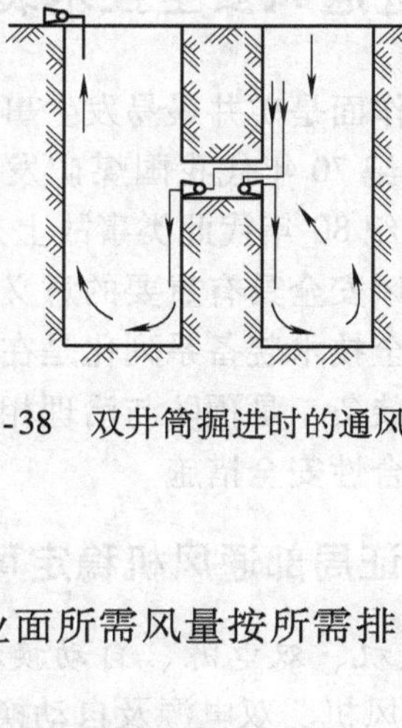

图 8-38　双井筒掘进时的通风方法

3. 风量计算

在井筒掘进时，由于一次爆破炸药量较多，所以作业面所需风量按所需排出的炮烟量计算。

1）压入式通风。压入式通风时掘进工作面排除炮烟所需风量的计算式为

$$Q_p = \frac{19\omega}{t}\sqrt{ALS} \tag{8-46}$$

式中　Q_p——压入式通风时掘进工作面排除炮烟所需风量（m^3/s）；

t——通风时间（s）；

A——同时爆破炸药量（kg）；

S——井筒断面积（m^2）；

L——井筒的深度（m）；

ω——井筒淋水使炮烟浓度降低的系数，见表 8-13。

表 8-13 井筒淋水使炮烟浓度降低的系数

井筒淋水特征	ω
井筒干燥或有淋水但井深小于 200m	1.00
井筒含水，井深大于 200m，涌水量小于 $6m^3/h$	0.85
井筒含水，井深大于 200m，降水如雨，涌水量等于 $6 \sim 15m^3/h$	0.67
井筒含水，井深大于 200m，降水如暴雨，涌水量大于 $15m^3/h$	0.53

2）混合式通风风量的计算公式可参考平巷掘进时混合式通风的风量计算公式来计算。

4. 风筒

井筒掘进通风所用风筒和平巷掘进通风一样，有柔性的和铁的两种，多使用铁风筒；风筒直径多为 500 ~ 1000mm，视井筒断面大小选用。铁风筒可用钢丝绳吊挂，也可固定于井筒的支架上。前者的优点是放炮时可将风筒提起，风筒的接长和拆短都可在地面进行。后者的优点是不需设置吊挂风筒的设施，如绞车、钢丝绳、滑轮等。

采用铁风筒时，为了缩短风筒末端与作业面的距离，可接一段柔性风筒，以便爆破时将柔性风筒提起。

8.6 掘进通风安全技术装备系列化

掘进工作面是矿井最易发生事故的作业地点，尤其是煤矿的瓦斯和煤尘爆炸事故。统计表明，20 世纪 70 年代我国煤矿发生在掘进工作面的瓦斯和煤尘事故占该类事故总次数的 47%，20 世纪 80 年代此类事故上升至 83%。因此，掘进安全技术装备系列化，对于保证掘进工作面通风安全具有重要的意义。

掘进安全技术装备系列化是在治理瓦斯、煤尘、火灾等灾害的实践中不断发展起来的多种安全技术装备，是预防与治理相结合的防止掘进工作面瓦斯、煤尘爆炸与火灾等灾害的行之有效的综合性安全措施。

8.6.1 保证局部通风机稳定可靠运转

1. 双风机、双电源、自动换机和风筒自动倒换进风口装置

（1）双风机、双电源及自动换机

双风机、双电源供风供电系统，是指在高瓦斯掘进工作面安设两台局部通风机，一种是一台工作而另一台备用，其电源来自两个不同的动力变压器，两路电源设有总开关，但不设电源联络开关，即这两台局部通风机可互为备用；第一种是一台为常用通风机而另一台为备用通风机，具有专用电源，电源和采掘工作面动力变压器一起供电，并增设了分段联络开关，但通风机专用电源线不得向采掘工作面其他动力设备供电；自动换机是指当工作的局部通风机因故障停止运转，电源开关就自动切换使备用局部通风机立刻起动继续向掘进工作面供风（第二种的常用局部通风机故障排除后，一般再转换成常用局部通风机供风），从而保证了向掘进工作面的连续供风。

（2）风筒自动倒换进风口装置

由于双风机共用一条主风筒，局部通风机在通风实现自动倒换时，连接两通风机的风筒

也必须能够自动倒换进风口。风筒自动倒换进风口的装置有两种，即短节倒换进风口装置和切换片倒换进风口装置。

1）切换片倒换进风口装置。如图8-39a所示，将常用风筒（即连接常用通风机的风筒）出风端的半周与备用风筒（即连接备用通风机的风筒）出风端的半周胶黏、缝合在一起（其长度为风筒直径的1～2倍），套入共用风筒，并对接头部进行黏连防漏风处理，即可投入使用。常用通风机运转时，由于通风机风压作用，常用风筒被吹开而供风；同时将与之并联的备用风筒紧压在双层风筒段内，从而关闭了备用风筒。若常用通风机停转，备用通风机起动，则备用风筒被吹开而供风；同时常用风筒被紧压在双层风筒段内，从而关闭了常用风筒。这样，就达到了自动倒换进风口的目的。

2）短节倒换进风口装置。如图8-39b所示，在常用风筒与备用风筒之间平面夹黏一片长度等于风筒直径1.5～3.0倍、宽度大于1/2风筒周长的倒风切换片，将其嵌套在共用风筒内并胶黏在一起，经防漏风处理后便可投入使用。常用通风机运行时，由于通风机风压作用，倒风切换片将备用风筒关闭；若常用通风机停机，备用通风机起动，则倒风切换片又将常用风筒关闭。这样，就达到了自动倒换进风口的目的。

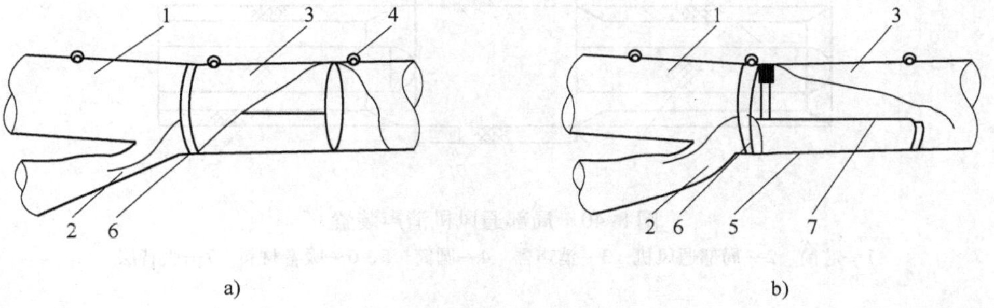

图8-39 风筒自动倒换进风口装置

a）切换片倒换进风口装置 b）短节倒换进风口装置

1—常用风筒 2—备用风筒 3—共用风筒 4—吊环 5—倒换进风口切换片 6—风筒黏结处 7—缝合线

2. “三专二闭锁”装置

“三专”是指专用变压器、专用开关、专用电缆，即对于掘进工作面通风的局部通风机，从采区变电所开始，要有专用变压器、专用开关、专用供电电缆。

“两闭锁”则指风、电闭锁和瓦斯、电闭锁。其功能是：只有在局部通风机正常供风、掘进巷道内的瓦斯浓度不超过规定限值时，方能向巷道内机电设备供电；当局部通风机停转时，自动切断所控机电设备的电源；当瓦斯浓度超过规定限值时，系统能自动切断瓦斯传感器控制范围内的电源，而局部通风机仍可照常运转。若局部通风机停转、停风区内瓦斯浓度超过规定限值时，局部通风机便自行闭锁。重新恢复通风时，要人工复电，先送风，当瓦斯浓度降到安全容许值以下时才能送电，从而提高了局部通风机连续运转供风的安全可靠性。

3. 局部通风机遥讯装置

其作用是监视局部通风机开停运行状态。高瓦斯矿井以及煤与瓦斯突出矿井所用的局部通风机要安设载波遥迅器，以便实时监视其运转情况。

4. 积极使用局部通风机消声装置

局部通风机消声装置是一种能使声能衰减并使风流通过的装置。对消声装置的要求是通风阻力小，消声效果好，轻便耐用。图8-40所示的局部通风机消声装置是：在局部通风机的进、出风口各加一节1m长的消声器，消声器外壳直径与局部通风机相同，外壳内套是用穿孔板（穿孔直径为9mm）制成的圆筒，直径比外壳小50mm，在微孔圆筒与外壳间充填吸音材料。消声器中间安设用穿孔板制的芯筒，其内也充填吸音材料。另外，在局部通风机外壳也设一吸音层。因吸音材料具有多孔性，当风流通过消声器时，声波进入吸音材料的孔隙而引起孔隙中的空气和吸音材料细小纤维的振动，由于摩擦和黏滞阻力，使相当一部分声能转化为热能而达到消声目的。这种消声器可使噪声降低18dB。

还有一种用微孔板做的消声器。它是利用气流流经微孔板时，空气在微孔（孔径为1mm）中来回摩擦而消耗能量的。微孔板消声器是在外壳内设两层微孔板风筒，其直径分别比外壳小50mm和80mm，内外层穿孔率分别为2%和1%。微孔板消声器的芯筒也用微孔板制作。这种消声器可使局部通风机的噪声降低13dB。

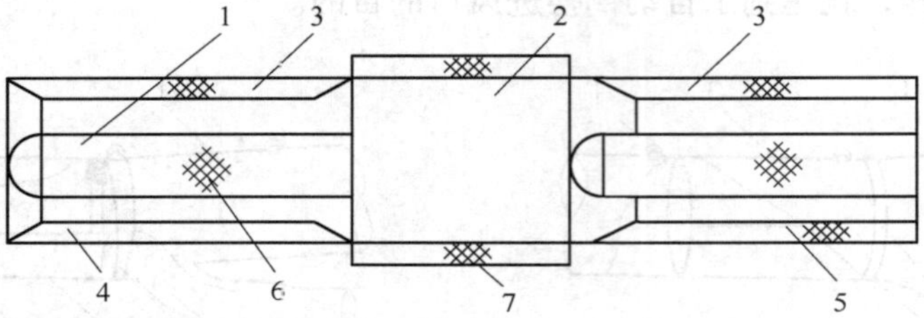

图8-40　局部通风机消声装置

1—芯筒　2—局部通风机　3—消声器　4—圆筒　5、6—吸音材料　7—吸音层

8.6.2　保证工作面有足够的新鲜风量

1. 保证供风量

采用局部通风机和引射器通风时，无论工作面是在工作、休息或交接班时，都不准随便停风和减少风量。有计划或无计划停风都可能造成掘进工作面瓦斯积聚，容易导致瓦斯事故发生。

2. 提高有效风量

1）减少导风设施的漏风。对于风墙，应选择合理的建筑材料，并提高其建筑质量。对于柔性和带刚性骨架的柔性风筒，应适当增大每节风筒长度，以减少接头数。

要改进风筒接头方法。如柔性风筒常用的插接方式虽然简单，但不牢固，而且漏风大。井下广泛采用接头严密、漏风小的反边接头法，如单反边、双反边和多反边接头法等。

要及时修补风筒和堵补风筒的针眼。如柔性风筒常被刮破导致严重漏风，若不及时发现和修补，极易发生瓦斯积聚。修补时先把黏补处用钢刷刷毛，除去灰尘后涂胶，待风干后即可黏补。对于胶布风筒，可用灌胶和贴补法堵针眼。这些措施都已取得了良好的效果。

2）降低导风设施的风阻。适当选用大直径风筒，以减少风筒阻力。风筒悬吊要平、直、稳、紧，逢环必吊，缺环必补，拉紧吊稳。局部通风机要用托架抬高，并和风筒保持一条直线。风筒拐弯应圆缓，要避免直角拐弯，勿使风筒出现褶皱。同一台通风机应尽量应用同一规格的风筒，如果使用不同直径的风筒时，应使用异径风筒连接。在风筒中，每隔一定距离安装放水嘴，以随时放出风筒中凝结的积水，避免风筒被积水压弯变形而增加通风阻力。

8.6.3 加强瓦斯检查和监测

1）安设瓦斯自动报警断电装置，实现瓦斯遥测。当掘进巷道中瓦斯浓度达到1%时，通过低浓度瓦斯传感器自动报警；瓦斯浓度达到1.5%时，通过瓦斯断电仪自动断电。高瓦斯矿井以及煤与瓦斯突出矿井要装备瓦斯断电仪或瓦斯遥测仪，对炮掘工作面迎头5m内和巷道冒顶处瓦斯积聚地点要设置便携式瓦斯检测报警仪，班组长下井时也要随身携带这种仪表，以便随时检查可疑地点的瓦斯浓度。

2）放炮员配备瓦斯检测器，坚持"一炮三检"，即在掘进作业的装药前、放炮前和放炮后都要认真检查放炮地点附近的瓦斯浓度。

3）实行专职瓦斯检查员随时检查瓦斯制度。

8.6.4 采取综合防尘措施

掘进巷道的矿尘来源，当用钻眼爆破法掘进时，主要产生于钻凿炮眼、爆破、装岩工序，其中以凿岩产尘量最高；当用综掘机掘进时，切割和装载工序以及综掘机整个工作期间，矿尘产生量都很大。因此，要做到湿式煤电钻打眼，爆破使用水炮泥，综掘机内外喷雾。要有完善的洒水除尘和灭火两用的供水系统，要实现放炮喷雾、装煤岩洒水和转载点喷雾，要安设喷雾水幕以净化风流，要定期用预设软管冲刷清洗巷道，从而有效地减少矿尘的飞扬和堆积。

8.6.5 加强防火防爆安全措施

机电设备应严格使用防爆型及安全火花型。局部通风机、装岩机和煤电钻都要采用综合保护装置。移动式和手持式电气设备必须使用专用的不延燃性橡胶电缆。照明、通信、信号和控制专用导线必须用橡套电缆。高瓦斯矿井以及煤与瓦斯突出矿井要使用乳化炸药，要逐步推广屏蔽电缆和阻燃抗静电风筒。

8.6.6 实施隔爆与自救措施

设置安全可靠的隔爆设施，所有人员必须携带自救器。煤与瓦斯突出矿井的煤巷掘进，应安设防瓦斯逆流灾害设施，如防突反向风门、风筒和水沟防逆风装置以及压风急救袋和避难硐室，并安装直通地面调度室的电话。

实施掘进安全技术装备系列化的矿井，提高了矿井防灾和抗灾能力，降低了矿尘浓度与局部通风机噪声，改善了掘进工作面的作业环境，尤其是煤巷掘进工作面的安全性得到了很大提高。

本章习题

1. 概念解释

局部通风　一炮三检　三专两闭锁

2. 判断题（正确的打"√"，错误的打"×"）

（1）排放瓦斯时，凡是可能受排放瓦斯风流影响的硐室、巷道和被排放瓦斯风流切断安全出口的采掘工作面，必须撤人、停止作业并禁止他人进入。（　）

（2）煤岩、半煤岩掘进工作面应采用压入式通风方式，不得采用抽出式通风方式。（　）

（3）压入式局部通风机可以安装在距回风口 8m 处的进风巷道里。（　）

（4）利用矿井主要通风机风压通风是局部通风的一种方法。（　）

3. 单项选择题

（1）以下是对局部通风的一些叙述，错误的是________。

A. 掘进巷道必须采用矿井全风压通风或局部通风机通风

B. 掘进工作面停止作业时，也应该保证局部通风机正常通风

C. 煤与瓦斯突出矿井的掘进工作面必须在回风侧设置调节风门

D. 局部通风机所在巷道的风量必须大于局部通风机的吸风量

（2）下列各种局部通风方法中属于利用主要通风机风压通风的是________。

A. 扩散通风　B. 风障导风　C. 局部通风机通风　D. 引射器通风

（3）下列可适用于多种局部通风方式的风筒是________。

A. 帆布风筒　B. 人造革风筒　C. 玻璃钢风筒

（4）采区进回风巷的最高允许风速为________m/s。

A. 10　B. 8　C. 6　D. 4

（5）掘进巷道时的通风称为掘进通风，其主要特点是只有________个出口。

A. 0　B. 1　C. 2　D. 都不对

（6）我国煤矿掘进通风广泛使用压入式局部通风机的方式是由于压入式通风具有安全性好，有效射程大，排烟和瓦斯能力强，能适应各类________，风筒的漏风对排除炮烟和瓦斯起到有益的作用。

A. 风筒　B. 风机　C. 风门　D. 风窗

（7）压入式局部通风机和起动装置，必须安装在________巷道中，距掘进巷道回风口不得小于________m。

A. 进风，10　B. 回风，10　C. 进风，5　D. 回风，5

（8）矿井掘进通风的主要方法有利用矿井总风压通风、引射器通风和________通风三种。

A. 风障　B. 钻孔　C. 巷道　D. 局部通风机

4. 问答题

（1）局部通风的方法有哪几种？

（2）掘进独头巷道采用局部通风机通风时，试论述压入式与抽出式局部通风的特点及其适用条件。

（3）如何保证局部通风机稳定可靠地运转？

5. 计算题

（1）某掘进巷道采用压入式通风，最大瓦斯涌出量 q 为 0.5m³/min，问每分钟至少向该掘进面供多少风才能保证瓦斯浓度不超限？

（2）有一条掘进巷道，断面为 4m²，长为 200m，每次放炮炸药量为 10kg。试作局部通风设计。

（3）有一条掘进巷道，断面为 8m²，长为 1000m，每次放炮炸药量为 20kg。试作局部通风设计。

（4）某独头掘进巷道长为 200m，断面为 6.5m²，用火雷管起爆，一次爆破火药量为 20kg。若采用抽出式通风，通风时间限于 20min，其有效吸程和所需风量各为多少？

（5）某掘进巷道，采用压入式通风，其橡胶风筒的接头数目 $n=12$，一个接头的漏风率为 0.02，工作面的需风量 $Q_0=1.51\text{m}^3/\text{s}$。问通风机供风量为多少？

（6）某独头巷道长为 400m，断面为 6m²，一次爆破的炸药消耗量为 15kg，采取压入式通风，通风时间 $t=30\text{min}$。试计算工作面所需风量，并选择适当的风筒和局部通风机。

（7）某独头巷道长为700m，断面为$6m^2$，一次爆破炸药的消耗量为12kg，通风时间$t=20min$。试选择通风方式，并计算掘进工作面所需要的风量，然后选择适当的风筒和局部通风机。

（8）如图8-41所示，某独头巷道利用矿井总风压通风，风筒长为100m（不考虑漏风），摩擦阻力系数$\alpha=0.004N\cdot s^2/m^4$，直径为0.4m，贯通风流巷道的风量为$Q_1=Q_3=10m^3/s$，欲使独头工作面的风量为$Q_2=1m^3/s$，用风窗调节。问调节风窗造成的风阻应为多少？

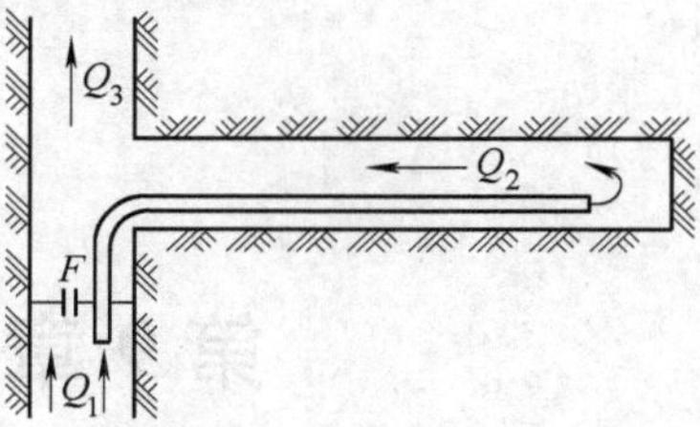

图8-41 习题（8）附图

第9章 矿井通风设计

矿井通风设计是在进行矿井开拓、开采设计的同时，依据矿井的自然条件及生产技术条件，确定矿井通风系统、供风量、通风阻力和矿井主要通风设备的工作。矿井通风设计是整个矿井设计的重要组成部分，是保证矿井安全生产的重要环节。其基本任务是建立安全可靠、技术先进和经济合理的矿井通风系统。矿井通风是否合理，直接关系到整个矿井通风状况的好坏和能否保障矿井安全生产。因此，矿井通风设计应符合下列要求：①将足够的新鲜空气有效地送到井下工作场所，以保证安全生产和良好的劳动条件；②通风系统简单，风流稳定，易于管理，具有抗灾能力；③发生事故时，风流易于控制，人员便于撤出；④有符合规定的井下环境及安全监测系统或检测措施；⑤通风系统的基建投资省，运营费用低，综合经济效益好。

矿井通风设计分为新建矿井通风设计和改扩建矿井通风设计。

1. 新建矿井通风设计

新建矿井在进行开拓、开采设计的同时，必须根据矿井当前的需要和长远的发展进行矿井通风设计。新建矿井通风系统设计一般分为两个时期，即基建时期与生产时期，需分别进行设计。

（1）矿井基建时期的通风

矿井基建时期的通风是指建井过程中掘进井巷时的通风，即开凿井筒（或平硐）、井底车场、井下硐室、第一水平的运输巷道和通风巷道时的通风。此时期多用局部通风机对独头巷道进行局部通风。当两个井筒贯通后，主要通风机安装完毕，便可用主要通风机对已开凿的井巷实行总风压通风，从而可缩短其余井巷与硐室掘进时局部通风的距离。

（2）矿井生产时期的通风

矿井生产时期的通风是指矿井投产后，包括全矿开拓、采准和采煤工作面以及其他井巷的通风。这时期的通风设计，根据矿井生产年限的长短，又可分为两种情况：

1）矿井服务年限不长时（10~20年），只做一次通风设计。矿井达产后，通风阻力最小时为矿井通风容易时期，矿井通风阻力最大时为通风困难时期。依据这两个时期的生产情况进行矿井通风的设计计算，并选出对这两个时期的通风皆为适宜的通风设备。

2）矿井服务年限较长时，考虑到通风机设备选型、矿井所需风量和风压的变化等因素，又需分为两期进行通风设计。第一期为矿井生产初期（如第一水平），对该时期内通风容易和通风困难两种情况进行矿井通风的详细设计计算；第二期为矿井生产后期（如第二水平），该时期的通风设计只作一般性的原则规划。但对矿井通风系统，应根据矿井整个生产时期的技术经济因素，作出全面的考虑，以使确定的矿井通风系统既可适应现实生产的要求，又能兼顾长远的生产发展与变化。

新建矿井生产时期通风设计的基本内容和步骤是：拟定矿井通风系统、矿井总风量的计算与分配、矿井通风阻力计算、选择矿井通风设备和概算矿井通风费用。

2. *改扩建矿井通风设计*

随着改扩建矿井开拓、开采的发展变化，需要根据改扩建矿井生产的特点和发展规划，在原有通风系统的基础上，设计出更为完善、合理和安全可靠的通风系统。其通风设计的内容和方法，与新建矿井生产时期通风设计的内容和方法基本相似。

本章重点介绍新建矿井生产时期的通风设计，并简述改扩建矿井通风设计的特点。

9.1 拟定矿井通风系统

矿井通风系统拟定主要确定矿井通风系统的类型、主要通风机的工作方式、矿井通风网络和通风设施。拟定矿井通风系统应与矿井的开拓、开采设计一起考虑，同时综合考虑矿井煤层的赋存条件、煤层的瓦斯涌出量、煤层自燃发火情况、地温以及矿井的开拓、开采、运输和提升等因素，拟定出安全可靠、经济技术合理的矿井通风系统，并确定最困难时期和最容易时期的通风路线，然后分别绘制出这两个时期的通风系统示意图和通风网络图。

9.1.1 矿井通风系统的设计原则和基本要求

矿井通风系统的选择应遵循“系统简单、安全可靠、经济合理”的原则，且必须符合《规程》和 GB 50215—2005《煤炭工业矿井设计规范》等的有关规定。具体地说，应符合以下基本要求：

1）矿井必须有完整独立的通风系统。两个及两个以上独立生产的矿井，不允许有共同的主要通风机以及进、回风井和通风巷道。

2）每个生产矿井必须至少有 2 个能行人的通达地面的安全出口，各个出口间的距离不得小于 30m。采用中央式通风系统的新建和改扩建矿井，应在井田边界附近设计安全出口；当井田一翼走向较长、矿井发生灾害不能保证人员安全撤出时，必须设计井田边界附近的安全出口。

3）进风井口应按全年风向频率，必须布置在粉尘、有害气体和高温气体不能侵入的地方。

4）木材场、矸石山、炉灰场距进风井的距离不得小于 80m，不得将矸石山或炉灰场设在进风井的主导风向上风侧。抽放瓦斯的泵房距进风井和主要建筑物不得小于 50m。进风井应装设防火铁门。防火铁门必须严密并易于关闭，打开时不妨碍提升、运输和人员通行，并应定期维修。如果不设防火铁门，则必须有防止烟火进入矿井的安全措施。

5）进风井与回风井的位置必须设置在地层稳定处，井筒施工地质条件简单，占地少，压煤少，交通方便，并且井口标高要在当地历年最高洪水位以上（大中型矿井、小型矿井要分别超过当地 100 年和 50 年内的最高洪水位）。

6）箕斗提升井或装有带式输送机的井筒一般不作风井使用。若箕斗提升井兼作回风井时，井上下的装、卸载装置和井塔（架）必须有完善的封闭措施，其漏风率不得超过 15%，并应有可靠的防尘措施。装有带式输送机的井筒兼作回风井时，井筒中的风速不得超过

6m/s，且必须装设安全监测系统。箕斗提升井或装有带式输送机的井筒兼作进风井时，箕斗提升井筒中的风速不得超过6m/s、装有带式输送机的井筒中的风速不得超过4m/s，并应有可靠的防尘措施，井筒中必须装设自动报警灭火装置和敷设消防管路。

7）矿井必须采用机械通风，主要通风机必须安装在地面。必须安装2套同等能力的主要通风机装置，其中1套作备用；生产矿井现有的2套不同能力的主要通风机，在满足生产要求时，可继续使用。对于抽出式主要通风机，无提升任务的回风井外部漏风率不得超过5%，有提升任务的回风井外部漏风率不得超过15%。对于压入式主要通风机，无提升任务的进风井外部漏风率不得超过10%，有提升任务的进风井外部漏风率不得超过15%。

8）不宜把两个可以独立通风的矿井合并为一个通风系统；若有几个回风井，则自采区到各个回风井的风流需保持独立；各工作面的回风在进入采区回风道之前、各采区的回风在进入回风水平之前都不能任意贯通；下水平的回风流和上水平的进风流必须严格隔开；在条件允许时，要尽量使总进风早分开，总回风晚汇合。

9）采用分区式通风（多台主要通风机）时，为了保证联合运转的稳定性，总进风道的断面不宜过小，尽可能减少公共风路的风阻；各分区主要通风机的回风流（中央主要通风机）、每一翼的回风流都必须严格隔开。

10）对开采容易自燃和自燃的单一厚煤层或煤层群的矿井，集中运输大巷和总回风巷应布置在岩层内或不易自燃的煤层内；如果布置在容易自燃和自燃的煤层内，必须砌碹或锚喷，碹后的空隙和冒落处必须用不燃性材料充填密实，或用无腐蚀性、无毒性的材料进行处理。

11）尽可能降低通风阻力，减少通风费用。尽可能使每个采区的产量均衡，通风阻力相近，使自然分配的风量基本上与按需分配的风量一致，尽可能采用并联通风，并使主要并联风路的风压接近，以避免过多的风量调节；尽量减少设置通风构筑物，以免引起大量漏风。充分利用一切可用的旧井巷通风，尽量减少专用通风巷道的数量和长度，以降低基建费用。

12）进、回风井之间和主要进、回风巷之间的每个联络巷中，必须砌筑永久性风墙；需要使用的联络巷，必须安设2道连锁的正向风门和2道反向风门。

13）井下爆破材料库必须有独立的通风系统，回风风流必须直接引入矿井的总回风巷或主要回风巷中。新建矿井采用对角式通风系统时，投产初期可利用采区岩石上山或不燃性材料支护和不燃性背板背严的煤层上山作爆破材料库的回风巷。必须保证爆破材料库每小时能有其总容积4倍的风量。

14）井下充电室必须有独立的通风系统，回风风流应引入回风巷。井下充电室，在同一时间内，5t及其以下的电机车充电电池的数量不超过3组、5t以上的电机车充电电池的数量不超过1组时，可不采用独立的风流通风，但必须在新鲜风流中。井下充电室风流中以及局部积聚处的氢气浓度，不得超过0.5%。

15）井下机电设备硐室应设在进风风流中。如果硐室深度不超过6m、入口宽度不小于1.5m而无瓦斯涌出，可采用扩散通风。井下个别机电设备硐室，可设在回风流中，但此回风流中的瓦斯浓度不得超过0.5%，并必须安装安全监测系统。采区变电所必须有独立的通风系统。处于回风流的机电设备硐室的进风侧必须安装安全监测系统。

16）每一水平和每一采区都必须实行分区通风。高瓦斯矿井、有煤（岩）与瓦斯（二氧化碳）突出危险的矿井的每个采区和开采容易自燃煤层的采区，必须至少设置 1 条专用回风巷；低瓦斯矿井开采煤层群联合布置的采区和分层开采采用联合布置的采区，必须设置 1 条专用回风巷。采区进、回风巷必须贯穿整个采区，严禁一段为进风巷、一段为回风巷。采掘工作面应实行独立通风。采掘工作面的进风和回风不得经过采空区或冒顶区。开采容易自燃和自燃的煤层（薄煤层除外），采煤工作面必须采用后退式开采。

17）有煤与瓦斯突出危险的矿井、高瓦斯矿井、煤层易自燃的矿井及有热害的矿井，应采用对角式或分区式通风；当井田面积较大时，初期可采用中央式通风，逐步过渡为对角式或分区式通风。

18）煤系底部有强岩溶承压含水层时，主要运输巷和主要回风巷必须布置在不受水威胁的层位中，并以石门分区隔离开采。

19）矿井通风方法宜采用抽出式。当地形复杂、露头发育、老窑多，采用多风井通风有利时，可采用压入式通风。由于管理复杂，矿井一般不宜采用压抽混合式，只是在矿井地表裂隙多、深井、高阻力矿井中采用。

9.1.2　矿井通风系统类型的选择

矿井通风系统采用统一通风还是分区通风，应当根据矿井具体的情况，按照统一通风和分区通风的适用条件来合理地确定。

9.1.3　确定矿井通风系统的方法

依据矿井通风设计的条件，提出多个技术上可行的方案，然后根据矿井生产实际，选定 2~3 个技术上可行且符合安全要求的方案进行经济比较，将比较得出的最优方案确定为设计方案。

矿井通风系统应具有较强的抗灾能力，井下一旦发生灾害性事故，所确定的通风系统应能将灾害控制在最小范围，并能迅速恢复生产。

9.2　矿井总风量的计算与分配

9.2.1　矿井需风量的计算原则

矿井需风量应按下列要求分别计算，并选取为其中的最大值。

1）按井下同时工作的最多人数计算，每人供给风量不得少于 $4m^3/min$。

2）按采煤（矿）、掘进、硐室及其他地点实际需要风量的总和进行计算。各地点的实际需要风量，必须使该地点风流中的 CH_4、CO_2、H_2 和其他有害气体的浓度、风速以及温度、每人供风量符合有关规定。

9.2.2　矿井需风量的计算方法

1. 按井下同时工作的最多人数计算

按井下同时工作最多人数计算的表达式为

$$Q_m = 4NK_m \tag{9-1}$$

式中 Q_m——矿井总需风量（m^3/min）；

N——井下同时工作的最多人数（人）；

K_m——矿井通风系数（包括矿井内部漏风和配风不均匀等因素），宜取1.15~1.25。

2. 按采煤（矿）、掘进、硐室及其他地点实际需要风量的总和计算

（1）采煤（矿）工作面需风量计算

采煤（矿）工作面实际需要的风量，应按瓦斯涌出量、二氧化碳涌出量、工作面温度、炸药用量、人数等分别计算，取其中最大者，再用风速进行验算。

1）按CH_4或CO_2涌出量计算，其计算式为

$$Q_b = 100K_z Q_z \tag{9-2}$$

式中 Q_b——排出采煤（矿）工作面CH_4或CO_2所需风量（m^3/s）；

Q_z——采煤（矿）工作面CH_4或CO_2平均绝对涌出量（m^3/s）；

K_z——CH_4或CO_2涌出不均衡系数（即该工作面CH_4或CO_2绝对涌出量的最大值与平均值之比），通常机采工作面取1.2~1.6，炮采工作面取1.4~2.0，水采工作面取2.0~3.0，生产矿井可在各个工作面正常生产条件时连续观测1个月取日CH_4或CO_2最大绝对涌出量和月CH_4或CO_2平均绝对涌出量的比值。

2）按工作面进风流温度计算，其计算式为

$$Q_s = v_0 S_0 K_0 \tag{9-3}$$

式中 Q_s——按采煤（矿）工作面进风流温度计算的需风量（m^3/s）；

v_0——采煤（矿）工作面的适宜风速（m/s），按其进风流温度从表9-1中选取；

S_0——采煤（矿）工作面平均有效通风断面积（m^2），按最大和最小控顶时有效断面积的平均值计算；

K_0——采煤（矿）工作面的长度风量系数，按表9-2选取。

表9-1 采煤（矿）工作面温度与风速对应表

采煤（矿）工作面进风流温度/℃	采煤（矿）工作面的适宜风速/(m/s)
<15	0.3~0.5
15~18	0.5~0.8
18~20	0.8~1.0
20~23	1.0~1.5
23~26	1.5~1.8

表9-2 采煤（矿）工作面长度风量系数表

采煤（矿）工作面长度/m	工作面长度风量系数 K_0
<15	0.8
50~80	0.9
80~120	1.0
120~150	1.1
150~180	1.2
>180	1.3~1.4

3）按炸药使用量计算。按使用1kg炸药供风25m³/min的标准计算。即

$$Q_x = \frac{25A}{60} = \frac{5A}{12} \tag{9-4}$$

式中 Q_x——采煤（矿）工作面排除炮烟所需风量（m³/s）；

A——同时爆破炸药量（kg）。

4）按回采工作面同时作业人数计算。《规程》规定，井下人员每人每分钟供风量不低于4m³。即

$$Q_u \geqslant 240N_u \tag{9-5}$$

式中 Q_u——采煤（矿）工作面作业人员需风量（m³/s）；

N_u——采煤（矿）工作面同时工作的最多人数（人）。

5）按带走柴油设备所排出的热量计算。有柴油设备运行时，按同时作业机台数每千瓦供风量4m³/min标准计算。其表达式为

$$Q_r = 4N_r/60 = N_r/15 \tag{9-6}$$

$$N_r = N_1K_1 + N_2K_2 + \cdots + N_nK_n \tag{9-7}$$

式中 Q_r——带走掘进工作面柴油设备所排放的热量所需的风量（m³/s）；

N_r——所有柴油设备的总功率（kW）；

N_1、N_2、…、N_n——各种柴油设备的额定功率（kW）；

K_1、K_2、…、K_n——各种柴油设备实际运转时间占总工作时间的比例。

6）按巷道最低和最高风速进行验算。在上述各式分别计算出来的Q_b、Q_s、Q_x、Q_u和Q_r中，选择其中的一个最大者Q_{max}进行巷道最低和最高风速验算。

采煤工作面按最低风速$v_1=0.25$m/s、最高风速$v_2=4$m/s进行验算。

金属和非金属矿采矿工作面最高风速$v_2=4$m/s；硐室型采场采矿工作面最低风速$v_1=0.15$m/s，巷道型采场采矿工作面$v_1=0.25$m/s，电耙道、二次破碎巷道和溜井卸矿口$v_1=0.5$m/s，无底柱崩落法的进路$v_1=0.25$m/s。

当$v_1S_0<Q_{max}<v_2S_0$时，该Q_{max}就是采煤（矿）工作面的合理需风量。

当$Q_{max}<v_1S_0$时，则取v_1S_0为采煤（矿）工作面的合理需风量。

当$Q_{max}>v_2S_0$时，则需要采取措施，降低该工作面的CH_4涌出量和各种有害气体浓度，或者扩大巷道断面，以确保巷道风速符合《规程》要求。

采煤（矿）工作面有串联通风时，按其中最大需风量的一个计算。备用工作面也按上述要求，并满足瓦斯、二氧化碳、风流温度、带走柴油设备所排出的热量和风速等规定计算需风量，且不得低于其回采时需风量的50%。

（2）掘进工作面需风量计算

掘进工作面需风量可按8.2节计算掘进工作面的需风量。

（3）硐室需风量计算

独立通风的硐室实际需要的风量，应根据不同类型硐室分别计算。机电设备散热量大的硐室，应按机电设备运转的发热量计算；充电硐室应按回风流中氢气浓度小于0.5%计算；其他硐室可按经验值配风。

1）机电硐室。发热量大的机电硐室，按硐室中运行的机电设备发热量计算其需风量。即

$$Q_v = \frac{3600q\Sigma P}{\rho c_p \Delta t} \tag{9-8}$$

式中　Q_v——机电硐室的需风量（m^3/s）；

q——机电硐室的发热系数，可根据实际考察，由机电硐室内机械设备运转时的实际热量转换为相当于电器设备容量做无用功的系数确定，也可按表 9-3 选取；

ΣP——机电硐室中运转的电动机（变压器）总功率（按全年中最大值计算）（kW）；

ρ——空气密度，一般取 $1.2kg/m^3$；

c_p——空气的比定压热容，一般取 1kJ/(kg · K)；

Δt——机电硐室进、回风流的温度差（K）；

3600——热功当量，1kW · h =3600kJ。

表 9-3　机电硐室发热系数表

机电硐室名称	发热系数 q
空气压缩机房	0.20 ~ 0.23
水泵房	0.01 ~ 0.03
变电所、绞车房	0.02 ~ 0.04

采区变电所及变电硐室，可按经验值确定需风量。一般为 $60 \sim 80m^3/min$。

2）井下爆破材料库。按库内空气每小时更换 4 次计算。其表达式为

$$Q_y = \frac{4V}{3600} \tag{9-9}$$

式中　Q_y——爆破材料库供风量（m^3/s）；

V——爆破材料库容积（m^3）。

通常，大型爆破材料库供风量不得小于 $100m^3/min$，也可按经验值确定为 $100 \sim 150m^3/min$；中、小型爆破材料库不得小于 $60m^3/min$，也可按经验值确定为 $60 \sim 100m^3/min$。

3）充电硐室。按其回风流中氢气浓度小于 0.5% 计算。其表达式为

$$Q_k = 200q_k \tag{9-10}$$

式中　Q_k——充电硐室供风量（m^3/s）；

q_k——充电硐室在充电时产生的氢气量（m^3/s）。

通常，充电硐室的供风量不得小于 $100m^3/min$，也可按经验值确定为 $100 \sim 200m^3/min$。

（4）其他井巷需风量计算

其他井巷的需风量，应按瓦斯绝对涌出量和最低风速分别计算，并取其最大值。

1）按瓦斯绝对涌出量计算。其表达式为

$$Q_R = 133Q_B K_B \tag{9-11}$$

式中　Q_R——其他井巷的需风量（m^3/s）；

Q_B——其他井巷的瓦斯绝对涌出量（m^3/s）；

K_B——其他井巷的瓦斯涌出不均衡系数，一般取为 1.2 ~ 1.3。

2）按最低风速验算。除架线电机车巷中的最低风速 $v_1 = 1.0m/s$ 外，其他井巷的最低风速 $v_1 = 0.15m/s$。

当 $Q_R \geqslant v_1 S_B$ 时，则 Q_R 就是其他井巷的合理需风量，其中 S_B 为其他井巷的净断面积。

当 $Q_R < v_1 S_B$ 时，则取 $v_1 S_B$ 为其他井巷的合理需风量。

新建矿井其他井巷的总需风量难以计算时，也可按采煤（矿）工作面、掘进工作面和硐室的需风量总和的 3% ~5% 估算。

（5）矿井总风量计算

$$Q_m = (\Sigma Q_{ct} + \Sigma Q_{bt} + \Sigma Q_{at} + \Sigma Q_{gt}) K_m \tag{9-12}$$

式中　ΣQ_{ct}——采煤（矿）工作面和备用工作面需风量之和（m^3/s）；

ΣQ_{bt}——掘进工作面需风量之和（m^3/s）；

ΣQ_{at}——独立通风硐室需风量之和（m^3/s）；

ΣQ_{gt}——除了采煤（矿）、掘进、独立通风硐室以外其他井巷需风量之和（m^3/s）；

K_m——矿井通风（包括矿井内部漏风和配风不均匀等因素）系数，当采用压入式或中央并列式通风时 $K_m = 1.20 \sim 1.25$，当采用中央分列式或混合式通风时 $K_m = 1.15 \sim 1.20$，当采用对角式或分区式通风时 $K_m = 1.10 \sim 1.15$。

9.2.3　矿井总风量的分配

1. 配风的原则

根据实际需要“由里向外”进行配风。即先确定井下各个用风地点（如采掘工作面、爆破材料库、充电硐室等）所需的有效风量，逆风流方向加上各风路上允许的漏风量，得到各风路上的风量和矿井的总进风量；若再加上因体积膨胀的风量（总进风量的 5%，进风与出风温度相差不大时可忽略），就得出矿井的总回风量。对于抽出式通风的矿井，矿井的总回风量加上抽出式主要通风机回风井口和附属装置的允许外部漏风量，就是通过抽出式主要通风机的总风量；对于压入式通风的矿井，矿井的总进风量加上压入式主要通风机进风井口和附属装置的允许外部漏风量，就是通过压入式主要通风机的总风量。

2. 配风的依据

配风量必须符合《规程》中关于氧气、瓦斯、二氧化碳和其他有毒有害气体安全浓度的规定，关于最高风速和最低风速的规定，关于采掘工作面和机电硐室最高温度的规定，关于冷空气预热的规定，关于空气中粉尘安全浓度的规定等。

沿途漏风，尤其是风流短路，较大地影响了通风的安全性和经济性，因此应尽量减少沿途漏风和风流短路。沿途允许的漏风率可参考表 9-4 确定，如果实际漏风率超过表 9-4 中数据时，应该采取有效的防漏措施，并加强管理。

表 9-4　通风设施允许漏风率

漏风地点	允许漏风率（%）
无提升设备的抽出式风井	5
有提升设备的抽出式风井	10
无提升设备的压入式风井	10
有提升设备的压入式风井	15

（续）

漏风地点	允许漏风率（%）
风门	2
风桥	1
风墙	基本不漏
采空区	5~10

在装有局部通风机的巷道内，巷道的风量应按不小于局部通风机风量的1.43倍核算。在串联掺新风的风量中，应使其中的瓦斯、二氧化碳的浓度不超过0.5%，且使其他有害气体的浓度不超过其安全允许浓度。

如果矿井的配风依据都可以通过实测确定，此时只要细致地进行矿井的配风工作，就可以比较准确地进行矿井的总风量分配。

3. *分配的方法*

在各个用风地点，将各用风点计算的风量值乘以矿井通风系数 K_m，就是配给用风地点所在巷道的风量。掘进巷道配风量的确定如图9-1所示。但是采煤工作面的风量只配给各自计算的风量，由矿井通风系数确定的风量应考虑从采空区漏走的风量。因此，在U形通风的上平巷和下平巷的风量是采煤工作面的计算风量乘以矿井通风系数，如图9-2所示。

从各个用风地点开始，逆风流方向而上，遇分风点则加上其他风路的分风量，即得到未分风前那一条进风风路的风量，如图9-3所示。如此进行下去，直至确定出进风井筒的总进风量。进风井筒的总进风量应等于矿井总风量。如果是压入式通风，则要加上压入式主要通风机进风井口和附属装置的允许外部漏风量，就能得出通过压入式主要通风机的总风量。

从各个用风地点开始，顺风流方向而下，遇风流汇合点则加上其他风路的风量，即得到汇合后那一条回风风路的风量，如图9-4所示。如此进行下去，直至确定出回风井筒的总回风量。回风井筒的总回风量也应等于矿井的总风量（忽略风流体积膨胀增加的风量）。如果是抽出式通风，则要加上抽出式主要通风机回风井口和附属装置的允许外部漏风量，就得出通过抽出式主要通风机的总风量。

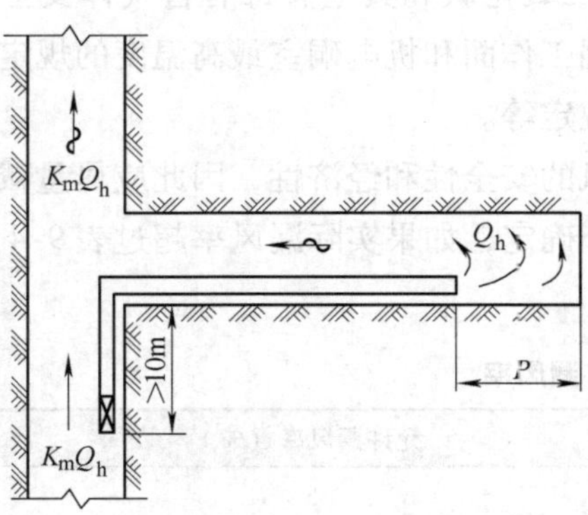

图9-1 掘进巷道配风量的确定

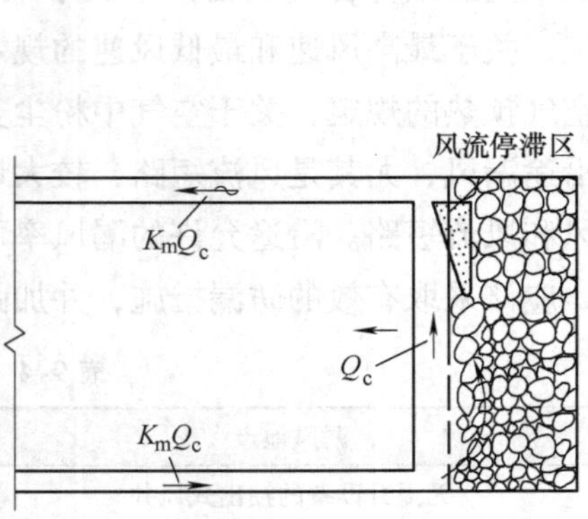

图9-2 采煤工作面配风量的确定

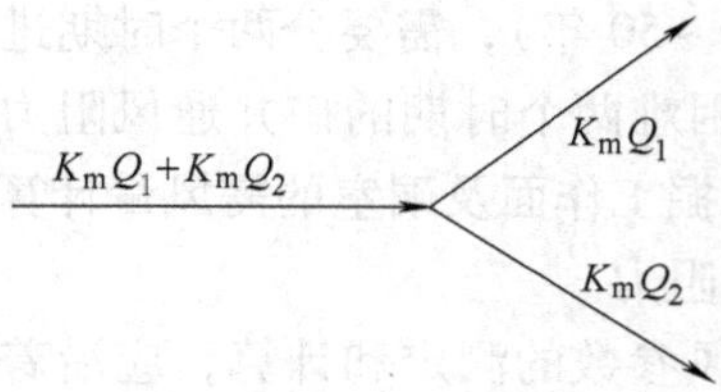

图9-3 进风路线的配风计算

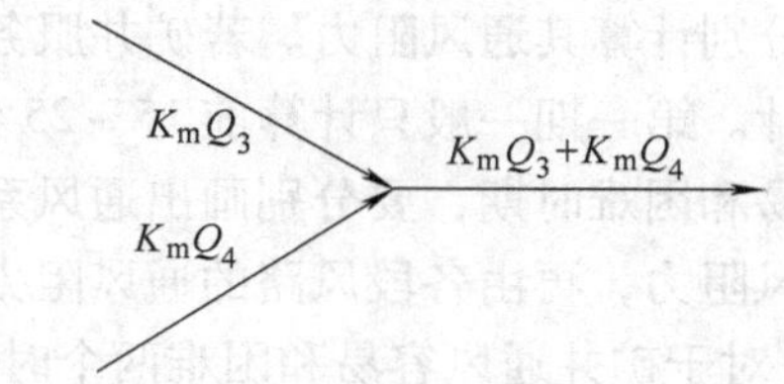

图9-4 回风路线的配风计算

4. 简易分配法

将计算得出的矿井总风量 Q_m减去掘进工作面需风量 $K_m\Sigma Q_{bt}$、硐室需风量 $K_m\Sigma Q_{at}$ 以及其他井巷需风量 $K_m\Sigma Q_{gt}$，对剩余的风量 Q_{me} 在各个回采工作面和备用工作面中按照与产量成正比的原则进行分配；各个备用工作面的风量，按照它在生产时所需风量的一半进行分配。即

$$Q_{me} = Q_m - K_m(\Sigma Q_{bt} + \Sigma Q_{at} + \Sigma Q_{gt}) \tag{9-13}$$

回采工作面日产1t煤所需配给的风量 λ 为

$$\lambda = \frac{Q_{me}}{T_c + 0.5T'_c} \tag{9-14}$$

式中 λ——回采工作面日产1t煤（矿）所需配给的风量[(m³/s)/(t/d)]；

T_c——各个回采工作面的日产量之和，$T_c = \Sigma t_c$ (t/d)；

T'_c——各个备用工作面的计划日产量之和，$T'_c = \Sigma t'_c$ (t/d)；

t_c——各个回采工作面的日产量（t/d）；

t'_c——各个备用工作面的计划日产量（t/d）。

分配给各个回采工作面的风量为

$$Q_c = \lambda t_c \tag{9-15}$$

分配给各个备用工作面的风量为

$$Q'_c = 0.5\lambda t'_c \tag{9-16}$$

各条风路上的风量确定后，必须进行风速校核。如果各条风路的风速符合要求，则其风量就是可行的；如果风速低于规定的风速，则该条风路的风量要相应增加；如超过规定的风速，则需要扩大该风路的断面或调整该风路的风量，使之风速降到规定值。

9.3 矿井通风阻力的计算

矿井通风阻力是指风流由进风井口起，到回风井口止，沿一条通路（风流路线）各个分支的摩擦阻力和局部阻力的总和，用 h_m表示。一个矿井通风系统，由进风井口起到回风井口止的通路有多条。根据通风网络的能量平衡定律可知，这些通路上计算的矿井通风阻力是相等的。

矿井通风阻力是选择矿井主要通风机的重要依据之一。在主要通风机的服务年限内，随着采煤（矿）工作面及采区接替的变化，通风系统的通风阻力也将随之变化。在矿井通风系统通风阻力最小和最大时，分别称其为通风容易时期和通风困难时期。

9.3.1 矿井通风阻力的计算原则

1）如果矿井服务年限不长（10~20年），选择达到设计产量后矿井通风容易和困难两个时期分别计算其通风阻力。若矿井服务年限较长（30～50年），需要分两个时期进行矿井通风设计。第一期一般只计算前15～25年通风容易和困难两个时期的矿井通风阻力。对于通风容易和困难时期，要分别画出通风系统图，按照采掘工作面及硐室的需风量计算各段风路的通风阻力，再由各段风路的通风阻力计算矿井通风阻力。

2）对于矿井通风容易和困难两个时期，为方便通风参数的测定和计算，应沿着这两个时期由最大通风阻力风路构成的通路，分别计算各段井巷的通风阻力，然后累加起来，作为这两个时期的矿井通风阻力。最大通风阻力风路可根据风量和巷道参数（断面积、长度等）直接判断确定；不能直接确定时，应选几条可能是由最大通风阻力风路构成的通路进行其构成风路通风阻力的计算，通过比较确定出由最大通风阻力风路构成的通路。

3）为了减少矿井的外部漏风和主通风机运转费用，防止因主通风机风压过大引起煤炭自燃发火，以及避免因主通风机选型太大使通风费用增加，矿井通风阻力应该满足表9-5的要求。

表9-5 矿井通风阻力范围

矿井通风系统风量/（m^3/min）	系统的通风阻力/Pa
<3000	<1500
3000～5000	<2000
5000～10000	<2500
10000～20000	<2940
>20000	<3920

4）对于有两台或多台主要通风机工作的矿井，矿井通风阻力应按每台主要通风机所服务的系统分别计算。

5）矿井井巷的局部阻力，新建矿井（包括扩建矿井独立通风的扩建区）宜按井巷摩擦阻力的10%计算，扩建矿井宜按井巷摩擦阻力的15%计算。

9.3.2 矿井通风阻力的计算方法

沿矿井通风容易和困难时期选定的由最大通风阻力风路构成的通路，依次计算出各段井巷的摩擦阻力，然后分别累计得出矿井通风容易和困难时期的总摩擦阻力，再乘以考虑局部阻力的系数，即为这两个时期的矿井通风阻力。矿井通风阻力的表达式为

$$h_{mmin} = (1.1 \sim 1.15)\Sigma h_{fimin} \tag{9-17}$$

$$h_{mmax} = (1.1 \sim 1.15)\Sigma h_{fimax} \tag{9-18}$$

式中 h_{mmin}——通风容易时期矿井通风阻力（Pa）；

h_{mmax}——通风困难时期矿井通风阻力（Pa）；

Σh_{fimin}、Σh_{fimax}——分别为通风容易和困难时期沿最大通风阻力风路构成的通路计算的摩擦阻力之和（Pa）；

h_{fimin}、h_{fimax}——分别为通风容易和困难时期选定通路上第 i 段井巷的摩擦阻力，可根据摩擦阻力计算式（3-10）计算（Pa）。

9.4 选择矿井通风设备

矿井通风设备是指主要通风机和电动机。

9.4.1 选择矿井通风设备的基本要求

1）矿井每个装备主要通风机的风井，均要在地面装设两套同等能力的通风设备，其中一套工作另一套备用，且备用通风设备必须能在10min内起动。

2）选择的通风设备应能满足矿井第一开采水平各个时期的工况变化，并使通风设备长期高效运行。当工况变化较大时，应根据矿井分期时间及节能情况，分期选择电动机。

3）通风机能力应留有一定的余量。轴流式通风机在最大设计风压和风量作业时，叶轮叶片的角度应比允许范围小5°；离心式通风机的选型设计转速不宜大于允许最高转速的90%。

4）通风机电动机的选择，一般宜采用笼型或绕线型异步电动机传动。但容量较大时宜采用同步电动机传动，电网容量允许时应采用直接起动方式。

5）进、回风井井口的高差在150m以上，或进、回风井口标高相同，但井深在400m以上时，宜计算矿井的自然风压。

9.4.2 主要通风机的选择

1. 计算主要通风机工作风量 Q_f

由于装有主要通风机的井口存在外部漏风（即井口防爆门及主要通风机附近的反风装置等处的漏风），主要通风机的风量 Q_f 为

$$Q_f = KQ_m \tag{9-19}$$

式中 Q_f——主要通风机的工作风量（m^3/s）；

K——漏风损失系数，风井不作提升用时取1.1，箕斗井兼作回风井时取1.15；回风井兼作升降人员用（一般不允许兼作升降人员用）时取1.20。

2. 计算主要通风机的风压 H_t（或 H_s）

依据式（4-32）和式（4-42）可知，矿井主通风机全压 H_t 和自然风压 H_n 共同作用，克服矿井通风系统的阻力 h_m、通风机附属装置（风硐和扩散器）的阻力 h_x 以及风流进入大气出口处的动压损失 h_{vd}（对于抽出式通风系统为扩散器出口的动压，对于压入式通风系统为风井出风口的动压）。当自然风压与主通风机风压作用相同时取“+”，自然风压与主通风机作用相反时取“-”。即

$$H_t + H_n = h_m + h_x + h_{vd} \tag{9-20}$$

式中 h_x——通风机附属装置（风硐和扩散器）的阻力，$h_x = h_d + h_{Rd}$（Pa）。

风硐的阻力 h_d 一般不超过100~200Pa。

通风容易时期，为了使所选的主通风机效率不至太低，需要考虑矿井自然风压帮助主通风机风压的作用。通风困难时期，为了使所选的主通风机风压够用，需要考虑矿井自然风压

反对主通风机风压的作用。

通常，离心式通风机提供的是全压 H_t-Q 曲线，而轴流式通风机提供的大多是静压 H_s-Q 曲线。

(1) 抽出式通风矿井

1) 离心式通风机全压 H_t。

容易时期 $$H_{tmin}=h_{mmin}+h_x+h_{vd}-|H_n| \tag{9-21}$$

困难时期 $$H_{tmax}=h_{mmax}+h_x+h_{vd}+|H_n| \tag{9-22}$$

2) 轴流式通风机静压 H_s。

容易时期 $$H_{smin}=h_{mmin}+h_x-|H_n| \tag{9-23}$$

困难时期 $$H_{smax}=h_{mmax}+h_x+|H_n| \tag{9-24}$$

(2) 压入式通风矿井

式（9-21）和式（9-22）也适用于压入式通风的矿井。当压入式通风的矿井采用静压 H_s-Q 曲线选择主通风机时，其通风容易和困难时期的静压分别为

容易时期 $$H_{smin}=h_{mmin}+h_d+h_{vd}-H_v-|H_n| \tag{9-25}$$

困难时期 $$H_{smax}=h_{mmax}+h_d+h_{vd}-H_v+|H_n| \tag{9-26}$$

式中 H_v——通风机动压（Pa）。

3. 选择主通风机

根据计算的矿井通风容易时期通风机的 Q_f、H_{smin}（或 H_{tmin}）和矿井通风困难时期通风机的 Q_f、H_{smax}（或 H_{tmax}），在通风机的个体特性曲线图表上选择出合适的通风机。判别是否合适，要看上面两组数据所构成的两个时期的工况点是否都落在通风机个体特性曲线的合理工作范围内，并且接近效率最高点。

对于高原矿井，因空气密度 ρ' 较小，在运送相同的风量时，高原矿井的主通风机所需的风压 H'_t 和功率 N' 都较小。如果设计所用的通风机个体特性曲线图表是当空气密度为 1.2kg/m³ 时测绘出来的，就需先把这种图表的风压特性 H_t-Q 曲线和输入功率特性 $N-Q$ 曲线按下列各式换算成适用于高原矿井的风压特性 H'_t-Q 曲线和输入功率特性 $N'-Q$ 曲线；同时根据效率不变的原则得出效率特性曲线，然后进行主通风机的选择。其换算公式为：

$$H'_t=H_t\frac{\rho'}{1.2} \tag{9-27}$$

$$N'=N\frac{\rho'}{1.2} \tag{9-28}$$

如果高原矿井通风阻力计算时摩擦阻力系数选用的是空气密度为 1.2kg/m³ 时的数值，则选择通风机时，通风机的风压特性 H_t-Q 曲线就不用转换了，但输入功率特性 $N-Q$ 曲线仍需按式（9-28）进行换算。

4. 计算通风机的实际工况点

根据 Q_f、H_{smin}（或 H_{tmin}）和 Q_f、H_{smax}（或 H_{tmax}）确定的工况点，不一定恰好是在设计工况点时所选择通风机的特性曲线上，因此必须根据通风机的工作阻力，确定其实际工况点。

(1) 计算通风机的工作风阻

用静压特性曲线时

$$R_{smin} = \frac{H_{smin}}{Q_f^2} \tag{9-29}$$

$$R_{smax} = \frac{H_{smax}}{Q_f^2} \tag{9-30}$$

用全压特性曲线时

$$R_{tmin} = \frac{H_{tmin}}{Q_f^2} \tag{9-31}$$

$$R_{tmax} = \frac{H_{tmax}}{Q_f^2} \tag{9-32}$$

（2）确定通风机的实际工况点

在通风机特性曲线图中作通风机工作风阻曲线，其与风压特性曲线的交点即为实际工况点。

5. 确定通风机的型号和转速

根据各台通风机的工况参数（Q_f、H_s或H_t、η、N），对初选的通风机进行技术、经济和安全性比较，最后确定出满足矿井通风要求、技术先进、效率高和运转费用低的通风机型号和转速。

6. 选择电动机

（1）计算通风机输入功率

按通风容易和困难时期，分别计算通风机的输入功率N_{min}和N_{max}

$$N_{min} = \frac{H_{tmin} Q_f}{1000\eta_t} \tag{9-33}$$

$$N_{max} = \frac{H_{tmax} Q_f}{1000\eta_t} \tag{9-34}$$

或

$$N_{min} = \frac{H_{smin} Q_f}{1000\eta_s} \tag{9-35}$$

$$N_{max} = \frac{H_{smax} Q_f}{1000\eta_s} \tag{9-36}$$

式中　η_t、η_s——通风机的全压和静压效率；

N_{min}、N_{max}——矿井通风容易时期和困难时期通风机的输入功率（kW）。

（2）电动机的台数及种类

当$N_{min} \geqslant 0.6N_{max}$时，可选一台电动机，其功率$N_{emax}$为

$$N_{emax} = \frac{N_{max} K_x}{\eta_m \eta_{tr}} \tag{9-37}$$

式中　η_m——电动机的效率，$\eta_m = 0.92 \sim 0.94$（大型电动机取较高值）；

η_{tr}——传动效率，电动机与通风机直联传动时$\eta_{tr} = 1$，带传动时$\eta_{tr} = 0.95 \sim 0.98$，联轴器传动时$\eta_{tr} = 0.98$；

K_x——电动机容量备用系数，$K_x = 1.1 \sim 1.2$。

当$N_{min} < 0.6N_{max}$时，通风容易和困难时期各选一台电动机。初期电动机功率N_{emin}为

$$N_{emin} = \frac{K_x}{\eta_m \eta_{tr}} \sqrt{N_{max} N_{min}} \tag{9-38}$$

后期电动机功率按式（9-37）计算，即为 N_{emax}。

一般情况下，当电动机功率小于 200kW 时，宜选用低压笼型异步电动机。当电动机功率大于 250kW 时，宜选用高压笼型异步电动机。当电动机功率大于 400kW 时，宜选用同步电动机，其优点是在低负荷运转时可以改善电网功率因数，使矿井经济用电；缺点是这种电动机的购置和安装费用较高。

分期选择电动机时，每台电动机的使用年限一般不少于 10 年。

9.5 通风井巷经济断面的计算

通风井巷断面的大小，直接影响着通风能力及其经济性。在通过风量一定的条件下，井巷断面越大其风阻和通风阻力就越小，通风费用也越少；但井巷断面越大，井巷掘进建设费用也越大。因此，在选择通风井巷断面时，应全面考虑这两方面的因素，即应使两种费用的总和为最小。矿井通风井巷经济断面，就是矿井通风井巷的掘进建设费和通风动力费之和为最小时的井巷断面面积，也称最佳断面。

对于矿井通风系统中风量集中的进风井巷或回风井巷，如压入式通风系统的进风段井巷，抽出式通风系统的回风段井巷，集中进风和回风的混合式通风系统中的进风段和回风段井巷，均应进行通风井巷经济断面的计算。

矿井通风时，通风井巷的年经营费用为

$$E = E_1 + E_2 \tag{9-39}$$

式中 E——通风井巷的年经营费用（元/a）；

E_1——在通风井巷服务年限内每年分摊的井巷掘进建设费用（元/a）；

E_2——通风井巷每年需要的通风电费（元/a）。

引入经济学的资金回收系数，则有

$$E_1 = \lambda u_1 LS \tag{9-40}$$

$$\lambda = \frac{i(1+i)^n}{(1+i)^n - 1} \tag{9-41}$$

式中 λ——资金回收系数；

i——资金年利率；

n——井巷服务年限；

u_1——每立方米井巷的掘进建设费用（元/m³）；

L——井巷长度（m）；

S——井巷的断面积（m²）。

井巷的通风阻力为

$$h_a = \frac{\alpha LUQ^2}{S^3} = \frac{\alpha LAQ^2}{S^{2.5}} \tag{9-42}$$

$$U = A\sqrt{S} \tag{9-43}$$

式中 h_a——井巷的通风阻力（Pa）；

α——摩擦阻力系数（N·s²/m⁸）；

U——井巷断面周长（m）；

Q——流过井巷的风量（m^3/s）；

A——井巷断面形状系数，不同形状断面的 A 值计算公式见表9-6。

表9-6　断面形状系数 A 的计算

形状	断面参数	形状系数 A 的计算公式	最佳形状系数 A_{min}
圆	半径 r/m	$2\sqrt{\pi}$	
正方形	边长 a/m	4	
矩形	长度 a/m 宽度 b/m	$A=2(1+x)/\sqrt{x}$ $x=a/b$	$x=1$ 时，$A_{min}=4$
等腰梯形	上底长 a/m 下底长 b/m 高度 h/m	$A=\dfrac{1+x+\sqrt{4y^2+(1-x)^2}}{\sqrt{y(1+x)/2}}$ $x=a/b$，$y=h/b$	$x=y=1$ 时，$A_{min}=4$
半圆拱巷道	底宽 a/m 墙高 h_1/m	$A=\dfrac{4x+2+\pi}{\sqrt{4x+\pi/2}}$ $x=h_1/a$	$x=0.5$ 时，$A_{min}=\dfrac{4+\pi}{\sqrt{2+\pi/2}}$
圆弧拱巷道	底宽 a/m 墙高 h_1/m 拱度 h/m	$A=\dfrac{4+8x+\pi\beta(1/y+4y)/180}{\sqrt{16x+4y-1/y+\pi\beta(1/y+4y)^2/720}}$ $x=h_1/a$，$y=h/a$，$\beta=2\tan^{-1}(2y)$ β—圆弧拱对应的圆周角度数（°）	$x=y=0.5$ 时，$A_{min}=\dfrac{4+\pi}{\sqrt{2+\pi/2}}$
三心拱巷道	底宽 a/m 墙高 h_1/m 拱度 h/m 拱弧长 l_0/m 面积 S/m^2	$A=\dfrac{2x+w}{\sqrt{x+n}}$ $w=(a+l_0)/a$，$x=h_1/a$，$n=S/a^2-x$ 当 $h=a/3$ 时，$w\approx2.3287$，$n\approx0.2620$ 当 $h=a/4$ 时，$w\approx2.2111$，$n\approx0.2000$ 当 $h=a/5$ 时，$w\approx2.1651$，$n\approx0.1600$	当 $h=a/3$、$x\approx0.6404$ 时，$A_{min}\approx3.7997$ 当 $h=a/4$、$x\approx0.7056$ 时，$A_{min}\approx3.8064$ 当 $h=a/5$、$x\approx0.7626$ 时，$A_{min}\approx3.8240$

井巷年通风电费为

$$E_2=\frac{365\times24\times u_2h_aQ}{1000\eta}=\frac{8760u_2\alpha LAQ^3}{1000\eta S^{2.5}} \tag{9-44}$$

式中　u_2——电费单价[元/(kW·h)]；

η——通风机和电动机的总体效率。

令 $C_1=\lambda u_1L$、$C_2=\dfrac{8760u_2\alpha LAQ^3}{1000\eta}$，并将式（9-44）、式（9-40）代入式（9-39），得

$$E=C_1S+C_2S^{-\frac{5}{2}} \tag{9-45}$$

将式（9-45）对 S 求导，并令 $dE/dS=0$，整理得 $C_1-\dfrac{5}{2}C_2S^{-\frac{7}{2}}=0$。即

$$S_0=\left(\frac{5C_2}{2C_1}\right)^{\frac{2}{7}} \tag{9-46}$$

式中　S_0——通风井巷经济断面的面积（m^2）。

9.6 矿井通风费用的计算

矿井通风费用一般用吨煤通风成本表示，是指矿井每采1t煤（矿）的通风总费用，是矿井通风设计和管理的重要经济指标。吨煤通风成本主要包括吨煤的通风电费、通风设备折旧费、材料消耗费、通风工作人员工资、专用通风井巷折旧与维护费以及仪表购置与维修费等。

9.6.1 吨煤通风电费

吨煤通风电费按下式计算

$$W_0 = \frac{(E_A + E_B)D}{T} \tag{9-47}$$

式中 W_0——吨煤（矿）通风电费（元/t）；

E_A——主要通风机的年耗电量（kW·h/a）；

E_B——局部通风机和辅助通风机的年耗电量（kW·h/a）；

D——电价[元/(kW·h)]；

T——矿井年产量（t/a）。

通风容易时期和困难时期共选一台电动机时，有

$$E_A = \frac{365 \times 24 N_{emax}}{K_x \eta_v \eta_w} \tag{9-48}$$

式中 η_v——变压器效率，可取0.95；

η_w——电缆输电效率，取决于电缆长度和每米电缆耗损，在0.90~0.95范围内选取。

通风容易时期和困难时期选择两台电动机时，有

$$E_A = \frac{365 \times 24(N_{emax} + N_{emin})}{2K_x \eta_v \eta_w} \tag{9-49}$$

9.6.2 吨煤（矿）其他通风费用

1. 设备折旧费

通风设备折旧费与设备数量、成本及服务年限有关，可用表9-7计算。吨煤（矿）通风设备折旧费 W_1 为

$$W_1 = \frac{G_1 + G_2}{T} \tag{9-50}$$

式中 W_1——吨煤（矿）设备折旧费（元/t）。

表9-7 通风成本计算表

序号	设备名称	计算单位	数量	单位成本	总成本			服务年限	每年的折旧费		备注
					设备费	运转及安装费	总计		基本投资折旧费 G_1/元	大修理折旧费 G_2/元	

2. 材料消耗费

吨煤材料消耗费按下式计算

$$W_2 = \frac{C}{T}$$

式中　W_2——吨煤（矿）材料消耗费（元/t）；

C——通风材料消耗总费用，包括各种通风构筑物的材料费、通风机和电动机润滑料费等（元/a）。

3. 通风工作人员工资费用

吨煤通风工作人员工资费用按下式计算

$$W_3 = \frac{A}{T} \tag{9-51}$$

式中　W_3——吨煤（矿）通风工作人员工资费用（元/t）；

A——矿井通风工作人员每年工资总额（元/a）。

4. 专为通风服务的井巷工程折旧费和维护费

专为通风服务的井巷工程折旧费和维护费折算至吨煤的费用为 W_4（元/t）。

5. 通风仪表购置费和维修费

吨煤通风仪表购置费和维修费为 W_5（元/t）。

矿井吨煤通风费用 W 为

$$W = W_0 + W_1 + W_2 + W_3 + W_4 + W_5 \tag{9-52}$$

9.7　改扩建矿井通风设计

生产矿井进行扩大矿井生产能力或开采范围的改建或扩建工程时，原有矿井通风系统一般不能满足改建或扩建后矿井通风的需要，因此必须进行改扩建矿井通风设计。

9.7.1　改扩建矿井通风设计的特点

改扩建矿井通风设计与新建矿井通风设计相比，在设计内容、步骤和方法等方面基本类似，但由于生产矿井改扩建时通风设计是在生产矿井原有通风系统的基础上并在保证老区正常通风的条件下进行的，因此涉及的范围较广，设计要比新建矿井通风设计更复杂一些。

改扩建矿井通风设计要有全局思想，必须注意紧密联系矿井当前的生产与发展情况。不仅要保证新增区域施工和投产过程中的安全生产，还要保证老区在这期间的安全生产；既要挖掘现有通风系统的潜力，充分利用现有的通风井巷，又要使其和新建的通风井巷和新选的通风设备协调起来。

9.7.2　改扩建矿井通风的设计内容和步骤

在改扩建后矿井通风系统的服务期限内，按照矿井通风容易和通风困难两个时期进行设计。

1. 拟定改扩建矿井通风系统

改扩建矿井通风系统的设计，由于设计的基础条件和要求各不相同，其改扩建后矿井通风系统的变化幅度也相差很大。在拟定改扩建矿井通风系统时，一是要对原有矿井通风系统和生产状况进行深入与细致的调查，其调查的主要内容有矿井通风系统的阻力分布、通风系统中的漏风点及其漏风量、主通风机运转的实际特性曲线及其工况点以及瓦斯、地质、气候条件和开拓布置等方面的资料；二是系统分析调查资料，如在绘制矿井各通风路线阻力分布图基础上分析各区段的通风阻力是否合理、漏风的原因及其改进措施等；三是结合矿井改扩建发展规划，给出技术上可行的多个改扩建矿井通风系统方案，所给出的改扩建矿井通风系统方案应尽量是在原有矿井通风系统基础上稍加调整改造后形成的，并通过技术和经济比较确定出在原有矿井通风系统基础上最优的改扩建矿井通风系统方案。

（1）沿用原有矿井通风系统

当增产任务不大且增加的新采区瓦斯变化也不大，通过对原有矿井通风系统的适当改进与风量调节能够满足改扩建后矿井通风的需要时，新确定的矿井通风系统较原有矿井通风系统不会有太大的变化，也不致增掘新风井。

（2）布置辅助通风机改造原有矿井通风系统

如果新增的采区在边远地区或在较深的水平，或者井田重新划分且井型发生变化，而产量和瓦斯涌出量也有较大地增加，其原有矿井通风系统的通风能力一般不能满足要求，此时必须布置辅助通风机以改造原有矿井通风系统。

1）增掘一个风井和增设一个辅助通风机。当矿体或煤层埋藏不深时，通过增掘一个风井和增设一个辅助通风机，在尽量缩短改扩建后矿井通风系统通风线路长度的前提下，尽量提高改扩建后矿井通风系统的通风能力，以满足各个用风地点的供风量要求。可由原有的中央并列式通风系统改变为中央并列和中央分列混合式通风系统，或者由中央并列式通风系统改变为中央并列和一翼对角混合式通风系统。

2）增掘两个风井和增设两个辅助通风机。当矿体或煤层埋藏较浅时，通过增掘两个风井和增设两个辅助通风机，在有效缩短改扩建后矿井通风系统通风线路长度的前提下，大幅度提高改扩建后矿井通风系统的通风能力，以满足各个用风地点的风量要求。可由原有的中央并列式通风系统改变为中央并列和两翼对角混合式通风系统，或者将原有的一个通风系统分成两个独立的通风系统等。

3）布置多个辅助通风机形成多级机站通风系统。当矿体或煤层埋藏较深时，增掘风井在经济上一般是不可行的，此时可布置多个辅助通风机以形成多级机站通风系统，从而满足各个用风地点的供风量要求。

多级机站通风系统，就是根据需要把一定数量的主要通风机和辅助通风机分为若干级机站（每个机站需要由若干台串联或并联的通风机构成），由数级进风机站以接力方式将新鲜空气经进风井巷压送到作业区，再由数级回风机站将作业时形成的污浊空气经回风井巷排出矿井。用机站串联工作输送风流，用机站并联工作解决区域分风。

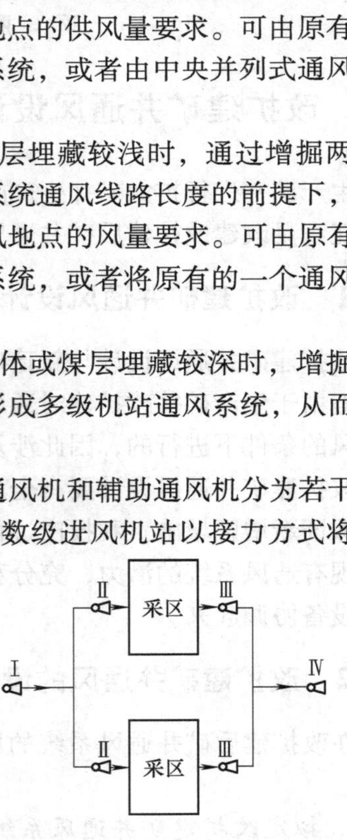

图 9-5　多级机站通风系统典型布置模式

多级机站通风是主要通风机与辅助通风机压抽混合式通风的扩展，可用三级、四级甚至五级、六级联合压抽。一般常用如图 9-5 所示的四级机站通风，其各级机站的作用和布置原则是：第Ⅰ级是系统的进风主导压入式机站，在全系统内起主导作用，由其将新鲜风流压入矿井，它的风量为全矿总进风量；第Ⅱ级起通风接力及分风的作用，它把新鲜风流分配并压入采区，以保证作业区域的供风，所以通风机应靠近用风段作压入式供风；第Ⅲ级机站将作业区域的污风直接排至回风道，是采区回风控制机站，所以安装在用风部分靠近回风一侧作抽出式通风；第Ⅳ级作抽出式通风，把采区排出的污风集中起来排至地表，是系统的总回风主控机站。

多级机站通风系统由多台通风机串、并联工作，对整个通风网络各采区的风流输送与分配用通风机严加控制，因此内部、外部漏风少，有效风量率较高，其矿井供风量比统一通风或分区通风时少，故可取得较好的节能效益。但从图 9-5 也可以看出，多级机站只能对采区的进风量和回风量控制，尚不能细化到控制采区内各个工作面的风量分配，所以各工作面的风量仍需采取相应的风量调节措施。

由于安装各级机站需要专用的进风道和回风道，增加了掘进成本。从使用多级机站通风的矿山看，一些条件适合的矿山取得了良好的通风与节能效果，而条件不适宜的矿山应用效果并不佳，尤其是那些不具备专用进风道的矿山，当开拓专用进风道耗费的资金较大时，其经济性一般不是很好。

在多级机站通风系统中，通风机多且布置分散，不仅系统的可靠性较低，其通风机的管理也较复杂。因此，只有达到较高的通风管理水平，才能管好和用好多级机站通风系统。

多级机站通风系统中多级机站的布置方式有按阶段布置、按采区布置和按矿体分布布置三种方式：

① 按阶段布置多级机站的矿井通风系统。图 9-6 所示为梅山铁矿北采区按阶段布置多级机站的通风系统。在 −200m 水平进风天井底部安装一级机站，由四台通风机并联工作。由进风天井分风送给三个作业分层，分别在三个分层作业面的进风侧安装二级机站，每一机站都由两台通风机并联工作。又分别在各分层的作业面出风侧安装三级机站，每一机站也由两台通风机并联工作。在 −140m 回风平巷安装四级机站，由四台通风机并联工作。该系统由 20 台通风机联合工作，比原来使用统一通风的效果更好。

② 按采区布置多级机站的矿井通风系统。大姚铜矿分为 4 个采区开采同一个缓倾斜中厚矿体，故在各采区的进风和回风道中各装两台通风机，形成压抽结合的两级机站通风，可满足 9 ~ 12 个平行工作面的用风要求；然后在每个回风井口设置一台通风机，从而在整体上形成三级机站的矿井通风系统，如图 9-7 所示。

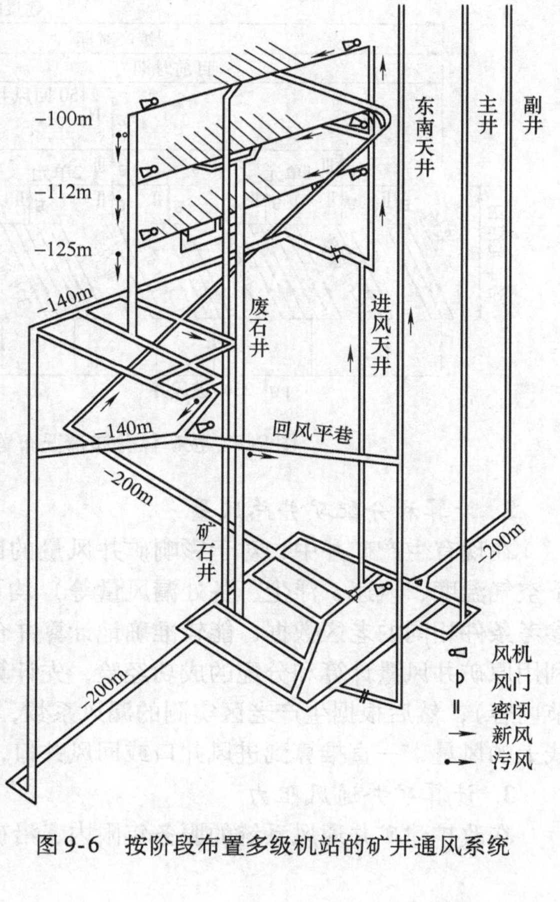

图 9-6　按阶段布置多级机站的矿井通风系统

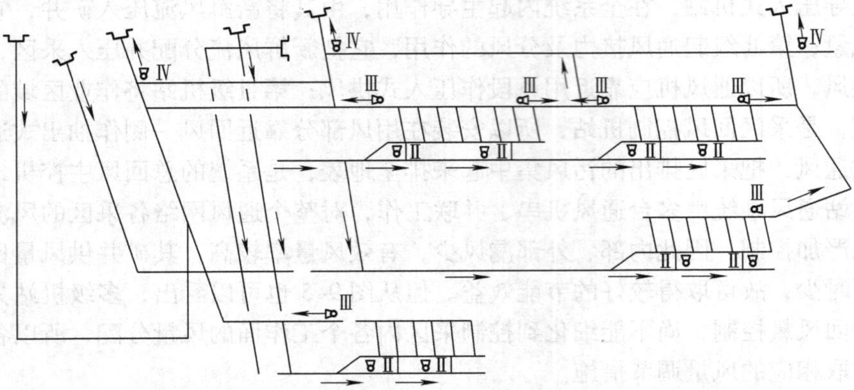

图 9-7　按采区布置多级机站的矿井通风系统

③ 按矿体分布情况布置多级机站的矿井通风系统。云锡公司塘子凹矿段在 2340 进风井布置一台压入式通风机构成一级通风机站，在每个矿体布置一台抽出式通风机构成二级通风机站，再以空间位置相邻、回风能够集中的 2 ~ 4 个矿体组成一个通风单元并布置三级抽出式通风机站；然后在每个回风井口设置一台通风机构成四级通风机站，从而在整体上形成四级机站的矿井通风系统，如图 9-8 所示。

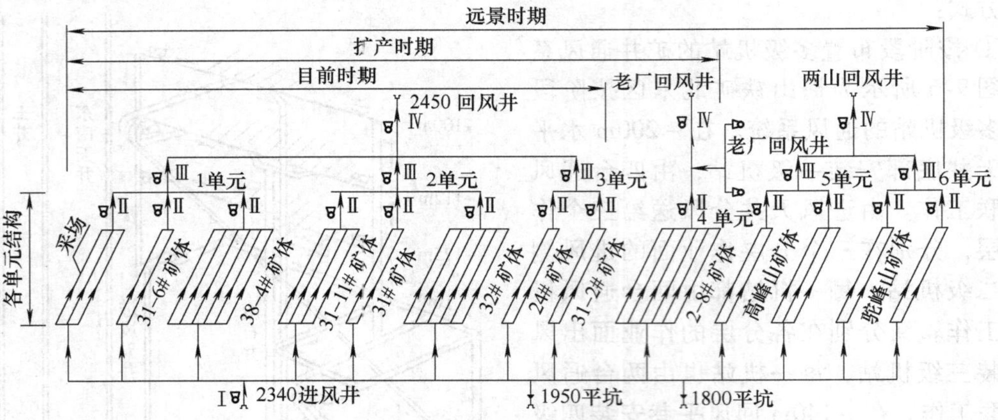

图 9-8　按矿体分布情况布置多级机站的矿井通风系统

2. 计算和分配矿井总风量

在现有生产矿井中，对于影响矿井风量的因素（如瓦斯和二氧化碳等气体的浓度、井下空气温度、风速、浮尘、各处漏风量等）均可实测出来，所以设计中的改扩建新区可以参考条件相同的老区数据，能较准确地计算并合理地分配改扩建矿井总风量。因此，要充分利用原矿井风量计算和分配的成功经验，先计算各个用风地点的实际需风量（参见本章 9.2 节内容），然后根据生产老区实测的漏风系数，由里向外推算出进风路线上的风量和回风路线上的风量，一直推算到进风井口或回风井口，即得改扩建矿井的总进风量或总出风量。

3. 计算矿井通风阻力

在改扩建矿井通风系统的服务年限内，沿矿井通风容易和困难时期选定的由最大通风阻力风路构成的通路，分别计算其通风阻力。对正在生产的老区，各风路的风阻值应采用实测数据，设计中的改扩建新区风路，可参考与老区中相同条件风路的数据，也可按本章9.2节所述的方法进行计算。改扩建新区每条风路形成后要实测其风阻值，以便进一步修正改扩建矿井通风系统的设计。

4. 局部风量调节

在改扩建新区从施工到投产过程中，为保证改扩建新区和老区各用风地点风量的按需供给，改扩建新区和老区之间、改扩建新区内各风路之间以及老区域内各风路之间，均要采取风量按需调节的措施，改扩建矿井通风设计中至少要制定出通风困难时期的调节措施。

5. 主要通风机的调节和选择

原矿井主要通风机，如果能够通过调整其工况点适应改扩建矿井通风的要求，则只需要调整其工况点并验算其电动机的能力；如果通过调整其工况点仍不能满足改扩建矿井通风的要求，就需要新选择主通风机单独运转或与原有通风机联合运转。

各台主要通风机在通风容易和通风困难两个时期的工况点，都要落在各主要通风机特性曲线的合理工作范围内。

6. 概算矿井通风费用

概算方法与本章9.6节基本相同。

本章习题

1. 概念解释

通风井巷经济断面　多级机站通风系统　矿井通风费用

2. 判断题（正确的打“√”，错误的打“×”）

（1）采用抽出式通风的每个回风井，必须安装两套同等能力的主要通风机。（　）

（2）主要通风机的实际工作风压不得超过其最高风压的90%。（　）

（3）如果自然风压较大，在一定时期内应该停止主要通风机，利用自然风压通风。（　）

（4）对于煤矿，准备采区必须在采区构成通风系统后，方可开掘其他巷道。采煤工作面必须在采区构成完整的通风、排水系统后方可回采。高瓦斯矿井、有煤（岩）与瓦斯（二氧化碳）突出危险的矿井的每个采区和开采容易自燃煤层的采区，必须设置至少1条专用回风巷；低瓦斯矿井开采煤层群和分层开采采用联合布置的采区，必须设置1条专用回风巷。（　）

（5）对于煤矿，采、掘工作面应实行独立通风。同一采区内，同一煤层上下相连的2个同一风路中的采煤工作面、采煤工作面与其相连接的掘进工作面、相邻的2个掘进工作面，布置独立通风有困难时，在制定措施后，可采用串联通风，但串联通风的次数不得超过1次。（　）

（6）开采有瓦斯喷出或有煤（岩）与瓦斯（二氧化碳）突出危险的煤层时，严禁任何2个工作面之间串联通风。（　）

（7）在选择主要通风机时，“通风容易时期”和“通风困难时期”分别是指本煤矿从开始投产到全矿井开采完毕整个过程中的通风最容易时期和通风最困难时期。（　）

（8）某采煤工作面，以瓦斯涌出量计算出工作面需风量为Q_1，而以工作面最高允许风速计算出的风量为Q_2，无论二者哪个大，都要以其中的最大值作为该工作面的配风量。（　）

3. 单项选择题

（1）下面是对矿井通风系统的描述，错误的是________。

A. 至少有2个能行人的通达地面的安全出口

B. 矿井通风系统包含矿井通风方式、矿井通风方法和矿井通风网络等内容

C. 煤矿中采区进、回风巷必须贯穿整个采区，严禁一段为进风巷、一段为回风巷

D. 角联巷道越多，通风系统越稳定。

（2）以下列出了矿井的部分井巷名称：①副井、②回风井、③区段回风平巷、④井底车场、⑤运输大巷、⑥采煤工作面、⑦回风大巷、⑧采区轨道上山、⑨采区专用回风上山、⑩区段运输平巷。则矿井风流流程应该是_________。

A. ①-④-⑤-⑧-③-⑥-⑩-⑨-⑦-②　　B. ①-④-⑤-⑨-②-⑥-⑩-⑧-⑦-③

C. ②-④-⑤-⑧-③-⑥-⑩-⑨-⑦-①　　D. ①-④-⑤-⑧-⑩-⑥-③-⑨-⑦-②

（3）某矿井通风机房水柱计读数为 h_s，通风系统的阻力为 H_m，井下总回风量为 Q_1，通过通风机的风量为 Q_2，则通风系统的等积孔为_________。

A. $1.19\dfrac{Q_1}{\sqrt{h_s}}$　　B. $1.19\dfrac{Q_2}{\sqrt{h_s}}$　　C. $1.19\dfrac{Q_1}{\sqrt{H_m}}$　　D. $1.19\dfrac{Q_2}{\sqrt{H_m}}$

4. 问答题

（1）简述主要通风机的设计工况点和实际工况点的关系，并绘图说明。

（2）简述矿井总风阻、主要通风机的工作风阻之间的区别与联系。

（3）改扩建矿井通风设计的特点是什么?

第 10 章

第 10 章 矿井空气调节

矿井空气调节是改善矿内气候条件的主要技术措施之一。其主要内容包括两方面：一是对冬季寒冷地区，当井筒入风温度低于 2℃时，对井口空气进行预热；二是对高温矿井用风地点进行风温调节，以达到《规程》规定的标准。

10.1 矿井气候条件

矿井气候是指矿井空气的温度、湿度和风速等参数的综合作用状态。这三个参数的不同组合，便构成了不同的矿井气候条件。矿井气候条件同人体的热平衡状态有着密切联系，直接影响着井下作业人员的身体健康和劳动生产率的提高。

10.1.1 矿井气候对人体热平衡的影响

人体无论在静止状态下还是在运动状态下，都要进行新陈代谢。新陈代谢的能量由摄取的食物在体内进行氧化生成热量而提供，除了用来维持人体正常的生理机能和对外做功的需要外，大部分热量都必须通过散热的方式排出体外，否则热量在体内储存会使体温升高，引起中暑、热衰竭、热虚脱、热痉挛等疾病，严重者可导致死亡。

人体散热主要是通过人体皮肤表面与外界的对流、辐射和汗液蒸发这三种形式进行的。其中，对流散热主要取决于周围空气的温度和流速；辐射散热主要取决于周围环境的温度；蒸发散热主要取决于周围空气的相对湿度，人体每蒸发 1g 汗液，可以散热 2.42kJ 热量。

矿井气候条件对人体热平衡的影响是一种综合的作用，受到空气温度、相对湿度和风速的影响。

（1）空气温度。空气温度对人体对流散热起着主要作用。当气温低于体温时，对流和辐射是人体的主要散热方式，温差越大，对流散热量越多；当气温等于体温时，对流散热完全停止，汗液蒸发成了人体的主要散热方式；当气温高于体温时，对流传递给人体热量，此时汗液蒸发几乎成为人体唯一的散热方式。

（2）相对湿度。相对湿度影响人体蒸发散热的效果。随着气温的升高，蒸发散热的作用越来越强。若相对湿度较大，汗液就难于蒸发，不能起到蒸发散热的作用，此时人体就会感到闷热。

（3）风速。风速影响人体对流散热和蒸发散热的效果。对流换热强度随风速增大而增大，风速越大，对流散热量也越大。当周围气温低于人体体温时，人体失热；当周围气温高于人体体温时，人体得热。风速越大，蒸发散热越大。当空气的温度、湿度一定时，增大风速会提高散热效果。

人体的热平衡关系式为

$$q_m - q_w = q_d + q_z + q_f + q_{ch} \tag{10-1}$$

式中 q_m——人体在新陈代谢中的产热量，取决于人体活动量 [J/(m²·s)]；

q_w——人体用于做功而消耗的热量 [J/(m²·s)]；

q_d——人体对流散热量，低于人体表面温度为负，否则为正 [J/(m²·s)]；

q_z——汗液蒸发或呼出水蒸气所带出的热量 [J/(m²·s)]；

q_f——人体与周围物体表面的辐射散热量，可正、可负 [J/(m²·s)]；

q_{ch}——蓄存于人体内的热量 [J/(m²·s)]。

当人体产热量和散热量相等时 $q_{ch}=0$，此时人体正好热平衡；当人体产热量大于散热量时 $q_{ch}>0$，此时人体热平衡破坏，可导致人体温度升高；当人体产热量小于散热量时，$q_{ch}<0$，此时人体热平衡也破坏，可导致人体温度降低。

在井下生产的劳动强度下，比较适宜的空气温度为20℃左右，风速为1m/s左右。此条件适合人体的对流和辐射散热，人的感觉会比较舒适。空气温度超过25℃将不利于劳动状态下人体的散热。空气的相对湿度决定着蒸发散热的效果，当其低于30%，属于干燥空气，蒸发过快，人会感到干燥；当其高于80%，属于高湿空气，蒸发散热困难；当其达到100%，蒸发散热停止；人体感觉适宜的空气相对湿度为50%~60%。井下环境中，空气的相对湿度难以调节，往往是通过温度和风速的合理调节来创造一个比较舒适的矿井工作气候条件。

10.1.2 衡量矿井气候条件的指标

矿井气候条件是由温度、湿度和风速三者的综合作用决定的，要找到一项能够完全准确地反映矿井气候条件适宜程度的指标是很困难的。长期以来，人们提出了多种指标来衡量气候条件，比较常用的主要有干球温度、湿球温度、等效温度、同感温度和卡他度等。

1. 干球温度

干球温度是我国现行的评价矿井气候条件的主要指标之一。为了区别干球温度，将通常所说的湿空气温度称为干球温度。

一般来说，由于矿井空气的相对湿度变化不大，所以干球温度能在一定程度上直接反映出矿井气候条件的好坏。而且这个指标比较简单，使用方便。但这个指标只反映了气温对矿井气候条件的影响，而没有反映出气候条件中湿度和风速对人体热平衡的综合作用，因而存在较大的局限性。

2. 湿球温度

将温度计的水银球用湿纱布包裹便制作成一个湿球温度计。当湿空气中的水蒸气未达到饱和时，湿纱布上的水分就会蒸发，从而吸收温度计的热量，使温度计的实际温度低于空气温度（即干球温度），相对湿度越低，则干球温度与湿球温度之差越大。根据湿球温度以及干球温度和湿球温度之差就可查图或查表得出湿空气的相对湿度。湿球温度可以反映空气温度和相对湿度对人体热平衡的影响，比干球温度要合理些。但这个指标仍然没有反映风速对人体热平衡的影响。

3. 等效温度

等效温度是湿空气的焓与比热容的比值，它是一个以能量为基础来评价矿井气候条件的指标。当气温在25~36℃的范围内时，等效温度和湿球温度基本上呈线性关系，两者具有同样的意义，因而也是不完善的。

井下某一地点等效温度的测算方法是：用干湿球温度计（如风扇湿度计）测出空气的干球温度和湿球温度，再用风表测出该地点风流的风速，然后从图10-1所示的等效温度计算图上查得相应的等效温度值。

例10-1　测得井下某一工作面风流的干球温度为17℃，湿球温度为16℃，风速为0.8m/s，求其等效温度。

解：在图10-1的左、右标尺上分别找到17℃和16℃两点 m、n 并连成虚线，此虚线与风速为0.8m/s的风速曲线相交，根据交点位置可在等效温度标尺上查出等效温度为10℃。

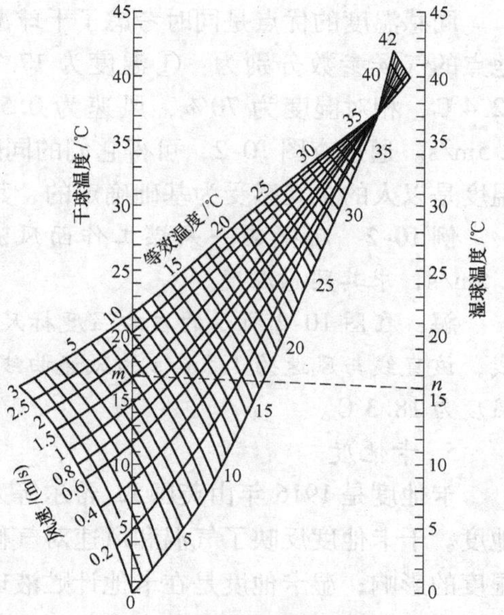

图10-1　等效温度计算图

4. 同感温度

同感温度（又称有效温度）是1923年由美国采暖工程师协会提出的。这个指标是通过实验，凭借受试者对环境的感觉而得出的。实验时，先将三个受试者置于一个温度为 t、相对湿度为 ϕ、风速为 v 的已知环境里，并记下他们的感受；然后让他们到另一个温度（用 t_1 表示）可调，相对湿度为100%，风速为0的环境里，通过调节温度 t_1 使他们的感受与第一个环境相同，则称此时的 t_1 为第一个环境的同感温度。这个指标可以反映出温度、湿度和风速这三者对人体热平衡的综合作用。显然，同感温度越高，人体舒适感就越差。

根据上述一系列实验，可以绘制出同感温度计算图，如图10-2所示。利用该图，只要测知空气的干球温度、湿球温度和风速，即可查得被测环境的同感温度。

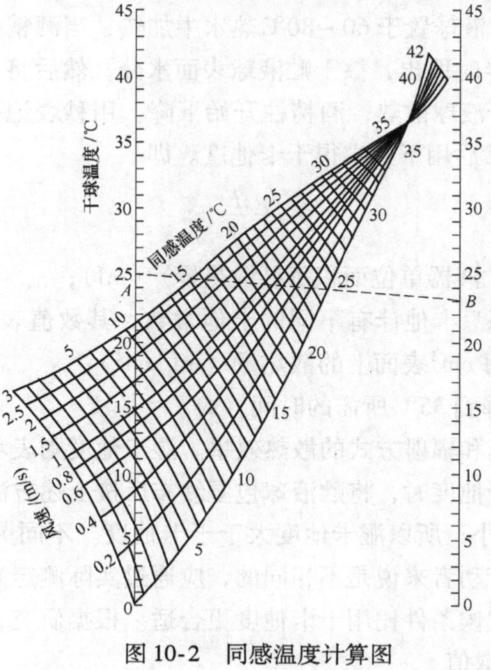

图10-2　同感温度计算图

同感温度的优点是同时考虑了干球温度、湿球温度和风速的综合作用。例如，三个工作地点的气候参数分别为：①温度为17.7℃，相对湿度为100%，风速为0m/s；②温度为22.4℃，相对湿度为70%，风速为0.5m/s；③温度为25℃，相对湿度为20%，风速为2.5m/s。通过查图10-2，可得它们的同感温度都是17.7℃，即有同样的散热效果。但同感温度是以人的主观感受为基础确定的，其客观性和准确性存在不足。

例10-2 测得某一采煤工作面风流的干球温度为25℃，湿球温度为23℃，风速为1.5m/s，求其同感温度。

解：在图10-2所示的左右温度标尺线上分别找出25℃和23℃两点A、B，并连成虚直线，该直线与风速为1.5m/s的风速曲线相交，由此交点，即可从同感温度标尺上查得同感温度为18.3℃。

5. 卡他度

卡他度是1916年由英国L. 希尔等人提出的，分为干卡他度和湿卡他度。干卡他度反映了气温和风速对气候条件的影响，但没有反映空气湿度的影响；湿卡他度是在卡他计贮液球上包裹上一层湿纱布后测得的卡他度，其实测和计算方法完全与干卡他度相同，可以反映气温、风速和湿度的影响。

目前一般采用卡他计来测量卡他度的值。卡他计是一种检测气温、湿度和风速综合作用的仪器，是一种酒精温度计，如图10-3所示。其下端有一个比普通温度计大的贮液球，长约40mm，直径为16mm，表面积为22.6cm^2，内贮酒精；上端有一个小空腔，以便在测定时容纳上升的酒精。卡他计全长约200mm，玻璃管上只有35℃和38℃两个刻度，这两个温度的平均值恰好等于人体的正常体温（36.5℃）。

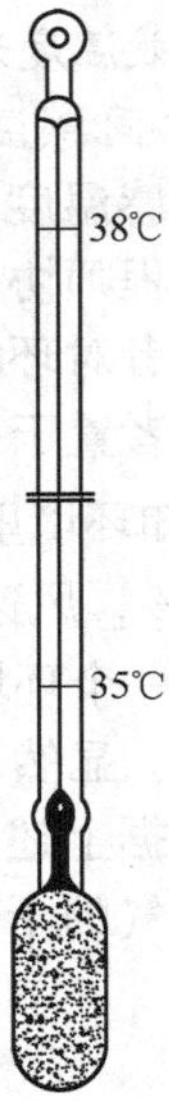

图10-3　卡他计

测定时，先把卡他计贮液球置于60～80℃热水中加热，当酒精柱上升至38℃以上小空腔的一半时取出，擦干贮液球表面水分，然后将其悬挂于待测空气中，此时由于液球散热，酒精柱开始下降，用秒表记下从38℃降到35℃所需时间，然后用下式求得干卡他度。即

$$K_d = \frac{F}{t} \tag{10-2}$$

式中，K_d——干卡他度（贮液器单位面积每秒散热量）（mJ）；

F——卡他常数，每只卡他计有不同的卡他常数，其数值表示贮液球在温度由38℃降到35℃时每cm^2表面上的散热量（mJ/cm^2）；

t——温度由38℃降到35℃所需的时间（s）。

干卡他度仅表示以对流和辐射方式的散热效果。湿卡他度则表示对流、辐射和蒸发三者的综合散热效果。测量湿卡他度时，将贮液球包湿纱布后按上述方法进行测定即可。

由于蒸发作用，t值变小，所以湿卡他度大于干卡他度。不同劳动强度所需要的干、湿卡他度值，对不同体质的劳动者来说是不相同的，应通过实际测定来确定。对高温、高湿矿井用湿卡他度来衡量矿井气候条件比用干卡他度更合适。根据研究，不同劳动强度时较适宜的卡他度值可参考表10-1取值。

表 10-1 不同劳动强度时适宜的卡他度值

劳动强度	干卡他度 K_d	湿卡他度 K_w
坐或轻劳动	6	18
中等劳动	8	25
重劳动	10	30

10.1.3 矿井气候条件的安全标准

制定矿井气候条件的安全标准，涉及国家政策、劳动卫生、劳动生理心理学以及现有的国家技术经济条件。目前，世界各国关于矿井气候条件的安全标准差别很大。

1. 我国现行的矿井气候条件安全标准

我国现行评价矿井气候条件的指标是干球温度。国务院颁布的《矿山安全条例》第53条规定：“矿井空气最高容许干球温度为28℃；超过时，应当采取降温或其他防护措施”。在此基础上，我国各类矿山在安全规程中，也对矿井气候条件的安全标准作出了相应的规定，见表10-2。

表 10-2 我国矿山气候条件的安全标准

类别	最高容许干球温度/℃			
	煤矿	金属矿	化学矿	铀矿
采掘工作面	26	27	26	26
机电硐室	30			
特殊条件下			30	30
热水型和高硫矿井		27.5		

我国《煤矿安全规程》第102条规定：“进风口以下的空气温度（干球温度，下同）必须在2℃以上。生产矿井采掘工作面空气温度不得超过26℃，机电设备硐室的空气温度不得超过30℃；当空气温度超过时，必须缩短超温地点工作人员的工作时间，并给予高温保健待遇。采掘工作面的空气温度超过30℃、机电设备硐室的空气温度超过34℃时，必须停止作业。新建、改扩建矿井设计时，必须进行矿井风温预测计算，超温地点必须有制冷降温设计，并要配齐降温设施。”

2. 国外一些国家的矿井气候条件安全标准

世界主要产煤国家对矿井气候条件的评价指标并不统一。主要采用的指标有干球温度、湿球温度、同感温度等，见表10-3。

表 10-3 世界主要产煤国家矿山气候条件的安全标准

国别	最高容许温度/℃	备注
俄罗斯	干球温度 $t \leqslant 26$	煤矿，相对湿度 $\varphi < 90\%$ 时
	$t \leqslant 25$	煤矿，$\varphi > 90\%$ 时
	$t \leqslant 25$	化学矿，金属矿

（续）

国别	最高容许温度/℃	备注
德国	同感温度 $t_e \leqslant 25$ $25 < t_e \leqslant 29$ $29 < t_e \leqslant 30$ $30 < t_e \leqslant 32$ $t_e > 32$	允许值 限作业 6h 限作业 5h，每小时休息 10min 限作业 5h，每小时休息 20min 禁止作业
美国	同感温度 $t_e \leqslant 32$ $t_e > 32$	煤矿，允许值 禁止作业
英国	湿球温度 $t_w \leqslant 27.8$ 同感温度 $t_e \leqslant 29.4$	允许值
波兰	干球温度 $t \leqslant 26$ $t > 26$ $28 < t \leqslant 33$	煤矿 劳动定额可减免 4% 限作业 6h
印度	干球温度 $t < 32$ $32 \leqslant t \leqslant 35$	允许值 限作业 6h

10.2 井口空气加热

10.2.1 井口空气加热方式

井口一般采用空气加热器对冷空气进行加热，其加热方式有两种。

1. 井口房不密闭的加热方式

当井口房不宜密闭时，被加热的空气需设置专用的通风机送入井筒或井口房。这种方式按冷、热风混合的地点不同，又分以下三种情况：

（1）冷、热风在井筒内混合

这种布置方式是将被加热的空气通过专用通风机和热风道送入井口以下 2m 处，在井筒内进行热风和冷风的混合，如图 10-4 所示。

（2）冷、热风在井口房内混合

这种布置方式是将热风直接送入井口房内进行混合，使混合后的空气温度达到 2℃ 以上后再进入井筒，如图 10-5 所示。

（3）冷、热风在井口房和井筒内同时混合

这种布置方式是前两种方式的结合，它将大部分热风送入井筒内混合，而将小部分热风送入井口房内混合，其布置方式如图 10-6 所示。

以上三种方式相比较，第一种方式冷、热风混合效果较好，通风机噪声对井口房的影响相对较小，但井口房风速大、风温低，井口作业人员的工作条件差，而且井筒热风口对面井壁、上部罐座和罐顶保险装置有冻冰危险；第二种方式井口房工作条件有所改善，上部罐座和罐顶保险装置冻冰危险减少，但冷、热风的混合效果不如前者，而且井口房内风速较大，尤其是通风机的噪声对井口的通信信号影响较大；第三种方式综合了前两种的优点，且避免了其缺点，但管理较为复杂。

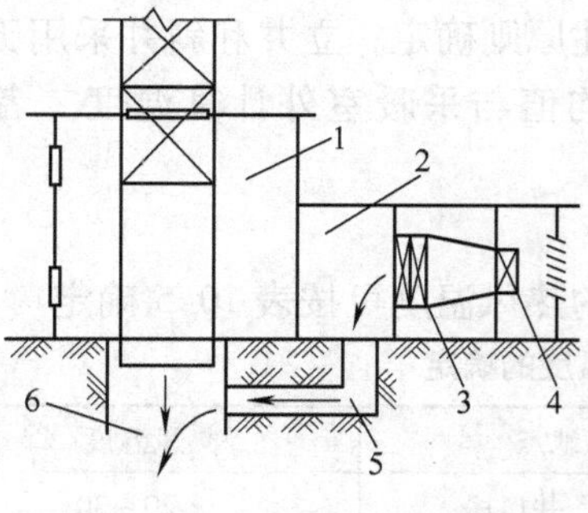

图10-4　空气通过专用通风机和热风道送入井筒

1—通风机房　2—空气加热室　3—空气加热器　4—通风机　5—热风道　6—井筒

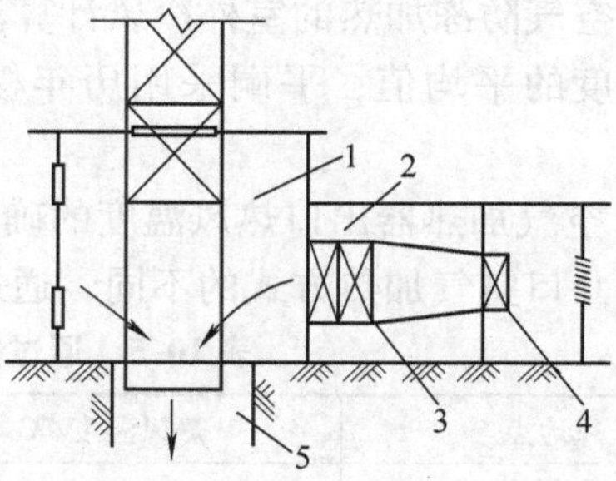

图10-5　将热风直接送入井口房内进行混合

1—通风机房　2—空气加热室　3—空气加热器　4—通风机　5—井筒

2. 井口房密闭的加热方式

当井口房有条件密闭时，热风可依靠矿井主要通风机的负压作用而进入井口房和井筒，从而不需设置专用的通风机送风。采用这种方式，大多是在井口房内直接设置空气加热器，让冷、热风在井口房内进行混合。

对于大型矿井，当井筒进风量较大时，为了使井口房风速不超限，可在井口房外建立冷风塔和冷风道，让一部分冷风先经过冷风道直接进入井筒，使冷、热风既在井口房混合又在井筒内混合。采用这种方式时，应注意防止冷风道与井筒连接处结冰。

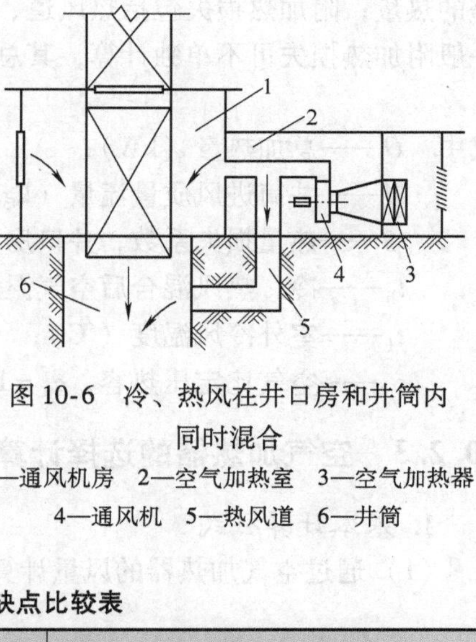

图10-6　冷、热风在井口房和井筒内同时混合

1—通风机房　2—空气加热室　3—空气加热器　4—通风机　5—热风道　6—井筒

井口房不密闭与井口房密闭这两种井口空气加热方式相比，其优缺点见表10-4。

表10-4　井口空气加热方式的优缺点比较表

井口空气加热方式	优　点	缺　点
井口房不密闭时	1. 井口房不要求密闭 2. 可建立独立的空气加热室，布置较为灵活 3. 在相同风量下，所需空气加热器的片数少	1. 井口房风速大、风温低，井口作业人员工作条件差 2. 通风机运行噪声对井口房通信有影响 3. 设备投资大，管理复杂
井口房密闭时	1. 井口房工作条件好 2. 不需设置专用通风机，设备投资少	1. 井口房密闭增加矿井通风阻力 2. 井口房漏风管理较为麻烦

10.2.2 空气加热量的计算

1. 计算参数的确定

（1）室外冷风计算温度的确定

井口空气防冻加热的室外冷风计算温度，通常按下述原则确定：立井和斜井采用历年极端最低温度的平均值；平硐采用历年极端最低温度平均值与采暖室外计算温度二者的平均值。

（2）空气加热器出口热风温度的确定

根据井口空气加热方式的不同，通过空气加热器后的热风温度可按表10-5确定。

表10-5 通过空气加热器后热风温度的确定

送风地点	热风温度/℃	送风地点	热风温度/℃
立井井筒	60~70	正压进入井口房	20~30
斜井或平硐	40~50	负压进入井口房	10~20

2. 空气加热量的计算

井口空气加热量包括基本加热量和附加热损失两部分。其中基本加热量即为加热冷风所需的热量；附加热损失包括热风道、通风机壳及井口房外围护结构的热损失等。在设计中，一般附加热损失可不单独计算，其总加热量可按基本加热量乘以一个系数求得。即

$$Q=\beta Mc_p(t_h-t_1) \tag{10-3}$$

式中 Q——总加热量（kW）；

M——井筒进风质量流量（kg/s）；

β——热量损失系数，井口房不密闭时 $\beta=1.05\sim1.10$，密闭时 $\beta=1.10\sim1.15$；

t_h——冷、热风混合后空气温度，可取2℃；

t_1——室外冷风温度（℃）；

c_p——空气比定压热容，$c_p=1.01\text{kJ/(kg}\cdot\text{K)}$。

10.2.3 空气加热器的选择计算

1. 基本计算公式

（1）通过空气加热器的风量计算

$$M_1=\beta M\frac{t_h-t_1}{t_{h0}-t_1} \tag{10-4}$$

式中 M_1——通过空气加热器的风量（kg/s）；

t_{h0}——加热后加热器出口热风温度，可按表10-5选取（℃）。

（2）空气加热器能够供给的热量计算

$$Q_1=KS\Delta t_p \tag{10-5}$$

式中 Q_1——空气加热器能够供给的热量（kW）；

K——空气加热器的传热系数［$\text{kW/(m}^2\cdot℃)$］；

S——空气加热器的散热面积（m^2）；

Δt_p——热媒与空气间的平均温差（℃）。

当热媒为蒸气时：
$$\Delta t_p = t_v - \frac{t_1 + t_{h0}}{2} \tag{10-6}$$

当热媒为热水时：
$$\Delta t_p = \frac{t_{w1} + t_{w2}}{2} - \frac{t_e + t_{h0}}{2} \tag{10-7}$$

式中　t_v——饱和蒸气温度（℃）；

t_{w1}、t_{w2}——热水供水和回水温度（℃）。

空气加热器常用的在不同压力下的饱和蒸气温度见表10-6。

表10-6　不同压力下的饱和蒸气温度

蒸气压力/kPa	≤30	98	196	245	294	343	392
饱和蒸气温度/℃	100	119.6	132.8	138.2	142.9	147.2	151

2. 选择计算步骤

1）初选加热器的型号。首先应假定通过空气加热器的质量流速 v'_ρ。一般井口房不密闭时质量流速 v'_ρ 可选4～8kg/(m²·s)，井口房密闭时质量流速 v'_ρ 可选2～4kg/(m²·s)。然后按下式求出加热器所需的有效通风截面积 S'

$$S' = \frac{M_1}{v'_\rho} \tag{10-8}$$

式中　S'——加热器的有效通风截面积（m²）；

v'_ρ——通过空气加热器的质量流速［kg/(m²·s)］。

根据计算出的加热器的有效通风截面积 S'，查阅《供暖通风设计手册》中有关空气加热器的技术数据表，可以初步选定加热器型号和确定串并联方式及台数，然后再根据选定加热器的实际有效通风截面积，算出实际的空气质量流速 v_ρ 值。

2）计算加热器的传热系数。如果传热系数实验公式中用的不是质量流速 v_ρ，而是迎面风速 v_y，则应根据加热器有效截面积与迎风面积之比 δ_0 值（δ_0 称为有效截面系数），使用关系式 $v_y = \delta_0 v_\rho / \rho$，由 v_ρ 求出 v_y 后，再计算传热系数。

如果热媒为热水，则在传热系数的计算公式中还要用到加热器管内水流速 v_w。即

$$v_w = \frac{M_1 c_p (t_{h0} - t_1)}{S_w c_w (t_{w1} - t_{w2}) \times 10^3} \tag{10-9}$$

式中　v_w——加热器管内水的实际流速（m/s）；

S_w——空气加热器热媒通过的截面积（m²）；

c_w——水的比定压热容，$c_w = 4.187$kJ/(kg·K)。

3）计算所需的空气加热器面积和加热器台数。由式（10-5）得空气加热器所需的加热面积为

$$S_1 = \frac{Q_1}{K \Delta t_p} \tag{10-10}$$

式中　S_1——空气加热器所需的加热面积（m²）。

计算出所需加热面积后，可根据每台加热器的实际加热面积确定所需加热器的排数和台数。

4）检查空气加热器的富余系数，一般取1.15～1.25。

5）计算空气加热器的空气阻力ΔH，计算公式见表10-7。

6）计算空气加热器管内水阻力Δh，计算公式见表10-7。

表10-7 部分国产空气加热器的传热系数和阻力计算公式表

加热器型号		热媒	传热系数 $K/[\mathrm{W/(m^2 \cdot K)}]$	空气阻力 ΔH/Pa	热水阻力 Δh/kPa
SRZ型	5、6、10D	蒸气	$13.6v_\rho^{0.49}$	$1.76v_\rho^{1.998}$	D型：$15.2v_w^{1.96}$ Z、X型：$19.3v_w^{1.83}$
	5、6、10Z		$13.6v_\rho^{0.49}$	$1.47v_\rho^{1.98}$	
	5、6、10X		$14.5v_\rho^{0.532}$	$8.82v_\rho^{2.12}$	
	7D		$14.3v_\rho^{0.51}$	$2.06v_\rho^{1.97}$	
	7Z		$14.3v_\rho^{0.51}$	$2.94v_\rho^{1.52}$	
	7X		$15.1v_\rho^{0.571}$	$1.37v_\rho^{1.917}$	
SRL型	B×A/2	蒸气	$15.2v_\rho^{0.24}$	$1.71v_\rho^{1.67}$	
	B×A/3		$15.1v_\rho^{0.43}$	$3.03v_\rho^{1.62}$	
	B×A/2	热水	$16.5v_\rho^{0.5}$	$1.71v_\rho^{1.67}$	
	B×A/3		$14.5v_\rho^{0.29}$	$3.03v_\rho^{1.62}$	

注：v_ρ为空气质量流速，单位为kg/(m²·s)，计算时一般v_ρ取8kg/(m²·s)左右；v_w为热水在加热器内的流速，单位为m/s，用130℃热水时，$v_w=0.023\sim0.037$m/s。

例10-3 需要将16.7kg/s空气从$t_1=-32$℃加热到$t_2=31$℃，热媒是工作压力为0.3MPa的高压蒸气（$t_v=143$℃），试选择合适的空气加热器。

解：(1) 初选加热器型号。因为$M_1=16.7$kg/s，假定$v'_\rho=8\mathrm{kg/(m^2 \cdot s)}$，则需要的加热器有效通风截面积为$S'=\dfrac{M_1}{v'_\rho}=16.7/8\mathrm{m^2}=2.08\mathrm{m^2}$

根据算出的S'，查阅《供暖通风设计手册》中有关空气加热器的技术数据表，可选2台SRZ15×10Z的加热器并联，每台有效截面积为0.932m²，加热面积为52.95m²。

根据实际有效截面积可算出实际的v_ρ为

$$v_\rho=\frac{M_1}{S'}=\frac{16.7}{2\times0.932}\mathrm{kg/(m^2 \cdot s)}=8.9\mathrm{kg/(m^2 \cdot s)}$$

(2) 求加热器的传热系数。由表10-7查得，SRZ－10Z型加热器的传热系数公式为

$$K=13.6v_\rho^{0.49}=13.6\times8.9^{0.49}\mathrm{W/(m^2 \cdot K)}=39.7\mathrm{W/(m^2 \cdot K)}$$

(3) 计算加热面积及台数。需要加热量、热媒与空气间平均温差以及需要加热面积分别为

$$Q_1=M_1c_p(t_2-t_1)=16.7\times1.01\times(31+32)\mathrm{kW}=1062\mathrm{kW}$$

$$\Delta t_p=t_v-\frac{t_1+t_2}{2}=143-(-32+31)/2℃=143.5℃$$

$$S_1=\frac{Q_1}{K\Delta t_p}=\frac{1062\times10^3}{39.7\times143.5}\mathrm{m^2}=185\mathrm{m^2}$$

需要的加热器串联台数为$N=\dfrac{185}{52.95\times2}=1.75$

取2台串联共4台加热器，总加热面积为$52.95\times4\mathrm{m^2}=212\mathrm{m^2}$。

（4）检查富余系数。$\frac{212-185}{185}\times100\%=15\%$，即富余系数为 1.15，说明所选的加热器合适。

（5）计算空气阻力。由表 10-7 得，$\Delta H=1.47v_{\rho}^{1.98}=1.47\times8.9^{1.98}\text{Pa}=111.5\text{Pa}$。

10.3 矿井主要热源及其散热量

要进行矿井空调设计，首先必须了解引起矿井高温热害的主要影响因素。能引起矿井气温值升高的环境因素统称为矿井热源。影响矿井内气温变化的主要因素有矿井进风（地面空气）温度、井下风流的压缩或膨胀、围岩传热、机电设备放热、氧化放热、地下热水放热、人体散热和其他热源等。

10.3.1 矿井进风温度的变化

井下的风流是自地表流入矿井的，因而地表大气温度、湿度的日变化与季节变化必然要影响到井下。

矿井进风温度对井下气温有着直接影响，尤其是浅井，影响就更为显著。地面空气温度在一年之中，随着季节而发生周期性变化，就是一日的气温也随着时间发生周期性变化，这种变化近似为正弦曲线。地面气温这种周期性变化，使矿井进风路线上的气温也发生相应的周期性变化。但是，井下日气温的变化随着距进风井口的距离增加而迅速衰减，在到达某一点之后，就基本上不再变化。井下年气温变化虽也随着距进风井口的距离增加而递减，但比井下日气温的变化衰减速度要缓慢。图 10-7 所示为气温的日变化与年变化之间的关系。

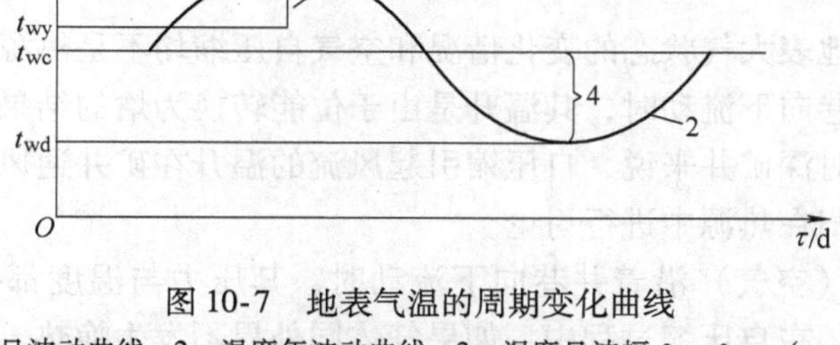

图 10-7 地表气温的周期变化曲线

1—温度日波动曲线 2—温度年波动曲线 3—温度日波幅 θ_2，$\theta_2=(t_{wx}-t_{wy})/2$

4—温度年波幅 θ_1，$\theta_1=(t_{wp}-t_{wd})/2$

虽然地表大气温度的日变化幅度很大，但当它流入井下时，井巷围岩将产生吸热或散热作用，使风温和巷壁温度达到平衡，井下空气温度变化的幅度就逐渐地衰减。因此，在采掘工作面上基本觉察不到风温的日变化情况。据测定，有一进风井，进风量为 $87\text{m}^3/\text{s}$，早晨 7 时许，地表进风温度最低，为 -3.1℃；17 时左右最高，达 12.0℃；而在距地面 1000m 的井底车场里，其风温仅从 11.9℃升到 13.4℃。当风量降为 $30\text{m}^3/\text{s}$ 并流经一条长度为 1200m 的运输平巷后，日风温波动的幅度衰减到了 0.2℃以下。

当地表大气温度突然发生了持续多天甚至数星期的变化时，这种变化是能在采掘工作面上觉察到的。例如，有一矿井，地表大气平均温度在一星期内自 -6℃升到了 +8℃，在井底车场的风温也自 8℃升到 16℃，距井底车场 1200m 处测到的风温自 22℃升到 23℃，上升了 1℃。图 10-8 所示为某矿井在 12 天内井上，井下风温变化情况。

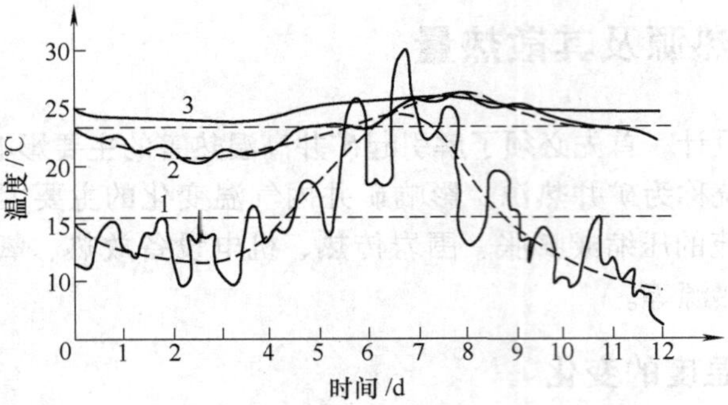

图 10-8 在 12 天内地表风温的变化曲线及在井下衰减情况

1—地表风温变化曲线 2—井底车场风温变化曲线 3—采区进口处的风温变化曲线

地表大气的温度与湿度的季节性变化对井下气候的影响要比日变化大得多，甚至在回采工作面的出风口处也能测量到这种变化。

对于矿井的气候条件来说，风流含湿量的年变化要比温度的年变化重要得多，这是由于水的汽化热远比空气的比热容大得多造成的。空气的相对湿度取决于空气的干球温度和含湿量，如果空气的含湿量保持不变，则空气的相对湿度就和它的干球温度成反比，干球温度高时相对湿度低，干球温度低时相对湿度高。就地表大气而言，其含湿量一昼夜内的变化基本不大，而其干球温度却是正午高、夜晚低，因而大气的相对湿度是中午低、夜晚高。

10.3.2 井下空气在流动过程中的压缩或膨胀

严格意义上讲，地表大气状态的变化情况和空气自压缩均不是热源。因为在重力场作用下，空气绝热地沿井巷向下流动时，其温升是由于位能转换为焓的结果，而不是由外部热源输入热流造成的。但对深矿井来说，自压缩引起风流的温升在矿井通风与空调中所占的比例很大，所以一般将它归在热源中进行讨论。

当可压缩的气体（空气）沿着井巷向下流动时，其压力与温度都要有所上升，这样的过程称为自压缩过程。在自压缩过程中，如果气体同外界不发生换热、换湿，而且气体流速也没有发生变化，此过程称为纯自压缩或绝热自压缩过程。根据能量守恒定律，风流在纯自压缩过程中的焓增与风流前后状态的高差成正比。即

$$h_2 - h_1 = g(z_2 - z_1) \tag{10-11}$$

式中 h_1、h_2——分别为风流在始点与终点时的焓值（J/kg）；

z_1、z_2——分别为风流在始点与终点状态下的标高（m）；

g——重力加速度，$g = 9.81\text{m/s}^2$。

对于理想气体来说，在任意压力下有 $\mathrm{d}h = c_p \mathrm{d}t$。即

$$h_2 = h_1 - c_p(t_2 - t_1) \tag{10-12}$$

式中 t_1、t_2——分别表示风流在始点及终点时的干球温度（℃）。

从而有

$$t_2 - t_1 = g(z_2 - z_1)/c_p \tag{10-13}$$

对于干空气，$c_p = 1005\text{J}/(\text{kg}\cdot\text{K})$，由式（10-13）得

$$t_2 - t_1 = (z_2 - z_1)/102.5 \tag{10-14}$$

对于湿空气，$c_p = 1032\text{J}/(\text{kg}\cdot\text{K})$，由式（10-13）得

$$t_2 - t_1 = (z_2 - z_1)/105.2 \tag{10-15}$$

矿井空气是湿空气。式（10-15）表明，风流如果没有与其周围介质进行热、湿交换，井巷垂深每增加105.2m，矿井空气由于绝热自压缩释放的热量使其温度升高1K；相反，当风流向上流动每升高105.2m的时候，矿井空气由于绝热膨胀吸收热量使其温度降低1K。实际上，由于矿内空气的含湿量也随着压力的变化而变化，因此，热、湿交换的热量有时掩盖了空气绝热自压缩（或膨胀）放出（或吸收）的热量，所以实际的温升值或降低值与计算值是略有区别的。

10.3.3 围岩传热

1. 围岩原始温度的测算

围岩原始温度是指井巷周围未被通风冷却的原始岩层温度。在许多深矿井中，围岩原始温度高，往往是造成矿井高温的主要原因。在地表大气和大地热流场的共同作用下，岩层原始温度沿垂直方向上可划分为变温带、恒温带和增温带三个层带。

1）变温带。在地表浅部，由于受地表大气的影响，岩层原始温度随地表大气温度的变化而呈周期性地变化，这一层带称为变温带。

2）恒温带。随着深度的增加，岩层原始温度受地表大气的影响逐渐减弱，而受大地热流场的影响逐渐增强，当到达某一深度处时，二者趋于平衡，岩温常年基本保持不变，这一层带称为恒温带。恒温带的温度约比当地年平均气温高1~2℃。

3）增温带。在恒温带以下，由于受大地热流场的影响，在一定的区域范围内，岩层原始温度随深度的增加而增加，大致呈线性的变化规律，这一层带称为增温带。在增温带内，岩层原始温度随深度的变化规律可用地温率或地温梯度来表示。地温率是指恒温带以下岩层温度每增加1℃所增加的垂直深度；地温梯度是指恒温带以下垂直深度每增加100m时原始岩温的升高值。其表达式为

$$t_r = t_{r0} + \frac{Z - Z_0}{g_r} \tag{10-16}$$

$$G_r = 100/g_r \tag{10-17}$$

式中 g_r——地温率（m/℃）；

G_r——地温梯度（℃/100m）；

Z_0、Z——恒温带深度和岩层温度测算处的深度（m）；

t_{r0}、t_r——恒温带温度和深度为Z处岩层的原始温度（℃）。

表10-8列出了我国部分矿区的恒温带参数以及增温带地温率，可供参考。

2. 井巷围岩与风流间传热量

当围岩的原始岩温与井巷中流动的空气温度存在温差时，就要产生换热。根据温差的正负，热流自风流传向岩体或自围岩传给风流。即使在不太深的矿井里，原始岩温一般也要超

过该处的风温，因而热流一般来自围岩。在深矿井里，来自围岩的热流值会相当大，甚至会超过其他热源热流量的总和。

表 10-8 我国部分矿区的恒温带参数以及增温带地温率

矿区名称	恒温带深度 Z_0/m	恒温带温度 t_{r0}/℃	地温率 g_r/（m/℃）
辽宁抚顺	25 ~30	10.5	30
山东枣庄	40	17.0	45
平顶山矿区	25	17.2	31 ~21
罗河铁矿区	25	18.9	59 ~25
安徽淮南潘集	25	16.8	33.7
辽宁北票台吉	27	10.6	40 ~37
广西合山	20	23.1	40
浙江长广	31	18.9	44
湖北黄石	31	18.8	43.3 ~39.8

在大多数情况下，围岩以传导的方式将热传给巷壁。当岩体向外渗流、淋水时，则存在着对流传热。如果水量大且温度很高，其传热量可能很大，甚至会超过传导传递的热量。

在井下，井巷围岩与风流间的传热是一个复杂的不稳定传热过程。井巷开掘后，随着时间的推移，围岩被冷却的范围逐渐扩大，其向风流传递的热量逐渐减少；而且在传热过程中，由于井巷表面水分蒸发或凝结，还伴随着传质过程发生。为简化研究，目前常将这些复杂的影响因素都归结到传热系数中去讨论。因此，井巷围岩与风流间的传热量为

$$Q_r = K_r PL(t_{rm} - t) \tag{10-18}$$

式中 Q_r——井巷围岩传热量（kW）；

K_r——围岩与风流间的不稳定传热系数［$kW/(m^2 \cdot ℃)$］；

P——井巷断面周长（m）；

L——井巷长度（m）；

t_{rm}——平均原始岩温（℃）；

t——井巷中风流的平均温度（℃）。

围岩与风流间的不稳定传热系数 K_r 是指井巷围岩深部未被冷却的岩体与空气间温差为1℃时，单位时间内从 $1m^2$ 巷道壁面上向空气放出（或吸收）的热量。它是围岩的热物理性质、井巷形状尺寸、通风强度及通风时间等的函数。即

$$K_r = \frac{\lambda(1 + h\sqrt[4]{F_0})}{0.88\sqrt{a\tau} + \dfrac{\lambda}{\alpha}} \tag{10-19}$$

式中 λ——岩石的热导率，$kW/(m \cdot ℃)$；

a——岩石的热扩散率（m^2/s）；

τ——通风时间（s）；

h——通风时间系数，当 $\tau<1$ 年时 $h=0.27$，当 $\tau>1$ 年时 $h=4.0$；

F_0——傅里叶准则数，反映不稳态导热过程的无因次时间，其准则关系为 $F_0 = \frac{\alpha\tau}{r_0^2}$；

r_0——巷道当量半径（m）；

α——岩壁与空气的对流传热系数［kW/(m²·℃)］。

反映对流传热强度用努塞尔数表示，即

$$Nu = \frac{\alpha d}{\lambda_a} \tag{10-20}$$

式中　N_u——努塞尔数，其大小反映对流换热强度；

d——巷道当量直径（m）；

λ_a——空气的热导率［kW/(m·℃)］。

实验研究表明，对于巷道壁面表面粗糙度不大的巷道，努塞尔数与雷诺数关系为

$$Nu = 0.019Re^{0.8} \tag{10-21}$$

式中　Re——雷诺数，$Re = \frac{vd}{\nu}$；

v——巷道中的风速（m/s）；

ν——空气运动黏度（m²/s）。

在式（10-20）和式（10-21）中，代入气温为25℃时的空气运动黏度值与空气热导率值，则有

$$\alpha = 0.426\frac{(vU)^{0.8}}{F^{0.2}} \tag{10-22}$$

式中　U——巷道断面周长（m）；

F——巷道断面积（m²）。

10.3.4　机电设备放热

在现代化矿井中，随着机械化程度不断提高，尤其是采掘工作面机械的装机容量急剧增大，机电设备放热已成为矿井中不容忽视的主要热源。

1. 采掘设备放热

采掘设备从馈电线路上接收的电能几乎全部转化为热能并传给风流。风流所吸收的热能中小部分能引起风流的温升，其中大部分转化成汽化热引起焓增。风流所吸收的热能中能引起风流温升的热量为

$$Q_c = \psi N \tag{10-23}$$

式中　Q_c——风流吸收热量中引起温升的热量（kW）；

ψ——采掘设备运转放热中引起风流温升的吸热比例系数，ψ 值可通过实测统计来确定；

N——采掘设备实耗功率（kW）

2. 其他机电设备放热

一般来说，除采掘设备外的其他机电设备，其从馈电线路上接收的电能不是用来做有用功就是转换为热能；在矿井中，由于其动能甚小，可以忽略不计，所以其所做的有用功就是将物料或液体提升到较高的水平，即增大物料或液体的势能；而转化为热能的那部分电能，几乎全部散发到其周围的风流中并使风流温度升高。即

$$Q_e = (1-\eta_t)N\eta_1\eta_2/\eta_e \tag{10-24}$$

式中 Q_e——其他机电设备放热量（kW）；

N——电动机的额定输出功率（kW）；

η_t——提升设备的机械效率，非提升设备或下放物料时 $\eta_t=0$；

η_1——电动机的负荷率，即电动机的实际输出功率与额定输出功率之比；

η_2——电动机的每日运转时间利用系数，即电动机每天的实际运转时间百分比；

η_e——电动机的效率。

10.3.5 运输中煤炭（矿石）的氧化放热

运输中煤炭（矿石）或矸石的放热，实质上是围岩放热的另一种表现形式，其中以在连续输送机上的煤炭放热量为最大，特别是当煤炭从进风平巷运出时，对进风流的加热就具有特别重要的意义。据测定，在高产工作面的长距离运输巷道里，这种放热量可达230kW甚至更高。运输中煤炭（矿石）的放热量近似计算式为

$$Q_k = mc_m\Delta t \tag{10-25}$$

式中 Q_k—运输中煤炭（矿石）的放热量（kW）；

m——煤炭（矿石）的运输量（kg/s）；

c_m——煤炭（矿石）的比热容，一般情况下，$c_m\approx1.25$kJ/(kg·K)；

Δt——运输中煤炭（矿石）被冷却的温度（℃）。

Δt 可由实测确定，也可按下式估算。即

$$\Delta t = 0.0024L_a^{0.8}(t_r - t_{wm}) \tag{10-26}$$

式中 L_a——运输距离（m）；

t_r——运输中煤炭（矿石）的平均温度，一般较回采工作面的原始岩温低4～8℃；

t_{wm}——运输巷道中风流的平均湿球温度（℃）。

10.3.6 热水放热

井下热水放热主要取决于水温、水量和排水方式。当采用有盖水沟或管道排水时，其传热量为

$$Q_w = K_wS(t_w - t) \tag{10-27}$$

式中 Q_w——井下热水传热量（kW）；

K_w——水沟盖板或管道的传热系数［kW/(m²·K)］；

S——水与空气间的传热面积，对于水沟排水，$S=B_wL_w$，对于管道排水，$S=\pi D_2 L_w$（m²）；

B_w——水沟宽度（m）；

D_2——管道外径（m）；

L_w——水沟长度（m）；

t_w——水沟或管道中水的平均温度（℃）；

t——巷道中风流的平均温度（℃）。

水沟盖板的传热系数为

$$K_w = 1\Big/\left(\frac{1}{\alpha_1}+\frac{\delta}{\lambda}+\frac{1}{\alpha_2}\right) \tag{10-28}$$

管道的传热系数为 $$K_w = 1/\left(\frac{d_2}{\alpha_1 d_1} + \frac{d_2}{2\lambda}\ln\frac{d_2}{d_1} + \frac{1}{\alpha_2}\right) \quad (10\text{-}29)$$

水沟为明沟时的传热系数为 $$K_w = 6.16 + 5.3v' \quad (10\text{-}30)$$

式中　α_1——水与水沟盖板或管道内壁的对流传热系数［kW/(m²·K)］；

α_2——水沟盖板或管道外壁与巷道空气的对流传热系数［kW/(m²·K)］；

δ——盖板厚度（m）；

λ——盖板或管壁材料的热导率［kW/(m·K)］；

d_1——管道内径（m）；

d_2——管道外径（m）；

v'——风流对水的相对速度，可取为0.9倍的巷道风速（m/s）。

当巷道中未设置排水沟，而是任热水自由流动时，其传热量为

$$Q_w = M_w c_w (t_w - t) \quad (10\text{-}31)$$

式中　M_w——涌水质量流量（kg/s）；

t_w——涌水的平均温度（℃）。

10.3.7　矿物及其他有机物的氧化放热

井下矿物及其他有机物的氧化放热是一个非常复杂的过程，而且氧化的面积也很大，一般很难甚至无法将它同井巷围岩的散热量区分开来。此外，煤（矿）和围岩或多或少吸收或吸附着一些二氧化碳，而且在不停地释放出来，所以也无法依据巷道空气中二氧化碳含量的增量来计算该巷段煤（矿）的氧化热量。因而一般是根据实测的数据将它归并到围岩与风流的换热中一起进行计算，而不将它分离出来。

实测证明，在正常情况下，一个煤矿回采工作面上的煤炭氧化放热量很少能超过30kW，所以不会对采煤工作面的气候条件产生显著的影响。但当煤层或其顶、底板中含有大量的硫化铁时，其氧化放热量可能达到相当可观的程度。

当需要估算井下矿物及其他有机物的氧化放热量时，其常用的估算式为

$$Q_0 = q_0 v_0^{0.8} U_0 L_0 \quad (10\text{-}32)$$

式中　Q_0——氧化放热量（kW）；

v_0——风流的平均风速（m/s）；

q_0——$v_0 = 1$m/s时单位面积氧化放热量（kW/m²），在无实测资料时，q_0可取3～4.6×10⁻³kW/m²；

U_0——氧化壁断面的周长（m）；

L_0——氧化壁面的长度（m）。

10.3.8　人员放热

在井下人员比较集中的采掘工作面，人员放热对工作面的气候条件也有一定的影响。人员放热与劳动强度和个人体质有关，其计算式为

$$Q_{w0} = nq \quad (10\text{-}33)$$

式中　Q_{w0}——人员放热量（kW）；

n——工作面总人数；

q——每人发热量，一般参考以下数据取值：静止状态时取 $q=0.09\sim0.12\text{kW}$，轻度体力劳动时取 $q=0.2\text{kW}$，中等体力劳动时取 $q=0.275\text{kW}$，繁重体力劳动时取 $q=0.47\text{kW}$（短时间内）。

10.4 矿井风流热湿计算

矿井风流热湿计算是矿井空调设计的基础，是采取合理的空调技术措施的依据。一般计算范围是从井筒入风口至采掘工作面的回风口。

10.4.1 焓

焓是一个复合的状态参数，它是内能 u 和压力功 pV 之和。若湿空气的含湿量为 d(kg)，则含 1kg 干空气的湿空气中其水蒸气的含量为 $d$kg。湿空气的焓是以 1kg 干空气作为基础而表示的，它是 1kg 干空气的焓 h_d 和 $d$kg 水蒸气的焓 h_v 的总和。即

$$i=i_d+di_v \tag{10-34}$$

式中 h——湿空气的焓［kJ/(kg 干空气)］

d——湿空气的含湿量［kg/(kg 干空气)］；

h_d、h_v——分别为 1kg 干空气和 1kg 水蒸气的焓，$h_d=c_{pd}t$，$h_v=2501+c_{pv}t$［kJ/(kg 干空气)］；

c_{pd}——干空气的比定压热容，在常温下 $c_{pd}=1.01\text{kJ/(kg}\cdot\text{K)}$；

c_{pv}——水蒸气的比定压热容，在常温下 $c_{pv}=1.85\text{kJ/(kg}\cdot\text{K)}$；

t——空气温度（℃）；

2501——0℃时水的汽化热（kJ/kg）。

将干空气和水蒸气的焓代入式（10-34），得湿空气焓计算式为

$$h=(1.01+1.85d)t+2501d \tag{10-35}$$

由式（10-35）可看出，$(1.01+1.85d)t$ 是随温度而变化的热量，称为显热。而 $2501d$ 是 0℃时 $d$kg 水的汽化热，它仅随含湿量变化，而与温度无关，故称为潜热。由此可见，湿空气的焓将随着温度和含湿量的升高而加大，随其降低而减小。

在湿空气中，对应于一个温度 t 值就有一个饱和水蒸气分压力 p_s 值。当大气压力为一定值时，t、d、h、φ 四个参数中，只要知道任意两个参数，即可计算出其余参数。在实际应用中，为简化计算，可使用焓湿图（$h-d$ 图）进行这些参数间的计算，具体参见有关设计手册。

10.4.2 地表大气状态参数的确定

在矿井空调设计中，地表大气状态参数一般按下述原则确定：地表大气的温度采用历年最热月月平均温度的平均值；地表大气的相对湿度采用历年最热月月平均相对湿度的平均值；地表大气的含湿量采用历年最热月月平均含湿量的平均值。这些数值均可从当地气象台、站的气象统计资料中获得。

10.4.3 井筒风流的热交换和风温计算

研究表明，在井筒通过风量较大的情况下，井筒围岩对风流的热状态影响较小，决定井

筒风流热状态的主要因素是地表大气条件和风流在井筒内的加湿压缩过程。根据热力学第一定律，井筒风流的热平衡方程为

$$c_p(t_2-t_1)+\gamma(d_2-d_1)=g(z_1-z_2) \tag{10-36}$$

式中 t_1、t_2——井口、井底的风温（℃）；

d_1、d_2——井口、井底风流的含湿量［g/(kg 干空气)］；

γ——水的汽化热（kJ/kg）；

z_1、z_2——井口、井底的标高（m）。

在一定的大气压力下，风流的含湿量与风温近似呈线性关系。即

$$d=622\frac{\varphi b(t+\varepsilon')}{p-p_{\mathrm{m}}} \tag{10-37}$$

式中 φ——风流的相对湿度（%）；

t——风流的温度（℃）；

p——大气压力（Pa）；

b、ε'、p_{m}——与风温有关的常数，由表10-9确定。

表10-9 b、ε'、p_{m}参数取值表

风温/℃	b	ε'	p_{m}	
			井下	地面
1~10	61.978	9.324	1016.12	734.16
11~17	50.274	19.979	1459.01	1053.36
17~23	144.305	−3.770	2108.05	1522.08
23~29	197.838	−8.988	3028.41	2187.85
29~35	268.328	−14.288	4281.27	3105.55
35~45	393.015	−22.958	6497.05	4692.24

令
$$A=622b/(p-p_{\mathrm{m}}) \tag{10-38}$$

则由式（10-37）得 $d=A\varphi(t+\varepsilon')$，将其代入式（10-36）可解得井底风温为

$$t_2=\frac{(1+E_1\varphi_1)t_1+F}{1+E_2\varphi_2} \tag{10-39}$$

式（10-39）中为了简化公式而设的组合参数（没有任何物理意义）表达式为

$$E_1=2.4876A_1,\ E_2=2.4876A_2,\ F=(z_1-z_2)/102.5-(E_2\varphi_2-E_1\varphi_1)\varepsilon';$$
$$A_1=622b/(p_1-p_{\mathrm{m}}),\ A_2=622b/(p_2-p_{\mathrm{m}})$$

式中 p_1、p_2——井口、井底的大气压力，对于井底大气压力可近似按公式 $p_2=p_1+g_{\mathrm{p}}(z_2-z_1)$推算（Pa）；

g_{p}——压力梯度，其值为11.3~12.6Pa/m；

φ_1、φ_2——井口、井底空气的相对湿度（%）。

当井筒中存在水分蒸发时，由于水分蒸发吸收的热量来源于风流下行压缩热和风流本身，这部分热量将转化为汽化热，所以当风流沿井筒向下流动时，有时井底风温不仅不会升高，反而还可能有所降低。

10.4.4 巷道风流的热交换和风温计算

风流经过巷道时，由于与巷道环境间发生热、湿交换，使风温随距离逐渐上升。其热平衡方程为

$$\begin{aligned} & M_{\mathrm{b}}c_p(t_2-t_1)+M_{\mathrm{b}}\gamma(d_2-d_1) \\ &= [K_\tau U(t_r-t_1)+K_t U_t(t_t-t_1)-K_x U_x(t_1-t_x)+K_w B_w(t_w-t_1)]L+\Sigma Q_m \end{aligned} \tag{10-40}$$

式中 M_{b}——风流的质量流量（kg/s）；

K_τ——风流与围岩间的不稳定传热系数 [kW/(m² · ℃)]；

U——巷道断面周长（m）；

t_r——原始岩温（℃）；

K_t、K_x——分别为热、冷管道的传热系数 [kW/(m² · ℃)]；

U_t、U_x——分别为热、冷管道断面的周长（m）；

t_t、t_x——分别为热、冷管道内流体的平均温度（℃）；

K_w——巷道中水沟盖板的传热系数 [kW/(m² · ℃)]；

B_w——水沟宽度（m）；

t_w——水沟中水的平均温度（℃）；

ΣQ_m——巷道中各种绝对热源的放热量之和（kW）；

L——巷道的长度（m）。

式（10-40）通过变换整理可改写成 $(R+E\varphi_2)t_2=(R+E\varphi_1-N)t_1+M+F$，由此求得巷道末端的风温为

$$t_2=\frac{(R+E\varphi_1-N)t_1+M+F}{R+E\varphi_2} \tag{10-41}$$

其中，$E=2.4876A$，$N=N_\tau+N_t+N_x+N_w$；$R=1+0.5N$；$M=N_\tau t_r+N_t t_t+N_x t_x+N_w t_w$，$F=\dfrac{\Sigma Q_m}{M_b c_p}-E\Delta\varphi\varepsilon'$；$N_\tau=\dfrac{K_\tau UL}{M_b c_p}$，$N_t=\dfrac{K_t U_t L}{M_b c_p}$，$N_x=\dfrac{K_x U_x L}{M_b c_p}$，$N_w=\dfrac{K_w B_w L}{M_b c_p}$，$\Delta\varphi=\varphi_2-\varphi_1$；$\varphi_1$、$\varphi_2$ 分别为巷道始末端风流的相对湿度。

如果巷道中的相对热源只有围岩放热，则式（10-41）可简化为

$$t_2=\frac{(R+E\varphi_1-N)t_1+N_\tau t_r+F}{R+E\varphi_2} \tag{10-42}$$

10.4.5 采掘工作面风流热交换与风温计算

1. 采煤（矿）工作面

风流通过采煤（矿）工作面时的热平衡方程可表示为

$$M_b c_p(t_2-t_1)+M_b\gamma(d_2-d_1)=K_\tau UL(t_r-t_1)+(Q_k+\Sigma Q_m) \tag{10-43}$$

式中 Q_k——运输中煤炭（矿石）的放热量（kW）。

将式（10-37）和式（10-38）代入式（10-43），经整理即可得出采煤（矿）工作面末端的风温计算式，其形式和式（10-42）完全一样，只是其中的组合参数略有不同。即对于采煤（矿）工作面有

$$N=\frac{K_{\tau}UL+6.67\times10^{-4}c_{m}mL^{0.8}}{M_{b}c_{p}},\ F=\frac{\Sigma Q_{m}-2.33\times10^{-3}c_{m}mL^{0.8}}{M_{b}c_{p}}-E\Delta\varphi\varepsilon'$$

式中　m——每小时矿石运输量，$m=A/\tau$（t/h）；

A——工作面日产量（t）；

τ——每日运煤（矿）时间（h）。

当要求采煤（矿）工作面出风口风温不超过规定时，其入风口风温由式（10-42）确定为

$$t_1=\frac{(R+E\varphi_2)t_2-N_{\tau}t_{r}-F}{R+E\varphi_1-N} \tag{10-44}$$

2. 掘进工作面

风流在掘进工作面的热交换主要是通过风筒进行的，其热交换过程一般可视为等湿加热过程。现以图10-9所示的压入式通风为例进行讨论。

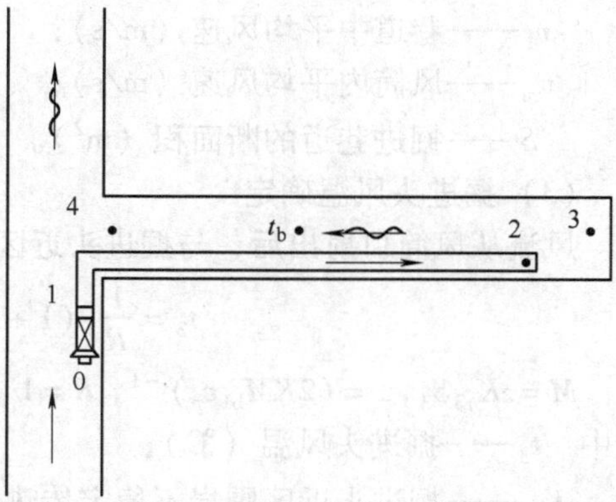

图10-9　风流在掘进工作面的热交换分析图

（1）局部通风机出风口风温确定

风流通过局部通风机后，其出风口风温为

$$t_1=t_0+K_b\frac{N_e}{M_{b1}} \tag{10-45}$$

式中　t_1——局部通风机出风口风温（℃）；

K_b——局部通风机传热系数，可取0.55～0.7［kW/(m^2·K)］；

t_0——局部通风机入风口处巷道中的风温（℃）；

N_e——局部通风机额定功率（kW）；

M_{b1}——局部通风机的吸风量（kg/s）。

（2）风筒出风口风温的确定

根据热平衡方程式，风流通过风筒时，其出风口风温计算式为

$$t_2=\frac{2N_t t_b+(1-N_t)t_1+0.01(z_1-z_2)}{1+N_t} \tag{10-46}$$

$$N_t=\frac{K_t S_t}{(P_c+1)M_{b1}c_p}$$

对于单层风筒 $K_t=\left(\frac{1}{\alpha_1}+\frac{1}{\alpha_2}\right)^{-1}$，对于隔热风筒 $K_t=\left(\frac{1}{\alpha_2}+\frac{1}{\alpha_1}\frac{D_2}{D_1}+\frac{D_2}{2\lambda}\ln\frac{D_1}{D_2}\right)^{-1}$

$$\alpha_1=0.006(1+1.471\sqrt{0.6615v_b^{1.6}+D_1^{-0.5}}),\ \alpha_2=0.00712D_2^{-0.25}v_m^{0.75}$$

$$v_b=\frac{0.4167(P_c+1)M_{b1}}{S},\ v_m=\frac{0.5308(P_c+1)M_{b1}}{D_2^2}$$

式中　t_2——风筒出风口风温（℃）；

t_b——风筒外平均风温（℃）；

z_1——风筒入风口处标高（m）；

z_2——风筒出风口处标高（m）；

K_t——风筒的传热系数［kW/(m² · ℃)］；

S_t——风筒的传热面积（m²）；

P_c——风筒的有效风量率，$P_c = M_{b2}/M_{b1}$；

M_{b2}——风筒出风口的有效风量（kg/s）；

α_1——风筒外对流传热系数［kW/(m² · ℃)］；

α_2——风筒内对流传热系数［kW/(m² · ℃)］；

D_1——隔热风筒外径（m）；

D_2——隔热风筒内径（m）；

λ——隔热层的热导率［kW/(m · ℃)］；

v_b——巷道中平均风速（m/s）；

v_m——风筒内平均风速（m/s）；

S——掘进巷道的断面积（m²）。

（3）掘进头风温确定

风流从风筒口射出后，与掘进头近区围岩发生热交换。根据热平衡方程，掘进头风温为

$$t_3 = \frac{1}{R}[(1 + E\varphi_2 - M)t_2 + 2Mt_r + F] \tag{10-47}$$

$$M = zK_{\tau 3}S_3,\ z = (2KM_{b1}c_p)^{-1},\ R = 1 + M + E\varphi_3,\ F = z\Sigma Q_{m3} - E\Delta\varphi\varepsilon'$$

式中 t_3——掘进头风温（℃）；

$K_{\tau 3}$——掘进头近区围岩不稳定传热系数［kW/(m² · ℃)］；

S_3——掘进头近区围岩散热面积（m²）；

ΣQ_{m3}——掘进头近区局部热源散热量之和（kW）。

掘进头近区围岩不稳定传热系数为

$$K_{\tau 3} = \frac{\lambda\Phi}{1.77R_3\sqrt{F_{03}}} \tag{10-48}$$

$$\Phi = \sqrt{1 + 1.77\sqrt{F_{03}}},\ R_3 = \sqrt{R_0 l_3 + R_0^2},\ R_0 = 0.564\sqrt{S},\ F_{03} = \frac{a\tau_3}{R_0^2}$$

式中 λ——岩石的热导率［kW/(m · ℃)］；

a——岩石的热扩散率（m²/h）；

τ_3——掘进头平均通风时间（h）；

l_3——掘进头近区长度（m）。

10.4.6 矿井风流湿交换

当矿井风流流经潮湿的井巷壁面时，由于井巷表面水分的蒸发或凝结，将产生矿井风流的湿交换。根据湿交换理论，经推导可得出井巷壁面水分蒸发量的计算公式为

$$W_{max} = \frac{\alpha}{\gamma}(t - t_s)UL\frac{p}{p_0} \tag{10-49}$$

式中 W_{max}——井巷壁面水分蒸发量（kg/s）；

α——井巷壁面与风流的对流传热系数，$\alpha = 2.728 \times 10^{-3}\varepsilon_m v_b^{0.8}$［kW/（m² · ℃）］；

t——巷道中风流的平均温度（℃）；

t_s——巷道中风流的平均湿球温度（℃）；

U——巷道断面周长（m）；

L——巷道长度（m）；

p——风流的压力（Pa）；

p_0——标准大气压力，101325Pa；

v_b——巷道中平均风速（m/s）；

ε_m——巷道壁面粗糙度系数，光滑壁面 $\varepsilon_m = 1$，主要运输大巷 $\varepsilon_m = 1.00 \sim 1.65$，运输平巷 $\varepsilon_m = 1.65 \sim 2.5$，工作面 $\varepsilon_m = 2.5 \sim 3.1$。

井巷壁由湿交换引起潜热交换，其潜热交换量为

$$Q_q = W_{max}\gamma = \alpha(t - t_s)UL\frac{p}{p_0} \tag{10-50}$$

式中　Q_q——井巷壁面湿交换引起潜热交换量（kW）。

必须指出，式（10-49）是在井巷壁面完全潮湿的条件下导出的，所以由该式计算出的是井巷壁面理论水分蒸发量。实际上，由于井巷壁面的潮湿程度不同，其湿交换量也有所不同，故在实际应用中应乘以一个考虑井巷壁面潮湿程度的系数，称为井巷壁面潮湿度系数，其定义为井巷壁面实际的水分蒸发量与理论水分蒸发量的比值，用 f 表示，即 $f = \frac{M_b \Delta d}{W_{max}}$。该值可通过实验或实测得到。

求得井巷壁面的潮湿度系数后，即可求得风流通过该段井巷时的含湿量增量 $\Delta d = \frac{fW_{max}}{M_b}$；由含湿量增量值 Δd，即可求得该段井巷末端风流的含湿量 d_2 和相对湿度 φ_2 为

$$d_2 = d_1 + \Delta d \tag{10-51}$$

$$\varphi_2 = \frac{p_a}{p_s} \times 100\% \tag{10-52}$$

$$p_a = \frac{p_2 d_2}{622 + d_2} \tag{10-53}$$

$$p_s = 610.6\exp\left(\frac{17.27t_2}{273.3 + t_2}\right) \tag{10-54}$$

式中　p_a——水蒸气分压力（Pa）；

p_s——饱和水蒸气分压力（Pa）；

t_2——井巷末端风流温度（℃）。

本节介绍了矿井风流热湿计算的基本公式，根据这些公式即可逐段计算出井巷末端风流的温度和相对湿度。

10.5　矿井降温的一般技术措施

当矿井气候值超过标准而出现热害时，就必须采取降温措施加以改善。矿井降温的一般技术措施是指除了矿井空调技术外，其他各种用于调节和改善矿井气候条件的措施，主要包括通风降温、改革采煤（矿）及顶板控制方法、隔热疏导和个体防护等。

10.5.1 通风降温

加强通风是矿井降温的主要技术途径。通风降温的主要措施有加大矿井风量、选择合理的矿井通风系统和利用调热巷道降温等。

1. 增加风量

实践证明，在一定的条件下（如原风量较小），增加风量是高温矿井最经济的降温手段之一。加大风量不仅可以排出热量、降低风温，而且还可以有效地改善人体的散热条件，增加人体舒适感。所以在高温矿井采用增风降温是矿井降温的基本措施之一。

但增风降温并不总是有效的。据某矿实测资料，风温与风量的关系如图 10-10 所示。从该图中可以看出，在最初阶段，当风量值不大时，增加风量对降低风温有明显作用；当风量增大到一定程度后，再继续增加风量，降温的效果就不明显了。这是因为，地面空气进入井巷后，随着井巷深度的增加，空气的含湿量降低，空气的焓值也相应降低，即空气吸热的能力就减弱。因此，对于采深较大的矿井，地面空气到达井下后，其焓值已增加到了一定程度，空气再继续吸收热量就较困难，尽管风量增加，但吸热量增加并不太多。

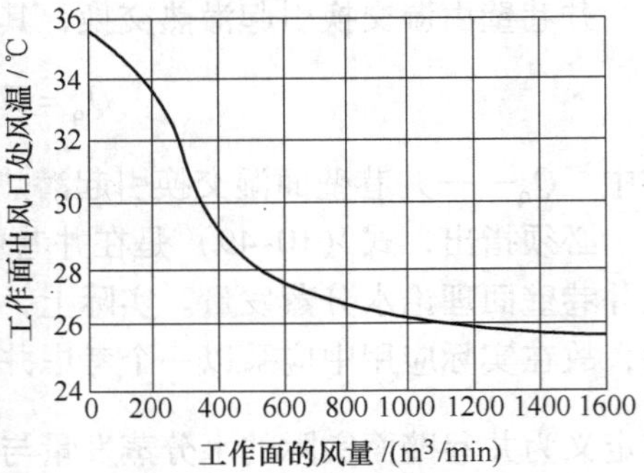

图 10-10 某工作面出风口处风温与风量的关系

同时，增风降温还受到井巷最高允许风速、通风机能力和通风电费等各种因素的制约。随着风量的增加，风温下降的幅度越来越小，而通风电费与风量的三次方成正比增加，因此增风降温有一个最佳合理值，其应用范围也应在最佳合理值范围内。

2. 选择合理的矿井通风系统

从矿井降温的角度出发，确定矿井通风系统时，一般应考虑下列原则：

1）尽可能减少进风路线的长度。在井巷热环境条件和风量不变的情况下，井巷进风的温升是随其流程加长而增大。所以，在高温矿井应尽量缩短进风路线的长度。同时，在进行开拓系统设计时，要考虑通风系统的布置，要避免进风巷布置在高温岩层中，要避免不必要地加长进风路线的长度。

2）以低岩温巷道为进风巷道。在高温矿井的通风系统设计时，要尽量使新鲜风流由上水平进入回采工作面，在下水平回风。这是因为上水平的岩温要低于下水平的岩温，而巷道围岩温度越低，则风流通过巷道的温升也越小。

3）要尽量使新鲜风流避开局部热源的影响。矿内的各种局部热源，如机电设备、运输中的煤和矸石氧化以及采空区漏风等都要对风流加热。如果能使新鲜风流避开这些局部热源的影响，将会使风流的温升降低。

4）尽量避免煤流与风流反向运行。对于煤矿井，在选择采区通风系统时，尽量采用轨道上山进风，避免因煤流与风流方向相反，将煤炭在运输过程中的散热和设备散热带进工作面。根据原西德的经验，采用轨道上山（平巷）进风时，回采工作面进风流的同感温度可比采用运输上山（平巷）进风时降低 4～5℃。

5）回采工作面采用下行通风。在条件许可时，回采工作面可采用下行风。下行通风时，运输机布置在回风道，煤岩在运输过程中放出的热量、水蒸气及运输机电设备的放热不再返回工作面，从而改善工作面入风流的空气状态。其次，新鲜风流从围岩温度较低的上部水平进入采区，风流从围岩获得的热量较少。此外，这种通风方式工作面内煤尘也少。经研究表明，一般情况下，采用下行通风可使工作面的风温降低1～2℃。

6）选择合理的回采工作面通风系统布置方式。回采工作面的通风系统布置方式也会影响到工作面的降温效果。走向长壁采煤工作面常用的通风方式一般有：

1）U形通风。U形通风方式是在下巷进风，经过工作面到上巷回风，整个通风线路构成U字形状。由于回采巷道通过的风量小且受热严重，往往工作面气温较高，特别是工作面上部出口常是最热点。工作面回风巷的气温，由于受到从采空区窜出的热风影响，常比工作面气温更高。

2）E形通风。采用E形通风方式的目的在于降低工作面和回风侧的风流温度，它是通过腰巷向工作面中部引入温度较低风流的。

3）W形通风。W形通风方式是上、下巷进风，中间腰巷回风。这种通风方式缩短了风路，减少了风阻，相应加大了工作面的风量，同时也减少了围岩对风流的加热量，降低了风温。但由于W形通风方式要多掘一条中间巷道（腰巷），这将增加掘进工程量和掘进费用，因而它的应用又受到了限制。

4）Y形通风。Y形通风是指在工作面的回风道内，掺入附加的新鲜风流，控制工作面上隅角的瓦斯和排走采空区漏风所带出的热量，回风道混合后的风流，应从采空区一侧排出。采用Y形通风方式后，可使工作面回风道的风量增加，从而有效地降低工作面出风口和回风道的高温。

3. 利用调热巷道降温

调热巷道降温是利用位于恒温带地层的巷道进风来调节进风的温度和湿度。例如，淮南九龙岗矿将-240m水平巷道在冬季通风，以在巷道周围形成冷却圈，然后在春季时封闭，夏季时启封使用。热风流通过该调热巷道后，使-540m水平井筒附近的风温降低2℃。但该法降温效果有限，仅适用于浅井、夏季有轻度热害的矿井。

10.5.2　改革采煤（矿）及顶板控制方法

在高温热害矿井中，采煤（矿）工作面是主要升温段，也是人员集中工作的场所，因此应作为矿井降温的重点。

1）集中生产。集中生产，能够加大矿井开发强度，提高工作面单产单进。虽然采掘工作面热量有所增加，但采掘面减少，井下围岩总散热量减少，有利于提高人工制冷冷却风流的效果，并相应降低吨煤成本的降温费用。

2）采用后退式回采顺序。在同样条件下，采用后退式回采顺序时，工作面的风量、风速要比前进式回采大，对风流降温有利，并可改善人体散热条件。另外，后退式在开采前回采巷道已经历了较长的通风冷却时间，同时采空区漏风少，从采空区带出的热量也少，因此后退式开采有利于降低回采工作面的风流温度。

3）采用倾斜长壁采煤法。采用倾斜长壁采煤法，通风线路短，有效风量相应提高，对改善采煤工作面的气候条件是有利的。该方法一般适用于缓倾斜煤层。

4）采用全面充填法管理顶板。采用全面充填法管理顶板是一项极为有效的降温措施。用这种方法管理顶板，采空区内没有不断冒落的岩石，顶板岩石的散热量小。采空区被充填后，采空区的漏风大大降低，从而控制住采空区漏风所携带出来的热量。此外，充填物的温度比围岩和空气的温度低，可以对矿内空气起冷却作用。但应注意，若采用易氧化的材料做充填物，不仅起不到降温作用，反而还可能由于充填物的氧化，形成新的热源，导致风流温度升高。

10.5.3 隔热疏导

所谓隔热疏导，就是采取各种有效措施将矿井热源与风流隔离开，或将热流直接引入矿井回风流中，避免矿井热源对风流的直接加热，从而达到矿井降温的目的。隔热疏导的措施主要有：

1）巷道隔热。巷道隔热主要用于矿井局部地温异常的区段。目前较为可行的方法是：在高温岩壁与巷道支架之间充填隔热材料，如高炉或锅炉炉渣等。近年来，我国煤矿还试验用聚氨酯泡沫塑料喷涂岩壁，喷涂厚度为10mm时，就能产生较好的隔热效果。国外有些国家也曾采用聚乙烯泡沫塑料、硬质氨基甲酸泡沫、膨胀珍珠岩等隔热材料喷涂岩壁，也取得了较好效果。但因巷道隔热费用较高，隔热层的时效性较差，随着时间的推移，隔热层的作用将变小。同时，还必须注意防火、防毒等安全问题。由于这些原因，使这种方法的应用受到了限制。今后，应当重视开发和研究高效、无毒、时效性长而且廉价的巷道隔热材料。

2）管道和水沟隔热。对高温矿井，温度高的压气管道和排热水管应尽量设在回风流中，如果必须设在进风流中时应采取隔热措施。尤其是对热水型高温矿井，必须对热水管进行隔热，应防止热水对风流的增温增湿作用。

对热水涌出量大的矿井可超前将热水疏干，将水位降低到开采深度以下。对局部地点涌出的高温热水，可在出水点附近打排水钻孔，将热水用隔热管道直接排至地面。

3）井下发热量大的大型机电硐室应独立回风。现代矿井井下大型机电硐室的发热量很大，如果这些设备的散热直接进入进风流，将引起矿井风流较大的温升。所以对高温矿井，井下大型机电硐室（如中央变电所、泵房和绞车房等）应建立独立的回风系统。

10.5.4 个体防护

对个别气候条件恶劣的地点，由于技术或经济上的原因，如果不能采取其他降温措施时，对矿工进行个体防护也是一种有效的方法。矿工个体防护的主要措施就是让矿工穿戴轻便的冷却服或冷却帽，其作用是防止环境热对流和热辐射对人体的侵害，同时使人体自身的产热量传给冷却服或冷却帽中的冷媒。

1）压气冷却服。在20世纪70年代后期，德国矿业研究院根据各国经验，研制出以压缩空气为冷却源的冷却服。

2）冰水冷却坎肩。南非和德国莱格尔公司生产的冷却坎肩，安全性和冷却性较好。它是利用5kg水的冷却能力进行冷却，没有冷媒循环系统及运动部件，重量轻，在220W冷却功率的条件下，持续时间最少可达2.5h。

3）CO_2干冰冷却坎肩。南非加尔特里特公司研制的充填干冰的冷却坎肩，将4kg干冰分别装在4个袋中升华成CO_2气体直接流过身体的表面进行冷却，冷却持续时间为6～8h。

干冰的升华热为573kJ/kg，冷却功率为80～106W。

我国也已研制出适用于冶金、消防、化工、煤矿用的冷却服，可供矿工使用。

除了上述措施之外，其他措施如煤层注水预冷煤体、在进风巷道放置冰块、利用调热巷道进风等，都可起到一定的降温作用。

由于矿井的高温原因各不相同，热害程度也轻重不一。因此，在作矿井降温设计时，应对具体问题作具体分析，要因地制宜、有针对性地采取降温措施，才能收到良好的降温效果。

10.6　矿井空调系统

矿井降温措施按有无制冷设备系统分为特殊技术措施和一般技术措施两类。通风降温措施属于矿井降温的一般技术措施，而采用矿井空调系统降温就是矿井降温的特殊技术措施。矿井空调是生产性空调，采用制冷设备的目的是为井下作业人员创造一种不危害健康并能保持较高生产效率的工作环境。

10.6.1　矿井空调系统的工作原理

如图10-11所示，矿井空调系统是由制冷剂、载冷剂（冷水）和冷却水三个独立的循环系统组成。

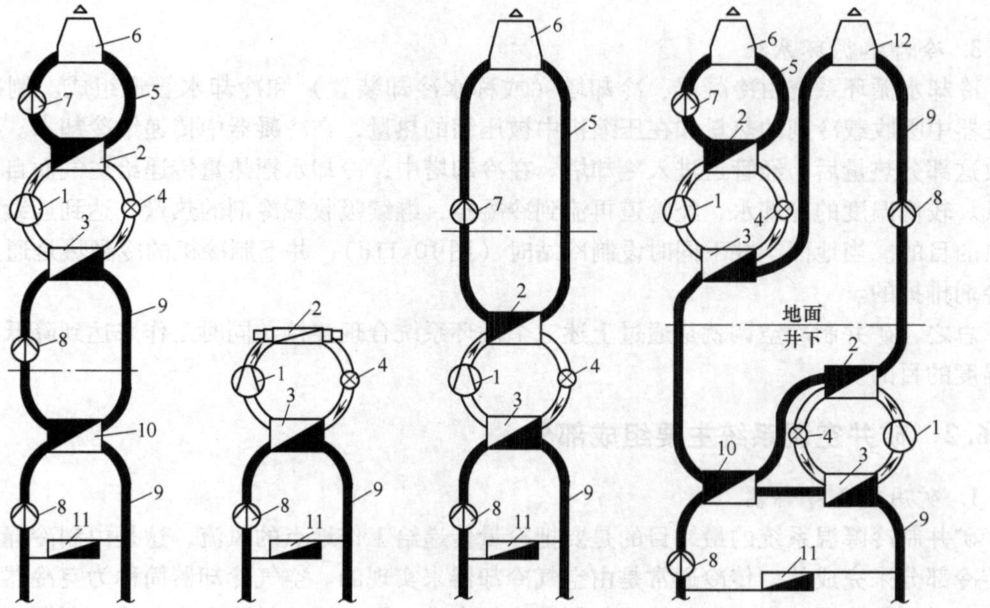

图10-11　矿井空调系统工作原理

a）制冷站设在地面　b）制冷站设在井下　c）制冷站设在井下　d）地面和井下同时设制冷站

1—压缩机　2—冷凝器　3—蒸发器　4—节流阀　5、9—冷却水管　6—冷却塔　7—冷却水泵　8—冷水泵

10—高低压换热器　11—空气冷却器　12—蒸发式冷却器

1. 制冷剂循环系统

制冷机通过制冷剂的循环制取冷量。制冷剂循环系统是由压缩机、冷凝器、蒸发器、节流阀及连接管道组成。

如图 10-11 所示，制冷剂在蒸发器中吸收载冷剂（冷水）的热量而被汽化为低压低温的蒸气。该蒸气被压缩机吸入，并经压缩升压升温。高温高压蒸气再进入冷凝器，并在其中将热量传递给冷却水而被冷却成液体。液体制冷剂经节流阀降压降温后又进入蒸发器中，继续吸收载冷剂的热量，由此达到制冷的目的。

2. 载冷剂循环系统

由于制冷站的位置不同，形成不同的载冷剂循环系统。当制冷站设在井下时（图 10-11b、c），其循环系统由蒸发器、空气冷却器及冷却水管组成。当制冷站设在地面时（图 10-11a），载冷剂有两个循环系统，即由蒸发器、高低压换热器及冷却水管构成一次循环系统，由高低压换热器、空气冷却器和冷却水管构成二次循环系统。当地面和井下同时设制冷站时（图 10-11d），一次循环系统是由蒸发式高低压换热器、冷凝器（井下）、蒸发式冷却器和连接管道组成，二次循环系统是由蒸发器（井下）、高低压换热器、空气冷却器和冷却水管（井下）组成。

载冷剂在空气冷却器中吸收风流的热量后，通过冷却水管回流到蒸发器中（当制冷站设在地面时回流到高低压换热器中）。在蒸发器中，载冷剂将热量传递给制冷剂而自身温度降低。低温载冷剂又通过冷却水管供给空气冷却器，继续吸收风流的热量，从而达到降温目的。

3. 冷却水循环系统

冷却水循环系统由冷凝器、冷却塔（或称水冷却装置）和冷却水管道组成。制冷剂在蒸发器中吸收载冷剂的热量和在压缩机中被压缩的热量，在冷凝器中传递给冷却水。冷却水吸收这部分热量后，经管道进入冷却塔。在冷却塔中，冷却水把热量传递给空气而自身温度降低。较低温度的冷却水，经管道再流到冷凝器，继续吸收载冷剂的热量，达到连续排除冷凝热的目的。当地面、井下同时设制冷站时（图 10-11d），井下制冷机的冷凝热是通过一次载冷剂排掉的。

总之，矿井制冷空调就是通过上述三个循环系统合理连接、同时工作来达到降低矿内风流温度的目的。

10.6.2 矿井空调系统主要组成部分

1. 矿用空气冷却器

矿井制冷降温系统的最终目的是要把冷量传递给工作地点的风流，这是由制冷降温系统的传冷部分来完成的。传冷通常是由空气冷却器来实现的。空气冷却器简称为空冷器。根据冷水与风流的作用特点，把空气冷却器分为两大类，即直接接触式和表面式。所谓直接接触式空气冷却器，是指在进行热湿交换时，载冷剂与风流直接接触，例如将冷水直接喷淋到被冷却的空气中，这种方式的空气冷却器又称喷雾式空气冷却器。所谓表面式空气冷却器，是指在与空气进行热湿交换时，载冷剂不与风流直接接触，而是通过空气冷却器的金属表面来进行交换。

表面式空气冷却器具有结构紧凑、使用方便、不妨碍井下作业、不污染井下工作环境、冷量范围广和可适合任何采掘工作面的需要等优点而被广泛采用。它的缺点是热效率不稳定，加工较复杂，金属消耗量大。

喷雾式空气冷却器结构简单、制造容易、不受煤尘影响且热效率稳定，可以实现多种空气处理过程，而且还有除尘净化风流的作用；它的通风阻力很小，可以不需要附加通风机就可以工作，所以在矿井空调系统中有着广泛的应用前景。它的缺点是冷水极易被污染变脏，甚至使管道和喷嘴堵塞和泄漏，影响劳动环境；另外，供水系统较复杂，需设回水箱和回水泵等。

此外，可以在工作面直接喷洒冷水。与使用空冷器相比，直接喷洒冷水只需在工作面安装喷嘴，占用体积小，使工作面可用空间增大，并且喷嘴随用随开，使用方便，不会给正常工作带来影响。在工作面上部直接喷洒有限量的冷水，其喷洒的水量可以被煤体吸收并被带走，不致造成工作面环境的恶化，并且煤体吸收的冷水可以降低煤体自身的温度，从而降低了回风巷的风流温度。在工作面上部喷洒冷水，直接降低了采空区漏风导致的温升，可达到更好的降温效果。而在工作面下部喷洒冷水，经过降温的风流在流经采空区后会重新升温，使降温效果不明显。

2. 矿用高低压换热装置

在采用矿井空调制冷降温时，为了带走井下工作地点风流的热量，需要各种换热装置，除了上述矿用空气冷却器外，还有一类常见的换热装置——矿用高低压换热装置。当采用地面集中制冷时，要把冷水通过管道输送到井下需冷地点。

当井深很大时井下冷水将处于高压状态，出于安全和经济方面的考虑，应尽量不在井下布置高压管道和使用高压水。解决这一问题的途径就是在井底布置高压水的减压装置。

（1）贮水池或减压阀。

最简单的减压装置是在井下用水地点附近建造贮水池，将高压水直接排到贮水池中以卸压，然后在井下用泵把贮水池中的冷水输送到用水地点。另一个较简单的减压装置是减压阀，不管进水量与水压如何变化，减压阀可借控制膜片上的压力自动、可靠地将高压进水变为所需的低压出水，且可以保持出水压力固定在预定的数值上。这两种方法的共同缺点是回水排到地面的费用太高；水的压能不仅白白损失掉，而且这部分能量不对外做功，它将全部转变为热能使水温上升。温升值为

$$\Delta t_w = g\Delta H / c_w \tag{10-55}$$

式中 Δt_w——水的温升（℃）；

c_w——水的比热容，$c_w = 4190\text{J}/(\text{kg}\cdot\text{K})$；

ΔH——高差（m）。

当水位下降1000m时，水温将升高 $\Delta t = 9.81/4.19 = 2.34$℃。

（2）高低压换热器

当水流在管道内处于有压状态时，其温升很小，如当进水温度为30℃时，水位下降1000m温升只有0.2℃，可以忽略不计。据此人们设计了高低压换热器，制冷机到高低压换热器之间的管道构成高压水循环，井下管道组成低压水循环，高低压水的热交换由高低压换热器实现。采用高低压换热器的另一优点是高压水的位能没有损失，高压水的回水提升费用最省。

常用的高低压换热器为管壳式（图10-12a），在封闭的圆形外壳内布置许多管束，低压水在管内流动，高压水在管外流动，这样布置的优点是换热管道承受的应力是压力而不是拉

力。由于金属的抗压强度大于抗拉强度，因而可使管壁较薄，不仅节省管材而且热阻也小些。另外，由于低压水易受污染，使低压水在管内流动，其积垢容易清洗。当换热量大时，可将多台换热器串联组成一个换热器组，如图 10-12b 所示是 5 个高低压换热器组成的换热器组，其换热能力可达 1000kW，高、低压水在换热器组中的流动方向为逆向流动，这样可减少高低压换热器造成的温度跃迁。图 10-12b 中高压进水到低压回水的温度跃迁为 2.8℃，低压进水到高压回水的温度跃迁为 3.4℃，二者相差 0.6℃是由于高、低压水流量不同所致。

采用高低压换热器的主要优点是：高压水是有压循环，温升小；高压水为闭路循环，回水所需动力小；高压水不受污染，制冷机的蒸发器能保持清洁；低压水的水压完全根据需要由水泵提供。

采用高低压换热器也存在着一些缺点，包括：温度跃迁；成本高，一般比同容量制冷机成本高 60%~70%；需要相当长的硐室；管理维护工作量很大。

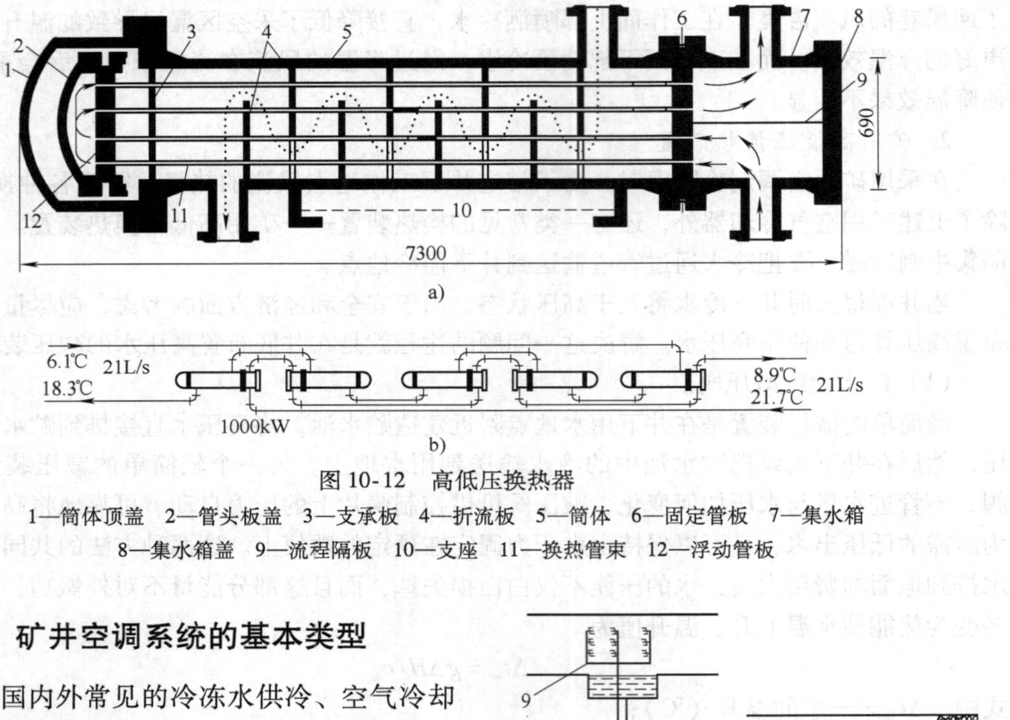

图 10-12　高低压换热器

1—筒体顶盖　2—管头板盖　3—支承板　4—折流板　5—筒体　6—固定管板　7—集水箱　8—集水箱盖　9—流程隔板　10—支座　11—换热管束　12—浮动管板

10.6.3　矿井空调系统的基本类型

目前国内外常见的冷冻水供冷、空气冷却器冷却风流的矿井集中空调系统的基本结构如图 10-13 所示，矿井集中空调系统由制冷、输冷、传冷和排热四个环节所组成，由这四个环节的不同组合，便构成了不同的矿井空调系统。若按制冷站所处的位置不同来分，可以分为地面集中式、井下集中式、井上与井下联合式以及井下分散局部空调系统四种类型。

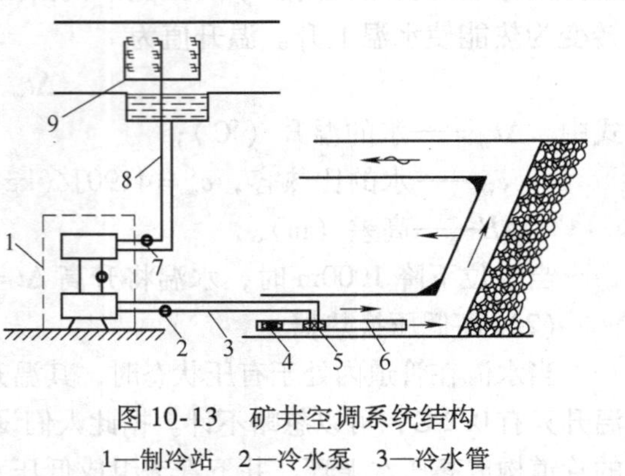

图 10-13　矿井空调系统结构

1—制冷站　2—冷水泵　3—冷水管　4—局部通风机　5—空气冷却器　6—风筒　7—冷却水泵　8—冷却水管　9—冷却塔

1. 地面集中式空调系统

如图 10-14 所示，地面集中式空调系统将制冷站设置在地面，冷凝热也在地面排放，而在井下设置高低压换热器，将一次高压冷冻水转换成二次低压冷冻水，最后在用风地点上用空气冷却器冷却风流。

这种空调系统还可有另外两种形式。一种是集中冷却矿井总进风，在用风地点上空调效果不好，而且经济性较差；另一种是在用风地点上采用高压空气冷却器，这种形式安全性较差。实际上这两种形式在深井中都不可采用。

地面集中式空调系统优点：厂房施工、设备安装、维护、管理方便；可用常用的一般型制冷设备，安全可靠；冷凝热排放方便；冷量便于调节；无需在井下开凿大断面硐室；冬季可用天然冷源。

地面集中式空调系统缺点：高压载冷剂处理困难；供冷管道长，冷损大；需在井筒中安装大直径管道；空调系统复杂。

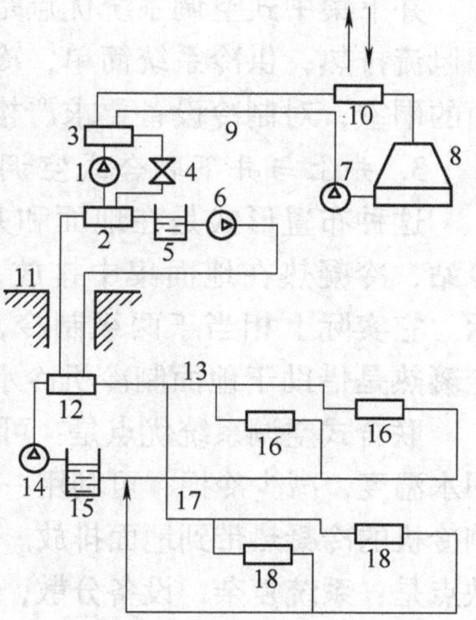

图 10-14　地面集中式空调系统

1—压缩机　2—蒸发器　3—冷凝器　4—节流阀　5、15—水池　6、14—水泵　7—冷却水泵　8—冷却塔　9—冷却水管　10—换热器　11、13、17—冷水管　12—高低压换热器　16、18—空气冷却器

2. 井下集中式空调系统

井下集中式空调系统如按冷凝热排放地点划分，又可分为以下两种不同的布置形式：

（1）制冷站设置在井下，并利用井下回风流排热，如图 10-15 所示。这种布置形式的优点是：系统比较简单，冷量调节方便，供冷管道短，无高压冷水系统。缺点是：由于井下回风量有限，当矿井需冷量较大时，井下有限的回风量就无法将制冷机排出的冷凝热全部带走，致使冷凝热排放困难，冷凝温度上升，制冷机效率降低，制约了矿井制冷能力的提高。由上述优缺点可知，这种布置形式只适用于需冷量不太大的矿井。

（2）制冷站设在井下，冷凝热在地面排放，如图 10-16 所示。这种布置形式虽可提高冷凝热的排放能力，但需在冷却水系统增设一个高低压换热器，系统比较复杂。

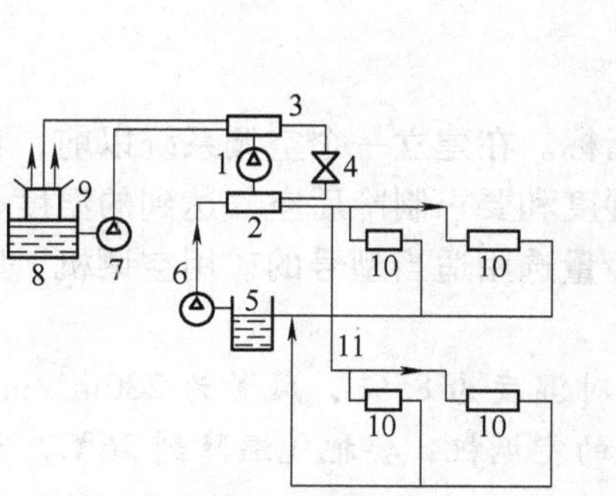

图 10-15　制冷站设在井下，井下排放冷凝热布置形式

1—压缩机　2—蒸发器　3—冷凝器　4—节流阀　5—水池　6—水泵　7—冷却水泵　8—冷水池　9—冷却塔　10—空气冷却器　11—冷水管

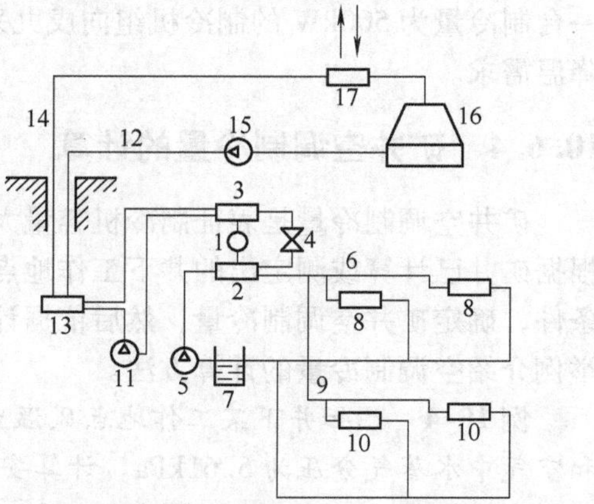

图 10-16　制冷站设在井下，冷凝热在地面排放布置形式

1—压缩机　2—蒸发器　3—冷凝器　4—节流阀　5、11—水泵　6、9、12—冷水管　7—水池　8、10—空气冷却器　13—高低压换热器　14—冷却水管　15—冷却水泵　16—冷却塔　17—换热器

井下集中式空调系统优点是：供冷管道短、冷损少；无高压冷水系统；可利用矿井水或回风流排热；供冷系统简单，冷量调节方便。井下集中式空调系统缺点是：井下要开凿大断面的硐室；对制冷设备要求严格；设备安装、管理和维护不方便。

3. 井上与井下联合式空调系统

这种布置形式是在地面和井下同时设置制冷站，冷凝热在地面集中排放，如图10-17所示。它实际上相当于两级制冷，井下制冷机的冷凝热是借助于地面制冷机冷水系统冷却。

联合式空调系统优点是：可提高一次载冷剂回水温度，减少冷损；可利用一次载冷剂将井下制冷机的冷凝热带到地面排放。联合式空调系统缺点是：系统复杂，设备分散，不便管理。

根据上述三种集中式矿井空调系统的优缺点，设计时究竟采用何种形式，应根据矿井的具体条件而定。

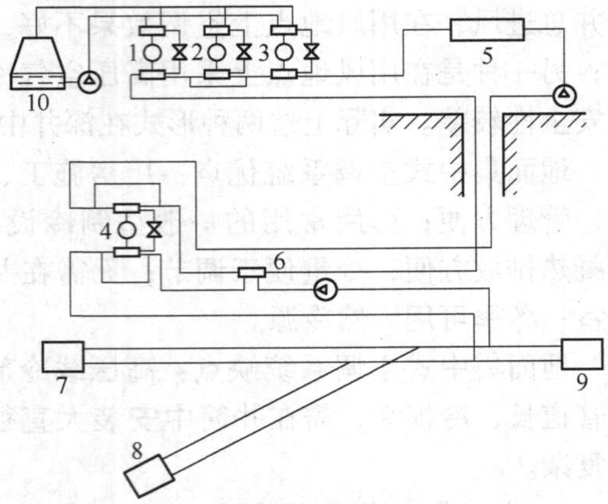

图10-17 井上与井下联合式空调系统
1、2、3、4—制冷机 5—空气预冷器 6—高低压换热器 7、8、9—空气冷却器 10—冷却塔

4. 井下分散局部空调系统

对不具备建立集中式空调系统条件的矿井，可采用井下分散局部空调系统。井下分散局部空调系统也称为井下移动式空调系统，是采用局部空调系统将作业区的热量排放到作业区外的一种作业区局部降温系统。这种空调系统的优点是系统简单，安装方便，维修量小，供冷距离短，冷损小；缺点是冷凝热只能排到工人作业区外的其他区域，提高了这些区域的风流温度。

在我国，井下分散局部空调系统应用比较广泛。例如，在平顶山矿区，五矿己二采煤工作面采用一台制冷量为300kW的防爆制冷机组向己$_{15}$－23071采煤工作面供冷，利用井下回风排放冷凝热，平均降温幅度为4℃，降温效果明显；四矿戊九采煤工作面空调系统，采用一台制冷量为500kW的制冷机组向戊九采区的戊$_{9}$－19140采煤工作面供冷，很好地满足了降温需求。

10.6.4 矿井空调制冷量的计算

矿井空调制冷量是表征制冷机容量大小的重要指标。在建立一个空调系统以前，首先应根据矿井已计算或测定出的井下工作地点的温度、湿度和要求制冷后空气达到的温度、湿度条件，确定矿井空调制冷量，然后依据计算出的制冷量选用适当型号的矿用空调机。以下将举例介绍空调制冷量的计算方法。

例10-4 已知井下某工作地点风温为35℃，相对湿度为85%，风量为280m^3/min，饱和空气中水蒸气分压为5.61kPa。计算安装一台合适的空调机，要把气温降到26℃。该空调机设在井深800m处，其大气压力为112.5kPa，湿空气中水蒸气的分压为3.3572kPa。试计算空调机的制冷量并选择适当型号的空调机。

解：(1) 计算制冷前的空气状态参数。

1) 空气的含湿量 $d_1 = 0.622\dfrac{\varphi_1 p_{s1}}{p-\varphi_1 p_{s1}} = 0.622\times\dfrac{0.85\times5610}{112500-0.85\times5610}$ (kg/kg

干空气）=0.0275（kg/kg 干空气）

2）湿空气的焓　$h_1 = (1.005 + 1.85d_1)t_1 + 2501d_1$

$= (1.005 + 1.85 \times 0.0275) \times 35 + 2501 \times 0.0275$（kJ/kg 干空气）

$= 105.73$（kJ/kg 干空气）

3）湿空气的密度　$\rho_1 = \dfrac{0.003484}{T_1}(p - 0.378\varphi_1 p_{s1})$

$= \dfrac{0.00349}{308} \times (112500 - 0.378 \times 0.85 \times 5610)(\text{kg/m}^3) = 1.25(\text{kg/m}^3)$

4）湿空气的质量流量　$M = Q\rho_1 = 280 \times 1.25(\text{kg/min}) = 350(\text{kg/min}) = 5.83(\text{kg/s})$

5）干空气的质量流量　$M_d = \dfrac{M}{1+d_1} = \dfrac{5.83}{1+0.0275}$（kg 干空气/s）=5.68（kg 干空气/s）

（2）计算制冷后空气状态参数。

1）饱和湿空气的含湿量　$d_2 = 0.622\dfrac{p_{s2}}{p - p_{s2}} = 0.622 \times \dfrac{3357.2}{112500 - 3357.2}$（kg/kg 干空气）

$= 0.0191$（kg/kg 干空气）

2）含水雾空气的焓　$h_2 = (1.005 + 1.85d_2)t_2 + 4.19t_2(d_1 - d_2) + 2501d_2$

$= (1.005 + 1.85 \times 0.0191) \times 26 + 4.19 \times 26 \times (0.0275 - 0.0191) + 2501 \times 0.0191$（kJ/kg 干空气）

$= 75.73$（kJ/kg 干空气）

3）制冷前后空气的焓差　$\Delta h = h_1 - h_2 = 105.73 - 75.73$（kJ/kg 干空气）=30（kJ/kg 干空气）

4）空调机从空气中吸收的热量　$Q_h = M_d\Delta h = 5.68 \times 30\text{kW} = 170.4\text{kW}$

5）空调机制冷量　$Q_0 = K_h Q_h = 1.3 \times 170.4\text{kW} = 221.5\text{kW}$，其中 K_h 为空调机及其管路的冷量损失和备用系数，介于1.2~1.4之间。根据 Q_0 值在空调机手册中选用 JKT－70 型空调机。

本章习题

1. 概念解释

变温带　恒温带　增温带　地温率　地温梯度　焓

2. 判断题（正确的打"√"，错误的打"×"）

（1）人体与周围环境的热交换包括辐射、对流传导、汗液蒸发三个过程。（　）

（2）人体散热过程不是简单的物理过程。（　）

（3）高温时，人体通过出汗，汗液蒸发，也能保持热平衡。（　）

（4）等效温度不能评价环境热辐射的作用。（　）

（5）地面一日气温随时间发生周期性变化，这种变化近似为正弦曲线。（　）

（6）在井巷中运行的电动机驱动设备，所消耗的电能均可转化为热能。（　）

（7）人体散发的显热量随周围环境温度的升高而升高。（　）

（8）人体散发的潜热量与散湿量随着周围环境温度的升高而减少。（　）

（9）岩层的温度随深度的增加而增加。（　）

（10）围岩与井下风流的热交换是个复杂的稳定热交换过程。（　）

（11）围岩与井下风流的热交换方式主要是传导和对流。（　）

(12) 潮湿巷道比干壁巷道向风流放热的传热系数要小。 ( )

(13) 工作面的 W 形通风系统比 U 形和 E 形通风系统降温效果差。 ( )

(14) 增加风量会对降温有作用，但这种作用随着风量的增加而逐渐减弱。 ( )

(15) 采用下行风对于降低采煤工作面的气温有比较明显的作用。 ( )

(16) 工作面采用后退式采煤比前进式采煤更有利于降温。 ( )

(17) 地面集中式空调系统只适用于开采比较浅、巷道不太长的矿井。 ( )

(18) 独立移动式空调机组适用于移动频繁、热负荷较小的掘进工作面。 ( )

(19) 表面式空气冷却器和空气加热器实际上都是一种换热器。 ( )

(20) 蒸发器是输出热量的设备。 ( )

(21) 冷凝器是放出热量的设备。 ( )

(22) 围岩散热量是形成高温矿井的主要原因。 ( )

(23) 将压缩空气管道敷设在回风巷不利于矿井降温。 ( )

(24) 增加工作面长度对工作面降温有利。 ( )

(25) 岩体的热导率与岩体的节理裂隙、层理、含水性以及密度有关。 ( )

(26) 地面气温的周期性变化，也引起矿内风温周期性地变化。 ( )

(27) 矿井制冷机设在地面时，向井下供给载冷剂时一般不是直接供给空气冷却器。 ( )

(28) 围岩与风流间的热交换量与温度差、风速和巷道表面积成反比。 ( )

(29) 开采深度不是影响岩石温度的唯一因素。 ( )

(30) 围岩对风流加热的影响作用，主要取决于围岩的导热性，其次取决于矿井通风时间的长短及通风巷道的湿度。 ( )

(31) 井下湿度的增加对井下降温是有利的。 ( )

(32) 在热水沟上加盖不利于井下降温。 ( )

(33) 风流的自动压缩热源是不可能消除的，而且将随着开采深度的增加而加大。 ( )

(34) 井下风流含湿量的增大对井下的气候条件是有利的。 ( )

(35) 岩石的热导率随其密度增大而减小。 ( )

(36) 矿井空调的排热，实际是冷凝器的排热，也就是冷凝器热的排放。 ( )

(37) 矿井空调系统的基本要素有制冷机站、高低压换热站、风流冷却站和水冷却装置。 ( )

3. 单项选择题

(1) 衡量矿井气候条件好坏的参数是________。

A. 温度、湿度和风速 B. 温度、湿度和密度 C. 温度、压力和风量 D. 比热容、压力和风速

(2) ________指标可以反映出温度、湿度和风速这三者对人体热平衡的综合作用。

A. 干球温度 B. 湿球温度 C. 等效温度 D. 同感温度

(3) 我国《煤矿安全规程》第 102 条规定：生产矿井采掘工作面空气温度不得超过________。

A. 20℃ B. 22℃ C. 26℃ D. 30℃

(4) 我国《煤矿安全规程》第 102 条规定：机电设备硐室的空气温度不得超过________。

A. 20℃ B. 24℃ C. 25℃ D. 30℃

(5) ________不是井口房不密闭加热方式的优点。

A. 井口房不要求密闭 B. 设备投资小，管理简单

C. 可建立独立的空气加热室，布置较为灵活 D. 在相同风量下，所需空气加热器的片数少

(6) 加大采掘工作面风量的主要措施是________。

A. 加大主通风机或局部通风机的能力 B. 缩短通风线路

C. 增大通风巷道断面 D. 以上三项都是

(7) 在进风路线上，井下湿度的变化规律是________。

A. 几乎常年不变　　B. 冬季干燥，夏季潮湿
C. 夏季干燥，冬季潮湿　　D. 没有什么规律

（8）冬季，冷空气进入井下，空气温度逐渐升高，其________。
A. 饱和能力逐渐变大，沿途吸收井巷中的水分　B. 饱和能力逐渐变小，沿途析出水分
C. 饱和能力逐渐变大，沿途析出水分　　D. 饱和能力逐渐变小，沿途吸收井巷中的水分

（9）夏天，热空气进入井下，空气被冷却，其________。
A. 饱和能力逐渐变小，沿途析出水分　　B. 饱和能力逐渐变大，沿途吸收井巷中的水分
C. 饱和能力逐渐变小，沿途吸收井巷中的水分　D. 饱和能力逐渐变大，沿途析出水分

（10）通常认为最适宜的井下空气温度是________℃，较适宜的相对湿度为________%。
A. 9～12　　B. 15～20　　C. 50～60　　D. 70～80

4. 问答题

（1）矿井空气的温度、湿度和风速是如何对人体热平衡产生影响的？

（2）矿井气候评价指标有哪些？我国《煤矿安全规程》对矿井风温有何要求？

（3）卡他度高，人感到热还是冷？为什么？

（4）井口房不密闭的加热方式有几种？试比较其优缺点。

（5）影响矿井内气温变化的主要因素有哪些？

（6）除了矿井空调技术外，矿井降温的一般技术措施有哪些？

（7）通风降温的主要措施有哪些？什么是隔热疏导？隔热疏导的措施有哪些？

（8）矿用空气冷却器有哪两种类型？各有什么特点？

（9）按制冷站所处的位置不同，矿井空调系统可以分为哪几种类型？

5. 计算题

（1）用湿卡他计测定某矿井气候条件，当湿卡他计由38℃冷却到35℃时，所需的时间为20s，湿卡他计常数$F=508$。问此种大气条件的湿卡他度为多少？

（2）某矿地表年平均温度为8℃，恒温带深度为30m，地温梯度为3.3℃/100m。求深500m处岩石的温度。

（3）某矿一段大巷长为100m，巷道周长为12.2m，原始岩温为35℃，巷道中平均风温为25℃，围岩与风流间的不稳定传热系数为0.52W/(m²·℃)，求该段巷道围岩放热量。

（4）某巷道明沟排水，风温$t=22$℃，水温$t_w=39$℃，空气对水的相对速度$v'=2$m/s，水沟宽为0.3m，巷道长为200m，求水沟散热量Q_w。

（5）某矿采用暗沟排放矿内热水，水沟深为0.5m，长为1000m，测得水沟始端与终端水温分别为38℃和30℃，水沟始端与终端附近巷道风流温度分别为30℃和25℃，水沟盖板为厚度50mm的钢筋混凝土预制板，热导率为0.00018kW/(m·℃)，水与水沟盖板的对流传热系数为0.6kW/(m²·℃)，水沟盖板与巷道空气的对流传热系数为0.016kW/(m²·℃)，试求水沟中热水的放热量。

（6）在10kg重的湿空气中，已知干空气重9.95kg，求该空气的含湿量。

（7）已知某矿井地表空气温度为21℃，相对湿度为$\varphi_1=57\%$，大气压力为99kPa，井深为900m，井底风流相对湿度为$\varphi_2=80\%$，试确定井底车场的风温。

（8）某矿井一条轨道上山的长度为760m，高差为170m，断面积为7.15m²，断面周长为11.8m，通过该上山的风量为40m³/s，计算起点风温为17.8℃，相对湿度为96%，绝对静压为108.5kPa，平均原始岩温为29℃，围岩与风流间的不稳定传热系数为2.67×10^{-4}kW/(m²·℃)；该上山末端风流相对湿度为98%，求该上山的末端风温。

（9）已知井下某回采工作面风量为600m³/min，空气冷却器入风口空气温度为31℃，相对湿度为88%，饱和空气中水蒸气的分压为6.3kPa，大气压为101325Pa；欲使空气冷却器出风口风温为24℃，相对湿度为100%，此时饱和空气中水蒸气的分压为3.8kPa，试计算该空气冷却器的供冷量。

附录 1

井巷摩擦阻力系数 α 值（空气密度 $\rho=1.2kg/m^3$）

1. 水平巷道

1）不支护巷道 $\alpha\times10^4$ 值（附表 1-1）

附表 1-1　不支护巷道的 $\alpha\times10^4$ 值

巷道壁的特征	$\alpha\times10^4/(N\cdot s^2/m^4)$
顺走向在煤层里开掘的巷道	58.8
交叉走向在岩层里开掘的巷道	68.6～78.4
巷壁与底板粗糙程度相同的巷道	58.8～78.4
同上，在底板阻塞情况下	98～147

2）混凝土、混凝土砖及砖、石砌碹的平巷 $\alpha\times10^4$ 值（附表 1-2）。

附表 1-2　砌碹平巷的 $\alpha\times10^4$ 值

类　别	$\alpha\times10^4$ 值$/(N\cdot s^2/m^4)$
混凝土砌碹、外抹灰浆	29.4～39.2
混凝土砌碹、不抹灰浆	49～68.6
砖砌碹、外面抹灰浆	24.5～29.4
砖砌碹、不抹灰浆	29.4～30.2
料石砌碹	39.2～49

注：巷道断面小者取大值。

3）圆木棚子支护的巷道 $\alpha\times10^4$ 值（附表 1-3）。

附表 1-3　圆木棚子支护的巷道 $\alpha\times10^4$ 值

木柱直径 d_0/cm	支架纵口径 $\Delta=L/d_0$ 时的 $\alpha\times10^4$ 值$/(N\cdot s^2/m^4)$							按断面校正	
	1	2	3	4	5	6	7	断面$/m^2$	校正系数
15	88.2	115.2	137.2	155.8	174.4	164.6	158.8	1	1.2
16	90.16	118.6	141.1	161.7	180.3	167.6	159.7	2	1.1
17	92.12	121.5	141.1	165.6	185.2	169.5	162.7	3	1.0
18	94.03	123.5	148	169.5	190.1	171.5	164.6	4	0.93
20	96.04	127.4	154.8	177.4	198.9	175.4	168.6	5	0.89
22	99	133.3	156.8	185.2	208.7	178.4	171.5	6	0.80
24	102.9	138.2	167.6	193.1	217.6	192	174.4	8	0.82
26	104.9	143.1	174.4	199.9	225.4	198	180.3	10	0.78

注：表中 $\alpha\times10^4$ 值适合于支架后净断面 $S=3m^2$ 的巷道，对于其他断面的巷道应乘以校正系数。

4）金属支架的巷道 $\alpha\times10^4$ 值。

① 工字梁拱形和梯形支架巷道 $\alpha\times10^4$ 值（附表 1-4）。

附表 1-4　金属支架的巷道 $\alpha\times10^4$ 值

金属梁尺寸 d_0/cm	支架纵口径 $\Delta=L/d_0$ 时的 $\alpha\times10^4$ 值/（$\text{N}\cdot\text{s}^2/\text{m}^4$）					按断面校正	
	2	3	4	5	8	断面/m^2	校正系数
10	107.8	147	176.4	205.4	245	3	1.08
12	127.4	166.6	205.8	245	294	4	1.00
14	137.2	186.2	225.4	284.2	333.2	6	0.91
16	147	205.8	254.8	313.6	392	8	0.88
18	156.8	225.4	294	382.2	431.2	10	0.84

注：d_0 为金属梁截面的高度。

② 金属横梁和帮柱混合支护的平巷 $\alpha\times10^4$ 值（附表 1-5）。

附表 1-5　金属梁、柱支护 $\alpha\times10^4$ 值

边柱厚度 d_0/cm	支架纵口径 $\Delta=L/d_0$ 时的 $\alpha\times10^4$ 值/（$\text{N}\cdot\text{s}^2/\text{m}^4$）					按断面校正	
	2	3	4	5	6	断面/m^2	校正系数
40	156.8	176.4	205.8	215.6	235.2	3	1.08
						4	1.00
						6	0.91
						8	0.88
50	166.6	196	215.6	245	264.6	10	0.84

注："帮柱"是混凝土或砌碹的柱子，呈方形；顶梁是由工字钢或 16 槽钢加工的。

5）钢筋混凝土预制支架的巷道 $\alpha\times10^4$ 值为 88.2～186.2$\text{N}\cdot\text{s}^2/\text{m}^8$（纵口径大，取值也大）。

6）锚杆或喷浆巷道的 $\alpha\times10^4$ 值为 78.4～117.6$\text{N}\cdot\text{s}^2/\text{m}^8$。

注：装有带式输送机的巷道 $\alpha\times10^4$ 值可增加 147～196，设有风管、水管、木梯台阶的巷道 $\alpha\times10^4$ 值可增加 98；当巷道堵塞严重时，$\alpha\times10^4$ 值增加 29.4～98。

2. 井筒、暗井及溜道

1）无任何装备的清洁的混凝土和钢筋混凝土井筒的 $\alpha\times10^4$ 值（附表 1-6）。

附表 1-6　无装备混凝土井筒 $\alpha\times10^4$ 值

井筒直径/m	井筒断面/m^2	$\alpha\times10^4$/（$\text{N}\cdot\text{s}^2/\text{m}^4$）	
		平滑的混凝土	不平滑的混凝土
4	12.6	33.3	39.2
5	19.6	31.4	37.2
6	28.3	31.4	37.2
7	38.5	29.4	35.3
8	50.3	29.4	35.3

2）砖和混凝土砖砌的无任何装备的井筒，其 $\alpha\times10^4$ 值按附表 1-6 值增大一倍。

3）有装备的井筒，井壁用混凝土、钢筋混凝土、混凝土砖及砖砌碹的 $\alpha \times 10^4$ 值为 $343 \sim 490 N \cdot s^2/m^8$。选取时应考虑到罐道梁的间距、装备物纵口径以及有无梯子间和梯子间规格等。

4）木支护的暗井和溜道 $\alpha \times 10^c$ 值（附表 1-7）。

附表 1-7 木支护的暗井和溜道 $\alpha \times 10^4$ 值

井筒特征	断面	$\alpha \times 10^4/(N \cdot s^2/m^4)$
人行格间有平台的溜眼	9	460.6
有人行格间的溜道	1.95	196
下放煤的溜道	1.8	156.8

3. 矿井巷道 $\alpha \times 10^4$ 值的实际资料（据沈阳煤矿设计研究院所编 α 值表）

沈阳煤矿设计研究院根据在抚顺、徐州、新汶、阳泉、大同、梅田、鹤岗 7 个矿务局 14 个矿井的实测资料，编制的供通风设计参考的 α 值见附表 1-8。

附表 1-8 井巷摩擦阻力系数 α 值

序号	巷道支护形式	巷道类别	巷道壁面特征	$\alpha \times 10^4/(N \cdot s^2/m^4)$	选取参考
1	锚喷支护	轨道平巷	光面爆破，凸凹度<150	50~77	断面大，巷道整洁凸凹度<50，近似砌碹的取小值，新开采区巷道，断面较小的取大值。断面大而成型差，凸凹度大的取大值
			普通爆破，凸凹度>150	83~103	巷道整洁，底板喷水泥抹面的取小值，无道碴和锚杆外露的取大值
		轨道斜巷（设有行人台阶）	光面爆破，凸凹度<150	81~89	兼流水巷和无轨道的取小值
			普通爆破，凸凹度>150	93~121	兼流水巷和无轨道的取小值；巷道成型不规整，底板不平的取大值
		通风行人巷（无轨道、台阶）	光面爆破，凸凹度<150	68~75	底板不平，浮矸多的取大值；自然顶板层面光滑和底板积水的取小值
			普通爆破，凸凹度>150	75~97	巷道平直，底板淤泥积水的取小值；四壁积尘，不整洁的老巷有少量杂物堆积取大值
		通风行人巷（无轨道、有台阶）	光面爆破，凸凹度<150	72~84	兼流水巷的取小值
			普通爆破，凸凹度>150	84~110	流水冲沟使底板严重不平的 α 值偏大
		胶带运输机巷（铺轨）	光面爆破，凸凹度<150	85~120	断面较大，全部喷混凝土固定道床的 α 值为 85。其余的一般均应取偏大值。吊挂胶带输送机宽为 800~1000
			普通爆破，凸凹度>150	119~174	巷道底平，整洁的巷道取小值；底板不平，铺轨无道碴，胶带输送机卧底，积煤泥的取大值。落地式胶带宽为 1.2m

（续）

序号	巷道支护形式	巷道类别	巷道壁面特征	$\alpha\times10^4/(N\cdot s^2/m^4)$	选取参考
2	喷砂浆支护	轨道平巷	普通爆破，凸凹度>150	78~81	喷砂浆支护与喷混凝土支护巷道的摩擦阻力系数相近，同种类别巷道可按锚喷的选
3	锚杆支护	轨道平巷	锚杆外露100~200 锚间距600~1000	94~149	铺芭规整，自然顶板平整光滑的取小值；壁面波状凸凹度>150，近似不规整的裸体状取大值；沿煤顺槽，底板为松散浮煤，一般取中间值
		胶带输送机巷（铺轨）	锚杆外露150~200 锚间距600~800	127~153	落地式胶带宽为800~1000。断面小，铺芭不规整的取大值，断面大，自然顶板平整光滑取小值
4	料石砌碹支护	轨道平巷	壁面粗糙	49~61	断面大的取小值；断面小的取大值。巷道洒水清扫的取小值
		轨道平巷	壁面平滑	38~44	断面大的取小值；断面小的取大值。巷道洒水清扫的取小值
		胶带输送机斜巷（铺轨设有行人台阶）	壁面粗糙	100~158	钢丝绳胶带输送机宽为1000mm，下限值为推测值供选取参考
5	毛石砌碹支护	轨道平巷	壁面粗糙	60~80	
6	混凝土棚支护	轨道平巷	断面5~9，纵口径4~5	100~190	依纵口径、断面选取α值。巷道整洁的完全棚，纵口径小的取小值
7	“U”形钢支护	轨道平巷	断面5~8，纵口径4~8	135~181	按纵口径、断面选取。纵口径大的、完全棚支护的取小值。不完全棚大于完全棚的α
		胶带输送机巷（铺轨）	断面9~10，纵口径4~8	209~226	落地式胶带宽为800~1000mm，包括工字钢梁U型钢腿的支架
8	工字钢、钢轨支护	轨道平巷	断面4~6，纵口径7~9	123~134	包括工字钢与钢轨的混合支架。不完全棚支护的α大于完全棚的，纵口径=9取小值
		胶带输送机巷（铺轨）	断面9~10，纵口径4~8	209~226	工字钢与U型钢支架混合支护与第7项胶带输送机巷近似，单一种支护与混合支护α近似

（续）

序号	巷道支护形式	巷道类别	巷道壁面特征	$\alpha\times10^4/(N\cdot s^2/m^4)$	选取参考
9	综采工作面	掩护式支架	采高 < 2m，德国 WS1.7 双柱式	300～330	系数值包括采煤机在工作面内的附加阻力（以下同）
			采高 2～3m，德国 WS1.7 双柱式，德国贝考瑞特，国产 OKII 型	260～310	分层开采铺金属网和工作面片帮严重、堆积浮煤多的取大值
			采高 > 3m，德国 WS1.7 双柱式	220～250	支架架设不整齐，有露顶的取大值
		支撑掩护式支架	采高 2～3m，国产 ZY－3.4 柱式	320～350	采高局部有变化，支架不齐，则取大值
		支撑式支架	采高 2～3m，英国 DT、4 柱式	330～420	支架架设不整齐则取大值

附录 2

井巷局部阻力系数 ξ 值

附表 2-1　各种巷道突然扩大与突然缩小的 ξ 值（光滑管道）

S_1/S_2	1	0.9	0.8	0.7	0.6	0.5	0.4	0.3	0.2	0.1	0.01	0
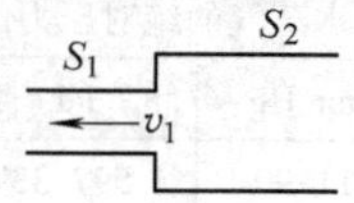	0	0.01	0.04	0.09	0.16	0.25	0.36	0.49	0.64	0.81	0.98	1.0
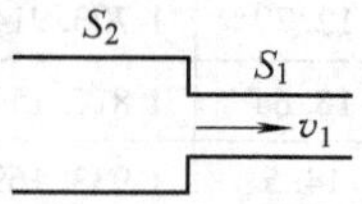	0	0.05	0.10	0.15	0.20	0.25	0.30	0.35	0.40	0.45	0.50	

附表 2-2　其他几种局部阻力的 ξ 值（光滑管道）

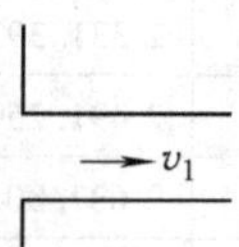	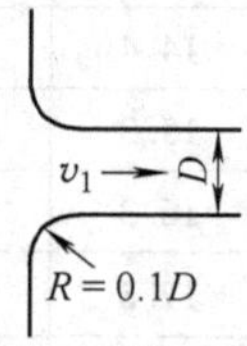	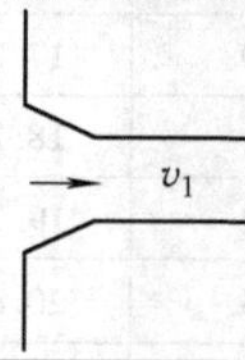	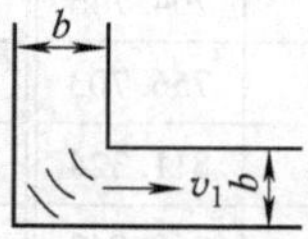	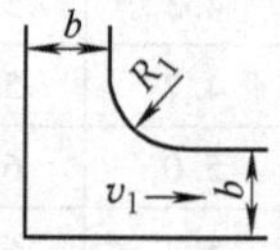	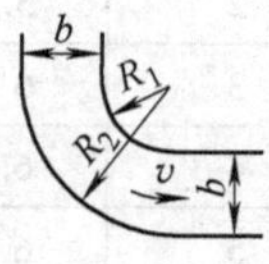
0.6	0.1	0.2	有导风板 0.2 无导风板 1.4	0.75，当 $R_1=\frac{1}{3}b$ 0.52，当 $R_1=\frac{2}{3}b$	0.6，当 $R_1=\frac{1}{3}b$， $R_2=\frac{3}{2}b$ 0.3，当 $R_1=\frac{2}{3}b$， $R_2=\frac{17}{10}b$
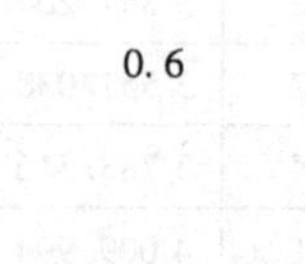	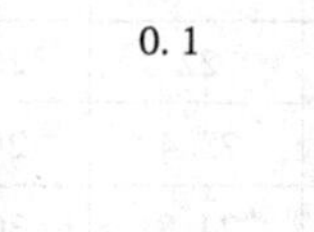	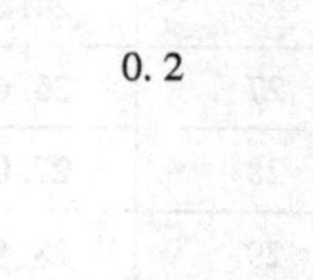	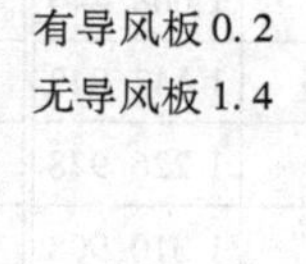	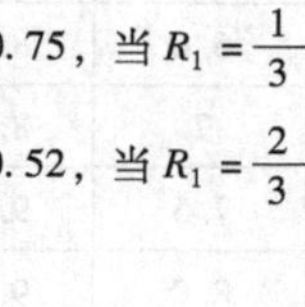	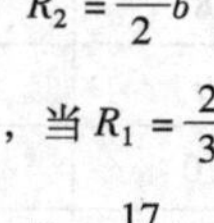
3.6 当 $S_2=S_3$， $v_2=v_3$ 时	2.0 当风速为 v_2 时	1.0 当 $v_1=v_3$ 时	1.5 当风速为 v_2 时	1.5 当风速为 v_2 时	1.0 当风速为 v 时

附录 3

标准大气压下不同温度时空气的饱和绝对湿度与饱和水蒸气分压

附表 3-1　标准大气压下不同温度时空气的饱和绝对湿度与饱和水蒸气分压

温度/℃	ρ_s		水蒸气的绝对压力		温度/℃	ρ_s		水蒸气的绝对压力	
	g/m^3	g/kg	mmHg	Pa		g/m^3	g/kg	mmHg	Pa
-20	1.1	0.8	0.96	127.894	14	12.0	9.8	11.99	1 597.337
-15	1.6	1.1	1.45	193.172	15	12.8	10.5	12.79	1 703.914
-10	2.3	1.7	2.16	287.76	16	13.6	11.2	13.64	1 817.154
-5	3.4	2.6	3.17	422.315	17	14.4	11.9	14.5	1 933.169
0	4.9	3.8	4.58	610.159	18	15.3	12.7	15.5	2 066.491
1	5.2	4.1	4.92	655.454	19	16.2	13.5	16.5	2 198.170
2	5.6	4.3	5.29	704.746	20	17.2	14.4	17.5	2 331.392
3	6.0	4.7	5.68	756.703	21	18.2	15.3	18.7	2 491.259
4	6.4	5.0	6.09	811.324	22	19.3	16.3	19.8	2 637.804
5	6.8	5.4	6.53	869.942	23	20.4	17.3	21.1	2 810.993
6	7.3	5.7	7.00	932.557	24	21.6	18.4	22.4	2 984.182
7	7.7	6.1	7.49	997.836	25	22.9	19.5	23.8	3 170.693
8	8.3	6.6	8.02	1 068.444	26	24.2	20.7	25.2	3 357.204
9	8.8	7	8.58	1 143.048	27	25.6	22	26.7	3 557.038
10	9.4	7.5	9.21	1 226.978	28	27.0	23.4	28.4	3 783.516
11	9.9	8.0	9.84	1 310.908	29	28.5	24.8	30.1	4 009.994
12	10.6	8.6	10.52	1 401.500	30	30.1	26.3	31.8	4 236.472
13	11.3	9.2	11.23	1 496.088	31	31.8	27.3	33.7	4 489.595

附录4

由风扇湿度计读数值查相对湿度

附表4-1　由风扇湿度计读数值查相对湿度

湿球示度/℃	干湿温度计示度差/℃														
	0	0.5	1.0	1.5	2.0	2.5	3.0	3.5	4.0	4.5	5.0	5.5	6.0	6.5	7.0
	相对湿度 φ（%）														
0	100	91	83	75	67	61	54	48	42	37	31	27	22	18	14
1	100	91	83	76	69	62	56	50	44	39	34	30	25	21	17
2	100	92	84	77	70	64	58	52	47	42	37	33	28	24	21
3	100	92	85	78	72	65	60	54	49	44	39	35	31	27	23
4	100	93	86	79	73	67	61	56	51	46	42	37	33	30	26
5	100	93	86	80	74	68	63	57	53	48	44	40	36	32	29
6	100	93	87	81	75	69	64	59	54	50	46	42	38	34	31
7	100	93	87	81	76	70	65	60	56	52	48	44	40	37	33
8	100	94	88	82	76	71	66	62	57	53	49	46	42	39	35
9	100	94	88	82	77	72	68	63	59	55	51	47	44	40	37
10	100	94	88	83	78	73	69	64	60	56	52	49	45	42	39
11	100	94	89	84	79	74	69	65	61	57	54	50	47	44	41
12	100	94	89	84	79	75	70	66	62	59	55	52	48	45	42
13	100	95	90	85	80	76	71	67	63	60	56	53	50	47	44
14	100	95	90	85	81	76	72	68	64	61	57	54	51	48	45
15	100	95	90	85	81	77	73	69	65	62	59	55	52	50	47
16	100	95	90	86	82	78	74	70	66	63	60	57	54	51	48
17	100	95	91	86	82	78	74	71	67	64	61	58	55	52	49
18	100	95	91	87	83	79	75	71	68	65	62	59	56	53	50
19	100	95	91	87	83	79	76	72	69	65	62	59	57	54	51
20	100	96	91	87	83	80	76	73	69	66	63	60	58	55	52
21	100	96	92	88	84	80	77	73	70	67	64	61	58	56	53
22	100	96	92	88	84	81	77	74	71	68	65	62	59	57	54
23	100	96	92	88	84	81	78	74	71	68	65	63	60	58	55
24	100	96	92	88	85	81	78	75	72	69	66	63	61	58	56
25	100	96	92	89	85	82	78	75	72	69	67	64	62	59	57
26	100	96	92	89	85	82	79	76	73	70	67	65	62	60	57
27	100	96	93	89	86	82	79	76	73	71	68	65	63	60	58
28	100	96	93	89	86	83	80	77	74	71	68	66	63	61	59
29	100	96	93	89	86	83	80	77	74	72	69	66	64	62	60
30	100	96	93	90	86	83	80	77	75	72	69	67	65	62	60
31	100	96	93	90	87	84	81	78	75	73	70	68	65	63	61
32	100	97	93	90	87	84	81	78	76	73	71	68	66	63	61

附 5 录

典型系列矿用通风机特性曲线

1. K4－73－01 型矿井离心式通风机性能曲线（附图 5-1）

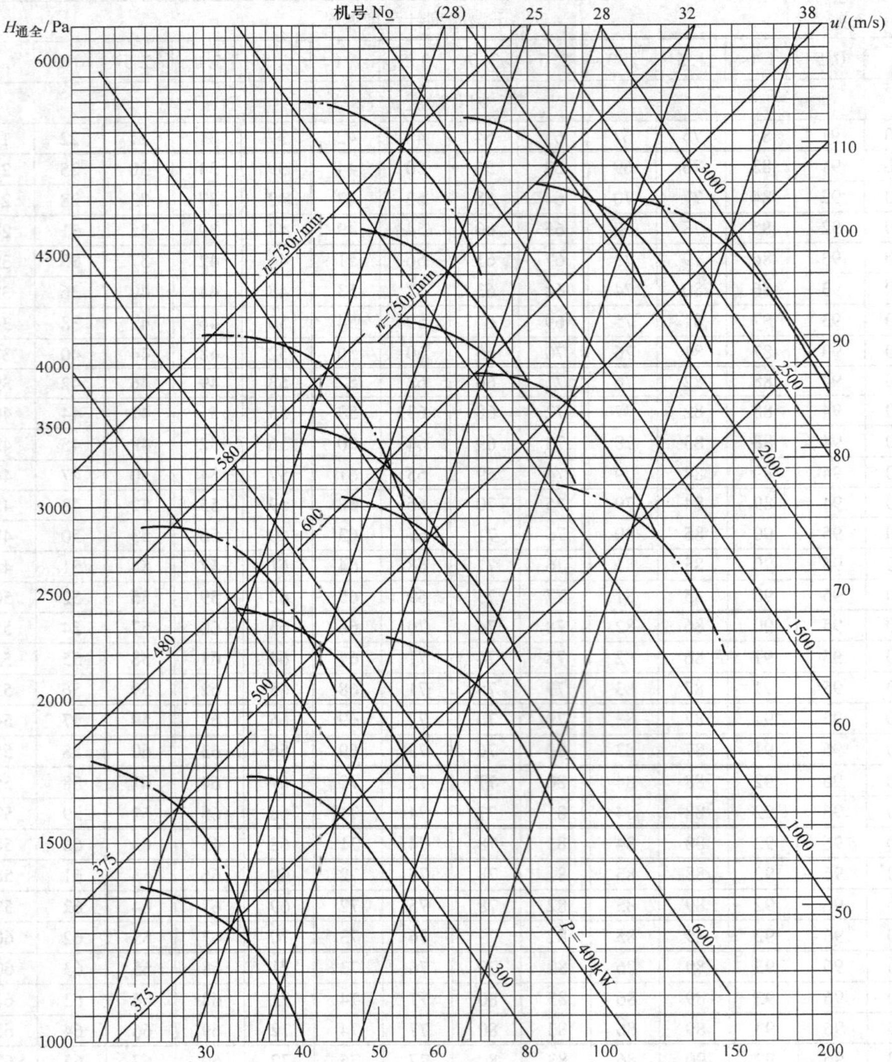

附图 5-1　K4－73－01 型矿井离心式通风机性能曲线

注：括号内机号为 T4－73－12№28 型。

2. 2K60 型轴流式通风机个体和类型特性曲线（附图 5-2）

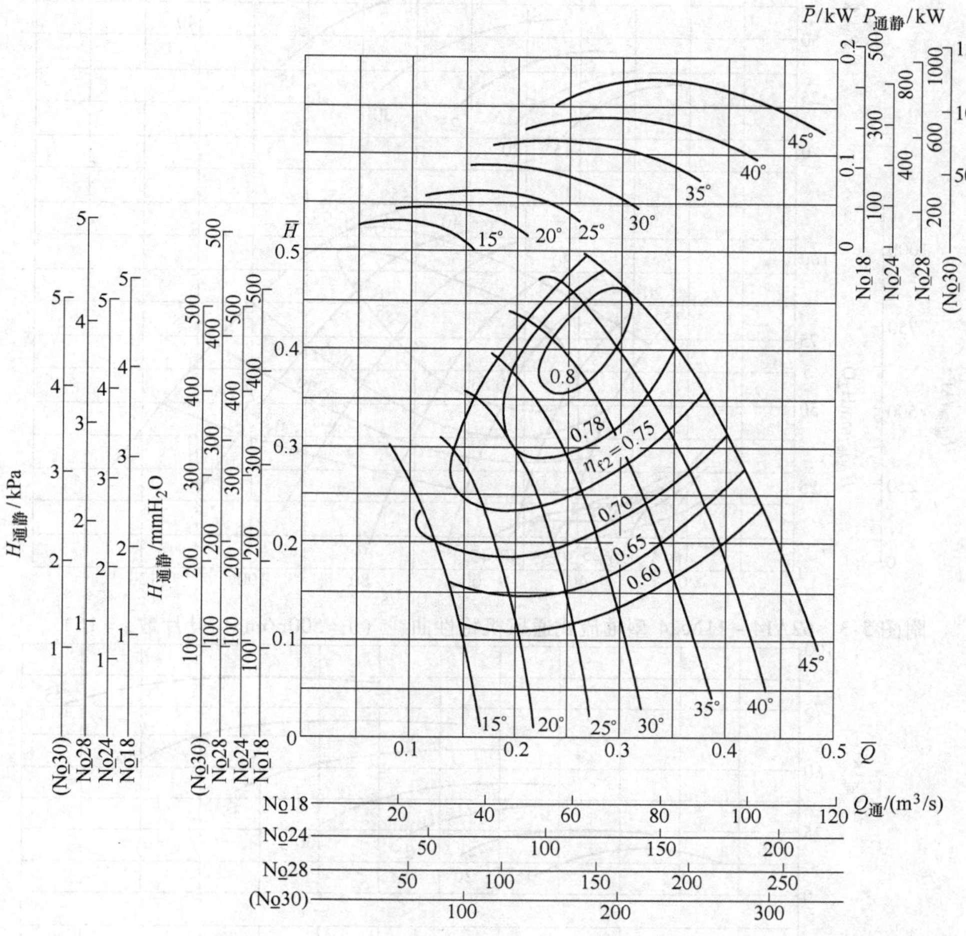

附图 5-2　2K60 型轴流式通风机特性曲线（$z_1=14$、$z_2=14$）

3. 62A14－11 型轴流式通风机特性曲线（附图 5-3 和附图 5-4）

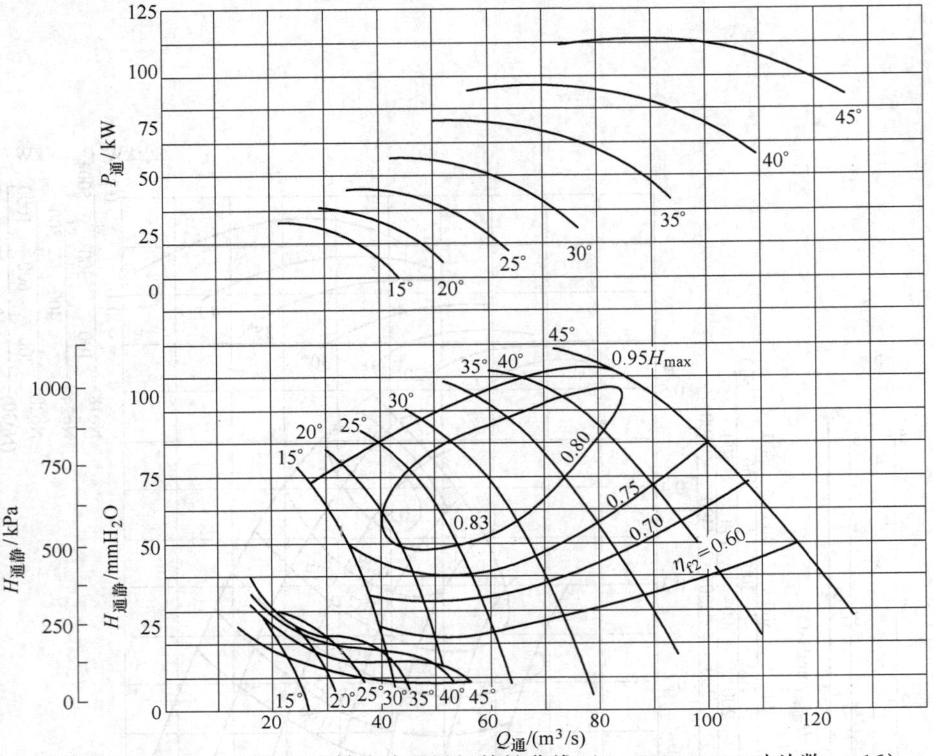

附图 5-3　62A14－11№24 型轴流式通风机特性曲线（n＝500r/min，叶片数 z＝16）

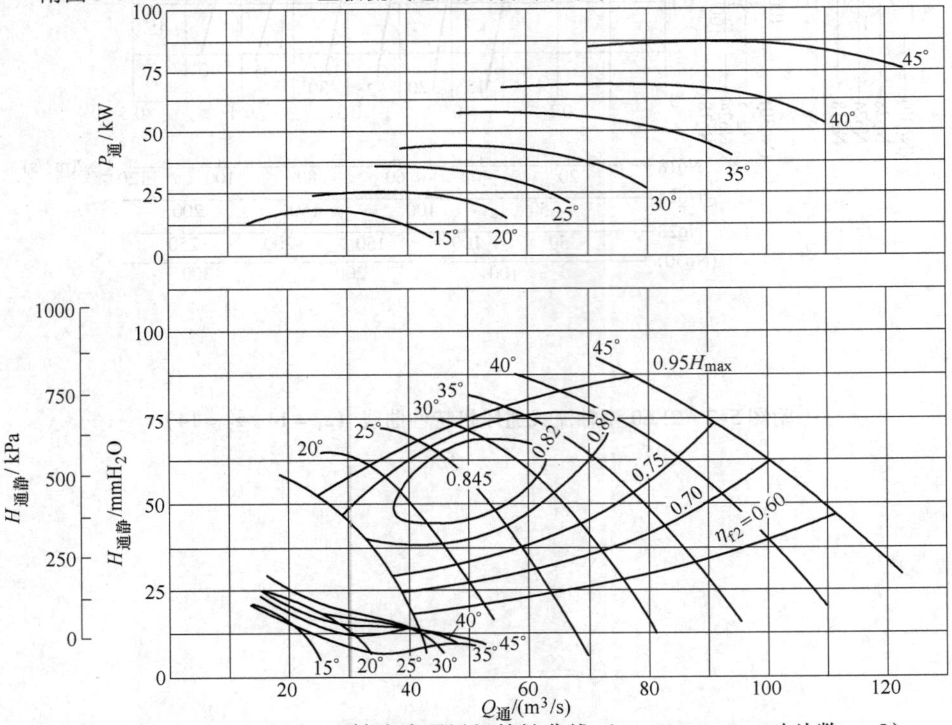

附图 5-4　62A14－11№24 型轴流式通风机特性曲线（n＝500r/min，叶片数 z＝8）

4. BD 系列通风机特性曲线（附图 5-5 和附图 5-6）

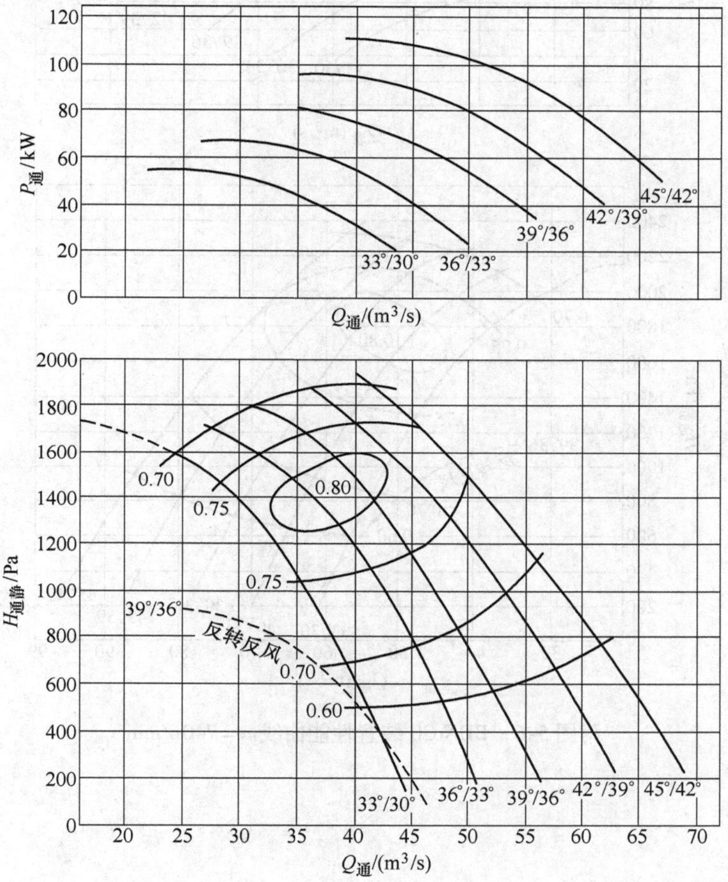

附图 5-5　BDNo18 装置性能曲线 $n = 740\text{r/min}$

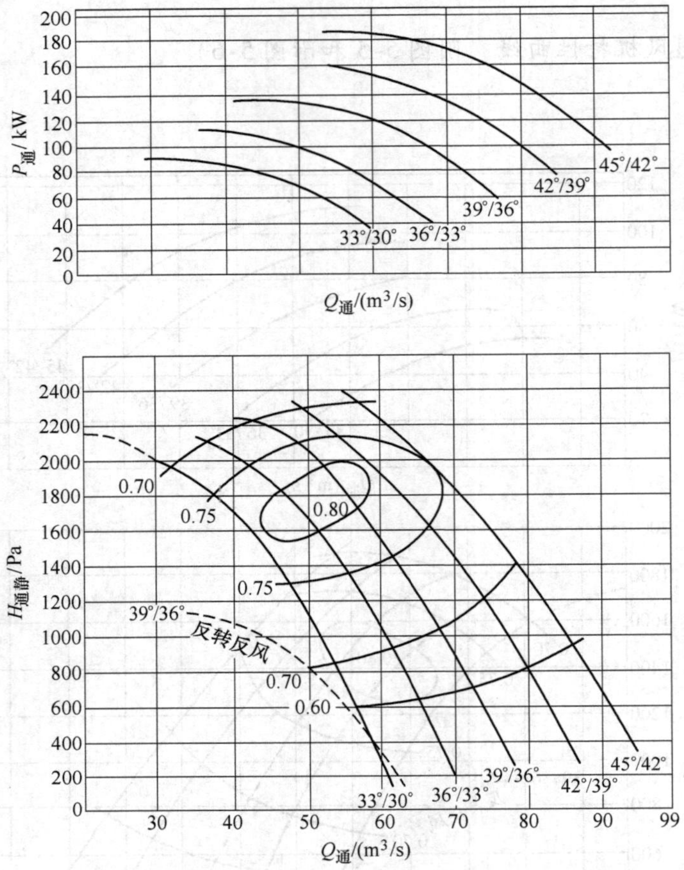

附图 5-6　BDNo20 装置性能曲线 $n=740\mathrm{r/min}$

参考文献

[1] 吴超．矿井通风与空气调节［M］．长沙：中南大学出版社，2008.
[2] 程卫民．矿井通风与安全［M］．北京：煤炭工业出版社，2009.
[3] 赵以蕙．矿井通风与空气调节［M］．徐州：中国矿业大学出版社，1990.
[4] 张国枢．通风安全学［M］．徐州：中国矿业大学出版社，2007.
[5] 谢中朋．矿井通风与安全［M］．北京：化学工业出版社，2011.
[6] 王德明．矿井通风与安全［M］．徐州：中国矿业大学出版社，2007.
[7] 汪德淇．矿井通风防尘［M］．北京：冶金工业出版社，1994.
[8] 王英敏．矿井通风与防尘［M］．北京：冶金工业出版社，1993.
[9] 黄元平．矿井通风［M］．徐州：中国矿业大学出版社，1986.
[10] 支学艺，何锦龙，张红婴．矿井通风与防尘［M］．北京：化学工业出版社，2009.
[11] 浑宝炬，郭立稳．矿井通风与防尘［M］．北京：冶金工业出版社，2007.
[12] 吴中立．矿井通风与安全［M］．徐州：中国矿业大学出版社，1989.
[13] 王英敏．矿井通风与防尘习题集［M］．北京：冶金工业出版社，1993.
[14] 李建明．矿井通风与安全习题集及解答［M］．徐州：中国矿业大学出版社，2009.
[15] 袁东升，王德银，仝洪昌，等．矿山热灾害防治［M］．徐州：中国矿业大学出版社，2008.
[16] 辛嵩．矿井热害防治［M］．北京：煤炭工业出版社，2011.
[17] 杨德源，杨天鸿．矿井热环境及其控制［M］．北京：冶金工业出版社，2009.
[18] 余恒昌．矿山地热与热害治理［M］．北京：煤炭工业出版社，1991.
[19] 沈龙，张序，魏连江，等．通风机特性曲线最佳拟合次数的实验研究［J］．矿山机械，2008，36(23)：28-31.
[20] 赵波，杨胜强，杜振宇，等．基于均衡通风原理的矿井通风系统优化［J］．煤炭科学技术，2012，40(10)：61-64.